Membrane Bioreactor Wastewater
Treatment Technology

膜生物反应器
废水处理技术

刘雅娟 著

化学工业出版社
·北京·

内 容 简 介

本书以膜生物反应器技术为核心，系统介绍了传统废水处理技术、膜与膜分离的基本知识、膜生物反应器的原理与应用、膜污染机理与模型以及膜污染控制策略等内容；探讨了新型膜生物反应器技术的特征和在污染物处理方面的高效性能；最后还展示了膜生物反应器在多种废水处理与回用中的应用。本书结合最新研究进展，全面展示了膜生物反应器技术的创新成果，旨在为复杂废水处理提供新的思路和方法。

本书具有较强的针对性和技术应用性，可供从事废水处理的工程技术人员、科研人员和管理人员参考，也可供高等学校环境科学与工程、市政工程及相关专业师生参阅。

图书在版编目（CIP）数据

膜生物反应器废水处理技术 / 刘雅娟著. -- 北京 ：化学工业出版社，2025. 10. -- ISBN 978-7-122-48840-4

Ⅰ. X703

中国国家版本馆 CIP 数据核字第 2025B9T603 号

责任编辑：刘兴春　杜　熠　　　文字编辑：李　静
责任校对：刘曦阳　　　装帧设计：刘丽华

出版发行：化学工业出版社
（北京市东城区青年湖南街 13 号　邮政编码 100011）
印　　装：北京科印技术咨询服务有限公司数码印刷分部
787mm×1092mm　1/16　印张 15¾　字数 334 千字
2025 年 11 月北京第 1 版第 1 次印刷

购书咨询：010-64518888　　　售后服务：010-64518899
网　　址：http://www.cip.com.cn
凡购买本书，如有缺损质量问题，本社销售中心负责调换。

定　　价：138.00 元

前言

水是生命之源，也是人类社会可持续发展的基石。随着城市化和工业化的快速发展，水资源短缺和水污染问题日益严重，成为全球面临的重大环境问题之一。保护水资源和提升水资源的可持续利用性成为一项任重而道远的工作。

膜生物反应器（MBR）作为一种高效、可靠的废水处理与回用技术，自出现以来，经过不断地发展与完善，逐渐成为解决水资源问题的重要技术，也为水资源的保护与循环利用提供了强大的技术支持。本书共6章，系统介绍了膜生物反应器技术在废水处理领域的基础知识、核心理论、技术研究进展以及在多种废水处理中的应用等内容，其中第1章介绍了废水处理的主要技术和基本原理，重点解析了除碳、脱氮和除磷的生化路径和主要工艺；第2章对膜、膜组件和膜组器的概念和分类以及膜的主要特性指标进行了介绍，探讨了膜分离的类型、方式和特点；第3章系统地梳理了固液分离型膜生物反应器、膜曝气生物膜反应器和萃取膜生物反应器的技术特性以及其在废水处理和资源化中的应用；第4章针对膜生物反应器在废水处理过程中的膜污染问题进行了探讨，主要阐述了膜污染的类型和性质，分析了膜污染的形成机理和影响因素，从提高膜抗污染性能、控制生物污染、改善混合液特性和优化运行条件4方面深入探讨了膜污染防控策略，并且对膜清洗方法进行了介绍；第5章对近年来开发的厌氧膜生物反应器、好氧颗粒污泥膜生物反应器以及动态膜生物反应器等新型膜生物反应器技术的研究进展进行了系统的阐述，并且介绍了它们在废水处理和资源化中的应用；第6章针对多种废水的特征和处理要求，详细介绍了膜生物反应器在不同废水处理与再利用方面的实际应用，展示出膜生物反应器工艺在水质提升方面的实用性和高效性。本书结合最新研究进展，全面展示了膜生物反应器技术的创新成果，旨在为复杂废水处理提供新的思路和方法，具有较强的针对性和技术应用性，可供从事废水处理的工程技术人员、科研人员和管理人员参考，也可供高等学校环境科学与工程、市政工程及相关专业师生参阅。

限于著者水平及编写时间，书中难免存在不足和疏漏之处，敬请广大读者批评指正。

著者

2025年3月

目录

第1章 概论 // 001

1.1 废水污染及处理技术 …… 001

1.1.1 废水类型及性质 …… 001

1.1.2 废水的一级处理 …… 005

1.1.3 废水的二级处理 …… 006

1.1.4 废水的深度处理 …… 012

1.1.5 污泥的处置 …… 014

1.1.6 废水处理工艺流程的确定 …… 015

1.2 废水生物处理基本原理 …… 016

1.2.1 废水处理中的微生物 …… 016

1.2.2 好氧生物处理 …… 018

1.2.3 厌氧生物处理 …… 019

1.2.4 影响废水生物处理的因素 …… 021

1.2.5 废水好氧生物处理与厌氧生物处理的选择 …… 023

1.3 生物脱氮除磷基本原理 …… 024

1.3.1 生物脱氮原理及工艺 …… 024

1.3.2 生物除磷原理及工艺 …… 035

参考文献 …… 041

第2章 膜分离技术原理 // 049

2.1 膜的定义、类型及特性 …… 049

2.1.1 膜的定义 …… 049

2.1.2 膜的类型 …… 049
2.1.3 膜的主要性能指标 …… 060
2.2 膜组件和膜组器 …… 065
2.2.1 膜组件的结构和类型 …… 065
2.2.2 膜组器 …… 067
2.3 膜分离 …… 069
2.3.1 膜分离的定义与特点 …… 069
2.3.2 膜分离的类型 …… 069
2.3.3 膜分离方式 …… 072
2.3.4 膜通量 …… 076
2.3.5 跨膜压差 …… 078
参考文献 …… 080

第3章 膜生物反应器技术 // 088

3.1 固液分离型膜生物反应器 …… 088
3.1.1 膜生物反应器的定义、技术特点和挑战 …… 088
3.1.2 分置式膜生物反应器 …… 091
3.1.3 浸没式膜生物反应器 …… 093
3.1.4 复合式膜生物反应器 …… 095
3.1.5 膜生物反应器的发展 …… 097
3.2 膜曝气生物膜反应器 …… 102
3.2.1 膜曝气生物膜反应器的定义、构型与技术特性 …… 102
3.2.2 膜曝气生物膜反应器对污染物的去除 …… 105
3.2.3 影响膜曝气生物膜反应器工作效率的因素 …… 106
3.2.4 膜曝气生物膜反应器的应用 …… 108
3.3 萃取膜生物反应器 …… 109
3.3.1 萃取膜生物反应器的定义、构型、技术特性及挑战与发展方向 …… 109
3.3.2 生物膜的形成与控制 …… 112
3.3.3 萃取膜生物反应器的应用 …… 113
参考文献 …… 113

第4章 膜污染及其防控 // 120

4.1 膜污染 …… 120
4.1.1 膜污染的分类及特性 …… 120
4.1.2 膜污染机理 …… 126
4.1.3 膜污染的影响因素 …… 128
4.1.4 膜污染模型 …… 140
4.1.5 膜污染的检测 …… 147
4.2 膜污染的控制 …… 148
4.2.1 提高膜的抗污染性能 …… 148
4.2.2 改善混合液特性 …… 152
4.2.3 控制生物污染 …… 154
4.2.4 优化运行条件 …… 156
4.3 膜清洗 …… 157
4.3.1 物理清洗 …… 159
4.3.2 化学清洗 …… 161
参考文献 …… 166

第5章 新型膜生物反应器 // 180

5.1 厌氧膜生物反应器 …… 180
5.1.1 厌氧膜生物反应器的定义、运行机理与技术特性 …… 180
5.1.2 厌氧膜生物反应器的构型 …… 183
5.1.3 影响厌氧膜生物反应器运行效果的因素 …… 185
5.1.4 厌氧膜生物反应器的发展、应用及挑战 …… 189
5.2 好氧颗粒污泥膜生物反应器 …… 193
5.2.1 颗粒污泥生物处理技术 …… 193
5.2.2 好氧颗粒污泥膜生物反应器技术 …… 199
5.2.3 好氧颗粒污泥膜生物反应器的技术特性 …… 202
5.2.4 好氧颗粒污泥膜生物反应器面临的挑战和未来发展方向 …… 204
5.3 其他新型膜生物反应器 …… 205

5.3.1 动态膜生物反应器 …… 205
5.3.2 高截留膜生物反应器 …… 207
5.3.3 斜板膜生物反应器 …… 210
参考文献 …… 211

第6章 膜生物反应器技术的应用 // 220

6.1 膜生物反应器在废水处理与资源化中的应用 …… 220
6.1.1 膜生物反应器在污水处理厂升级改建中的应用 …… 220
6.1.2 膜生物反应器技术在城市污水回用方面的应用 …… 223
6.2 膜生物反应器在有机废水处理中的应用 …… 225
6.2.1 膜生物反应器处理工业废水 …… 225
6.2.2 膜生物反应器处理垃圾渗滤液 …… 229
6.2.3 膜生物反应器处理医院废水 …… 232
参考文献 …… 236

附录 名称和符号 // 241

第 1 章 概论

1.1 废水污染及处理技术

1.1.1 废水类型及性质

1.1.1.1 废水的分类

(1) 城市生活污水

城市生活污水是日常生活过程中产生的各种污水的总称，包括厨房污水、洗涤污水和卫生间污水等。城市生活污水的排放量以及污染物的成分和含量不仅随人口增长及饮食结构变化而发生变化，也随季节变化发生波动，通常夏季的排放量较大，冬季的排放量则较少。

城市生活污水中包含耗氧有机物、病原微生物等有害物质，如果不经过妥善处理直接排放到自然水体中，不仅会消耗水体中的溶解氧，还可能成为传播疾病的媒介，对环境和人体健康构成威胁。为了减轻这些污染物对环境的影响，城市生活污水通常在市政污水处理厂进行集中处理，达到国家规定的排放标准后方可排放。

(2) 工业废水

工业废水是指在生产过程中产生的废水，包括生产过程中因原料处理、生产工艺条件及产品处理等产生的废水。工业废水的基本特征为水量大、污染物成分复杂、有机污染物和盐类的浓度高，是典型的难降解废水。未经处理的工业废水直接排放会对水体造成严重污染，导致水体缺氧或水质恶化。如果排放到水体的工业废水温度过高，会引起水体热污染，造成水中溶解氧浓度降低，加速耗氧反应。因此，工业废水必须经过适当处理，达到排放标准的要求才能排放。

生活污水和工业废水的处理对于保护水环境、维护生态平衡和保障人体健康具有重要意义。通过采用先进的污水处理技术、加强监督管理，可以有效减少污染物对环境的影响，促进水资源可持续发展。

(3) 农业污水

农业污水主要来源于农业生产和农村生活活动中产生的废水，包括化肥和农药过量使用、规模化水产和畜禽养殖产生的废水。这类污水的化学需氧量和生化需氧量浓度高，氮磷和悬浮物含量高，而且污染物浓度随降水、灌溉和施肥周期发生变化。

1.1.1.2 废水污染指标

废水未经处理或经过处理仍未能达到相关排放标准就向水环境排放，会造成水体污染，改变其物理、化学和微生物性质，对其生态系统和功能造成破坏。例如，大量耗氧污染物的排放会在短时间内消耗大量溶解氧，导致水中溶解氧含量降低，进而引发水生生物死亡等一系列问题。

造成水体污染的主要污染物包括需氧物质、营养物质、悬浮固体、病原体、盐类、有毒金属、有机化学品和热量等。水体被这些污染物污染的程度用水污染指标来衡量。这些指标不仅用于判断废水水质，还是选择废水处理工艺和设计废水处理系统的依据，同时也是控制和检测污水处理厂运行情况与判断污水排放是否达标的重要依据。

最常用的水污染指标包括物理指标、化学无机污染物指标、化学有机污染物指标和生物指标。物理指标主要有废水的温度、色度和固体物质含量等。化学无机污染物指标主要有废水的 pH 值、溶解氧、氨态氮、硝酸氮、亚硝酸氮、总磷等。化学有机污染物指标在废水处理中与生物反应器的设计和运行密切相关。由于废水中有机物种类繁多，现有技术难以将所有有机物快速区分并定量，而且在实际废水处理工艺的设计和运行时，也没有必要区分所有有机物。因此，在实践中化学有机污染物指标主要包括化学需氧量、生化需氧量和总有机碳。

(1) 化学需氧量

化学需氧量（chemical oxygen demand，COD）是根据有机物可以被氧化这一共同特性，使用强氧化剂将水中有机物氧化为二氧化碳和水的过程中所消耗的相当氧量。测定化学需氧量常用的强氧化剂有高锰酸钾和重铬酸钾，用它们测定的化学需氧量分别表示为 COD_{Mn} 和 COD_{Cr}。这两种氧化剂具有较强的氧化能力，能够在较短的时间内较为完全地氧化水中各种有机物，因此能够较为准确和及时地反映废水中有机污染物的含量。

然而，废水中的还原性无机物也能被这些强氧化剂氧化，从而导致化学需氧量的测定值存在一定的误差。化学需氧量无法反映能被微生物氧化的有机物的含量，也无法直接从微生物学角度阐明污水被污染的程度。

(2) 生化需氧量

生化需氧量（biological oxygen demand，BOD）是在人工控制条件下（20℃，5d），好氧微生物将水样中的有机物分解为无机物所消耗的溶解氧量。生化需氧量反映了废水中可生物降解有机物的含量。在实际测量中，常以 5d 作为测定生化需氧量的标准时间，测得的生化需氧量称为五日生化需氧量，表示为 BOD_5。BOD_5 能够真实地反映微生物降解有机物时所需的氧量，但是其分析过程耗时较长，在实践中可能无法及时反映废水的实际情况。某些工业废水可能缺乏微生物生长所需的营养物，或者含有会抑制微生物增殖的物质，进而影响生化需氧量的测定结果。

废水的化学需氧量和生化需氧量之间没有固定的相互关系，它们的差值大致等于废水中难生物降解有机物的含量。在设计废水生物处理系统时，通常使用 BOD_5/COD 值来判断废水是否适合采用生物法处理。一般而言，如果废水的 BOD_5/COD 值>0.3，表明废水适合采用生物法处理；如果废水的 BOD_5/COD 值<0.25，表明该废水中可生物降解有机物含量较低，不适合采用生物法处理，这时需要选择其他方法处理这类废水，或者先采取一些强化处理措施提高废水的可生物降解性，然后再用生物法进行处理。

城市生活污水的 BOD_5/COD 值一般介于 0.4～0.5 之间，表明其适合采用生物法进行处理，目前城市生活污水普遍采用好氧活性污泥法进行处理。生活污水经生物处理后可生化降解有机物含量大幅降低。

(3) 总有机碳

总有机碳（total organic carbon，TOC）是衡量废水中有机污染物总量的化学指标。总有机碳的测量采用自动化分析仪器，其测量结果具有更高的准确度，该方法可以直接测定水中有机物的碳含量，相较于化学需氧量和生化需氧量等间接测量方法，能更快速准确地反映废水的有机物污染水平[1]。

1.1.1.3 废水处理的基本方法

经过不断地研究和应用实践，针对不同污染物的特征发展出了多种废水处理方法。这些方法根据其工作原理分为物理、化学、物理化学和生物处理方法。这些处理方法以一定的顺序对废水进行不同程度的处理，组合形成不同的废水处理工艺流程，达到满足不同处理要求的目的。根据废水处理程度的不同，废水处理工艺流程通常分为一级处理、二级处理和三级处理[2]。

(1) 废水一级处理

废水的一级处理主要采用较为经济的物理处理方法，如筛滤、调节和沉淀等，目的是去除废水中的漂浮物和悬浮物，均衡水质和水量，减轻后续废水处理工艺的负荷。然而，经过一级处理后废水水质通常达不到直接排入自然水体的要求。

(2) 废水二级处理

废水二级处理主要以生物处理为主，在一级处理的基础上去除废水中的胶体态和溶解态有机污染物、氮磷营养物质等。城市生活污水经过二级处理后，出水水质一般可达到污水排放标准的要求，对保护环境起到了积极作用。

(3) 废水三级处理

废水三级处理也称为深度处理。当废水经过二级处理后仍未能达到排放标准或无法满足特定使用要求时，通常需要通过三级处理来提升水质。三级处理通常采用物理方法、化学方法以及物化方法，目的是进一步去除二级生物处理中微生物未能降解的有机物，以及氮磷等营养物质，以确保出水达到规定的排放标准或回用标准的要求。完善的三级处理工艺应包括除磷、脱氮、除碳，去除病毒、病原菌、悬浮物以及矿物质等多个单元过程。废水通过三级处理可以获得更高质量的处理水，这些水可以用于补充工业用水、景观用水和农业灌溉等。三级处理通常采用多种形式的工艺流程以满足不同的用水需求。例如，如果处理后的水用于浇灌绿化带等，三级处理不仅要采用生物脱氮除磷工艺或化学除磷工艺降低出水中的氮磷浓度，而且还要结合消毒或杀菌工艺去除水中的病原微生物等。

各种废水处理方法及处理工艺的去除对象和原理以及适用范围如表 1-1 所列。

表 1-1 废水处理的基本方法

分类	处理工艺	去除对象	去除原理	处理设施	适用范围
物理方法	筛滤	较大的漂浮物、悬浮物	拦截比格栅间隙和筛网孔径大的物质	格栅、筛网	一级处理
	沉淀	悬浮物	可沉固体在重力作用下下沉，从而与水分离	初次沉淀池、二次沉淀池、污泥浓缩池	一级处理 二级处理
	气浮	细小悬浮物、藻类、乳化油、絮状化学污泥	悬浮物或液体颗粒与气泡黏附，并依靠气泡浮力上浮到水面，实现分离	气浮池	一级处理 三级处理
	隔油	浮油	利用油品与水密度的差异与水分离并清除	隔油池	一级处理
	过滤	悬浮物、胶体	有孔隙的粒状滤料层的截留作用	滤池	三级处理
	膜分离	悬浮物、胶体、细菌、藻类、离子	在压力差的作用下，微滤膜、超滤膜、纳滤膜和反渗透膜利用筛分、吸附、渗透等作用将污染物和溶剂分离	膜生物反应器、膜分离装置	二级处理 三级处理
化学方法	混凝	胶体、高分子有机物、浊度、色度	胶体在混凝剂作用下脱稳并相互聚集形成粗大的颗粒而沉淀	混凝池、絮凝池、沉淀池	二级处理 三级处理
	中和	酸、碱	利用化学酸碱中和原理消除污水中过量的酸和碱	中和池、喷淋塔、中和滤池	一级处理 三级处理
	化学沉淀	重金属离子、非金属离子态污染物	水中溶解性物质与化学药剂发生反应，生成难溶性化合物，通过固液分离去除	反应池、沉淀池、离心分离设备	三级处理
	氧化还原	溶解性无机污染物、溶解性有机污染物	通过氧化或还原反应，将有毒、有害物质转化为无毒或微毒的新物质	反应池、空气氧化脱硫塔、鼓泡塔	三级处理

续表

分类	处理工艺	去除对象	去除原理	处理设施	适用范围
物理化学方法	吸附	微量污染物	利用多孔性固体物质的表面吸附污染物	吸附塔	三级处理
	离子交换	重金属、磷酸、硝酸、有机物等	利用离子交换剂上的可交换离子与废水中的其他同性离子进行交换	固定床离子交换器、离子交换树脂	三级处理
	电渗析	离子	在直流电场作用下，离子交换膜使水中离子有选择性地透过	电渗析器	三级处理
生物方法	活性污泥法	胶体、溶解性有机物	悬浮态好氧微生物的代谢作用	曝气池、氧化沟、序批式反应器等	二级处理
	生物膜法	胶体、溶解性有机物	附着态微生物的代谢作用去除有机物	生物滤池、生物转盘等	二级处理
	厌氧生物处理法	胶体、溶解性有机物	利用兼性和专性厌氧菌的代谢作用降解废水和污泥中的有机物	消化池、升流式厌氧污泥床反应器、膨胀颗粒污泥床反应器等	二级处理
	土地处理法	悬浮物、胶体、有机物、病原体、重金属、氮磷	利用土壤过滤、微生物代谢、植物吸收等过程去除污染物	渗滤沟	二级处理 三级处理
	稳定塘法	胶体、溶解性有机物	利用水体的自净作用去除污染物	好氧塘、厌氧塘、兼氧塘、曝气塘、水生植物塘等	二级处理

1.1.2 废水的一级处理

1.1.2.1 筛滤

筛滤作为废水进入市政污水处理厂的第一道工序，通过格栅和筛网有效去除污水中较大漂浮物和悬浮物，确保后续处理单元的顺畅运行，防止管道、机械设备及其他装置的堵塞。格栅由平行排列的棒条构成，筛网主要由金属丝织物、格网或穿孔板构成。格栅的间隙范围比筛网的有效孔径大。格栅和筛网本质上是一种最简单的过滤设备，通常倾斜或直立放置在进水泵站集水井的入口处。大型污水处理厂的筛滤通常采用的流程为“粗格栅→细格栅→滤网”，而工业废水处理时需要根据废水的具体特性决定是否需要进行筛滤。

1.1.2.2 水质水量调节

废水处理系统中，废水的水量和水质通常随时间发生变化，这种变化直接影响废水处理设施的处理效率，特别是对二级生物处理系统的净化功能产生重大影响。为了确保废水处理过程的稳定性，必须通过调节池对废水的水量和水质进行调节。通过调节，可以为后续处理工序提供稳定且均匀的进水，避免处理系统负荷的急剧变化，并有效防止高浓度有毒物质进入二级生化处理系统。

1.1.2.3 沉淀

沉淀是通过重力作用使废水中的可沉悬浮物下沉，从而实现与水的分离，达到水质澄清的一种废水物理处理方法。在废水一级处理阶段，沉淀主要在初次沉淀池（初沉池）中进行，其目的是有效去除废水中大部分可沉降悬浮固体与部分胶体，从而减轻后续二级生物处理阶段的有机负荷。城市污水处理厂初沉池的沉淀时间为 2h，可去除 20.8%的化学需氧量和 63%的悬浮固体，初沉池对氮磷的去除效率较低[3]。

1.1.2.4 强化一级处理

当废水经过初沉池处理后的出水未能满足二级生物处理阶段对进水水质的要求时，采用化学、生物或化学与生物相结合的方法来提高初沉池沉淀效果的处理方法被称为强化一级处理。

在进行强化一级处理时，通过向污水中投加混凝剂和助凝剂，或回流少量活性污泥作为生物絮凝剂，促使悬浮物或胶体颗粒发生聚沉，从而提高一级处理的出水水质，并增强二级生物处理的效果[4-6]。

强化一级处理的优势是在废水一级处理的基础上，通过增加少量投资就能显著提高污染物的去除效率、降低总污染负荷以及降低单位质量污染物的去除成本。例如，用化学混凝法对城市污水进行强化一级处理时，当聚合硫酸铁混凝剂的投加量为 $233g/m^3$ 时，浊度和化学需氧量的去除效率分别达到 98.29%和 66.36%，每吨废水处理费用为 0.4194 元[5]。另一项小试研究指出，城市污水生物絮凝吸附强化一级处理工艺在去除悬浮固体、化学需氧量和氨氮方面具有一定的优越性。当溶解氧浓度为 0.2mg/L、生物絮凝反应区的水力停留时间为 2.16h、氨态氮的平均去除效率为 87.5%时，反应区内发生了同步硝化反硝化[7]。

1.1.3 废水的二级处理

1.1.3.1 活性污泥法

活性污泥法是一种重要的废水二级好氧生物处理技术，利用悬浮生长的好氧微生物的代谢去除废水中胶体状和溶解性可生物降解有机污染物。该方法还能通过硝化反应有效降低废水中的氨氮含量。

1914 年，英国工程师 Edward Ardern（爱德华·阿登）和 William T. Lockett（威廉·洛克特）在英国化学工程年会上发表了一篇题为“无需滤池的污水氧化实验”的论文，这篇论文标志着活性污泥法的正式诞生。在这篇开创性的论文中，首次提出了“活性污泥”的概念，并展示了这一新方法无需传统滤池设备即可进行污水处理。活性污泥技术简化了污水处理工艺并提升了处理效率。1914 年，世界上第一座采用活性污泥法的污水处理厂在英国曼彻斯特建成。随后，美国也建成了首座使用活性污泥技术的污水处理厂。到了1923年，上海北区污水处理厂的建成标志着我国城市污水处理技术的起步[8]。

(1) 活性污泥

活性污泥是由经过专门驯化的悬浮生长的好氧微生物构成的菌胶团或絮凝体。活性污泥中包含丰富的微生物种类，如细菌、真菌、藻类、原生动物和后生动物等，它们共同组成了一个独特的微生物生态系统。在活性污泥净化废水的过程中，微生物按照其对氧气和有机碳或无机碳的需求特性可分为4类：

① 利用含碳有机物进行生长繁殖的好氧异养型微生物，包括细菌、原生动物和后生动物；

② 能够将氨氮氧化为亚硝酸盐和硝酸盐的好氧自养型微生物；

③ 兼性厌氧异养菌；

④ 在厌氧和好氧交替条件下活动的异养型聚磷菌。

利用活性污泥法去除污染物时，应创造适宜的条件，以确保这4类微生物能够发挥最佳的处理能力。

(2) 活性污泥法的净化机理

活性污泥法是一种广泛用于废水处理的生物处理技术，其核心在于利用微生物群落对污水中的有机物进行降解。在好氧反应池（曝气池）中，悬浮状态的活性污泥与废水充分接触，废水中的有机物在有氧条件下通过好氧微生物代谢过程转化成二氧化碳和水。微生物在此过程中获得能量并进行繁殖，从而使活性污泥得到增殖。

活性污泥去除有机污染物的过程分为污染物的吸附阶段以及污染物氧化和微生物代谢阶段两个阶段。活性污泥具有巨大的比表面积，而且微生物表面含有多糖类黏性物质，因此活性污泥具有良好的吸附性能。在污染物的吸附阶段，污水中各种形态的有机污染物首先通过吸附转移到活性污泥表面。污泥对污染物的吸附量取决于污染物的状态。如果污染物以固态或胶体态存在，则吸附量较大；如果污染物以溶解态存在，则吸附量较小。在吸附阶段，大分子有机污染物在细菌胞外水解酶的作用下分解为易被细胞摄入的小分子有机物，例如多糖在胞外水解酶的催化作用下分解为二糖和单糖，蛋白质则被水解为二肽和氨基酸。

在污染物氧化和微生物代谢阶段，微生物在溶解氧含量充足的条件下将摄入的小分子有机物氧化分解为二氧化碳和水，这一过程产生的能量供微生物合成自身细胞，进行增殖繁衍。在用活性污泥法处理污水的过程中，微生物的活性和增殖对污染物的去除起关键作用。

(3) 活性污泥法的基本流程

活性污泥工艺主要由曝气池和二次沉淀池（简称二沉池）组成。曝气池是污染物降解和微生物增殖的关键场所，二沉池负责进行泥水分离。

活性污泥法的基本流程如图1-1所示。废水经过一级处理后，大部分固态物质被去除，初沉池的出水与来自二沉池的回流污泥一起进入曝气池，并在曝气池内停留一定的时间。曝气池中充满了污水与活性污泥组成的混合液。压缩空气通过曝气扩散装置输入曝气池，为微生物提供充足的溶解氧，支持好氧生化反应的正常进行，使污染物转化为二氧化碳和水。

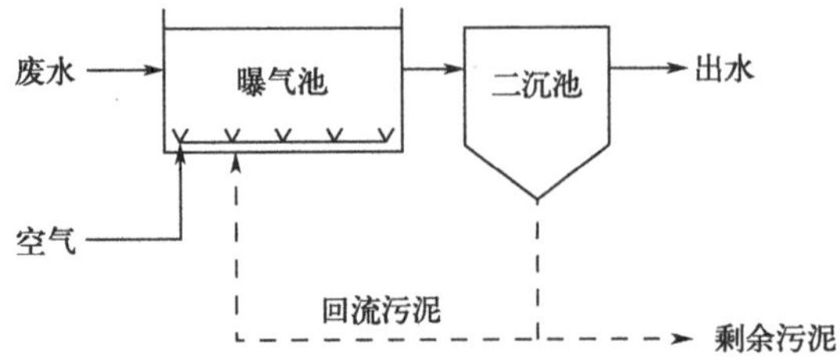

图 1-1 活性污泥法的基本流程

混合液流入二沉池，活性污泥在重力作用下通过絮凝沉淀与净化水分离。上清液排入水环境，而沉淀下来的活性污泥则从二沉池底部排出，一部分作为回流污泥返回曝气池，维持曝气池中活性污泥的浓度；另一部分作为剩余污泥送至污泥浓缩池进行浓缩，随后进入污泥处理系统。由于微生物在降解污染物的同时不断增殖，用活性污泥法处理污水时会产生大量的剩余污泥，这些污泥的处理费用占污水处理厂运行费用的 1/2 左右，因此进行污泥减量化研究与应用显得尤为重要，臭氧氧化、超声波和膜生物反应器等技术能有效减少污泥产量[9]。

(4) 活性污泥的主要性能指标

1) 污泥浓度

污泥浓度包括混合液悬浮固体浓度（mixed liquor suspended solids，MLSS）和混合液挥发性悬浮固体浓度（mixed liquor volatiled suspended solids，MLVSS)。混合液悬浮固体浓度是指单位体积混合液中悬浮态固体的含量，而混合液挥发性悬浮固体浓度则是指单位体积混合液中可挥发的悬浮固体（主要指活性微生物）的含量。MLVSS/MLSS 值能够较好地反映活性污泥中活性微生物的含量，该值越高，说明活性污泥中降解污染物的微生物越多，污染物的去除效率越高。曝气池中的混合液悬浮固体浓度一般维持在 3～4g/L。提高活性污泥浓度有助于提升废水的净化效果，但同时也会增加剩余污泥的产量。通过调节污泥回流比可有效控制曝气池中的污泥浓度。

2) 污泥沉降比

污泥沉降比（settling volume，SV）是指活性污泥混合液在 1L 量筒里静置 30min 后，污泥层体积与原混合液体积之比。活性污泥沉降比一般为 15%～30%。沉降比增大意味着活性污泥絮体变得更加松散，沉降性能变差，从而导致出水水质下降。通常，采用控制污泥回流比的方法来调节污泥沉降比。

3) 污泥容积指数

污泥容积指数（sludge volume index，SVI）和污泥沉降比一样，是评估活性污泥沉降性能的一个重要参数，指的是混合液静置沉淀30min后，单位质量干污泥所占有的污泥层的容积，也常表示为SVI_{30}。污泥容积指数较低表示活性污泥颗粒密实，沉降性能良好；而污泥容积指数较高则表示污泥沉降性能差，可能存在污泥膨胀的问题。一般絮状结构的活性污泥的污泥容积指数为80～150mL/g SS，污泥容积指数在100mL/g SS以下的活性污泥被认为具有良好的沉降性。

混合液悬浮固体浓度、污泥沉降比与污泥容积指数之间存在如下关系：

$$SVI=\frac{SV}{MLSS} \tag{1-1}$$

式中 SVI——污泥容积指数，L/g；

MLSS——污泥浓度，g/L；

SV——污泥沉降比，%。

活性污泥法生物处理技术自发明以来，经历了超过100年的发展与应用，已经成为城市污水处理领域中不可或缺的重要技术。该技术对废水水质和水量有广泛的适应性，有灵活多样的运行方式，不仅是一种传统且有效的生物处理方法，同时也展现出极大的发展潜力，成为污水生物处理技术中的佼佼者。活性污泥法同时也存在出水标准不高、能耗高、剩余污泥产量高和占地面积大等问题。为了满足日益严格的废水排放标准和技术经济要求，研究者对传统活性污泥法进行了改进，开发出了一系列好氧生物处理工艺，表1-2对这些工艺进行了比较。

表1-2 活性污泥法及其改进工艺

工艺	工艺特点
传统推流式曝气池	废水和回流污泥从曝气池前端进入，从后端流出。通过控制污水在曝气池中的流动方向和速度，有效去除污染物。空气通过曝气装置向水中均匀供氧，促进好氧微生物的生长和代谢，进行有机物和氨氮等污染物的降解。 (1) 优点：工艺和管理经验成熟、处理效率高。 (2) 缺点：初始廊道难以满足微生物降解污染物时对氧气的需求
完全混合式曝气池	废水和回流污泥一进入曝气池，立刻与池中的混合液完全混合。混合液在曝气池中各处的性质相同。 (1) 优点：占地面积小、操作简单、投资能耗低[10]、抗冲击负荷能力较强。 (2) 缺点：污泥膨胀
分段进水式曝气池	污水通过多个进水口进入曝气池，分配负荷。 (1) 优点：需氧量均匀、操作灵活。 (2) 缺点：工艺复杂、曝气系统复杂
高负荷曝气工艺	通过提供充足的氧气，促进微生物的生长代谢，从而有效去除污水中的有机污染物。 (1) 优点：有机负荷率高，曝气能耗低。 (2) 缺点：运行不稳定

续表

工艺	工艺特点
高纯氧曝气工艺	用高纯度氧气代替空气来促进微生物的代谢活动，提高污水处理的效率。 (1) 优点：氧气利用率高，提高污泥活性和沉降性能，有机物和氨氮去除效率高[11]。 (2) 缺点：氧气供应量和曝气条件等技术要求较高
接触稳定化工艺	接触稳定化工艺通过3个阶段实现污染物去除： ① 接触阶段，废水和污泥混合并曝气30～90min，可溶性物质被去除，胶体和悬浮有机物被活性污泥絮体吸附后进行生物降解； ② 沉淀阶段，持续30min～2h，实现污泥分离； ③ 稳定化阶段，部分生物污泥曝气3～6h，以稳定有机物[12]。 接触稳定化过程可采用序批式或连续式两种模式。在序批式模式中，曝气、生物处理和沉淀的各个阶段都在一个反应器内完成；在连续式模式中，每个阶段分别在不同的反应器中进行。 (1) 优点：体积较小、净化程度高、无需初沉池、能抵抗有机负荷波动、能有效抑制污泥膨胀[13]。 (2) 缺点：运行较复杂
延时曝气工艺	根据混合需要控制曝气时间、停曝气时间以及溶解氧浓度，实现对污水中有机物、氮和磷等污染物的去除。 优点：投资和运行成本较低，占地面积小，有较强的抗冲击负荷能力[14]。 缺点：需要精细管理，要准确控制曝气和停曝气时间以达到最佳处理效果
吸附-生物氧化工艺	也称为两级生化处理工艺或AB法，A段负荷高，B段负荷低，两段各有独立的污泥回流系统。废水在A段进行生物吸附，在B段进行生化反应。 优点：适用于处理高浓度生活污水。 缺点：流程复杂，耗氧量高
氧化沟	氧化沟是一个首尾相连、呈封闭状的环形或椭圆形循环流曝气池。曝气装置下游的溶解氧浓度降低。可在同一反应池中分隔出厌氧、缺氧和好氧区域，实现同步硝化-反硝化及除磷。 (1) 优点：水力停留时间长，抗冲击负荷能力强，污染物去除能力高，污泥产量小。 (2) 缺点：需要空间大
序批式反应器	在同一个反应器内采用"进水→混合反应→沉淀→出水"循环进行的方式完成废水活性污泥处理工艺的所有步骤。可以通过控制曝气启动和停止周期，实现除碳、脱氮和除磷。 (1) 优点：设施相对简单，不需要单独设置二沉池，污泥沉降性能高，能较好地抑制丝状菌的生长和污泥膨胀。 (2) 缺点：工艺控制复杂
间歇循环延时曝气工艺	在序批式活性污泥法的基础上发展而来，在反应池的进水端增加了一个缓冲池。废水以连续的方式进入缓冲池，以间歇的方式排出处理后的废水。 (1) 优点：有效防止污泥膨胀，强化生物脱氮除磷效果，耐冲击负荷能力强。 (2) 缺点：工艺控制复杂

1.1.3.2 生物膜法

(1) 生物膜法的定义和废水净化机理

生物膜法是一种高效的好氧生物处理技术，通过生物膜上的微生物群落的代谢活动，对废水中的污染物进行吸附并将其降解为水和二氧化碳等，从而达到水质净化的目的。

微生物在好氧生物池中放置的比表面积较大的载体（或填料）上聚集、生长、繁殖，逐渐形成生物膜。当废水以一定流速流经生物膜时，微生物通过吸附和氧化降解废水中的有机污染物。与此同时，生物膜随着微生物的增殖而变厚。当生物膜达到一定厚度时出现脱落。旧生物膜脱落后会被新的生物膜所替代，污水在生物膜的"新膜→增厚→脱落"的周期性变化中得到净化。

用于污水处理的生物膜法包括多种工艺，如生物滤池、生物接触氧化池、生物转盘和曝气生物滤池等，这些工艺的特点见表1-3。

表1-3 不同生物膜法工艺的比较

工艺	工艺特点
生物滤池	废水经过滤料时，利用滤料对污染物进行截留，并利用滤料表面形成的生物膜对污水中的污染物进行吸附和生物降解。 根据不同的设计和功能，生物滤池有普通生物滤池、高负荷生物滤池和塔式生物滤池等类型。普通生物滤池适合中小型有机工业废水的处理，其生化需氧量的去除效率可达到95%以上。高负荷生物滤池适用于高水力负荷条件的废水处理，塔式生物滤池适用于大规模废水的处理。 (1) 优点：处理能力强、占地少、出水水质好、耐冲击负荷能力高。 (2) 缺点：运行成本高、滤料易堵塞
生物接触氧化池	微生物在接触氧化池内的填料表面附着，形成生物膜，废水曝气后与生物膜充分接触，利用生物膜对有机物进行氧化分解。 (1) 优点：高效节能、占地小、运行方便[15]。 (2) 缺点：填料易板结，脱氮除磷能力有限
生物转盘	利用固定在平行圆盘上的生物膜来降解废水中的有机物和氮。圆盘1/2浸没在接触反应槽的废水中，另1/2暴露在空气中，以一定的速度旋转。当圆盘旋转浸没在废水中时，废水中的有机物被生物膜吸附和吸收；当圆盘旋转到水面之上与空气接触时，生物膜上的微生物对有机物进行好氧降解。随着圆盘的转动，污染物不断重复进行吸附和氧化分解，生物膜也逐渐变厚。在水流剪切力的作用下，生物膜脱落。 (1) 优点：有机物和氨氮去除效率高，能耗低，运行成本低。 (2) 缺点：占地面积大，建设成本较高，磷的去除效果较差
曝气生物滤池	将接触氧化与过滤结合在同一个反应器的污水处理技术[16]。有机物的生物降解在填料上进行，产生的剩余污泥通过过滤作用被截留在滤池内。 (1) 优点：有机物、氨氮和悬浮物的去除效率高，无需设置二沉池，抗冲击能力强，氧利用率较高，运行成本和维护成本较低。 (2) 缺点：需要进行反冲洗

(2) 生物膜法的特点

生物膜法在污水处理中运行稳定，展现出良好的处理效果。在生物膜中，微生物被附着在固体表面上的凝胶状胞外聚合物基质所捕获。生物膜中的微生物的停留时间比悬浮污泥更长，因为后者通常从反应器和混合液中连续去除。因此，某些需要缓慢生长的微生物降解的污染物和营养物质的去除，在生物膜工艺中不需要较长的水力停留时间或较高的生物量回流比就可以实现。从生物膜载体表面到内部的溶解氧浓度梯度为有机物的去除和生物脱氮提供了理想的环境。生物膜表面主要发生好氧过程，包括硝化反应和有机物的降解，而内部则适宜进行反硝化反应。此外，生物膜法中的污泥以附着态存在，不仅具有良好的沉降性能，避免了污泥膨胀的问题，还具备较强的耐冲击负荷能力，能够有效处理高浓度废水。

近年来，为了进一步提高污染物的降解效率，新型生物膜载体的研究不断取得进展。这些新型载体包括缓释生物载体[17]、氧化还原介体生物载体[18]、磁性生物载体[19]和亲水改性生物载体[20] 等。这些新型载体的开发为生物膜法污水处理提供了更多的选择，为实现高效环保的污水处理技术提供了有力支持。

1.1.4 废水的深度处理

1.1.4.1 混凝沉淀

混凝沉淀包含了混凝、絮凝和沉淀 3 个过程，是废水深度处理的重要环节。混凝是通过向废水中投加混凝剂，如铝盐和铁盐，使废水中的胶体和悬浮物脱稳，形成较小的絮状体。这些细小絮状体经相互碰撞形成更大的易沉降的絮体或絮凝物，这个过程称为絮凝。絮凝物通过沉淀被有效去除，从而达到净化水质的目的。

在混凝过程中，混凝剂的种类、投加量、反应时间、混合搅拌速度以及反应 pH 值等条件都需要通过烧杯实验来确定，以确保最佳处理效果。为了进一步加强混凝效果，有时还会投加一定量的助凝剂（如聚丙烯酰胺），以促进絮体的形成和稳定。混凝和絮凝过程中涉及的机理包括压缩双电层机理、吸附电中和机理、吸附架桥机理和卷扫网捕机理，在这些机理的共同作用下废水中的污染物得到有效去除。

城市生活污水经二级生物处理后，出水的化学需氧量浓度通常为 50～100mg/L，悬浮固体浓度＜30mg/L，这样的水质虽然已经得到了一定程度的改善，但仍不能满足污水回用的要求，经过混凝沉淀处理后的出水一般能够达到市政杂用水水质的标准。例如，采用硫酸铝和聚合氯化铝作混凝剂，成功地将某污水处理厂二级出水的总磷（TP）浓度降至 0.05mg/L 以下[21]。

混凝沉淀对氨氮和总氮（TN）等某些特定污染物的去除效果不佳[22]，可能需要与超滤或生物处理等处理技术结合使用才能达到更高的水质标准[23]。

1.1.4.2 过滤

典型的废水二级生物（活性污泥法）处理出水的生化需氧量通常为 20～30mg/L，

悬浮固体浓度为20～30mg/L，包括了未降解的有机污染物和微生物絮体，可以采用过滤的方法进一步去除这些物质，改善出水水质。

过滤是使污水通过颗粒滤料，利用阻力截留、重力沉降和接触絮凝作用截留水中悬浮固体和胶体使水质澄清的工艺过程，滤池是进行过滤的主要设施。过滤是城镇污水厂升级改造中进行深度处理的主流技术之一，通过采用不同类型的滤池和其他废水处理技术形成的组合工艺，可以有效提高出水水质，满足甚至超过国家规定的废水排放标准。例如，采用两级缺氧/好氧生物滤池与微絮凝过滤组合工艺对城镇污水处理厂二级出水进行强化除碳脱氮除磷处理，处理后出水的化学需氧量（COD）、氨氮、TP和TN的平均浓度分别降至19.86mg/L、0.48mg/L、0.22mg/L和6.77mg/L，该工艺对这些污染物的去除效率分别为85%、94%、75%和72%[24]。大同市东郊污水处理厂二期工程采用滤布滤池-紫外消毒工艺对二级生物处理出水进行深度处理，处理后的出水水质达到《城镇污水处理厂污染物排放标准》（GB 18918—2002）一级A标准[25]。

另一项研究指出，采用臭氧-曝气生物滤池组合工艺对某城市污水厂二级生化处理出水进行深度处理，在较低的处理费用下获得合格回用水水质。该工艺首先利用臭氧预氧化去除水中的色度、浊度和部分有机物，提升废水的可生化性。之后采用占地面积小、出水水质好且不会发生污泥膨胀的曝气生物滤池继续去除有机物。废水经该组合工艺处理后，出水的化学需氧量、色度和浊度等水质指标满足生产工艺对回用水的水质要求[26]。

1.1.4.3 吸附

吸附技术在污水三级处理中的主要作用是去除二级生物处理后废水中残留的有机物、重金属、氨态氮和磷等污染物，从而提高出水水质，满足更严格的废水排放标准或回用要求。粉末活性炭是污水三级处理中应用最为广泛的吸附剂，因其较大的比表面积和良好的吸附性能，能够降低污水中的化学需氧量，有效去除氨态氮等污染物[27]。例如，利用煤质活性炭处理某工业园区污水厂生化系统出水，色度的去除效率为69.8%，化学需氧量的去除效率与不投加活性炭时相比提升约20%以上，确保出水水质达到相关标准[28]。

吸附技术在污水三级处理中的应用广泛且效果显著，不仅能够有效去除多种污染物，还能通过与其他技术的结合使用进一步提高处理效率和出水水质。例如，采用活性炭吸附法和超滤法对城市污水进行深度处理，活性炭能有效去除溶解性有机物，而超滤法则能去除废水中95%以上的浊度[29]。随着新型高效和绿色环保型吸附材料的研发和应用，这些新型吸附材料包括碳纳米管/石墨烯基纳米材料、生物炭、沸石、壳聚糖类吸附材料以及聚合物基新型复合吸附材料等，使得吸附技术在污水处理领域的应用前景更加广阔。

1.1.4.4 膜分离

废水三级处理中的膜分离是指利用超滤膜、微滤膜、纳滤膜和反渗透膜对废水中的某些成分进行选择性分离的净水技术。通过合理选择和组合这些膜分离技术，可以有效提高废水处理效率，促进水资源的高效利用和环境保护。例如，北京高碑店再生水厂采用超滤膜系统作为深度处理单元，处理后的出水的平均浊度为0.2NTU，系统水回收率超过90%[30]。Chon等[31]在一个中试规模的市政废水处理与回收系统中采用“混凝-圆盘过滤-超滤-反渗透”组合工艺，有效去除废水中的有机物和氨态氮等污染物，处理后的再生水满足当地废水回用法规中对溶解性有机碳和总氮浓度的规定。

将膜分离技术与生物处理技术相结合开发出的膜生物反应器技术有非常高的污染物降解和去除效率，在城市污水处理厂提标改建、中水回用、难处理高浓度有机污染物废水处理等方面有非常广泛的应用。

1.1.5 污泥的处置

1.1.5.1 污泥的来源及特点

在利用好氧生物技术处理废水的过程中会产生大量污泥，这些污泥主要来自初沉池、二沉池以及三级处理。来自初沉池的污泥固体含量介于3%～8%之间，其中约70%为有机物。二沉池产生的生物污泥的固体含量一般为0.5%～2%，固体成分中约90%为有机物。这两种污泥含有丰富的有机物，容易腐化产生有害物质，污泥本身也含有多种有毒有害物质，如细菌、病原微生物等，需要进行妥善的处理和利用。废水三级处理过程中产生的污泥成分复杂，采用的处理工艺直接影响污泥特性。例如，采用化学法除去废水中的磷时，由于化学药剂的使用，会产生大量含磷酸铵镁的化学污泥。

1.1.5.2 污泥的处理方法

废水好氧生物处理过程中产生的污泥量巨大，它们的处理和利用成为市政污水处理系统中最复杂和昂贵的环节之一。污泥的处置费用占整个废水处理厂运行成本的25%～65%[32]。这些污泥的共同特点是含水率极高，通常超过99%。因此，污泥处理的核心任务是去除污泥中的水分，减小污泥体积，以便于污泥的最终处置和利用。

在进行污泥处理时，需要根据处理污泥量的大小、污泥中所含污染物成分以及需要达到的处理要求等因素，决定污泥处理工艺流程。较为完整的污泥处理工艺流程为“污泥浓缩-污泥消化-干化与脱水-干燥与焚烧”[33]。污泥浓缩是利用污泥与水之间的相对密度不同，通过重力浓缩或气浮浓缩尽可能多地去除污泥颗粒间的间隙水，减小污泥体积。废水在一级和二级处理过程中产生的剩余污泥经污泥浓缩池浓缩处理后，含水量可降至95%～97%，污泥体积大幅减小，但是污泥中的有机物含量并没有降低，通过厌氧消化可将有机物转化为更为稳定的形式，降低有机物的浓度，并且回收沼气利用能源。污泥厌氧消化机理和废水有机物厌氧生物处理的机理相同。污泥经过消化处理后，含水率仍较高，需要对其进行自然干化或机械脱水处理。污泥经机械干化脱水后含水率可降低至65%～75%。在进行机械脱水前，可以使用混凝剂或絮凝剂等化学药剂，使污泥发生聚集，提高其脱水性。经干化或脱水处理后的污泥可以继续利用热能进行污泥干燥，进一步脱除污泥所含的水分。该过程可以根据污泥后续处理的需求，通过控制工艺条件来控制干燥污泥的含水率。例如，污泥如果继续进行焚烧处理，干燥污泥的含水率则应<70%；如果干燥污泥的后续处理是卫生填埋，其含水率一般应控制在35%左右。

污泥的处置不仅关系到环境保护，也涉及资源的合理利用。随着技术的进步和政策的支持，污泥的处置朝着绿色、低碳、可持续的方向发展。例如，利用污泥制备用于污水深度处理的污泥吸附剂，对重金属、有机物和无机物等有较好的吸附效果，实现了固体废物再利用和去除污染物的双重目的[34]。考虑到污泥具有污染性和资源性的双重特征，选择合理的污泥处置技术或组合工艺，对于实现环境保护和资源化利用具有重要意义。

1.1.6 废水处理工艺流程的确定

1.1.6.1 城市生活污水处理工艺

污水处理工艺流程是指由一系列处理单元以一定顺序组合形成，实现一定污染物去除效率，达到水质净化目的的工艺。由于城市生活污水和工业废水中的污染物种类繁多，通常需要对多种处理方法进行合理组合才能有效去除这些污染物。然而，每种处理方法对污染物的去除效率各有不同，因此，选择何种处理方法以及如何将这些方法组合成一个高效的废水处理工艺至关重要。首先，需要根据原污水水质和水量，以及处理后的污水需要达到的具体要求来决定。其次，还应该充分考虑工程造价和运行费用、运行管理所需的技术条件与施工的难易程度。在废水处理工艺流程的选择上还应特别注意避免二次污染问题的发生。

城市生活污水处理的典型工艺流程包括废水的一级处理和二级处理，以及剩余污泥的处置。城市污水首先经过格栅、沉砂池和初沉池组成的一级处理，去除漂浮物、悬浮物、胶体和部分有机物。随后，污水进入以活性污泥为主的二级生物处理系统，在曝气池中进行有机物的好氧降解，在二沉池中实现泥水分离，最终得到符合排放标准的处理水并排入自然水体中。剩余污泥通过浓缩、稳定化处理、脱水等过程进行处理。如果经二级生物处理后的出水需要达到更高的水质要求，通常需要对二沉池出水进行深度处理，处理后的出水水质得到大幅提升，可作为回用水再次被利用，如用于农业灌溉、城市绿化、工业再用、地下水补充等，国家对这类再利用水的化学需氧量、生化需氧量、总磷、总氮和悬浮固体等水质指标做出了具体规定。

1.1.6.2 工业废水处理工艺

工业废水成分复杂多变，水量和水质的变化幅度大，因此在处理时需要根据废水的具体特性来选择合适的处理方法和工艺。根据工业废水的水量、水质特征以及工厂的地理位置等，工业废水的处理主要有单独处理和与城市污水合并处理两种方式。

对于配备了完整工业废水处理设施的工厂，可以将工业废水在工厂内部进行单独处理，处理后的水达到相关排放标准的要求后可直接排入自然环境中，或者在工厂内部进行回用。这种做法不仅能够确保废水得到有效的处理，还能减少对环境的污染。

如果工业废水采用与城市污水合并处理时，需要先在工厂内对废水进行适当的预处理，当处理后的水达到《污水排入城镇下水道水质标准》(GB/T 31962—2015)[35] 的要求后，排入市政污水下水管道系统，进入城市污水处理厂与生活污水共同集中处理。这种合并处理废水的方法能节约基建投资和运行费用，便于管理，并且通常能够取得比单独处理更好的处理效果。

不论城市生活污水或工业废水采用何种处理技术或工艺，处理后的水在排放前都必须达到排放或再利用标准对水质的要求。不同的废水排放和再利用标准对有机碳、氮、磷和悬浮固体有不同的排放要求。

1.2 废水生物处理基本原理

1.2.1 废水处理中的微生物

在废水处理过程中，有机物的降解、氮磷营养物质的去除都是通过各种微生物的代谢作用实现的。废水处理中具有重要意义的微生物有细菌、真菌、藻类、原生动物和后生动物等。

1.2.1.1 细菌

细菌是一类单细胞微生物，它们在废水处理中发挥着关键作用。根据对营养物质的需求不同，细菌分为自养菌和异养菌两类。自养菌主要利用无机碳为碳源，无机氮和无机磷为氮源和磷源，通过代谢过程将它们转化为其他无机物。在污水生物处理中，将氨态氮氧化为亚硝态氮的氨氧化细菌，以及将亚硝态氮氧化成硝态氮的亚硝酸盐氧化菌属于自养菌。异养菌以有机碳为碳源，有机氮或无机氮为氮源，通过代谢将这些物质转化为二氧化碳、氮气和甲烷等无机物。在废水生物处理中，参与有机污染物好氧降解的细菌主要是异养菌，将硝态氮转化为氮气的反硝化细菌，以及将有机碳转化为甲烷的甲烷菌都属于异养菌。

根据对氧的需求程度，细菌可以分为好氧菌、厌氧菌和兼性厌氧菌。好氧菌（如氨氧化细菌）依赖氧气作为最终电子受体，因此其代谢过程需要充足的氧气。厌氧菌（如甲烷菌）不能将氧气作为终末电子受体，因此其代谢过程不需要氧气，这类细菌在有氧环境下无法存活，即使水中极低浓度的溶解氧对它们也有毒性。兼性厌氧菌（如反硝化细菌）能够在有氧条件下将氧气作为终末电子受体，但在特定条件下也能在无氧条件下生长，这类细菌对较低浓度的溶解氧有一定的耐受性。

此外，细菌还可以根据其适宜生长的温度范围分为嗜冷菌、中温菌和嗜热菌。嗜冷菌最佳生长环境温度<20℃，中温菌适宜生长的温度范围是25～40℃，嗜热菌最适宜在45～60℃的高温环境中生长。

1.2.1.2 真菌

真菌是一类好氧异养型多细胞微生物，它们以有机物为碳源，通过分裂、芽殖和孢子形成等多种方式进行生长增殖。适宜真菌生长的环境的pH值范围为2～9，最佳pH值为5.6。与细菌相比，真菌的需氮量仅为后者的1/2，在氮缺乏的废水中真菌比细菌具有更强的生存优势。

1.2.1.3 藻类

藻类是一类低等的单细胞或多细胞植物性微生物（如硅藻）或细菌（如蓝藻），具有多种形态，包括单个球状、球状排列成堆、丝状等。大多数藻类体积微小，肉眼难以直接观察。藻类属于光能自养型微生物，其细胞中通常含有叶绿素，能够利用太阳能通过光合作用将无机碳、无机氮和无机磷合成有机物。

基于微藻生物处理技术的菌藻共生系统在废水处理中表现出高效的氮磷等污染物去除效率，该系统不仅能耦合二氧化碳固定，实现碳减排，还能降低微藻光合作用额外补充二氧化碳的能耗，是一种绿色低碳且经济可持续的一体化污水资源化处理技术[36]。

1.2.1.4 原生动物

原生动物是最低等的单细胞生物，具备分裂增殖的能力，绝大多数属于好氧异养型微生物。污水中常见的原生动物有鞭毛虫、变形虫、纤毛虫等。相较于细菌，原生动物的体型较大，一般尺寸为100～300μm，少数种类较小，只有几微米。原生动物在污水处理和水质净化中发挥着不可忽视的作用，它们的存在不仅有助于改善水质，还能作为水质变化的指示物，为污水处理提供重要的参考信息。原生动物在活性污泥中的种类和数量往往按照一定的规律变化，例如，在活性污泥运行初期，曝气池中常出现的原生动物为鞭毛虫和肉足虫；当活性污泥成熟且曝气池中氧气充足时，钟虫的数量较多。

尽管原生动物在污水处理中的作用不及细菌显著，但它们通过吞食固态有机物、游离细菌、真菌和藻类等，对水质净化具有一定的贡献。例如，在用活性污泥法处理污水的过程中，纤毛虫能够促进微生物絮凝，提高污泥的沉降性，也能通过直接利用废水中的有机物以及吞食游离菌，来改善出水水质。

由于不同种类的原生动物对环境变化的敏感程度不同，因此，在不同水质环境中会出现不同的原生动物种类。例如，当水中溶解氧充足时钟虫大量出现，而当溶解氧浓度很低时钟虫则较少出现且不活跃。因此，在对废水进行生物处理的过程中，通过观察原生动物出现的种类和数量可以初步判断生物处理工段的运行状况以及废水的净化程度。

1.2.1.5 后生动物

后生动物属于好氧型多细胞动物，对水环境质量要求高。在活性污泥法中，后生动物的出现表明废水处理效果较好，水质净化程度较高。后生动物主要通过吞食颗粒态有机物来起到净化废水的作用，也可以通过捕食游离细菌、藻类和原生动物来提高水质。

1.2.1.6　微生物的营养关系

在废水生物处理过程中，细菌、真菌、藻类、原生动物和后生动物等微生物相互作用，通过各自独特的新陈代谢活动，将废水中的有机物、氮和磷等营养物质转化为生物质或其他形式的产物，从而达到净化废水的目的。

在废水净化过程中，细菌和真菌主要通过分解水中的有机物、氮和磷等营养物质，进行有氧或无氧呼吸，从而合成自身的细胞物质。这一过程不仅促进了营养物质的循环利用，也为其他生物提供了必要的营养基础。藻类利用光合作用将二氧化碳和水中的氮、磷转化为有机物，不仅提供氧气，还合成自身的细胞物质。水中的有机物和营养盐浓度等影响藻类的生长繁殖。当藻类细胞死亡后，它们的残体成为细菌等微生物的营养来源，进一步促进营养物质的循环[37]。原生动物和后生动物通过捕食水中的固态有机物、细菌和藻类等，参与水体中的食物链结构，它们的代谢产物又可作为藻类和菌类的营养物质。

1.2.2　好氧生物处理

好氧生物处理是一种在有氧条件下进行的废水生物处理技术，主要包括活性污泥法和生物膜法。该技术利用好氧微生物将废水中的溶解态与胶体态有机污染物作为营养源进行代谢，一部分有机物被直接氧化分解以获得能量，另一部分则用于合成新的细胞物质。这些新合成的细胞物质可能会再次被微生物消耗，从而促进微生物的生长。可溶性有机物可以直接进入微生物细胞内，通过一系列酶促反应进行降解。而胶体态或颗粒态有机物先被吸附在微生物细胞外，然后在胞外水解酶的作用下被水解成小分子有机物，这些小分子有机物进入细胞内部，通过酶促反应进行降解。有机污染物好氧降解的最终产物是二氧化碳和水。

大部分有机物可以通过好氧微生物的代谢被氧化并释放出大量能量。大多数好氧微生物都能够以较高的速率生长，产生的新细胞数量相对较高，这意味着好氧氧化系统产生的生物污泥比其他系统多。好氧生物处理是处理大量低浓度废水（$BOD_5<500mg/L$）的首选方法，这种方法的有机物分解速度快、效率高，而且产生的臭味较少。好氧生物处理不适合处理高浓度有机废水（$BOD_5>1000mg/L$），因为很难提供充足的氧气满足有机物降解对氧气的需求，而且会产生大量的生物污泥。针对这类废水，可以采用有机物去除效率较高的厌氧-好氧串联工艺、膜生物反应器技术等[38]。

废水中的有机污染物主要分为耗氧有机物和有毒有机物。耗氧有机物主要包括废水中的糖类、脂肪和蛋白质等，这些物质较易被生物降解。有毒有机物包括烃类、苯及其衍生物等，这类物质属于难生物降解有机物，转化途径相对较复杂。不同化学结构的有机物在微生物降解过程中表现出不同的降解途径和降解效率。

1.2.2.1　耗氧有机物降解的基本途径

(1) 糖类的好氧生物降解

在有氧条件下，多糖在微生物分泌的胞外水解酶的作用下被水解成二糖和单糖，摄入细胞内。二糖在细胞内被水解为以葡萄糖为主的单糖。这些单糖在细胞内经过一系列酶促反应转化为丙酮酸。丙酮酸经过酶促反应生成乙酰辅酶 A，而乙酰辅酶 A 与草酰乙酸在酶的作用下转化为柠檬酸，柠檬酸随后参与三羧酸循环。在三羧酸循环过程中，乙酰辅酶 A 与草酰乙酸持续反应生成新的柠檬酸。通过三羧酸循环，丙酮酸被完全氧化，最终产物为二氧化碳和水。

(2) 脂肪的好氧生物降解

在有氧条件下，脂肪在微生物分泌的胞外水解酶催化作用下被水解为脂肪酸和甘油。随后，脂肪酸和甘油被微生物细胞吸收并进一步降解。甘油在细胞内经过一系列酶促反应形成丙酮酸，而丙酮酸则通过三羧酸循环最终被降解为二氧化碳和水。脂肪酸在细胞内则通过 β-氧化途径被转化成乙酰辅酶 A 和脂酰辅酶 A。乙酰辅酶 A 进一步参与三羧酸循环，最终被完全降解为二氧化碳和水。脂酰辅酶 A 则通过 β-氧化和三羧酸循环被降解，降解产物为二氧化碳和水。

(3) 蛋白质的好氧生物降解

在有氧条件下，蛋白质首先在微生物分泌的胞外水解酶的作用下水解成多肽，多肽继续水解成二肽和氨基酸。随后，二肽和氨基酸被摄入微生物体内，二肽被胞内水解酶水解为氨基酸。氨基酸经过脱氨或脱氨脱羧反应转化为不同类型的脂肪酸。这些脂肪酸进一步通过 β-氧化和三羧酸循环被降解，最终产物为二氧化碳、水和氨。

1.2.2.2 有毒有机物降解的基本途径

在有氧条件下，直链烷烃可通过末端氧化、次末端氧化和 Finnerty 氧化途径被降解为脂肪酸。这些脂肪酸通过 β-氧化途径降解为乙酰辅酶 A，最终进入三羧酸循环，完全转化为二氧化碳和水，同时为细胞提供必要的生长能源[39]。萘、蒽等多环芳烃首先被氧化降解为邻苯二酚中间产物，这些中间产物进一步被氧化，并通过邻位或间位开环反应降解为酸。这些酸随后通过 β-氧化和三羧酸循环被完全降解并产生能量[40]。

1.2.3 厌氧生物处理

厌氧生物处理是指兼性厌氧菌或专性厌氧菌在无氧环境下，将废水中的有机物转化为以甲烷为主的生物质气的技术，也称为厌氧消化或甲烷发酵。厌氧生物处理技术不仅能够高效降解废水中的有机污染物，还能产生甲烷等可再生能源，从而实现废水资源化和能源回收的双重目标。

甲烷发酵是在无氧条件下，通过发酵细菌、互补型产乙酸菌、同型产乙酸菌、产甲烷菌等厌氧微生物之间的协同作用，有控制地将可生物降解有机物转化为甲烷、二氧化碳和稳定物质的过程[41]。如图 1-2 所示，甲烷发酵过程包括水解、酸化、产氢产乙酸和产甲烷 4 个阶段。

1.2.3.1 水解阶段

在水解阶段，有机物在胞外水解酶的作用下被水解成能被微生物直接利用的简单有

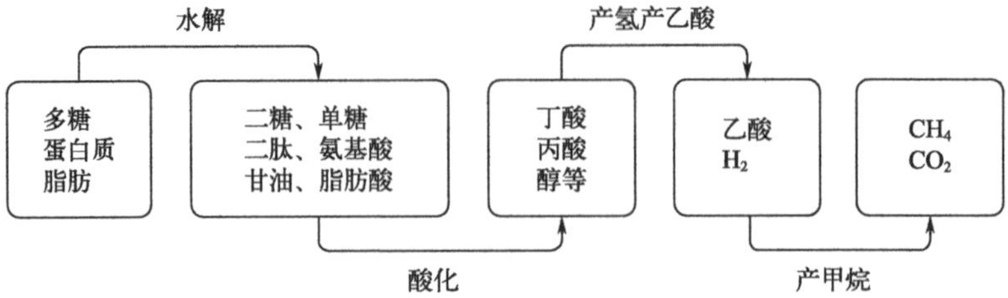

图 1-2 厌氧发酵的 4 个阶段

机物。例如，多糖被转化为二糖和葡萄糖，蛋白质被转化为二肽和氨基酸，脂肪则被转化为脂肪酸和甘油。参与水解反应的微生物主要有拟杆菌和梭状芽孢杆菌等[42, 43]。

1.2.3.2 酸化阶段

在酸化阶段，水解阶段产生的溶解性简单有机物进入发酵细菌体内，在其胞内酶的作用下转化为更高级的有机酸（如丁酸、丙酸）和醇等。底物种类、参与酸化反应的微生物种群及厌氧降解条件影响酸化阶段的最终产物。研究发现，混合微生物参与的酸化过程的主要产物有氢气、丙酸酯、乙酸酯、丁酸酯和二氧化碳，当最低初始 pH 值为 4.5 时，以蔗糖和淀粉为底物的单位产氢潜力分别达到 214.0mL H_2/g COD 和 125.0mL H_2/g COD，然而它们的特别产氢速率却最慢[44]。

参与酸化阶段反应的微生物为发酵细菌，主要有梭状芽孢杆菌、拟杆菌、丁酸梭菌、双歧杆菌等[45, 46]。这些微生物大多数是严格厌氧菌，但通常有极小部分的发酵细菌属于兼性厌氧菌。兼性厌氧菌可以耐受较低浓度的溶解氧，在厌氧发酵过程中能够避免严格厌氧菌（如甲烷菌）的活性受到氧气的抑制。发酵细菌的特点是生长速率快，对环境条件（温度、pH 值等）有较强的适应性。

1.2.3.3 产氢产乙酸阶段

在这一阶段，产氢产乙酸菌将上一阶段产生的有机酸和醇等转化为乙酸、氢气和二氧化碳，为下一阶段甲烷的产生提供充足的原料。产氢产乙酸菌参与的产氢产乙酸反应主要包括以下几种。

(1) 乙醇转化为氢气

$$CH_3CH_2OH + H_2O \longrightarrow CH_3COOH + 2H_2 \tag{1-2}$$

(2) 丙酸转化为氢气

$$CH_3CH_2COOH + 2H_2O \longrightarrow CH_3COOH + 3H_2 + CO_2 \tag{1-3}$$

(3) 丁酸转化为氢气

$$CH_3CH_2CH_2COOH + 2H_2O \longrightarrow 2CH_3COOH + 2H_2 \tag{1-4}$$

(4) 乳酸转化为氢气

$$CH_3CHOHCOOH + H_2O \longrightarrow CH_3COOH + CO_2 + 2H_2 \quad (1\text{-}5)$$

1.2.3.4 产甲烷阶段

在产甲烷阶段，产甲烷菌将乙酸、氢气和二氧化碳等转化为甲烷和二氧化碳，并合成新的甲烷菌。产甲烷菌是一类专性厌氧的古细菌，仅能在无氧环境中通过利用简单的有机物或无机物产生甲烷。这些简单有机物主要包括一些简单的一碳物质，如甲酸、甲醇、甲基胺类以及乙酸。产甲烷菌包括甲烷八叠球菌、甲烷杆菌、甲烷球菌、甲烷丝状菌等类型[47, 48]。产甲烷菌可分为食氢产甲烷菌和食乙酸产甲烷菌。食氢产甲烷菌利用氢气还原二氧化碳生产甲烷［式（1-6）］，这一过程不仅有助于减小环境中的二氧化碳浓度，同时也为生物能源的生产提供了重要的原料[49]。

$$4H_2 + CO_2 \longrightarrow CH_4 + 2H_2O \quad (1\text{-}6)$$

食乙酸产甲烷菌通过以下反应将乙酸转化成甲烷和二氧化碳，这一过程产生的甲烷量占甲烷总量的70%。

$$CH_3COOH \longrightarrow CH_4 + CO_2 \quad (1\text{-}7)$$

$$CH_3COO^- + H_2O \longrightarrow CH_4 + HCO_3^- \quad (1\text{-}8)$$

1.2.4 影响废水生物处理的因素

1.2.4.1 溶解氧

溶解氧对生物处理效果具有重要影响。在好氧微生物的代谢过程中，氧分子作为受氢体并且参与部分物质的合成。因此，在对废水进行好氧生物处理时，必须保持一定的溶解氧浓度，以便好氧微生物能够正常代谢。在废水好氧生物处理过程中，如果溶解氧浓度不足，处理效果会因有机物分解不彻底而下降，丝状菌的生长还会引起污泥膨胀。然而，溶解氧浓度过高则会造成能源浪费，且好氧微生物会因缺乏营养而死亡。为了取得良好的处理效果，在好氧生物处理过程中溶解氧浓度一般维持在2～3mg/L[50]。

在废水厌氧生物处理工艺中，溶解氧浓度应严格控制在0.2mg/L以下[51]，否则会抑制厌氧微生物的活性，影响有机物的降解效率。

1.2.4.2 温度

在适宜微生物生长的温度范围内，微生物的生化反应活性会随着温度的升高而提高。一旦温度突然升高或突然降低并且超出适宜微生物生长的温度范围，就可能导致细胞组织受到不可逆损伤，影响微生物代谢和降解污染物的能力。例如，中温菌在25～40℃范围内活性最高，当温度＞40℃或＜10℃时这类微生物的活性会受到抑制。因此，在进行生物处理时，必须控制并维持适宜的温度范围以确保微生物的正常生长和活性。

1.2.4.3 营养物质

细胞主要由碳、氢、氧和氮4种元素组成，这些元素占细胞组成的90%～97%。此外，无机元素（主要是磷元素）也在细胞组成中占有重要比例，其含量为3%～10%。废水中的有机碳与氮和磷的比例关系，对废水处理过程中微生物群落的活性有重要影响，也影响废水的生物处理效率。不同来源的废水中有机碳与氮和磷的比值不同。

为满足微生物降解污染物的需求，废水进行好氧生物处理时，通常按照100∶5∶1的生化需氧量、氮和磷的比例投加碳、氮和磷；而废水进行厌氧生物处理时，通常按照生化需氧量、氮和磷（200～400）∶5∶1的比例投加碳、氮和磷。而甲烷菌对碳氮比的要求为30∶1。在处理废水时，除了考虑微生物对碳、氮和磷基本营养元素的需求，还需要根据具体情况考虑补充钾、镁、钙、硫和钠等无机营养元素，以及铁、铜等微量元素。在处理生活污水时，通常不需要额外投加营养物质。然而，在处理某些工业废水时，需要根据具体情况补充营养元素，以满足微生物生长及降解污染物的需求。

1.2.4.4 pH值

pH显著影响微生物的活性和生长。因此，在废水生物处理过程中，保持适宜的pH值范围非常重要，否则微生物活性降低、生长缓慢甚至死亡，导致处理失败。

好氧生物处理过程中，好氧微生物，包括细菌、藻类和原生动物，在pH6.5～8.5的中性和偏碱性环境中最为活跃。当pH<4.5时，真菌会占据优势地位，可能导致污泥膨胀现象的发生。微生物的活性也会影响混合液的pH值。例如，硝化细菌的最佳生长pH值范围为6.0～8.0，在硝化反应过程中，随着硝态氮的产生，系统的pH值会有所下降。

在厌氧生物处理过程中，产酸菌在pH值介于4.5～8.0之间时能维持较高的活性，而产甲烷菌在pH6.8～7.2的弱碱性环境中最为活跃，pH>9时会抑制甲烷菌的生长，从而影响整个厌氧处理系统的效率。

1.2.4.5 有毒物质

有毒物质是指对微生物具有毒性并且能够抑制微生物活性的物质。这类物质主要包括重金属、硫化氢等无机化合物，以及酚和醛等有机物。多数重金属，如铜、锌、铅和铬等，都具有毒性，不利于微生物的生存。重金属通过与微生物的蛋白质结合，导致蛋白质变性或沉淀，重金属也能通过与酶的巯基结合而导致酶失去活性。酚和醛等有机物能引起蛋白质的变性或脱水。

在废水生物处理过程中，严格控制有毒物质的浓度对于保护微生物的活性和提高处理效率至关重要。不同环境中的微生物对有毒物质的耐受力存在差异，通过逐渐增加负荷驯化法可以有效地确定毒物对微生物的抑制性，从而为废水生物处理提供科学依据[52]。

在处理高浓度有毒有害废水和较难处理废水时，可以通过逐步提高有毒物质浓度的方法对微生物进行强化，促使微生物适应新环境，从而提高废水处理效率。例如，通过投加经筛选的降解菌和复合菌剂，可以显著提高聚甲醛工业废水中有毒物质的降解率，增强系统的稳定性和抗冲击负荷能力[53]。

1.2.5 废水好氧生物处理与厌氧生物处理的选择

好氧生物处理与厌氧生物处理是废水处理的两种核心生物处理技术，这两种技术均能实现有机污染物的有效处理，但它们的适用范围、反应机制和工艺特性存在显著差异。在实际应用中，选择哪种方法进行废水处理需要根据具体处理对象、处理效率以及能耗等情况来决定。

从处理对象和产物来看，好氧生物处理工艺适用于处理中低浓度可降解有机废水，而厌氧生物处理技术更适合处理高浓度难降解有机废水。这种差异源于微生物代谢路径的不同，好氧生物处理主要依赖不同类型的好氧微生物对不同类型的有机物进行氧化分解，分解产物为二氧化碳和水等无机物；而厌氧生物处理则主要是由发酵细菌、产氢产乙酸菌和产甲烷菌这三大类微生物协同作用，通过水解、酸化、产氢产乙酸和产甲烷等步骤最终生成以甲烷为主要成分的生物质气。

在处理效率方面，好氧生物处理系统的反应速率快，水力停留时间较短，但是有机容积负荷较低，在废水处理过程中，需要维持较高的溶解氧饱和度，以满足好氧微生物对氧的需求。好氧生物处理对其他环境条件要求不太严格，通常在常温下进行，而且处理出水一般可以达标排放。厌氧生物处理系统的反应速率较慢，水力停留时间较长，但处理负荷能力高，而且不需要曝气，能耗较低，但是对 pH 值和温度等环境条件要求严格[33]。在处理相同水量废水时，好氧反应器体积较小但需要配套的曝气系统；厌氧反应器体积较大，但可以通过沼气回收补偿部分建设成本[54]。

在营养物质需求方面，好氧生物处理工艺中的好氧微生物对氮和磷的需求量较高，而厌氧生物处理中因微生物合成率低，对有机碳的需求更高。厌氧微生物对温度的敏感度显著高于好氧微生物。在废水处理产生的副产物方面，好生物氧处理工艺产生较多剩余污泥，剩余污泥的产量占处理废水量的 1.5%～2.0%，如果还需要进行化学除磷，则剩余污泥产量将增加到 2.5%～3.0%[55]。厌氧生物处理工艺则生成甲烷含量较高的沼气，可作为清洁能源利用。在能源消耗方面，好氧生物处理系统因持续曝气需求和大量剩余污泥的处置，能源消耗和处理成本较高，而厌氧生物处理的能耗主要用于加热反应设备维持反应温度。

这些特性差异决定了好氧和厌氧生物处理在实际工程应用中的互补性：好氧生物处理工艺多用于处理废水使其达标排放，厌氧生物处理工艺则适用于高浓度废水的能源化预处理、剩余污泥或城市有机废物的减量化处理[54]。

1.3 生物脱氮除磷基本原理

氮和磷是细胞的重要组成元素，在生物能量过程中起着重要作用。当持续释放到环境中的氮磷营养物质的浓度高于水体自净能力时，常会导致水体富营养化等一系列水质恶化问题。水体富营养化是一个全球性问题，对环境和人体健康构成危害。因此，污水处理厂建设的目的是使用生物处理方法，结合物理和化学处理方法，降低有机碳、氮和磷的含量。同时，国家制定了一系列严格的污水排放标准，通过监管机构严格实施，限制生活污水及工业废水的氮和磷的排放量。

1.3.1 生物脱氮原理及工艺

生物脱氮是处理含氮废水的一种有效方法。生物脱氮主要包括 4 个生化反应过程：

① 废水中的一部分氮通过微生物的合成代谢转化为微生物量，进而通过泥水分离从废水中得以去除；

② 废水中的含氮有机物被异养型微生物氧化分解，转化为氨态氮；

③ 在好氧环境中，废水中的氨态氮通过好氧自养型微生物的硝化反应转化为亚硝态氮和硝态氮；

④ 异养型微生物在缺氧环境中，通过反硝化反应将亚硝态氮和硝态氮转化为氮气从水中逸出，从而实现脱氮的目的。

1.3.1.1 硝化反应过程氨氧化细菌

硝化反应是一种在好氧条件下，以无机碳为碳源，通过化能自养型微生物的代谢作用将氨态氮氧化为硝酸盐的过程。这一过程包括 2 个连续的氧化步骤：第 1 步是由(ammonia oxidizing bacteria，AOB) 将氨态氮氧化为亚硝态氮；第 2 步是由亚硝酸盐氧化菌 (nitrite oxidizing bacteria，NOB) 将亚硝态氮氧化成硝态氮。这两步反应的化学反应方程式分别为[2]：

$$NH_4^+ + 1.5O_2 + 2HCO_3^- \longrightarrow NO_2^- + 3H_2O + 2CO_2 \tag{1-9}$$

$$NO_2^- + 0.5O_2 \longrightarrow NO_3^- \tag{1-10}$$

硝化反应的总化学反应方程式为：

$$NH_4^+ + 2O_2 + 2HCO_3^- \longrightarrow NO_3^- + 3H_2O + 2CO_2 \tag{1-11}$$

如果用 $C_5H_7O_2N$ 表示微生物，硝化反应的总生化反应方程式为：

$$\begin{aligned} &NH_4^+ + 1.83O_2 + 1.98HCO_3^- \longrightarrow \\ &\qquad 0.02C_5H_7O_2N + 0.98NO_3^- + 1.88H_2CO_3 + 1.04H_2O \end{aligned} \tag{1-12}$$

由式（1-12）可知，硝化反应是一种强制性的好氧过程，每氧化1g氨态氮需要消耗4.18g氧气；其次，氨氧化细菌和亚硝酸盐氧化菌的生长产率相对较低，约为0.17g VSS/(g NH_4^+-N)，这一数值远低于其他好氧异养菌的生长产率；再次，氨态氮的氧化过程会产生氢离子，每氧化1g氨态氮大约需要7.1g碱度（以$CaCO_3$计）来中和释放的氢离子，这意味着在硝化反应过程中必须提供足够的无机碳源来满足硝化细菌的代谢需求。当废水中的氨态氮含量较高，而无机碳量又无法满足微生物代谢需求时，硝化反应会受到抑制。

参与硝化反应的氨氧化细菌包括 *Nitrosomonas*、*Nitrosococcus*、*Nitrosopira*、*Nitrosovibrio*、*Nitrosolobu* 等，亚硝酸盐氧化菌包括 *Nitrobacter*、*Nitrospira*、*Nitrospina*、*Nitrococcus*、*Nitrocystis* 等[56-59]。这些微生物均属于好氧自养菌，它们表现出的相同特性是生长缓慢、世代时间较长。氨氧化细菌和亚硝酸盐氧化菌不能在酸性条件下生长，主要以无机碳（CO_2 或 HCO_3^-）为碳源，通过氧化无机含氮化合物来获取能量。

值得注意的是，Daims 等[60] 在2015年报道了一种同时具有氨氧化和亚硝酸盐氧化能力的微生物的发现和培养。这种微生物被命名为全程氨氧化微生物（complete ammonia oxidizer，Comammox），它能够进行单步硝化作用，即独立完成将氨态氮氧化为硝酸盐的整个硝化过程，这一发现打破了传承近百年的两步硝化反应的经典理论。Comammox 属于硝化螺菌属，具有更高的氨亲和力和适应低氨浓度环境的能力，在自然环境和人工处理系统中分布广泛，如土壤、淡水和污水处理厂等[61, 62]。

1.3.1.2 反硝化反应过程

反硝化反应在缺氧条件下进行，反硝化细菌以亚硝酸盐或硝酸盐为电子受体，以有机碳为电子供体，将亚硝酸盐或硝酸盐还原为氮气。这一过程不仅有助于减少废水中的含氮量，而且还能降低含氮化合物对环境的污染。反硝化反应中的电子供体可以来源于原废水中的有机物，或者由外源有机碳，如甲醇、乙醇和乙酸钠等提供。反硝化反应包括如下两个连续的氮还原步骤。

第一步是反硝化细菌利用有机碳提供的电子将硝态氮转化为亚硝态氮。以甲醇为碳源的化学反应方程式为：

$$3NO_3^- + CH_3OH \longrightarrow 3NO_2^- + 2H_2O + CO_2 \quad (1\text{-}13)$$

第二步是反硝化细菌继续利用有机碳提供的电子，将第一步生成的亚硝态氮进一步还原为氮气。这一步以甲醇为碳源的化学反应方程式为：

$$2NO_2^- + CH_3OH + 2H^+ \longrightarrow CO_2 + 3H_2O + N_2 \quad (1\text{-}14)$$

以甲醇为有机碳源的反硝化总的化学反应式为：

$$6NO_3^- + 5CH_3OH + 6H^+ \longrightarrow 3N_2 + 5CO_2 + 13H_2O \quad (1\text{-}15)$$

反硝化的总生化反应式如下[2]：

$$NO_3^- + 1.08CH_3OH + 0.24H_2CO_3 \longrightarrow 0.06C_5H_7O_2N + 0.47N_2 + HCO_3^- + 1.68H_2O \tag{1-16}$$

由式（1-16）可知，在异养反硝化过程中，每还原 1g 硝态氮理论上需要 2.47g 甲醇，同时生成 3.57g 的 $CaCO_3$ 碱度，这些碱度可以补充硝化反应中所消耗碱度的 50%，提高混合液的 pH 值。

1.3.1.3 新型生物脱氮技术

生物脱氮以其高脱氮效率和高经济性广泛应用于废水处理。为了进一步提升生物脱氮效率，研究人员开发了一系列新型生物脱氮技术，包括好氧反硝化、自养反硝化、同步硝化反硝化、短程硝化反硝化、厌氧氨氧化以及完全自养生物脱氮等。这些技术通过控制反应条件，使不同微生物菌群处于各自最佳状态下工作，利用它们的优势提高脱氮效率并简化了工艺流程。

(1) 好氧反硝化

在好氧条件下，某些细菌也可以发生反硝化反应，这种现象被称为好氧反硝化[63]。例如，*Microvirgula aerodenitrificans*[64]、*Pseudomonas nautical*[65] 等细菌均能在 5.0～6.0mg/L 的氧气水平下进行反硝化作用。这些细菌被称为好氧反硝化细菌，它们大多为异养微生物，在环境中广泛分布。好氧反硝化细菌可以在好氧条件下迅速将硝酸盐还原为氮气，而不会产生亚硝酸盐积累。好氧反硝化细菌同时消耗氧气和硝酸盐的现象被称为共呼吸作用，这使得硝化细菌和好氧反硝化细菌能够在单一曝气反应器中共存[66]。

(2) 自养反硝化

传统的异养反硝化作用在硝酸盐去除方面非常有效，只要系统中存在足够的有机碳（如甲醇、葡萄糖和乙醇等）就能进行。然而，在各种废水的反硝化过程中，经常遇到有机碳源不足的问题，从而限制了反硝化过程。同时，反硝化过程产生的生物污泥量很大，需要增加运营成本进行处理。目前，已经发现一些化能自养型反硝化细菌，如 *Thiobacillus denitrificans* 和 *Thiomicrospira denitrificans* 等，这类自养反硝化细菌能够利用还原性含硫化合物，如单质硫（S^0）、硫化物（S^{2-}）、硫代硫酸盐或亚硫酸盐，作为电子供体，通过氧化单质硫或硫化物来获取能量，同时将硝态氮还原为氮气[67,68]。硫-石灰石自养反硝化（sulfur-limestone autotrophic denitrification，SLAD）反应是一种利用单质硫作为电子供体、硝酸盐作为电子受体、石灰石作为缓冲剂的脱氮过程[69]，该过程的生化反应方程式为：

$$\begin{aligned}&55S + 44CaCO_3 + 50NO_3^- + 18H_2O + 4NH_4^+ \longrightarrow \\ &\quad 4C_5H_7O_2N + 25N_2 + 55SO_4^{2-} + 44Ca^{2+} + 24HCO_3^-\end{aligned} \tag{1-17}$$

与异养反硝化相比，无机化能自养反硝化的主要优势包括：

① 利用无机物作为电子供体，消除了出水中残留有机物带来的潜在问题；

② 不需要外加有机碳源，降低了操作成本；

③ 细胞产率较低。

由于自养反硝化过程不需要有机碳源，而且自养反硝化细菌广泛存在于自然沉积物或土壤中，自养反硝化工艺可作为人工湿地或稳定塘中异养反硝化的替代方案[70]。

(3) 同步硝化反硝化

同步硝化反硝化（simultaneous nitrification and denitrification，SND）是一种高效生物脱氮技术，能在单一反应器中同时进行硝化和反硝化过程，无须将这两个过程在时间和空间上分开。在同步硝化反硝化过程中，氨氧化细菌在好氧条件下将氨态氮氧化为亚硝态氮，而在缺氧条件下，反硝化细菌将亚硝态氮还原为氮气[71, 72]。

在活性污泥和生物膜系统中，溶解氧主要通过曝气设备的充氧获得，不同空间和时间的溶解氧变化是实现同步硝化反硝化现象发生的关键因素。在实际应用中，通过调控反应器内的溶解氧浓度、有机碳源含量、微生物絮体结构和 pH 值等，可以同步提高硝化和反硝化速率，从而实现最佳的同步硝化反硝化效率[73-76]。而且好氧反硝化细菌和自养反硝化细菌的存在，提高了同步硝化反硝化发生的可能性。研究指出，粒径＞0.5mm 的好氧颗粒污泥为不同微生物种群提供了协同作用的平台，异养细菌、硝化细菌和反硝化细菌可以共存于颗粒污泥中。由于氧扩散的限制，颗粒污泥外部处于好氧状态，有利于硝化细菌的生存和硝化反应的进行；而在颗粒污泥内部则形成缺氧微环境，有利于异养反硝化细菌的生长和反硝化反应的进行。而且在好氧颗粒的基质和氧的扩散研究中发现，有机基质可以穿透好氧颗粒，比溶解氧更能进入颗粒污泥的深层[77]。

与传统的硝化反硝化过程相比，同步硝化反硝化的优点主要包括：

① 能在单一反应器中同时实现硝化和反硝化过程，通过节省传统反应器容积，还降低了基建费用和操作成本；

② 硝化过程控制在亚硝态氮生成阶段，耗氧量降低了 25%，意味着节省了 60%的能量；

③ 反硝化阶段从亚硝态氮还原为氮气，对有机碳的需求量降低了 40%；

④ 亚硝酸盐反硝化速率是硝酸盐反硝化速率的 1.5～2 倍；

⑤ 减少 20%的二氧化碳排放量；

⑥ 硝化过程污泥产量降低 33%～35%，反硝化过程污泥产量降低 55%[78]。

据报道，已在多种反应器中观察到同步硝化反硝化反应。例如，液固循环流化床生物反应器通过设置缺氧和好氧柱，利用火山岩作为生物膜载体，实现了对污水中有机物和氮的高效去除。在空床柱时间为 0.44h、有机碳负荷与氮负荷之比为 10kg COD/kg N 的条件下，可达到 90%以上的硝化率和 70%以上的总氮去除效率[79]。

(4) 短程硝化反硝化

短程硝化反硝化（single reactor high activity ammonium removal over nitrite，SHARON）是基于部分硝化反应的脱氮过程。1997年，荷兰代尔夫特理工大学的研究者在处理高浓度氨氮废水的研究中，首次发现了亚硝态氮在硝化过程中积累的现象，并且针对此现象提出了短程硝化反硝化生物脱氮的概念[80]。短程硝化反硝化的基本原理是利用氨氧化细菌和亚硝酸盐氧化菌在动力学特性上存在的固有差异，通过限制溶解氧浓度控制硝化反应仅进行到亚硝态氮生成阶段，并实现亚硝酸盐的稳定积累［式（1-9）］。然后亚硝态氮通过反硝化反应还原为氮气［式（1-14）］，从而达到脱氮的目的。

短程硝化反硝化过程通过 NH_4^+-N $\longrightarrow$ NO_2^--N $\longrightarrow$ N_2 途径完成。短程硝化反应的耗氧量比传统硝化反应的耗氧量减少了25%，如果以甲醇为外加碳源，则甲醇需求量比传统反硝化减少了40%。硝化过程的酸化作用可以通过曝气过程中的二氧化碳汽提和反硝化过程产生的碱度完全补偿。由于短程硝化反硝化可处理高氨氮浓度废水，硝化过程产生的热量有助于实现最佳工作温度。因此，短程硝化反硝化在节省碳源和能源方面具有明显优势。

(5) 厌氧氨氧化

厌氧氨氧化（anaerobic ammonia oxidation，ANAMMOX）是一种利用厌氧氨氧化细菌（anaerobic ammonium-oxidizing bacteria，AAOB）将氨态氮和亚硝态氮这两种含氮化合物同时转化为氮气的厌氧生物脱氮过程[81]。厌氧氨氧化过程不需要外加有机碳源，其化学反应方程式为：

$$NH_4^+ + NO_2^- \longrightarrow N_2 + 2H_2O \tag{1-18}$$

厌氧氨氧化的生化反应方程式[82]为：

$$\begin{aligned} & NH_4^+ + 1.32NO_2^- + 0.066HCO_3^- + 0.13H^+ \longrightarrow \\ & \quad 0.066CH_2O_{0.5}N_{0.15} + 0.26NO_3^- + 1.02N_2 + 2.03H_2O \end{aligned} \tag{1-19}$$

Mulder等[83]报道在反硝化流化床反应器中首次观察到厌氧氨氧化。2002年世界上首个全规模的厌氧氨氧化反应器在鹿特丹的Sluisjesdijk污泥处理厂投入运行，处理量高达750kg N/d[81]。厌氧氨氧化过程中起关键作用的微生物是厌氧氨氧化细菌，这些微生物具有独特的细胞结构和代谢途径，能够在厌氧环境中将氨转化为 N_2。厌氧氨氧化细菌是一类生长速度极其缓慢的厌氧自养型微生物，在实验室条件下的倍增时间为2～3周，因此在厌氧氨氧化过程中产生的污泥量也相对较少。为了保持反应器内有足够的生物量来顺利完成厌氧脱氮过程，需要采用有效的措施来截留富集这些生长速度缓慢的微生物，例如使用膜生物反应器、厌氧折流板反应器、厌氧序批式生物膜反应器和移动床生物膜反应器等[84-86]。

厌氧氨氧化和部分硝化技术结合形成的短程硝化-厌氧氨氧化工艺能够直接将氨转

化为氮气[87]。在该工艺中，第一个反应器内进行部分硝化反应，仅50%的氨态氮被氧化为亚硝态氮，该过程的化学反应方程式为：

$$NH_4^+ + HCO_3^- + 0.75O_2 \longrightarrow 0.5NH_4^+ + 0.5NO_2^- + 1.5H_2O + CO_2 \quad (1\text{-}20)$$

第二个反应器为厌氧环境，利用剩余的氨态氮作为电子供体，亚硝态氮可以作为电子受体，在厌氧氨氧化细菌的作用下直接反应完成脱氮，最终生成氮气和水［式(1-18)］。短程硝化-厌氧氨氧化工艺是废水生物脱氮工艺的一个重大改进。与传统硝化-反硝化脱氮工艺相比，短程硝化-厌氧氨氧化工艺可以节省50%的供氧量以及100%的外加有机碳源投加量，污泥产量也极低[88]，从而节省能源、污泥处理和化学品添加的成本。

1.3.1.4 影响生物脱氮的因素

(1) 溶解氧

硝化反应是典型的好氧反应，好氧生物反应池内的溶解氧浓度应保持在2.0mg/L以上才能确保硝化反应顺利进行。当溶解氧的浓度<0.5mg/L时，亚硝酸盐氧化菌的活性受到显著抑制，氨的氧化停留在生成亚硝酸盐阶段，造成亚硝酸盐在系统内的显著积累。然而，也有研究观察到，活性污泥系统在长污泥停留时间和低进水氨浓度负荷情况下，溶解氧浓度低至0.5mg/L时也能发生完全硝化反应。

反硝化过程是典型的缺氧/厌氧反应，溶解氧浓度通过抑制硝酸盐还原酶的活性来抑制硝态氮还原的发生，因此控制溶解氧浓度是反硝化顺利进行的关键。研究表明，反硝化反应在溶解氧浓度<1.0mg/L时可以顺利进行；而当溶解氧浓度超过2mg/L时，反硝化反应基本上不能进行。

研究显示，低溶解氧浓度（0.5～1.0mg/L）可以有效促进同步硝化反硝化的进行，提高脱氮效率[89]。在好氧颗粒污泥系统去脱氮的研究中发现，在100%溶解氧饱和度下，氮通过同步硝化反硝化的去除效率仅为8%，而当溶解氧饱和度降低至40%时，氮的去除效率提升至45%[90]。研究报告显示，在溶解氧饱和度为20%的序批式反应器中，总氮的去除效率高达94%，同时实现了100%的化学需氧量去除效率和94%的磷酸盐去除效率[91]，而在相同条件下运行的絮状序批式反应器中未观察到同步硝化反硝化的发生[92]。He等[93]指出在膜生物反应器中溶解氧浓度为0.8mg/L和5mg/L时，总氮去除效率分别为86.58%和54.21%。当溶解氧浓度控制在0.5mg/L以下时，出水中亚硝态氮占总硝态氮的90%，短程硝化反硝化可顺利进行。

厌氧氨氧化细菌属于严格厌氧菌，即使是0.03mg/L的痕量溶解氧浓度也能够抑制厌氧氨氧化细菌的活性。当溶解氧浓度从1mg/L提升至3.8mg/L时，厌氧氨氧化细菌的活性下降了约50%，当溶解氧浓度进一步提升至8mg/L时，厌氧氨氧化反应被严重抑制[94]。在完全自养硝化-反硝化过程中，通过严格控制溶解氧浓度在0.1～0.3mg/L，可以将硝化反应控制为将50%的氨态氮氧化为亚硝态氮，然后以硝化阶段剩余的氨态氮作为电子供体，以亚硝态氮作为电子受体，在厌氧条件下进行氨的氧化，提高脱氮效率[95]。

(2) 温度

温度对微生物的活性、反应速率和世代周期都有显著影响。在微生物最适宜生存的温度范围内，其反应活性通常遵循 Arrhenius（阿伦尼乌斯）定律的动力学规律。然而，不同的微生物对温度的敏感度存在显著差异。

硝化反应可在 4～45℃范围内进行。由于氨的完全硝化反应是由氨氧化细菌和亚硝酸盐氧化菌依次参与完成，所以温度的变化直接影响这两种微生物的反应速率[58]。在较低温度（如 12～14℃）下，亚硝酸盐氧化菌的比增长速率高于氨氧化细菌，活性增强，反应生成的亚硝酸盐能完全被氧化成 NO_3^--N。在较高温度（如 30～40℃）下，亚硝酸盐氧化菌较氨氧化细菌增长缓慢，亚硝酸盐的氧化受到抑制，会出现亚硝酸盐的积累，有助于实现短程硝化过程。

反硝化反应可在 2～35℃范围内进行，反硝化细菌的活性随温度的升高而提高[96]。当温度从 8℃增加到 30℃，反硝化反应速率从 140mg N/(g VSS·d) 增加到 830mg N/(g VSS·d)[97]。随着温度的降低，亚硝酸盐的还原速率减慢，在低温（如 14℃）条件下，反硝化过程中会出现明显的亚硝酸盐积累[98]。

最适宜短程硝化反硝化工艺的温度应介于 15～30℃之间。该温度范围既能保证硝化反硝化的稳定性和反应速率，又能在一定程度上适应不同污水类型和处理条件。特别是温度在 15～25℃的范围内，可以同时观察到较高的硝化效率和较好的反硝化效果[99]。在研究影响生活污水生物脱氮的因素时，控制反应温度为 18～22℃，水力停留时间为 18h，污泥停留时间为 15～25d，观察到硝化反应和反硝化反应以相同速率进行[100]。

(3) pH 值

硝化反应对 pH 值变化非常敏感。研究表明，当 pH 值为 7.4～8.3 时，氨氧化细菌表现出较高的氨氧化速率，氨氧化细菌在 pH 值为 8 时活性最高。当 pH 值为 6.0～7.5 时，亚硝酸盐氧化菌最为活跃，亚硝酸盐的氧化速率和活性在 pH 值为 7 时达到最大。当 pH<7 时，硝化过程会受到抑制；而当 pH>8 时，出水中的亚硝酸浓度会相应增加。根据式 (1-13)，每氧化 1mol 氨态氮要消耗 2mol 碳酸盐碱度，因此在硝化反应过程中必须有足够的碱度以保持硝化反应速率。通常可通过投加石灰、碳酸氢钠等化学药剂提高碱度。在实际应用中，硝化反应的 pH 值一般控制在 7.5～8.0 之间。

pH 值发生变化时会通过影响水中游离氨和亚硝酸的含量来影响硝化细菌的反应活性，从而影响硝化反应效率。当水体的 pH<6.8 时，氢离子会与亚硝酸盐反应生成亚硝酸。亚硝酸对于氨氧化细菌及亚硝酸盐氧化菌均具有毒性。此外，硝化细菌的合成只能利用无机碳源，而水中的无机碳的形式和含量随 pH 值发生变化。根据碳酸平衡，大

量的碳酸氢根在pH值较低时转化为二氧化碳并从水中逸出而损失，导致废水中的碳酸盐或碳酸氢盐的浓度不能满足硝化反应对无机碳的需求，进而影响整个硝化过程。

然而，如果废水中的pH值过高，则会发生反应 $OH^- + NH_4^+ \longrightarrow NH_3 + H_2O$，生成的游离氨对于氨氧化细菌和亚硝酸盐氧化菌均有抑制作用，特别是亚硝酸盐氧化菌对游离氨尤为敏感[101]。Liu 和 Capdeville[58] 的研究表明，当硝化生物膜中的游离氨浓度>0.1mg N/L时，*Nitrobacter* 的氧化活性受到明显抑制，导致亚硝酸根离子的短暂积累。而一旦游离氨浓度<0.1mg N/L，*Nitrobacter* 种群能够迅速恢复其代谢活性，并实现亚硝酸盐完全氧化为硝酸盐。

为了保证反硝化反应的顺利进行，pH值一般要求控制在6.5～8.0之间，而最佳pH值为7.5左右。当pH值从8.4升高到9.5时，反硝化反应受到抑制，亚硝酸盐出现明显积累的现象。

在短程硝化反硝化中，利用氨氧化细菌和亚硝酸盐氧化菌对pH的适应性的差异，可以通过控制混合液中的pH值来调控硝化过程的类型，从而实现短程硝化反硝化[102]。研究发现，适宜短程硝化反硝化反应的pH值范围为7.5～8.5，最佳pH值为7.9。

适宜厌氧氨氧化细菌生长的pH值为6.5～8.8[103]。当pH值过低时，硝酸态氮向羟胺的转化受到抑制，影响厌氧氨氧化细菌的能量代谢；当pH值过高时，氨氮向羟胺的转化会得到强化，出现羟胺的积累，抑制厌氧氨氧化细菌的活性[104]。

(4) 有机碳

在硝化过程中，硝化细菌不能够利用有机碳源且世代时间很长，而且硝化细菌对环境条件的变化尤为敏感，并且好氧异养型微生物的生长速率比好氧自养型硝化细菌的生长速率快，这些差距导致硝化细菌的增殖和硝化过程，在有机碳含量丰富的环境中难与其他异养型微生物竞争，容易受到抑制。

在反硝化过程中，由于反硝化细菌是异养型微生物，有机碳和有机碳与硝态氮（TOC/NO_3^--N）的比值对反硝化细菌的生长、反硝化细菌群落的组成、反硝化速率、硝态氮和有机碳的去除效率均有显著影响。反硝化反应所需的有机碳源包括废水中的有机物，额外投加的有机碳源（如甲醇、葡萄糖、甘油、乙酸、丙酮和乳酸等），以及微生物内源代谢所产生的溶解性有机碳[105]。根据反硝化反应的化学计量学方程，每反硝化1g硝态氮需要消耗2.47g甲醇、1.32g丙酮或2.68g乙酸。通过向废水处理过程中添加高浓度有机碳可以实现完全异养反硝化。然而，需要避免过量的外源有机碳，因为废水中残留的有机碳可能会引起二次污染。此外，还应考虑补充有机碳的相关操作成本。因此，在实际应用时有必要仔细评估有机碳与硝态氮的比值对反硝化的影响。根据McCarthy 和 Bremner[106] 的建议，反硝化所需的初始有机碳浓度与初始亚硝酸盐、硝酸盐和溶解氧浓度密切相关。反硝化所需的初始有机碳浓度可以通过以下公式计算：

$$C_m = 2.47\ [NO_3^- \text{-N}]_0 + 1.53\ [NO_2^- \text{-N}]_0 + 0.87DO_0 \tag{1-21}$$

式中 C_m——初始甲醇-有机碳浓度，mg TOC/L；

$[NO_3^- \text{-N}]_0$——初始硝态氮浓度，mg NO_3^--N/L；

$[NO_2^- \text{-N}]_0$——初始亚硝态氮浓度，mg NO_2^--N/L；

DO_0——初始溶解氧浓度，mg/L。

在反硝化过程中，反硝化细菌的生长速率不仅受到硝酸盐浓度的影响，还强烈依赖有机碳和氧气的浓度。反硝化动力学过程常用 Monod（莫诺）方程[107] 描述：

$$q_{NO_3^-} = q_{NO_3^-, \max} \times \frac{S_{NO_3^-}}{K_{NO_3^-} + S_{NO_3^-}} \times \frac{S_c}{K_c + S_c} \times \frac{1}{K_0 + DO} \tag{1-22}$$

式中 $q_{NO_3^-}$——反硝化细菌的比生长速率，d^{-1}；

$q_{NO_3^-, \max}$——反硝化细菌最大比生长速率，d^{-1}；

$S_{NO_3^-}$——硝酸盐浓度，mg NO_3^--N/L；

S_c——有机碳浓度，mg TOC/L；

DO——溶解氧浓度，mg/L；

$K_{NO_3^-}$，K_c，K_0——常数，mg/L。

在同步硝化反硝化和短程硝化反硝化过程中，适当的有机负荷有助于提高总氮去除效率。例如，在生物膜法同步硝化反硝化系统中，脱氮率最佳的有机负荷为 1.152kg/(m^3 · d)，降低或提高有机负荷都会导致总脱氮率的下降[108]。在短程硝化反硝化过程中，适当增加有机负荷可以促进反硝化反应的进行，从而提高总氮去除效率。然而，有机负荷过高可能会抑制短程硝化过程，氨氮去除效率和亚硝酸盐积累率会下降[109]。

在厌氧氨氧化过程中，由于厌氧氨氧化细菌属于自养型微生物，进水有机负荷对厌氧氨氧化过程没有明显的促进作用。

综上所述，在废水生物脱氮过程中，溶解氧浓度、温度、pH 值以及有机碳源含量等因素对脱氮效率的影响存在着复杂的相互作用。因此，在实际研究和应用中，不能孤立地考虑这些因素，而应综合考虑它们之间的相互影响。除此之外，废水中的游离氨浓度、是否存在抑制性或毒性物质以及污泥龄等也是影响生物脱氮效率的重要因素。当游离氨浓度过高时，通过直接抑制硝化细菌的活性影响硝化效率和硝化过程的稳定性。当游离氨在较低浓度水平时，对亚硝酸盐氧化菌的活性有明显的抑制作用。当游离氨浓度较高时，明显抑制氨氧化细菌的活性。而游离氨浓度又是水温、pH 值和氨态氮浓度的函数。废水中的抑制性或毒性物质可能会直接抑制微生物的代谢活性，进一步降低脱氮效率。由于硝化细菌和厌氧氨氧化细菌的世代时间较长，延长污泥龄可以显著提升微生物种群的丰度、硝化和脱氮效率。延长污泥龄还有助于提高反硝化效率和短程硝化反硝化效率，其原因是污泥龄过长时产生的代谢产物可能会抑制亚硝酸盐氧化菌的活性。污泥龄为 600d 时，硝化反应产物中 NO_2^--N/NO_x-N 高达 91.6%[110]。因此，在进行废水生物脱氮研究和工程应用时应全面考虑上述因素的影响，并采取相应的优化措施，以提高脱氮效率和系统的稳定性。

1.3.1.5 生物脱氮工艺

(1) 好氧-缺氧工艺

通过分析式（1-9）和式（1-10）可知，废水在经过硝化反应后，含氮化合物的形式发生了变化，从氨态氮转化为亚硝态氮和硝态氮，但并未从水中去除。只有当硝化反应与反硝化反应相结合，将硝化反应产生的亚硝态氮和硝态氮通过反硝化反应转化为氮气，从水中逸出时，才能真正实现去除废水中的含氮化合物。因此，生物脱氮工艺的设计必须保证包含一个好氧生物处理单元及一定时间或容积的缺氧生物处理单元，前者用于发生硝化反应，完成氨态氮的转化；后者用于发生反硝化反应来达到脱氮的目的。

好氧-缺氧工艺也称为后置反硝化工艺。如图 1-3 所示，废水首先进入好氧池，在好氧池中进行硝化反应产生硝态氮，之后进入缺氧池进行反硝化去除硝态氮。由于进水中大部分有机碳在好氧池中被去除，在后置反硝化过程中常面临碳源不足的问题，需要通过添加外源有机碳（如甲醇和乙酸），与内源代谢产生的有机碳共同作用，提高脱氮效率。向缺氧池添加有机碳时应根据具体情况确定合适的添加量，否则，未充分降解的有机碳将导致出水水质变差。

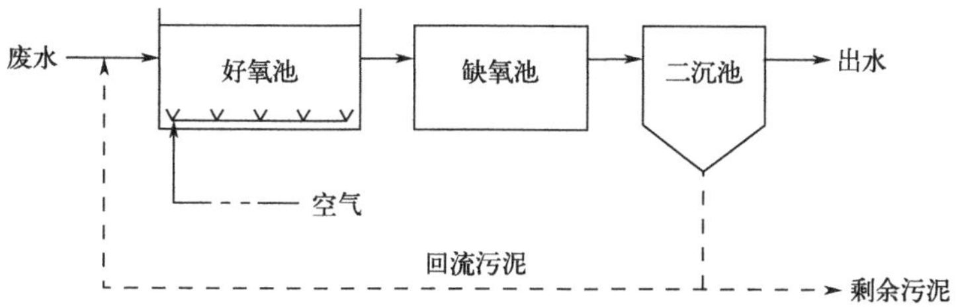

图 1-3 好氧-缺氧工艺流程示意

(2) 缺氧-好氧工艺

除了后置反硝化过程外，氮也可以通过前置反硝化过程去除。1962 年，Ludzack 和 Ettinger 首次提出了前置缺氧反硝化脱氮工艺，即缺氧-好氧（anoxic-oxic，AO）工艺。如图 1-4 所示，使用缺氧-好氧工艺处理含氮废水时，废水首先进入缺氧池，反硝化细菌利用原废水中的有机物为碳源进行反硝化反应，将回流污泥中的硝态氮经亚硝态氮还原成氮气。经过缺氧生物处理后的废水进入好氧池，在氧气充足的条件下，氨氧化细菌和亚硝酸盐氧化菌将废水中的氨态氮氧化为硝态氮，经缺氧池处理后废水中残余的有机物

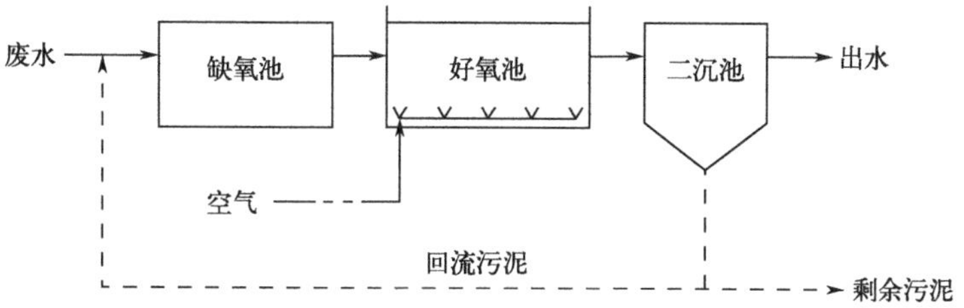

图 1-4 Ludzack-Ettinger 生物脱氮工艺流程示意

继续在好氧池中被降解。

缺氧-好氧工艺特别适用于处理硝酸盐含量较高的废水，因为它可以直接利用原废水中可生物降解有机物作为碳源进行反硝化，解决了传统工艺中碳源不足的问题，而且反硝化产生的碱度又可用于中和好氧池中因硝化反应产生的氢离子。

由于好氧池产生的硝酸盐只能通过回流污泥返回到缺氧池进行反硝化反应，缺氧-好氧工艺的反硝化效率在很大程度上受到污泥回流比的限制。因此，反硝化污泥随混合液流入好氧池将导致缺氧池需要庞大的能耗回流大量污泥来提升反硝化效率和总氮去除效率。由于硝化细菌的世代时间较长，好氧反应过程需要较长的污泥龄才能聚集足够浓度的硝化细菌来满足硝化反应的需求。

(3) MLE 工艺

1973 年，Barnard 在 Ludzack-Ettinger 工艺基础上增加了混合液从好氧池向缺氧池的回流操作，提出了改良型 Ludzack-Ettinger 工艺，简称 MLE 工艺。如图 1-5 所示，在 MLE 工艺中，好氧池中富含硝态氮和亚硝态氮的混合液以一定回流比内循环进入缺氧池，利用原废水中丰富的有机物为碳源，实现了硝酸态氮反硝化为氮气，提高了反硝化速率和总氮去除效率，同时有效降低废水中的有机物浓度，并产生一定的碱度。从缺氧池流出的混合液进入好氧池，主要进行硝化反应以及进一步降解有机物。进入好氧池的混合液所含的碱度可以补偿硝化反应过程中所需碱度的 1/2 左右。

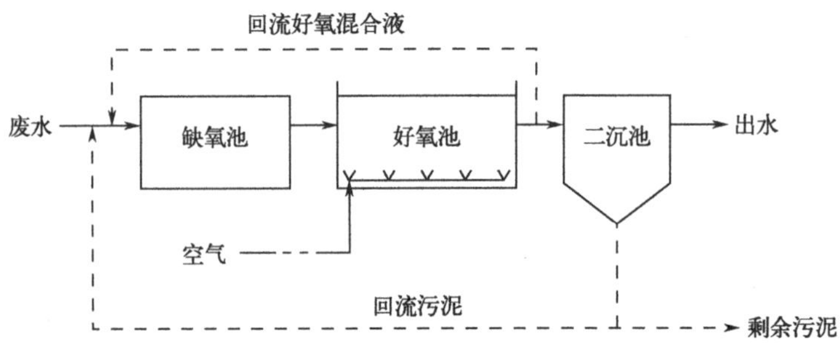

图 1-5 改良型 Ludzack-Ettinger 生物脱氮工艺流程示意

为了达到满意的脱氮率，MLE 工艺需要保证足够的混合液回流量，混合液回流比通常较高。MLE 工艺在处理高含氮废水时，无需添加外部碳源即可达到良好的脱氮性能。由于溶解氧浓度对反硝化反应的影响显著，通常将缺氧池的溶解氧浓度控制在 0.5mg/L 以下，以提高 MLE 工艺的脱氮率和稳定性。MLE 工艺对现有的活性污泥法具有很强的适应性，对于传统废水处理工艺的改造相对来说比较容易。MLE 工艺能够实现总氮＜10mg/L 的常规出水标准。

(4) Bardenpho 工艺

Bardenpho 工艺是在缺氧-好氧工艺的基础上通过增加额外的缺氧段和好氧段发展而来的。该工艺也被称为两级缺氧-好氧工艺，其核心流程为“第一缺氧池→第一好氧池→第二缺氧池→第二好氧池→二沉池”。

在第一缺氧池中，来自第一好氧池的回流混合液中含有大量硝态氮，利用原水中可生物降解有机碳为电子供体进行反硝化，可去除约 70%的硝态氮。在第一好氧池中，废水中剩余的有机物继续被去除，同时进行硝化反应，氨态氮被氧化成硝态氮。在第二缺氧池中，微生物采用内源反硝化进一步去除残余的硝态氮，可投加外源有机碳来提高脱氮效率。在第二好氧池中，进一步去除剩余的外加有机碳源。由于在第一缺氧池和第二缺氧池中均能进行反硝化反应，Bardenpho 工艺在不投加外部碳源的情况下可达到 90%以上的脱氮效率，因此广泛用于处理总氮含量高的废水。带有膜系统的中试 Bardenpho 工艺对电子废水的化学需氧量和总氮的平均去除效率分别达到 97%和 93%[111]。用 Bardenpho 工艺处理 2200mg N/L 的垃圾渗滤液时，可以去除 100%的氨态氮和 90%的总氮[112]。

1.3.2 生物除磷原理及工艺

1.3.2.1 化学沉淀法除磷

(1) 化学沉淀法除磷原理

磷在废水中通常以颗粒态磷和溶解性磷的形式存在，研究显示当水中的总磷量达到 200～500mg/(m^3·a) 时就可能发生富营养化[113]。化学除磷是抑制水体富营养化以及从废水中回收磷资源的有效手段。化学沉淀法除磷有石灰沉淀法和金属盐混凝沉淀法两种基本方法。

在石灰沉淀法除磷过程中，通常使用石灰作为化学药剂，通过提高污水的 pH 值，为 PO_4^{3-} 与 Ca^{2+} 的反应创造有利条件，提高磷的去除效率。当 pH>11.5 时，水中总磷浓度可以降至 0.5mg/L 以下，这表明石灰法在处理高浓度含磷工业废水方面具有显著效果[114]。石灰沉淀法除磷的基本原理是石灰溶于水生成氢氧化钙。氢氧化钙在水中解离产生的 OH^- 不仅提供必要的碱性环境，还直接参与了与 PO_4^{3-} 的反应，促进羟基磷酸钙沉淀的形成[115] [式 (1-23)]，随后通过固液分离技术将羟基磷酸钙沉淀从污水中除去。

$$5Ca(OH)_2 + 3HPO_4^{2-} \longrightarrow Ca_5(PO_4)_3OH\downarrow + 3H_2O + 6OH^- \tag{1-23}$$

金属盐混凝沉淀法除磷的基本原理是使用铝盐或铁盐等混凝剂，与磷酸根离子结合形成难溶的磷酸铝或磷酸铁沉淀物。常用的铝盐有氯化铝、硫酸铝和聚合铝盐等。常用的铁盐有氯化铁、氯化亚铁、硫酸铁、硫酸亚铁和聚合铁盐等。这些混凝剂还会形成含铁多核羟基配合物[116] 或含铝多核配合物，这些羟基配合物通常具有较大的表面积和较高的正电荷，对磷有强大的吸附能力，促进水中的胶体和悬浮物快速脱稳、凝聚，进而通过固液分离实现磷的去除。以硫酸铝和氯化铁为混凝剂通过化学沉淀除磷的反应方程式分别为：

$$FeCl_3 + HPO_4^{2-} \longrightarrow FePO_4 \downarrow + H^+ + 3Cl^- \tag{1-24}$$

$$Al_2(SO_4)_3 + 2HPO_4^{2-} \longrightarrow 2AlPO_4 \downarrow + 2H^+ + 3SO_4^{2-} \tag{1-25}$$

pH 值是影响化学沉淀法除磷效率的关键因素，不同混凝剂在化学除磷过程中的最佳 pH 值范围不相同。例如，氯化铝进行混凝的最佳 pH 值范围为 6.5～8.5，而硫酸铝为 5.0～9.0[117]。pH 不仅影响混凝剂的形态，而且还影响金属磷酸盐的溶解度。由于化学除磷过程中会产生氢离子降低 pH 值，影响金属磷酸盐的沉淀效果，因此需要足够的天然碱度或通过添加石灰来抵消形成的氢离子，使反应系统达到有效 pH 值范围。

含磷废水中的其他成分，如镁离子、金属盐与正磷酸离子的物质的量的比值，也影响磷酸根的去除效果。在特定条件下，镁离子能与磷酸根形成更易沉淀的磷酸镁盐，从而提高整体的除磷效率[118]。

(2) 化学沉淀法除磷特点及工艺

化学沉淀法除磷以操作简单、除磷效率高、稳定性好和耐冲击负荷能力强等特点，成为污水处理中常用的除磷技术。然而，随着处理水量的增加，需要投加的药剂量也更多，这不仅提高了经济成本，还因为化学沉淀产生大量化学污泥而增加了污泥处理难度，这些污泥成分复杂，容易造成二次污染[119]。此外，采用化学沉淀法除磷时，需要配备与药剂储存、溶解、投加等相关的设施，如药剂库房、药剂溶解与投加系统、投加量控制系统、混凝池、反应池及澄清池等，这些设施的操作条件需要充分优化才能达到预期的化学除磷效果。尽管存在上述挑战，化学沉淀法除磷在费用投入和除磷效果等方面仍然显示出明显优势，具有广阔的应用前景。

在实际应用中，化学沉淀法除磷工艺的引入具有较高的灵活性和适应性。在废水进入初沉池前加化学沉淀剂，可以有效减少污泥产量，并去除部分有机物，减轻后续工段的处理负荷。然而，这种方法的金属沉淀剂利用率较低，需要额外添加絮凝剂以增强絮凝沉淀效果。在曝气池或二沉池进水前投加金属药剂可以改善活性污泥的沉降性能，金属药剂会随污泥回流返回曝气池，减少药剂的总体投加量。但是，如果药剂投加量较大，可能会对微生物产生毒性，影响其他污染物的去除效率。也可以在二沉池出水处投加化学药剂，此时水中磷的浓度最低，化学药剂利用率最高[2]。在厌氧膜生物反应器出水或二沉池出水中投加镁离子，可以通过以下反应同时将废水中的氨氮和磷生成磷酸氨镁难溶性物质，进而通过沉淀将其从废水去除。

$$NH_4^+ + Mg^{2+} + PO_4^{3-} + 6H_2O \longrightarrow MgNH_4HPO_4 \cdot 6H_2O \downarrow \tag{1-26}$$

1.3.2.2 强化生物除磷

(1) 聚磷菌及反硝化聚磷菌

聚磷菌（phosphate-accumulating organisms，PAOs）是一类能够在厌氧条件下释放磷，在好氧条件下以氧气作为电子受体，超量吸收磷的微生物。这类微生物在生物除磷过程中起关键作用，直接影响生物除磷的效果。生物除磷技术就是利用聚磷菌厌氧释放磷和好氧超量吸收磷的特性，通过废水厌氧处理和好氧处理交替运行的方式，降低好氧或缺氧段的磷含量，最终将废水中的磷以富磷污泥的形式排出，从而达到除磷的目的[120]。

反硝化聚磷菌（denitrifying phosphorus-removing bacteria，DPB）是一类同时具备脱氮和除磷功能的兼性厌氧微生物，如戈登氏菌[121] 和琼氏不动杆菌[122] 等。Kuba等[123] 使用厌氧-缺氧交替运行的序批式活性污泥反应器与厌氧-好氧序批式反应器研究反硝化聚磷菌脱氮效率时，发现这两种反应器在处理醋酸和磷酸盐浓度分别为400mg COD/L 和 15mg P/L 的合成废水时具有相似的除磷效果，并且确定反硝化聚磷菌在厌氧-缺氧状态下与普通聚磷菌在厌氧-好氧状态下的代谢模式基本相同。在缺氧条件下，反硝化聚磷菌能在吸收磷的同时进行反硝化，利用硝态氮为电子受体，氧化细胞内贮存的聚 β-羟基丁酸。

(2) 生物强化除磷机理

Comeau 等[124] 根据聚磷菌在厌氧条件下释放磷和在好氧条件下同化吸收磷的特性，提出了强化生物除磷机理。

1) 厌氧释磷过程

在厌氧条件下，聚磷菌或反硝化聚磷菌将污水中的乙酸等挥发性有机酸（volatile fatty acids，VFAs）吸收到细胞内，同时利用聚磷酸盐降解为磷酸盐释放出的能量，以及糖原转化为聚 β-羟基丁酸酯时产生的能量，将其转化为聚 β-羟基丁酸（poly-β-hydroxybutyrates，PHBs）储存在细胞内，并释放出磷酸盐[125,126]。

2) 好氧/缺氧摄磷过程

在好氧条件下，聚磷菌通过氧化分解细胞内的聚 β-羟基丁酸和其他贮存物质，利用产生的能量从废水中过量摄取溶解性无机磷酸盐，并以挥发性有机酸为碳源、氨为氮源，将其转化为多聚磷酸盐（poly-P）储存在细胞体内。

在缺氧条件下，反硝化聚磷菌通过氧化细胞内的聚 β-羟基丁酸产生能量，聚磷菌利用这些能量主动吸收废水中的无机磷酸盐以及合成反硝化聚磷菌。同时，反硝化聚磷菌利用硝态氮为电子受体氧化废水中的有机物进行反硝化反应。反硝化聚磷菌的这一特性使得在同一反应器中同时实现除磷和脱氮的目的。

强化生物除磷技术不仅提高了除磷效率，而且还能有效减少化学药剂的使用，克服化学沉淀法除磷技术污泥产量高的缺点，成为污水除磷的重要途径[127]。

1.3.2.3 影响生物除磷的因素

(1) 溶解氧和硝态氮

聚磷菌释放磷的过程必须在厌氧条件下进行，以促进聚磷菌的有效释磷[128]，而在好氧摄磷过程中应在反应器内保持充足的溶解氧，以保证聚磷菌的充足摄磷量。为了确保除磷效果，厌氧释磷反应器中的溶解氧浓度应控制在 0.3mg/L 以下，而好氧摄磷反应器中的溶解氧浓度应控制在 2mg/L 以下。

在厌氧反应器中，硝态氮主要通过消耗有机碳发生反硝化反应，与聚磷菌之间存在有机碳的竞争，从而影响磷的释放。

(2) 温度与 pH 值

在生物除磷过程中，温度升高有利于高温聚磷菌的生长和活性，当温度介于 15～30℃之间时厌氧释磷速率随温度升高而加快，在 20～25℃，达到最大值，而乙酸吸收速率随着温度的升高而持续增加，最终导致聚糖菌的数量超过聚磷菌成为优势菌[129]。

当 pH 值为 6.5～8.0 时，聚磷菌能够保持稳定的含磷量和摄磷率；pH＞8.0 时可能会导致磷酸盐发生化学沉淀，从而影响聚磷菌的摄磷效率[130]；当 pH＜6.5 时摄磷率会急剧下降，生物除磷效果大幅下降。

(3) 有机碳与有机负荷

在废水生物除磷系统中，有机碳主要用于反硝化过程、聚磷菌的厌氧释磷过程以及厌氧异养菌的代谢。因此，有机碳源的含量和特性影响聚磷菌的除磷效果。一般认为，低分子量易降解有机物能显著促进聚磷菌的厌氧释磷行为。

废水中的有机碳与营养物质的比例也是影响聚磷菌除磷效果的重要因素。研究表明，废水中的化学需氧量与总磷的比值越高，聚磷菌在厌氧阶段越能充分进行磷的释放，越有利于促进聚磷菌在好氧阶段对磷的摄取，从而提高除磷效果[131]。因此，在生物除磷系统中，需要将化学需氧量与总磷的比值控制在一个较高的水平才能获得较好的除磷效果。Winter[132] 对乙酸盐影响三级改良型 Bardenpho 系统的脱氮除磷效果进行了研究，其研究报告指出，在厌氧区添加 200mg/L 乙酸盐后，总磷的平均去除效率比不添加乙酸盐提高了 200%。然而，当废水中的化学需氧量与总磷的比值过高时，聚糖菌可能会大量繁殖，成为优势菌种，而聚磷菌的相对占比下降，又因为聚糖菌不参与磷的循环，导致总磷去除效率反而会降低。

(4) 污泥龄

生物除磷技术主要通过排放剩余污泥来实现废水中磷的去除。聚磷菌通常为短世代微生物，缩短污泥龄，能够增加剩余污泥的排放量，提高除磷效果。研究表明，当污泥龄由 20d 缩短为 5d 时系统对磷的去除效率提高了近 2 倍[133]。然而，泥龄过短可能会因为有机物降解不充分而造成出水的化学需氧量不达标。在厌氧-缺氧-好氧脱氮除磷工艺中，污泥龄为 10～12d，污泥负荷控制在 0.15kg BOD_5/(kg MLVSS · d) 时，可获得较好的同步脱氮除磷效果[134]。

1.3.2.4 生物脱氮除磷工艺

(1) 厌氧-缺氧-好氧工艺

1) 工艺流程

厌氧-缺氧-好氧工艺又称 AAO 工艺或 A^2O 工艺，是由美国专家在 20 世纪 70 年代对传统缺氧-好氧工艺进行改良后发展起来的一种高效废水生物脱氮除磷技术。该工艺利用微生物在不同环境条件下的代谢特性，通过培养特定的微生物群落，在不同环境条件下有效去除有机污染物，并实现脱氮和除磷的同步进行。如图 1-6 所示，AAO 工艺的核心流程为“厌氧池-缺氧池-好氧池-二沉池”。

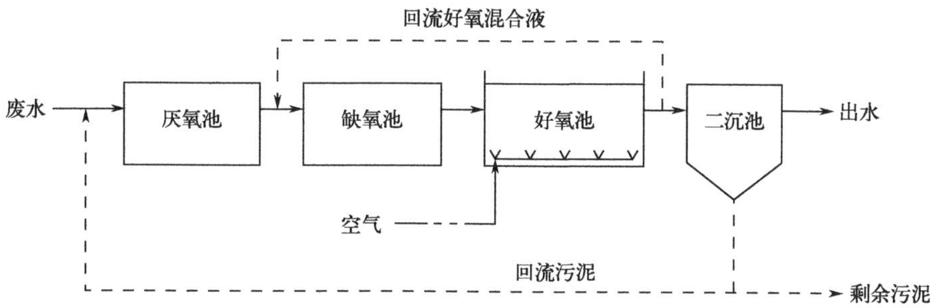

图 1-6 厌氧-缺氧-好氧工艺流程示意

厌氧池是生物除磷系统的核心单元，主要作用是进行有机物的降解，通过聚磷菌的代谢实现磷的释放，完成回流污泥中硝态氮的转化。厌氧池出水中的有机物含量大幅降低，硝态氮的浓度也可低至零。在厌氧池中，废水中的部分氨氮被消耗，用于合成微生物细胞[135]。

在缺氧池中主要进行有机碳的去除以及反硝化脱氮。废水经过厌氧池处理后流入缺氧池，同时，好氧池中的硝态氮通过混合液内循环转移到缺氧池。在缺氧环境中，反硝化细菌利用污水中的有机物将硝态氮还原为氮气并逸出，这一过程显著降低了有机物和硝态氮的浓度。此外，该阶段还可能发生反硝化除磷。

废水经过缺氧池的反硝化脱氮处理后，流入好氧池，在氧气充足的条件下，氨态氮被转化为硝态氮，缺氧池出水中的有机物则继续被降解。

2）工艺特点

厌氧-缺氧-好氧工艺作为一种较成熟的处理工艺，操作和管理方便，在废水除碳脱氮除磷方面表现出色。采用厌氧-缺氧-好氧工艺处理城市生活污水时，生化需氧量、总氮和总磷的去除效率较高，能够有效提高出水水质，满足更严格的排放要求[136]。该工艺交替进行厌氧、缺氧和好氧反应，能够有效抑制丝状菌的增殖，减少污泥膨胀的发生。厌氧-缺氧-好氧工艺产生的剩余污泥含磷量高，具有较高的肥效。

在实际应用中，厌氧-缺氧-好氧工艺的脱氮效果受混合液回流比的影响较大，而聚磷菌的厌氧释磷效果则主要受到回流污泥中溶解氧和硝态氮含量的影响。研究显示，混合液内循环比从 0 增加到 5 时脱氮率提高 12%[137]。此外，废水的有机负荷和污泥龄也影响该工艺的脱氮除磷效果。生物脱氮要求较低的有机负荷和较长的污泥龄。在脱氮过程中，硝化细菌的世代时间较长，需要反应器的污泥停留时间必须大于其最小世代时间，才能在反应器中维持充足的微生物量，以确保脱氮效率。而生物除磷过程的顺利进行则需要较高的有机负荷和较短的污泥龄，污泥龄过长会导致聚磷菌已吸收的磷重新进入液相，降低除磷效果。然而，污泥龄过短则可能导致厌氧-缺氧-好氧系统中硝态氮和磷含量较高，从而影响整体除磷效果。一般建议以除磷为主要目的的处理系统的泥龄控制在 3.5～7d。在处理低碳氮比的生活污水时，厌氧-缺氧-好氧工艺面临的主要挑战是碳源不足。针对这些情况，可以通过调整废水的碳氮比，优化厌氧池和缺氧池的进水流量比，采用多点进水等方式，提高脱氮和除磷性能[138]。

(2) 缺氧-厌氧-好氧工艺

缺氧-厌氧-好氧工艺，也称为倒置 AAO 工艺。与常规厌氧-缺氧-好氧工艺相比，缺氧-厌氧-好氧工艺最初设计的目的是优化污泥回流中硝态氮对厌氧释磷的影响，尤其是在处理高氨氮浓度废水时，回流中污泥中携带的大量硝态氮会抑制厌氧释磷反应。在缺氧-厌氧-好氧工艺中，硝态氮在前端的缺氧池中因有机碳源充足，可以进行完全反硝化反应，实现较高的脱氮效率。进入厌氧池中的硝态氮含量极低，有效消除了硝态氮对厌氧释磷的不利影响，确保了厌氧释磷过程的稳定进行。厌氧池的混合液进入溶解氧充足的好氧池，聚磷菌更有效地进行磷的吸收。研究表明，缺氧-厌氧-好氧工艺的脱氮除磷能力明显优于常规厌氧-缺氧-好氧工艺，化学需氧量的去除能力与常规厌氧-缺氧-好氧工艺相当。

然而，也有研究指出，缺氧-厌氧-好氧工艺在某些情况下可能会遇到由于缺氧池中的反硝化反应进行不完全，出现缺氧池出水中的硝酸盐对聚磷菌释磷造成抑制的问题。因此，需要将缺氧池出水中的硝酸盐浓度控制在极低水平。此外，为了解决碳源分配问题，缺氧-厌氧-好氧工艺可采用分点进水的方式为厌氧释磷过程提供所需的有机碳，从而提高脱氮除磷效率。

(3) UCT 工艺

1983 年，南非开普敦大学的研究者在厌氧-缺氧-好氧工艺的基础上开发了可以同时实现脱氮除磷的 UCT（University of Cape Town）工艺，该工艺与厌氧-缺氧-好氧工艺的主要区别在于污泥回流方式和混合液回流方式不同。如图 1-7 所示，在 UCT 工艺中，来自沉淀池的污泥回流至缺氧池，增加了缺氧混合液向厌氧池的回流，这种设计降低了回流污泥中硝态氮对厌氧释磷过程的影响[139]。为了达到最佳的碳、氮、磷去除效率，需要合理控制好氧混合液、缺氧混合液以及污泥回流的回流比。

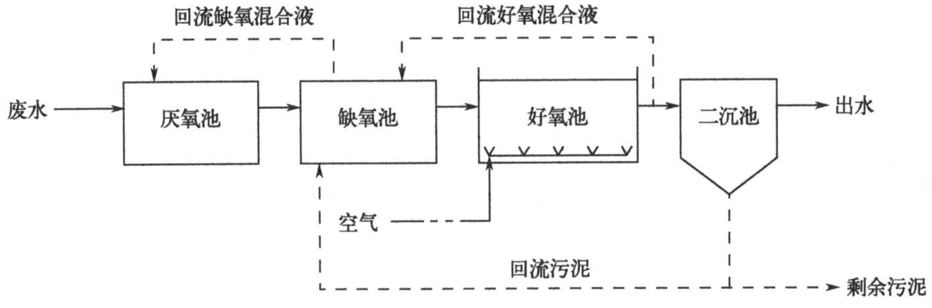

图 1-7 UCT 工艺流程示意

(4) 改良型 Bardenpho 工艺

Bardenpho 工艺的除磷效果受到进水水质、污泥回流等多种因素的影响。在某些情况下，污泥回流携带的硝态氮返回缺氧池，可能会对除磷效果产生不利影响，导致除磷效果不稳定。为了改善这一问题，在 Bardenpho 工艺的第一缺氧池前增设厌氧池，并将污泥回流至厌氧池，如此构成的工艺称为改良型 Bardenpho 工艺[2]。

如图 1-8 所示，改良型 Bardenpho 工艺也可看作是由一个厌氧-缺氧-好氧工艺和一个缺氧-好氧工艺串联形成，可以进行有效的生物脱氮除磷。废水首先进入厌氧池，在有机碳充足的条件下进行磷的有效释放[140]。混合液在第一缺氧池中进行反硝化脱氮，在第一好氧池中进行硝化反应、有机污染物的去除以及磷的吸收，这一阶段的硝化程度较高，产生的硝态氮浓度较高。第二缺氧池的功能是通过投加外源碳进行脱氮提高总氮去除效率，保证出水总氮含量达到排放标准。第二好氧池的作用是去除第二缺氧池多投加的碳源，保证出水的化学需氧量达到排放标准。

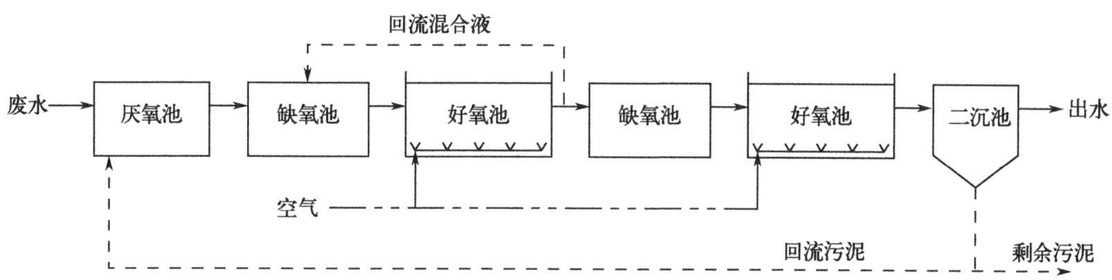

图 1-8　改良型 Bardenpho 工艺流程示意

改良型 Bardenpho 工艺通常按低污泥负荷（较长污泥龄）方式设计和运行，目的是提高脱氮除磷效率。改良型 Bardenpho 工艺的污泥停留时间比厌氧-缺氧-好氧工艺更长，而且通常采用多点进水、低氧曝气等方式提高进水碳源的利用，有利于硝化细菌和反硝化细菌的生长，进一步提高脱氮除磷效率。

参考文献

[1] 袁懋．典型水体有机污染物指示指标的研究——以吉林省为例 [D]. 长春：吉林大学，2008.

[2] Metcalf & Eddy. Wastewater engineering: Treatment and reuse [M]. 4th ed. New York: McGraw-Hill, 2003.

[3] 王社平，鞠兴华，彭党聪．城市污水处理厂初沉池对污染物去除效果的研究 [J]. 中国给水排水，2006，22 (5)：96-98.

[4] 梁冠亮，赵庆良．化学强化一级处理-人工湿地处理生活污水效果 [J]. 环境科学与技术，2009，32 (08)：134-138.

[5] 汤红妍，李国芝，李铭，等．化学混凝法强化城市污水一级处理的研究 [J]. 安全与环境工程，2008，15 (2)：64-68.

[6] 王龙，刘华超，姜瑞雪．混凝法强化城市污水一级处理试验 [J]. 水处理技术，2005，10：63-66.

[7] 邱维，孔凡铭，池文勇，等．城市污水的生物絮凝吸附强化一级处理研究 [J]. 中国给水排水，2006，11：69-72.

[8] 徐子钦．西方近代污水处理技术在上海的引进（1917-1937）——以上海公共租界为例 [D]. 呼和浩特：内蒙古师范大学，2024.

[9] 孙中．污泥减量化技术研究进展 [J]. 农业与技术，2022，42（07）：120-122.

[10] 张雯，邓风，徐华．间歇曝气和连续曝气对完全混合式反应器系统脱氮性能的影响 [J]. 环境化学，2013，32（11）：2176-2185.

[11] Skouteris G, Rodriguez-Garcia G, Reinecke S F, et al. The use of pure oxygen for aeration in aerobic wastewater treatment: A review of its potential and limitations [J]. Bioresource Technology, 2020, 312: 123595.

[12] Maleki S, Momeni Y, Monajemi P. Contact stabilization process for hospital wastewater treatment: Effects of colloidal organic matter [J]. Water Practice and Technology, 2022, 17 (4): 930-939.

[13] Al-Mutairi N Z, Hamoda M F, Al-Ghusain I A. Performance-based characterization of a contact stabilization process for slaughterhouse wastewater [J]. Journal of Environmental Science and Health Part A, Toxic/Hazardous Substances & Environmental Engineering, 2003, 38 (10): 2287-2300.

[14] 齐楠，黄琳丽，郑翻萍，等．间歇式循环延时曝气活性污泥法处理校园生活污水 [J]. 沈阳师范大学学报（自然科学版），2018，36（01）：67-70.

[15] 吴为中，王占生．不同生物接触氧化法的净化效果及其生物膜特性的比较 [J]. 环境科学学报，2000，S1：44-50.

[16] Rogalla F, Bourbigot M M. New developments in complete nitrogen removal with biological aerated filters [J]. Water Science and Technology, 1990, 22 (1/2): 273-280.

[17] 李倩．改性聚乙烯悬浮载体挂膜及其脱氮性能研究 [D]. 大连：大连理工大学，2015.

[18] 毛彦俊．亲电型与氧化还原介体型悬浮生物载体的制备及其在污水处理中的应用研究 [D]. 大连：大连理工大学，2018.

[19] 王长智，任旭锋，梅荣武，等．磁性生物膜载体的规模化制备、表征和应用 [J]. 环境工程学报，2015，9（06）：2817-2821.

[20] 王玉晓，孔秀琴，冯权，等．以亲水化改性聚氨酯为多孔载体的生物膜移动床反应器处理污水中试研究 [J]. 环境科学，2012，33（10）：3489-3494.

[21] 郑晓英，李楠，邱丽佳，等．城市污水处理厂二级处理出水中磷深度去除技术 [J]. 环境工程学报，2019，13（08）：1839-1846.

[22] 马艳，周新宇，张鑫，等．混凝沉淀对污水处理厂二级出水的处理效果 [J]. 净水技术，2015，34（Z1）：88-91.

[23] 张小燕，王刚，崔俊蕊，等．混凝沉淀-超滤工艺在黄河水处理中的应用 [J]. 水处理技术，2015，41（09）：126-128.

[24] 王宏伟，张国珍，武福平，等．两级 A/O 生物滤池与微絮凝过滤组合处理二级出水 [J]. 中国给水排水，2022，38（05）：65-69.

[25] 危斌，温汝青，马睿，等．大同市东郊污水处理厂二期工程工艺设计 [J]. 中国给水排水，2015，31（12）：52-55.

[26] 李魁晓，白雪，李鑫玮，等．城市污水厂二级处理出水深度处理组合工艺研究 [J]. 环境工程学报，2012，6（01）：63-67.

[27] 周赞民．活性炭吸附对提高南水污水厂处理效果的研究 [J]. 广东化工，2020，47 (17)：115-116，134.

[28] 孙风莲，郑鹏凯，刘芳．活性炭吸附技术在工业园区污水厂深度处理中的应用 [J]. 中国新技术新产品，2023 (11)：132-134.

[29] 杨晓华，王薇，邢雷．吸附与超滤法深度处理城市污水试验研究 [J]. 辽宁化工，2007，36 (09)：629-631.

[30] 陈翔，侯晓庆，郭奏恺，等．超滤膜系统在高碑店再生水厂升级改造中的应用 [J]. 中国给水排水，2018，34 (10)：77-81.

[31] Chon K，Cho J，Shon H K. A pilot-scale hybrid municipal wastewater reclamation system using combined coagulation and disk filtration，ultrafiltration，and reverse osmosis：Removal of nutrients and micropollutants，and characterization of membrane foulants [J]. Bioresource Technology，2013，141：109-116.

[32] Liu Y，Tay J H. Strategy for minimization of excess sludge production from the activated sludge process [J]. Biotechnology Advances，2001，19 (2)：97-107.

[33] 赵庆良，刘雨．废水处理与资源化新工艺 [M]. 北京：中国建筑工业出版社，2006.

[34] 贺丹丹，张泽宇，刘娟丽，等．市政污泥生物炭在废水吸附处理中的应用 [J]. 2024，41 (07)：1447-1457.

[35] 国家质量监督检验检疫总局，中国国家标准化管理委员会．污水排入城镇下水道水质标准：GB/T 31962—2015 [S]. 北京：中国标准出版社，2016.

[36] 卢蕾，马佳莹，褚华强，等．基于菌藻共生的污水处理与资源化新技术研究进展 [J]. 能源环境保护，2023，37 (02)：156-167.

[37] 皮永蕊，吕永红，柳莹，等．微藻-细菌共生体系在废水处理中的应用 [J]. 微生物学报，2019，59 (06)：1188-1196.

[38] Collivignarelli M C，Bertanza G，Sordi M，et al. High-strength wastewater treatment in a pure oxygen thermophilic process：11-year operation and monitoring of different plant configurations [J]. Water Science and Technology，2015，71 (4)：588-596.

[39] Alvarez Héctor M. Relationship between β-oxidation pathway and the hydrocarbon-degrading profile in actinomycetes bacteria [J]. International Biodeterioration & Biodegradation，2003，52 (1)：35-42.

[40] Zhang Z Z，Hou Z W，Yang C Y，et al. Degradation of n-alkanes and polycyclic aromatic hydrocarbons in petroleum by a newly isolated Pseudomonas aeruginosa DQ8 [J]. Bioresource Technology，2011，102 (5)：4111-4116.

[41] 潘阳，支忠祥，牛承鑫，等．厌氧膜生物反应器的现状、挑战和前景 [J]. 环境污染与防治，2020，42 (1)：101-106.

[42] Stronach S M，Rudd T，Lester J N. Anaerobic digestion processes in industrial waste-water treatment [M]. Berlin：Springer-Verlag，1986.

[43] Martín-Díaz J，Ruiz-Hernando M，Astals S，et al. Assessing the usefulness of clostridia spores for evaluating sewage sludge hygienization [J]. Bioresource Technology，2017，225：286-292.

[44] Khanal S K，Chen W H，Li L，et al. Biological hydrogen production：Effects of pH and intermediate products [J]. International Journal of Hydrogen Energy，2004，29 (11)：1123-1131.

[45] Stams A J M，Sousa D Z，Kleerebezem R，et al. Role of syntrophic microbial communities in high-rate methanogenic bioreactors [J]. Water Science and Technology，2012，66 (2)：352-362.

[46] Ariesyady H D，Ito T，Okabe S. Functional bacterial and archaeal community structures of major trophic groups in a full-scale anaerobic sludge digester [J]. Water Research，2007，41 (7)：1554-1568.

[47] Maitra P K, Bhosale S B, Kshirsagar D C, et al. Metabolite and enzyme profiles of glycogen metabolism in Methanococcoides methylutens [J]. FEMS Microbiology Letters, 2001, 198 (1): 23-29.

[48] Ince O, Kasapgil Ince B, Donnelly T. Attachment, strength and performance of a porous media in an upflow anaerobic filter treating dairy wastewater [J]. Water Science and Technology, 2000, 41 (4-5): 261-270.

[49] 方晓瑜，李家宝，芮俊鹏，等．产甲烷生化代谢途径研究进展 [J]. 应用与环境生物学报，2015，21 (01): 1-9.

[50] 郑丽颖，温俊宝．溶解氧对好氧颗粒污泥处理养猪废水的影响 [J]. 水处理技术，2020，46 (11): 46-50.

[51] 王颖，黄霞，袁其朋，等．缺氧/好氧膜-生物反应器处理高浓度含碳和氮工业废水 [J]. 现代化工，2002，22 (8): 47-49，58.

[52] 马志毅，周凤鸣．用渐增负荷驯化法确定毒物对微生物的抑制性 [J]. 太原工业大学学报，1993，24 (4): 41-44.

[53] 叶姜瑜，彭德，陆榆丰，等．聚甲醛废水的生物强化处理及微生物种群动态分析 [J]. 环境科学学报，2017，37 (05): 1681-1687.

[54] Walker M, Theaker H, Yaman R, et al. Assessment of micro-scale anaerobic digestion for management of urban organic waste: A case study in London, UK [J]. Waste Management, 2017, 61: 258-268.

[55] Davis M L, Cornwell D A. Introduction to environmental engineering [M]. New York: McGraw-Hill, 1998.

[56] Fujitani H, Aoi Y, Tsuneda S. Selective enrichment of two different types of *nitrospira*-like nitrite-oxidizing bacteria from a wastewater treatment plant [J]. Microbes and Environments, 2013, 28 (2): 236-243.

[57] Mellbye B L, Spieck E, Bottomley P J, et al. Acyl-homoserine lactone production in nitrifying bacteria of the genera *Nitrosospira*, *Nitrobacter*, and *Nitrospira* identified via a survey of putative quorum-sensing genes [J]. Applied and Environmental Microbiology, 2017, 83 (22): e01540-01517.

[58] Liu Y, Capdeville B. Some observation of free ammonia inhibitation to Nitrobacter in nitrifying biofilm reactor [J]. Biotechnology Letters, 1994, 16 (3): 309-314.

[59] Wagner M, Rath G, Koops H P, et al. *In situ* analysis of nitrifying bacteria in sewage treatment plants [J]. Water Science and Technology, 1996, 34 (1/2): 237-244.

[60] Daims H, Lebedeva E V, Pjevac P, et al. Complete nitrification by nitrospira bacteria [J]. Nature, 2015, 528 (7583): 504-509.

[61] 徐建宇，毛艳萍．从典型硝化细菌到全程氨氧化微生物：发现及研究进展 [J]. 微生物学通报，2019，46 (04): 879-890.

[62] 石秀丽，郭萌萌，张莹，等．单步硝化作用与全程氨氧化微生物研究进展 [J]. 草业学报，2018，27 (07): 196-203.

[63] Bernat K, Wojnowska-Baryła I. Carbon source in aerobic denitrification [J]. Biochemical Engineering Journal, 2007, 36 (2): 116-122.

[64] Bouchez T, Patureau D, Delgenès J P, et al. Successful bacterial incorporation into activated sludge flocs using alginate [J]. Bioresource Technology, 2009, 100 (2): 1031-1032.

[65] Miyahara M, Kim S W, Fushinobu S, et al. Potential of aerobic denitrification by Pseudomonas stutzeri TR2 to reduce nitrous oxide emissions from wastewater treatment plants [J]. Applied and Environmental

Microbiology, 2010, 76 (14): 4619-4625.

[66] Zhao B, He Y L, Zhang X F. Nitrogen removal capability through simultaneous heterotrophic nitrification and aerobic denitrification by *Bacillus* sp. LY [J]. Environmental Technology, 2010, 31 (4): 409-416.

[67] Moon H S, Shin D, Nam K, et al. Distribution of the microbial community structure in sulfur-based autotrophic denitrification columns [J]. Journal of Environmental Engineering , 2010, 136 (5): 481-486.

[68] Shao M F, Zhang T, Fang H H P. Autotrophic denitrification and its effect on metal speciation during marine sediment remediation [J]. Water Research, 2009, 43 (12): 2961-2968.

[69] Mohseni-Bandpi A, Elliott D J, Zazouli M A. Biological nitrate removal processes from drinking water supply-a review [J]. Journal of Environmental Health Science & Engineering, 2013, 11 (1): 35.

[70] Ruan Y J, Luo G Z, Tan H X, et al. Nitrate and phosphate removal in sulphur-coral stone autotrophic denitrification packed-bed reactors [J]. Canadian Journal of Civil Engineering, 2009, 36 (5): 923-932.

[71] Blackburne R, Yuan Z G, Keller J. Demonstration of nitrogen removal via nitrite in a sequencing batch reactor treating domestic wastewater [J]. Water Research, 2008, 42 (8/9): 2166-2176.

[72] Peng Y Z, Zhu G B. Biological nitrogen removal with nitrification and denitrification via nitrite pathway [J]. Applied Microbiology and Biotechnology, 2006, 73 (1): 15-26.

[73] 庄严，陈立伟，夏涛，等. 医药化工废水同步硝化反硝化的研究及工程应用 [J]. 安徽农业科学，2008，36 (23): 10170-10172.

[74] 周毅，杨开，杨德勇. 污水生物处理过程中的同步硝化反硝化研究概况 [J]. 环境科学与技术，2001，24 (06): 6-8.

[75] Gupta R K, Poddar B J, Nakhate S P, et al. Role of heterotrophic nitrifiers and aerobic denitrifiers in simultaneous nitrification and denitrification process: A nonconventional nitrogen removal pathway in wastewater treatment [J]. Letters in Applied Microbiology, 2022, 74 (2): 159-184.

[76] 刘春，年永嘉，张静，等. 微气泡曝气生物膜反应器同步硝化反硝化研究 [J]. 环境科学，2014，35 (06): 2230-2235.

[77] Li Y, Liu Y. Diffusion of substrate and oxygen in aerobic granule [J]. Biochemical Engineering Journal, 2005, 27 (1): 45-52.

[78] Andrade do Canto C S, Rodrigues J A D, Ratusznei S M, et al. Feasibility of nitrification/denitrification in a sequencing batch biofilm reactor with liquid circulation applied to post-treatment [J]. Bioresource Technology, 2008, 99 (3): 644-654.

[79] Chowdhury N, Nakhla G, Zhu J. Load maximization of a liquid-solid circulating fluidized bed bioreactor for nitrogen removal from synthetic municipal wastewater [J]. Chemosphere, 2008, 71 (5): 807-815.

[80] Mulder J W, Van Loosdrecht M C, Hellinga C, et al. Full-scale application of the SHARON process for treatment of rejection water of digested sludge dewatering [J]. Water Science and Technology, 2001, 43 (11): 127-134.

[81] Van der Star W R L, Abma W R, Blommers D, et al. Startup of reactors for anoxic ammonium oxidation: Experiences from the first full-scale anammox reactor in Rotterdam [J]. Water Research, 2007, 41 (18): 4149-4163.

[82] Strous M, Heijnen J J, Kuenen J G, et al. The sequencing batch reactor as a powerful tool for the study of slowly growing anaerobic ammonium-oxidizing microorganisms [J]. Applied Microbiology and Biotechnology, 1998, 50 (5): 589-596.

[83] Mulder A, Van de Graaf A A, Robertson L A, et al. Anaerobic ammonium oxidation discovered in a deni-

trifying fluidized bed reactor [J]. FEMS Microbiology Ecology, 1995, 16 (3): 177-183.

[84] 间刚，徐乐中，沈耀良，等. 快速启动厌氧氨氧化工艺 [J]. 环境科学，2017，38 (03): 1116-1121.

[85] 陈加波，周鑫，李旭. 以活性污泥为接种污泥厌氧氨氧化工艺的快速启动及脱氮效能 [J]. 化工进展，2022，41 (7): 3900-3907.

[86] 薛晶晶，雷振，王俊，等. 一段式短程反硝化耦合厌氧氨氧化工艺处理厌氧膜生物反应器出水 [J]. 环境工程学报，2022，16 (03): 788-797.

[87] Jetten Mike S M, Horn Svein J, Van Loosdrecht Mark C M. Towards a more sustainable municipal wastewater treatment system [J]. Water Science and Technology, 1997, 35 (9): 171-180.

[88] Van Loosdrecht M C M, Jetten M S M. Microbiological conversions in nitrogen removal [J]. Water Science and Technology, 1998, 38 (1): 1-7.

[89] 李峰，朱南文，李树平，等. 有氧情况下同时硝化/反硝化的反应动力学模式 [J]. 中国给水排水，1999，15 (6): 58-60.

[90] Mosquera-Corral A, de Kreuk M K, Heijnen J J, et al. Effects of oxygen concentration on N-removal in an aerobic granular sludge reactor [J]. Water Research, 2005, 39 (12): 2676-2686.

[91] de Kreuk M K, Heijnen J J, Van Loosdrecht M M. Simultaneous COD, nitrogen, and phosphate removal by aerobic granular sludge [J]. Biotechnology and Bioengineering, 2005, 90 (6): 761-769.

[92] Li J, Garny K, Neu T, et al. Comparison of some characteristics of aerobic granules and sludge flocs from sequencing batch reactors [J]. Water Science and Technology, 2007, 55 (8/9): 403-411.

[93] He S B, Xue G, Wang B Z. Factors affecting simultaneous nitrification and de-nitrification (SND) and its kinetics model in membrane bioreactor [J]. Journal of Environmental Science, 2009, 18 (2): 704-710.

[94] Carvajal-Arroyo J M, Sun W J, Sierra-Alvarez R, et al. Inhibition of anaerobic ammonium oxidizing (anammox) enrichment cultures by substrates, metabolites and common wastewater constituents [J]. Chemosphere, 2013, 91 (1): 22-27.

[95] 张丹，徐慧，李相力，等. 限氧自养硝化-反硝化生物脱氮新技术 [J]. 应用生态学报，2003，14 (12): 2333-2336.

[96] Barlindhaug J, Ødegaard H. Thermal hydrolysis for the production of carbon source for denitrification [J]. Water Science and Technology, 1996, 34 (1/2): 371-378.

[97] Dbaja D, Macé S, Sans C, et al. Nitrification, denitrification and biological phosphorus removal in piggery wastewater using a sequencing batch reactor [J]. Bioresource Technology, 2003, 87 (1): 103-111.

[98] 付昆明，曹相生，孟雪征，等. 污水反硝化过程中亚硝酸盐的积累规律 [J]. 环境科学，2011，32 (06): 1660-1664.

[99] 张可方，方茜，曹勇锋. 温度和溶解氧对短程同步硝化反硝化脱氮效果的影响 [J]. 广州大学学报（自然科学版），2011，10 (01): 81-84.

[100] Münch E V, Lant P, Keller J. Simultaneous nitrification and denitrification in bench-scale sequencing batch reactors [J]. Water Research, 1996, 30 (2): 277-284.

[101] 张彬，邓佳，陈杨武，等. 游离氨对硝化过程的影响与定量表征 [J]. 应用与环境生物学报，2020，26 (05): 1260-1267.

[102] 高大文，彭永臻，王淑莹. 控制 pH 实现短程硝化反硝化生物脱氮技术 [J]. 哈尔滨工业大学学报，2005，37 (12): 1664-1666.

[103] Jin R C, Yang G F, Yu J J, et al. The inhibition of the Anammox process: A review [J]. Chemical En-

gineering Journal, 2012, 197: 67-79.

[104] 李航，姚潇涵，张欣，等．厌氧氨氧化工艺的研究与应用进展 [J]. 工业水处理，2021，41 (02)：15-19.

[105] Akunna J C, Bizeau C, Moletta R. Nitrate and nitrite reductions with anaerobic sludge using various carbon-sources: Glucose, glycerol, acetic-acid, lactic-acid and methanol [J]. Water Research, 1993, 27 (8): 1303-1312.

[106] McCarty G W, Bremner J M. Availability of organic carbon for denitrification of nitrate in subsoils [J]. Biology and Fertility of Soils, 1992, 14 (03): 219-222.

[107] Batchelor B. Kinetic-analysis of alternative configurations for single-sludge nitrification denitrification [J]. Journal Water Pollution Contral Federation, 1982, 54 (11): 1493-1504.

[108] 徐伟锋，郑淑平，孙力平，等．生物膜法同步硝化反硝化影响因素的分析 [J]. 天津城市建设学院学报，2003，9 (01)：4-7.

[109] 李娜，胡筱敏，李国德．MBBR中进水有机负荷对短程硝化反硝化的影响 [J]. 环境保护与循环经济，2017，37 (07)：31-33.

[110] 李春杰，耿琰，周琪，等．SMSBR处理焦化废水中的短程硝化反硝化 [J]. 中国给水排水，2001，17 (11)：8-12.

[111] Chung J, Fleege D, Ong S K, et al. Organic semiconductor wastewater treatment using a four-stage Bardenpho with membrane system [J]. Environmental Technology, 2014, 35 (21/22/23/24): 2837-2845.

[112] Ilies P, Mavinic D S. A pre- and post-denitrification system treating a very high ammonia landfill leachate: Effects of pH change on process performance [J]. Environmental Technology, 2001, 22 (3): 289-300.

[113] Strokal M, Yang H, Zhang Y C, et al. Increasing eutrophication in the coastal seas of China from 1970 to 2050 [J]. Marine Pollution Bulletin, 2014, 85 (1): 123-140.

[114] 张勇，张丽彬．石灰法在处理金属表面磷化废水中的应用 [J]. 工业安全与环保，2006，32 (03)：28-30.

[115] 黎圣，钟山，刘静静．石灰法除磷的产物分析与pH条件选择机制 [J]. 西安文理学院学报（自然科学版），2013，16 (04)：1-5，32.

[116] 徐丰果，罗建中，凌定勋．废水化学除磷的现状与进展 [J]. 工业水处理，2003，5：18-20.

[117] Wang J L, Song J, Lu J, et al. Comparison of three aluminum coagulants for phosphorus removal [J]. Journal of Water Resource and Protection, 2014, 6 (10): 902-908.

[118] 李幸，高大文，刘琳．镁离子浓度对SBR生物除磷系统的影响 [J]. 环境科学，2011，32 (07)：2036-2040.

[119] 孟顺龙，裘丽萍，陈家长，等．污水化学沉淀法除磷研究进展 [J]. 中国农学通报，2012，28 (35)：264-268.

[120] 杨光，程诚．城镇生活污水厂除磷技术现状 [J]. 化工设计通讯，2019，45 (08)：236-237.

[121] 袁野，周佳，屈建航，等．高效反硝化聚磷菌的筛选及其脱氮除磷条件和性能研究 [J]. 生物技术通报，2023，39 (07)：266-276.

[122] 黄秋溶，刘勇，江兴龙，等．嗜冷反硝化聚磷菌筛选及其养殖尾水处理应用 [J]. 农业环境科学学报，2024：1-23.

[123] Kuba T, Smolders G, Van Loosdrecht M C M, et al. Biological phosphorus removal from wastewater by anaerobic-anoxic sequencing batch reactor [J]. Water Science and Technology, 1993, 27 (5/6):

241-252.

[124] Comeau Y, Hall K J, Oldham W K. A biochemical model for enhanced biological phosphorus removal [J]. Water Science and Technololy, 1985, 17 (11/12): 313-314.

[125] Arun V, Mino™ T, Matsuo™ T. Biological mechanism of acetate uptake mediated by carbohydrate consumption in excess phosphorus removal systems [J]. Water Research, 1988, 22 (5): 565-570.

[126] Smolders G J, Van der Meij J, Van Loosdrecht M C, et al. Model of the anaerobic metabolism of the biological phosphorus removal process: Stoichiometry and pH influence [J]. Biotechnology and Bioengineering, 1994, 43: 461-470.

[127] 车林轩，程伟钊，韦志鹏．污水除磷技术及影响因素的研究进展 [J]. 应用化工，2022，51 (6)：1811-1816，1824.

[128] 尹军，王建辉，王雪峰，等．污水生物除磷若干影响因素分析 [J]. 环境工程学报，2007，1 (04)：6-11.

[129] 彭党聪，樊香妮，张玲，等．温度对生物除磷系统微生物种群关系及动力学的影响 [J]. 环境工程学报，2017，11 (04)：2091-2096.

[130] 韦佳敏，黄慧敏，程诚，等．污泥龄及 pH 值对反硝化除磷工艺效能的影响 [J]. 环境科学，2019，40 (04)：1900-1905.

[131] 李捷，熊必永，张杰．厌氧-好氧生物除磷影响因素的控制 [J]. 生态环境，2004，13 (04)：506-507，511.

[132] Winter C T. The role of acetate in denitrification and biological phosphate removal in modified Bardenpho systems [J]. Water Pollution Research and Control Brighton, 1988: 375-385.

[133] 李勇，黄勇，潘杨．泥龄对生物除磷效率影响的分析 [J]. 苏州城建环保学院学报，2001，14 (01)：16-21.

[134] 李瞳，郝瑞霞，刘峰，等．A/A/O 工艺脱氮除磷运行效果分析 [J]. 环境工程学报，2011，5 (08)：1729-1734.

[135] 王洪贞．基于降低氮磷出水浓度的 A^2/O-GAC 工艺数学建模的探索 [D]. 昆明：昆明理工大学，2013.

[136] 李亮，邱宏俊．改良 A^2/O 氧化沟强化生化处理技术用于污水厂提标改造 [J]. 中国给水排水，2020，36 (20)：124-128.

[137] Baeza J A, Gabriel D, Lafuente J. Effect of internal recycle on the nitrogen removal efficiency of an anaerobic/anoxic/oxic (A^2/O) wastewater treatment plant (WWTP) [J]. Process Biochemistry, 2004, 39 (11): 1615-1624.

[138] 徐立然，周晓莉，朱光灿，等．多点交替进水阶式 A^2/O 工艺强化脱氮除磷 [J]. 环境科学研究，2015，28 (09)：1466-1473.

[139] 王斯坦，刘星，刘志斌．UCT 工艺脱氮除磷效果 [J]. 辽宁工程技术大学学报（自然科学版），2009，28 (S2)：140-142.

[140] 姚伟涛，肖社明，张永祥．改良 Bardenpho 工艺处理低 BOD_5/TN 混合污水工程设计 [J]. 中国给水排水，2018，34 (14)：67-70.

第2章 膜分离技术原理

2.1 膜的定义、类型及特性

2.1.1 膜的定义

膜是表面具有一定物理或化学特性的薄的屏障物[1]，也称分离膜。垂直于膜表面沿膜厚度方向有许多微小的贯穿膜的孔洞，这些孔洞称为膜孔。膜有 2 个典型的特点：

① 把相邻两个流体相分隔为两个不连续的独立区间，分别为原料液侧和渗透液侧；

② 当原料液流经膜时，允许一种或几种物质通过，其他物质被膜截留，对不同物质起到分离、过滤和纯化的作用。

不同类型的膜具备不同的分离能力。

当溶液、混合液或混合气体与膜接触时，尺寸小于膜孔径尺寸的物质可以在给定的驱动力（压力差、浓度差、电位差或温度差）作用下从膜孔透过，而尺寸较大的物质则被膜孔拦截。

2.1.2 膜的类型

2.1.2.1 膜按制膜材料分类

膜根据其制备材料的不同可以分为有机膜和无机膜两大类。制作有机膜的材料包括天然高分子有机材料和人工合成高分子有机材料，如纤维素及衍生物、聚砜类、聚烯烃类、聚酰胺类以及含氟聚合物等。制作无机膜的材料包括碳材料、金属氧化物（如二氧化钛、二氧化锆、三氧化二铝）、金属（如不锈钢、铝、银）、陶瓷、多孔玻璃等。制膜材料的性质和化学结构直接影响膜的物化稳定性和分离性能。

有机膜的制备工艺较为成熟，成本相对较低，膜孔径和形式也较为多样，膜的综合性能比较理想，因此在多种膜分离系统中广泛应用。然而，有机膜在膜分离过程中有耐老化性和耐热性较差、强度低、易被污染等缺点。无机膜具有机械强度高、化学稳定性好、耐高温、使用寿命长等优点。在实际应用中应根据原料液的特点选择合适的膜材料。

(1) 纤维素及衍生物类

纤维素是一种天然多糖，来源广泛，是一种可替代化石能源的天然高分子材料。纤维素通过化学改性能够形成多种衍生物。纤维素及其衍生物是应用广泛的高分子有机质膜材料，具有良好的亲水性以及易于改性的优点。然而，纤维素及其衍生物制成的膜也存在一定的局限性，如耐氯性较差、易生物降解，在过滤过程中易在过滤压力的作用下被压密。

在众多纤维素及其衍生物中，二醋酸纤维素（cellulose diacetate，CA)、三醋酸纤维素（cellulose triacetate，TCA)、醋酸丙酸纤维素（cellulose acetate propionate，CAP)、再生纤维素（regenerated cellulose，RC)、硝酸纤维素（cellulose nitrate，NC)、混合纤维素酯（mixed cellulose，CN-CA）等常被用来制备微滤膜、超滤膜、纳滤膜及反渗透膜。

1）醋酸纤维素膜

醋酸纤维素膜主要包括二醋酸纤维素膜和三醋酸纤维素膜，这类膜表面光滑，亲水性强，具有良好的分离性和耐污染性[2]，在废水处理中得到广泛应用。例如，以 *N*,*N*-二甲基吡咯烷酮为溶剂，三醋酸纤维素为聚合物，乙二醇和苯甲酸为添加剂配制铸膜液，采用高温非溶剂致相分离法制备得到三醋酸纤维素中空纤维纳滤膜，对不同分子量染料的脱除率均高达 93%以上[3]。将三醋酸纤维素与壳聚糖共混，通过相转化法制备的三醋酸纤维素/壳聚糖反渗透膜，对盐有较高的截留率，抗菌性也得到了显著提高[4]。然而，醋酸纤维素膜容易发生水解，只能在相对较窄的 pH 值范围内应用，膜性能在较高操作压力下的衰减速度较快。

2）再生纤维素膜

再生纤维素膜是将纤维素溶解在溶剂中，通过挤出或凝胶成膜的方式制得的一种分离膜[5]。溶解纤维素的溶剂有离子液体[6]、氢氧化钠/尿素[7]、*N*-甲基吗啉氧化物[8]等，这些溶剂主要影响膜的结晶度、热稳定性和力学稳定性等。再生纤维素膜具有极好的化学相容性、易降解和易改性等优点，主要用于水和有机溶剂的分离。由于再生纤维素膜内的纤维素分子之间仅靠氢键连接，相互作用力较弱，因此，再生纤维素膜的力学性能比聚砜类膜低，在制作膜组件时容易受到损伤[5]。

(2) 聚砜类

聚砜是一类制备水处理膜的高分子有机材料，主要用来制备微滤膜、超滤膜和反渗透膜等。聚砜类膜具有优异的化学稳定性和热稳定性，同时还具有较高的机械强度和较强的抗氧化性能，这些特性使聚砜类膜可适用于高温和腐蚀性环境。聚砜类膜可在温度<75℃和 pH1～13 的环境中稳定使用。然而，聚砜膜表面具有较强的疏水性，导致其在膜过滤过程中容易被蛋白质等有机物污染，进而影响膜通量。为了改善聚砜膜的亲水性，通常将聚砜膜作为多孔支撑膜，采用涂覆法将聚乙烯醇[9]、磺化聚醚砜[10]

等材料复合在聚砜膜上制备出亲水性的复合分离膜。

常用于制备膜的聚砜类材料有双酚A型聚砜（polysulfone，PSF）、聚醚砜（polyether sulphone，PES）、磺化聚砜（sulfonated polysulfone，SPSF）和聚酰胺（polyamide，PSA）等。

1）聚醚砜膜

聚醚砜是一种性能优异的制膜聚合物。通过相转化法制备的聚醚砜超滤膜通常为不对称膜，具有良好的机械强度、优异的氧化性以及高耐酸碱性等优点[11]。然而，聚醚砜膜的不足之处在于它的疏水性，这可能导致这类膜在应用中容易因腐殖酸和蛋白质等天然有机物与聚醚砜的疏水基团之间的相互作用造成膜污染[12-14]。通过物理共混和化学接枝的方法进行亲水化改性，可以显著提高聚醚砜膜的抗污染性能和实际应用性[15]。研究表明，聚醚砜膜用氯化钙改性后，亲水性和抗污染能力显著提升，在处理皮革废水时表现出较高的生化需氧量、化学需氧量、总溶解固体、氯化物、硫酸盐、油和脂肪的去除效率[16]。

2）磺化聚砜膜

通过磺化反应在聚砜材料上引入亲水性磺酸基团制得的磺化聚砜是一种优良的亲水性制膜材料。磺化剂的用量、磺化温度和时间均影响磺化聚砜的磺化度，进而影响磺化聚砜与磺化聚砜膜的亲水性、耐热性和抗污染性能[17]。

由于磺酸基团的引入，磺化聚砜膜在保持聚砜原有的耐热性和化学稳定性的基础上，显示出较高的亲水性，在应用中能减少污染物在膜表面的沉积，延长膜的使用寿命[18]。利用浸入相转化法制备的聚砜/磺化聚砜共混超滤膜在处理海水养殖废水时，膜通量达到163.18L/(m^2·h)，处理后的废水中化学需氧量浓度低至1.63mg/L，达到《海水水质标准》(GB 3097—1997) 中养殖用水的要求[19,20]。

(3) 聚烯烃类

聚烯烃类膜具有良好的化学稳定性和较高的机械强度，能够耐酸碱及多种有机溶剂的侵蚀。然而，用聚烯烃类材料制备膜时在常温下不易获得优良溶剂，因此聚烯烃膜的横向强度较差，在膜孔径及孔隙率的控制方面存在一定的难度。聚烯烃类膜主要用于含油废水的分离。

制备聚烯烃类膜的材料主要包括聚乙烯（polyethylene，PE）、聚丙烯（polypropylene，PP）、聚丙烯腈（polyacrylonitrile，PAN）、聚乙烯醇（polyvinyl alcohol，PVA）和聚丙烯酸（polyacrylic acid，PAA）等。

1）聚乙烯膜

聚乙烯膜是一种能够耐受高温、高压和碱性条件的疏水膜，特别适用于高黏度溶液和强碱性溶液的过滤。尽管聚乙烯膜的疏水性限制了其在水溶液分离中的应用潜力，但通过引入极性基团、等离子体处理等方法对其进行改性，可以显著提高聚乙烯膜表面的亲水性和官能化程度[21,22]，使其更适用于水净化等领域。

2）聚乙烯醇膜

聚乙烯醇由乙酸乙酯经聚合醇解制成，其结构中含有大量的羟基，是一种具有优异亲水性和抗污染性能的高分子制膜材料，广泛用于污水处理等领域用膜的制备。聚乙烯醇也常作为复合膜表面涂层材料引入膜表面来提高膜的抗污染性能。然而，聚乙烯醇膜的力学性能较差，容易在水中发生溶胀甚至溶解。研究显示，可通过共混改性、化学交联改性、纳米复合改性等工艺显著改善聚乙烯醇膜的耐水性和力学性能，推动其在水处理领域的应用[23]。

3）聚丙烯膜

以聚丙烯制成的微滤膜和超滤膜，具有优良的力学性能和稳定的化学性能。然而，聚丙烯的表面能较低、疏水性强，导致聚丙烯膜在使用时膜通量较低，较容易引起蛋白质污染等问题[24,25]。可以通过表面涂覆改性、引发剂引发接枝、辐射处理、低温等离子体处理来提高聚丙烯膜的表面亲水性[25-27]。

（4）聚酰胺类

聚酰胺膜因其高脱盐率、较高膜通量和较低操作压力等优点，在海水淡化、硬水软化和纯净水生产等领域得到了广泛应用。制备聚酰胺类膜的材料主要包括脂肪族聚酰胺（aliphatic polyamides，ALPA）、芳香族聚酰胺（aromatic polyamides，APA）和聚醚酰胺（polyetheramide，PEA）。

1）脂肪族聚酰胺膜

脂肪族聚酰胺主要包括尼龙-6（NY-6）和尼龙-66（NY-66）等，是生产历史悠久的合成纤维，具有较好的柔韧性、耐热性和亲水性。将尼龙-6或尼龙-66溶于甲酸中，通过控制尼龙混合物中甲酸的比例或加入水的比例可以制备出不同孔径的微滤膜。脂肪族聚酰胺也常用于制备反渗透复合膜。脂肪族聚酰胺膜柔韧性好，具有良好的化学稳定性、亲水性和耐溶剂性，能在高温下进行灭菌处理。脂肪族聚酰胺膜不仅适用于过滤含有酸碱性的水溶液，也适用于过滤大多数有机溶液。

2）芳香族聚酰胺膜

芳香族聚酰胺是一种具有长链结构的聚合物，其结构中含有大量苯环和酰胺键（—CO—NH—）。根据酰胺键在苯环上位置的不同，芳香族聚酰胺分为聚对苯二甲酰对苯二胺、聚间苯二甲酰间苯二胺和交联结构芳香族聚酰胺。这3种芳香族聚酰胺材料制成的膜在性质和应用领域有所区别。例如，用热致相分离法制备的嵌入氧化锌的聚间苯二甲酰间苯二胺超滤膜（切割分子量为6000），具有优异的化学稳定性、抗污染性、热稳定性和机械性能，在处理造纸白废水中展现出良好的分离性能和较高的水通量[28]。而聚间苯二甲酰间苯二甲胺/二氧化硅纳米纤维膜是一种超疏水和超亲油膜，可在高温、酸碱溶液、海水等极端条件下保持良好的油水分离性能[29]。用相转化法制备的聚对苯二甲酰对苯二胺超滤膜具有优异的耐高温性能和耐溶剂性能，对牛血清蛋白有极高的截留率[30]。交联结构芳香族聚酰胺具有优异的耐热性能和耐有机溶剂性能，主要用于制备复合纳滤膜、反渗透膜和正渗透膜表面的超薄致密分离层[31]。

(5) 含氟聚合物

含氟聚合物由于含有氟基团而显示出非常高的疏水性、耐化学性和耐热性高。常用于制备有机膜的含氟聚合物有聚偏氟乙烯（polyvinylidene fluoride，PVDF）和聚四氟乙烯（polytetrafluoroethylene，PTFE）。

1）聚偏氟乙烯膜

聚偏氟乙烯是一类含氟的半结晶型聚合物，其大分子链中有“—CF_2—CF_2—”单元链节的重复排列结构。聚偏氟乙烯的极性极强，热稳定性好，具有耐光照、耐化学腐蚀和耐氧化等优势，是水和废水处理领域中应用最广泛的一种制膜高分子有机材料。聚偏氟乙烯的成膜性能好，用热致相分离法和非溶剂相分离法都可以制备出孔隙率高和孔贯通性好的膜产品。聚偏氟乙烯膜的膜通量高，主要用于污水处理、饮用水净化、气体净化等。聚偏氟乙烯膜具有耐酸碱性，可以耐受 pH 1～14 的环境和浓度高达 5000mg/L 的次氯酸钠的清洗，在膜污染较严重的膜生物反应器中使用的聚偏氟乙烯膜组件的使用周期较长。

聚偏氟乙烯膜自 20 世纪 90 年代出现以来，在膜分离领域逐渐受到关注。目前处于世界主导地位的膜生产厂商均采用聚偏氟乙烯生产微滤膜和超滤膜。我国企业及相关科研机构在聚偏氟乙烯膜的制备和研究领域取得了显著进展，以聚偏氟乙烯膜为主题，根据中国知网数据库的检索结果，2000～2024 年期间，我国共授权相关发明专利 854 项，实用新型专利 127 项，在核心期刊发表相关研究的学术论文 672 篇，如图 2-1 所示。这些研究成果不仅推动了我国在聚偏氟乙烯膜技术领域的发展，也提高了我国在该领域的国际竞争力。

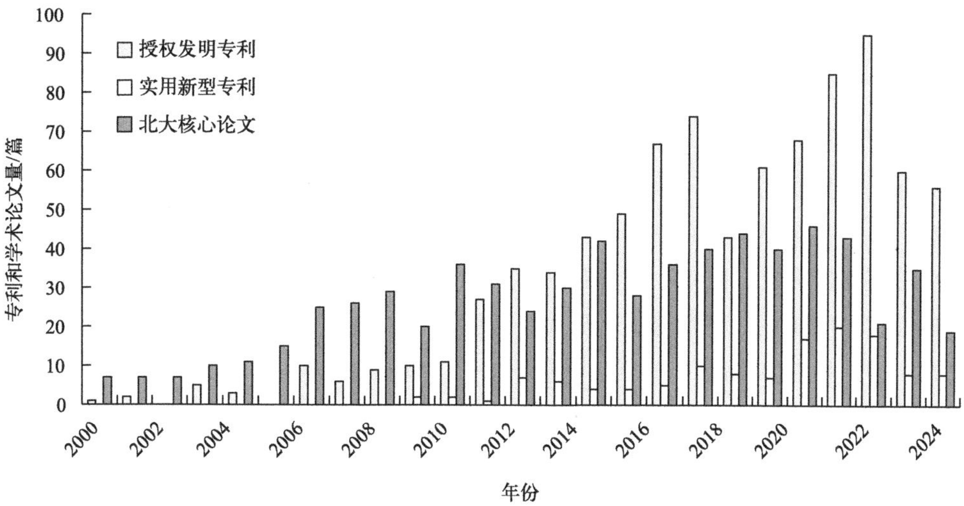

图 2-1　2000～2024 年期间，基于知网数据库，以聚偏氟乙烯膜为主题检索的授权专利和学术论文发表趋势

2）聚四氟乙烯膜

聚四氟乙烯是由四氟乙烯的自由基聚合反应制得的高结晶聚合物，具有极高的化学稳定性和热稳定性。聚四氟乙烯因为几乎不溶于常温条件下已知的绝大多数有机溶剂，因此，由聚四氟乙烯制备的膜主要应用于需要耐受腐蚀性的特殊环境，如含油污水的处理[32]。

（6）陶瓷膜

陶瓷膜是通常由氧化铝、二氧化硅、二氧化钛、氧化锆、沸石和黏土等无机材料经特殊工艺制备而形成的分离膜[33-35]。陶瓷膜具有化学性质稳定、热稳定性好和机械强度高等显著优点[36]，可在温度＜350℃、pH1～14、过滤压力高达400kPa的环境中使用。陶瓷膜有管式膜、平板膜和中空纤维膜等多种形式，一般用于微滤和超滤。

陶瓷膜表面粗糙度较低，有很强的亲水性[37]、较强的抗污染性能和易于清洗的特性，在使用时能降低运营成本[38]。陶瓷膜具有更强的机械稳定性，在应用时不会出现类似聚偏氟乙烯中空纤维膜断丝的现象，并能更好地抵抗粉末活性炭等颗粒物在曝气条件下产生的剪切应力，在含油废水、生活污水及高浓度工业废水处理等领域中极具竞争力。

被污染的陶瓷膜可以使用氢氧化钠、氯气、过氧化氢和臭氧等强氧化性物质进行清洗，即使采用高温蒸汽清洗也不会破坏陶瓷膜的结构，这在一定程度上延长了陶瓷膜的使用寿命。然而，陶瓷膜的制备工艺过程复杂，制作成本较高[39]。为了使陶瓷膜的实用性更宽广，研究者开发了新的陶瓷膜材料，如碳化硅、石墨烯和陶瓷纤维等，并且对陶瓷膜进行了改性研究。例如，采用滴涂法在硅氧烷改性陶瓷支撑体上制备出石墨烯-陶瓷复合膜，可在40℃条件下实现甲醇和水的有效分离[40]。

2.1.2.2 膜按结构分类

膜根据其结构和方向的相关性，以及制膜材料的种类，分为对称膜、不对称膜和复合膜。

（1）对称膜

对称膜是指膜孔径和孔隙结构不随膜孔深度变化的膜，该膜的渗透性能在膜孔深度上相对均匀[41]。对称膜通常由同种材料制成，厚度为10～200μm。对称膜的质量传递阻力由总膜厚度决定。因此，对称膜的渗透性能与机械强度之间存在矛盾，高水透过速率意味着膜厚度较小、膜孔密集，从而导致膜的机械强度下降。对称膜的制备方法包括嵌段共聚物选择性溶胀成孔法[42]、呼吸图法[43]和水滴模板法[44]等。

（2）不对称膜

不对称膜是指膜孔径和结构随膜孔深度变化的膜。不对称膜通常由同种材料制成，由分离层和多孔支撑层两部分构成。广泛用于废水处理的超滤膜、纳滤膜和反渗透膜通常为由有机高分子材料制备的不对称膜。

分离层是位于膜表面的较薄且致密的皮层，厚度为0.1～1μm，也称致密皮层，是不对称膜的功能层，在过滤过程中朝向待分离的原料液侧，起到过滤和截留污染物的作用。分离层的孔径和性质决定了不对称膜的分离特性，而分离层的厚度几乎不影响膜的选择性，但是影响质量传递阻力和膜通量。传质阻力会随着分离层厚度的增加而增加，而膜通量会随着分离层厚度的增加而降低[9]。支撑层是具有一定厚度的海绵状或指状结构的多孔层，主要作用是支撑分离层，确保不对称膜具有必要的强度。支撑层对膜的分离特性和物质传递速度的影响较小。例如，通过自由界面聚合法制备的不对称双层聚酰胺纳滤膜，膜表面的分离层薄而致密，使膜具有较高的透水性以及较高的硫酸钠截留率，而支撑层较厚且结构疏松，为膜长时间稳定运行提供了保障[45]。

不对称膜具有较高的传质速率和良好的机械强度，在过滤过程中，不对称膜的分离层提高了过滤精度，大部分污染物被截留于此，便于通过曝气和水力反冲洗清除。多孔支撑层将穿过分离层的微小颗粒物的截留率降至最低。通过水力反冲洗清洗，不对称膜过滤性能的恢复程度较高。

(3) 复合膜

复合膜是由两种不同的制膜材料通过一定的方法形成的具有复合结构的膜，其中一种膜材料负责构成具有分离功能的表面活性层，即致密分离层；而另一种膜材料则用于构建多孔支撑层，起到支撑分离层的作用[46]。这种结构设计使得复合膜能够分别选择和调整致密分离层和多孔支撑层的制膜材料和膜孔结构，通过结合不同制膜材料的优势来增强膜的稳定性和分离性能。

复合膜的性能同时受到致密分离层特性和多孔支撑层孔结构的影响。复合膜的支撑层一般选择机械强度高、传质阻力低的材料。而且，多孔支撑层的孔隙率越高，与致密分离层的接触部分就越少，越有利于物质的传递。而致密分离层一般选择分离性能和抗污染性能优良的材料，通过复合浇铸、界面聚合、表面涂覆、等离子聚合等方法在支撑层上形成超薄表皮层，以提高膜的抗污染性能和过滤通量。例如，使用二氧化锆-聚砜复合膜与聚砜膜同时处理污水处理厂二级处理出水，在0.1MPa下经过24h的运行，二氧化锆-聚砜复合膜的水通量为200L/(m^2·h)，而聚砜膜的水通量仅为复合膜的60%[47]。

近年来，研究者通过引入纳米材料、优化成膜条件等方法，制备出高性能的复合膜。例如，通过在支撑层表面构建孔径可调和高表面浸润性的高分子复合膜，可有效调控复合膜的微观结构，优化膜的渗透性能和截留性能[48]。

在复合膜的制备过程中，分离层和支撑层不是一次性同时形成，而是分步制成。这种分步制备膜的方法有助于精确控制复合膜的结构和性能，确保分离层与支撑层之间的良好结合，同时也能消除不对称膜分离层与支撑层的过渡区域易被压密的缺陷。

2.1.2.3 膜按分离介质和相态分类

膜按其分离介质和相态的不同可以分为固液分离膜、气体分离膜、渗透汽化膜和电渗析膜，它们在膜结构、分离性能、过滤驱动力、传质机理、截留物和渗透物特性以及应用等方面各自具有不同的特点。

(1) 固液分离膜

固液分离膜通常具有较高的机械强度和化学稳定性，主要分离对象包括混合液和胶体溶液。当混合液或溶液与膜接触时，在压力差推动力的作用下，大于膜孔径的非溶解态物质（如胶体、絮状物等）或溶解态盐类被截留，而小于膜孔径的物质或溶剂则通过膜孔进入膜的另一侧。根据膜孔径的大小、过滤推动力产生的原理以及传递机理的不同，固液分离膜分为微滤（microfiltration，MF）膜、超滤（ultrafiltration，UF）膜、纳滤（nanofilrtation，NF）膜、反渗透（reverse osimosis，RO）膜。这些膜的膜孔径依次减小，过滤出水的浊度也依次降低，而过滤压力则依次增加。

1) 微滤膜

微滤膜是平均膜孔径范围为 0.1～1μm 的固液分离膜。微滤膜的主要特点是过滤精度高、过滤速度快，能有效去除黏粒、细菌和腐殖酸等，因此在膜分离技术领域中占有重要地位。微滤膜在膜生物反应器中的主要作用是进行泥水分离。

微滤膜主要有对称微滤膜和不对称微滤膜两种类型。对称微滤膜的孔结构包括通孔型、网络型和狭缝型。通孔型微滤膜的膜孔呈圆柱状，垂直于膜面，具有均匀的孔长度，对大于其孔径的微粒具有绝对过滤作用。网络型微滤膜的膜孔道呈不规则交错，这种结构的膜不具有绝对过滤作用。具有狭缝型孔的微滤膜通常由硬弹性高分子材料制成，在膜制备过程中，垂直于应力方向平行排列的层状片晶，在拉伸过程中被拉开，形成相互贯通的裂纹状微孔结构。

不对称微滤膜的正反面具有不同的孔径分布，通常上层为细孔皮层，较薄且致密；下层为大孔支撑层，较厚且疏松。这种结构为微滤膜提供了更高效的分离性能和选择性，但是制造过程更为复杂，成本也相对较高。例如，使用二醋酸纤维素、丙酮和各种添加剂混合液制成的醋酸纤维素微滤膜就是一种典型的不对称膜。制备有机微滤膜的材料有纤维素酯、醋酸纤维素、聚砜和聚丙烯等；制作无机微滤膜的材料有陶瓷、金属氧化物等。

微滤膜的工作原理基于尺寸筛分，即当膜两侧的压力差（通常在 5～300kPa）推动原料液通过膜孔时，大于膜孔的物质被截留，而小于膜孔的物质则与滤液一起通过膜孔。

2) 超滤膜

超滤膜的孔径为 0.002～0.1μm，主要用于物质的分离、提纯和浓缩。超滤膜能有效去除水中的大分子有机物、微生物（如病毒和细菌）、胶体物质和悬浮物，但是不能有效去除低分子量有机物、离子（如 Na^+ 和 Ca^{2+}）、氯化镁、硫酸盐等。超滤膜因其处理后的出水水质高而受到广泛关注，并在世界各地的许多水处理厂中得到广泛应用。超滤膜也可用于反渗透工艺的预处理，最大限度地降低反渗透装置的膜污染潜力。

超滤膜对物质的分离是机械截留、架桥和吸附几种机理共同作用的结果。与微滤膜类似，超滤膜两侧的压力差是物质通过超滤膜的推动力，该压力差高于微滤膜，为70～500kPa。当混合液在一定压力下流经超滤膜表面时，只允许水分子与小于膜孔径的物质通过，而其他大于膜孔径的物质则被截留在膜表面。

3）纳滤膜

纳滤膜是截留分子量为300～500的半透膜[49]，可以去除原料液中的悬浮颗粒、多价离子和部分一价离子、天然有机物、细菌和病毒，对分子量数百的小分子有机物有较好的分离性能。纳滤膜对硫酸钙等二价盐的截留率高达80%～100%，而对氯化钠等一价盐的截留率较低，只有60%～70%[50]。纳滤膜广泛应用于高含盐工业废水处理、食品和制药行业、饮用水软化等多个领域[51, 52]。在饮用水生产中，纳滤膜既可以有效降低水的浊度，去除多价离子和硬度，又可以保留一部分单价盐离子[53]。

纳滤膜按材质分为有机高分子膜、无机膜和有机-无机杂化膜。纳滤膜按结构特点主要有不对称纳滤膜和复合纳滤膜。不对称纳滤膜的分离层结构较超滤膜致密，较反渗透膜疏松。复合纳滤膜通常是通过一定的方法将具有纳米级孔径的超薄活性层负载在多孔基膜上而形成的。由于基膜和活性层由不同的聚合物材料构成，因此每个膜层在过滤时均可以独立发挥其作用。在实际应用中，通过选用不同材料制成的基膜和不同厚度的超薄复合层，调整纳滤复合膜的渗透性能、分离选择性能以及物化稳定性和耐压密性。

纳滤膜在分离过程中的推动力为膜两侧的压力差，该压力差介于超滤与反渗透之间，为350～800kPa。纳滤膜在分离物质时有筛分效应和电荷效应两种机制[54]，这两种分离机制在不同条件下分别对溶质的截留行为起主导作用，中性分子的膜分离机制为筛分效应，分子量大于纳滤膜截留分子量的物质被膜截留，而分子量小于纳滤膜截留分子量的物质透过膜，带电荷物质主要通过电荷效应机制进行膜分离。根据膜中固定电荷电性的不同，纳滤膜分为荷正电膜、荷负电膜和中性膜。荷正电膜通常由含有胺基等碱性基团的材料制成，荷负电膜通常由含有磺酸基或羧基等酸性基团的材料制成[55]。

4）反渗透膜

反渗透膜是一种用于反渗透过滤使溶剂和溶质分离的半透膜。反渗透膜的孔径通常<1nm，在渗透压的推动下只允许水分子通过，溶液中的盐类和各类低分子物质都会被截留。反渗透膜对一价无机盐的截留率在90%以上。这种特性使得反渗透膜在海水淡化、苦咸水净化、纯水生产、废水处理、食品加工等领域得到广泛应用，有效缓解淡水资源短缺的问题。在工业废水处理中，反渗透膜和纳滤膜都能有效去除有害物质，但反渗透膜通常能提供更高的水质。加利福尼亚州和新加坡等地区已经将反渗透膜技术作为其水资源管理策略的一部分，用于生产高质量的再生水[56]。

反渗透膜主要有不对称和复合两种结构。Loeb和Sourirajan博士于1960年制备出了世界上第一代不对称醋酸纤维素反渗透膜，该膜由0.2μm厚的致密皮层与疏松多孔支撑层构成，其传质速度较传统均质醋酸纤维素反渗透膜提高了近3个数量级[57]。随着界面聚合技术的突破，推动反渗透膜进入复合时代，出现了以聚酰胺为膜材料的反渗透复合膜，该膜与传统纤维素膜相比，水通量和盐截留率大幅提升，极大地促进了反渗透膜技术的应用[58]。复合反渗透膜通常由具有选择性分离功能的超薄致密复合层以及不具有选择性分离功能的多孔支撑层和织物增强层组成。

为了进一步提高反渗透膜的性能，近年来，研究者开发了多种改性技术，例如，通过在聚酰胺分离层中引入氧化铈[59]、二氧化钛[60] 等纳米材料，端羟基超支化聚醚分子和端酰氯基超支化聚醚酰氯分子超支化聚合物[61]，显著提高了反渗透膜的水通量和脱盐率。

(2) 气体分离膜

气体分离膜是一种能够有选择性地允许特定气体分子通过而阻止其他气体分子通过的膜。理想的气体分离膜应具备高透气性、高渗透选择性、良好的化学稳定性和热稳定性等特点，在保持气体高效分离的同时，实现快速气体传输。

气体分离膜主要由高分子材料和无机材料制成。制备气体分离膜的高分子材料主要有聚二甲基硅氧烷、聚砜和醋酸纤维素等[62-64]，无机材料有氧化铝和二氧化硅等[65,66]。无机材料在极端环境（如高温）下的稳定性显著优于高分子材料[67]。复合气体分离膜通常以高分子材料为分离层，以无机材料为支撑层，高分子分离层提供了高选择性和高透气性，而无机支撑层则发挥其耐高温和抗腐蚀性的优势。例如，用多壁碳纳米管/醋酸纤维素丁酸盐混合基质制备的气体分离膜对二氧化碳有很好的渗透性，并且能够对二氧化碳和氮气进行选择性分离[68]。

气体分离膜的传质机理主要遵循“溶解-扩散”机理，即气体分子在膜上吸附溶解后通过扩散并解吸。气体分离膜在进行气体混合物分离时，在浓度差或压力差的驱动下，利用各气体组分渗透速率的差异，实现气体的分离。当原料气侧的某种气体通过气体分离膜进入产品侧的速度比其他气体快时，这种气体更容易透过气体分离膜在产品侧富集。使用气体分离膜可以实现氢气/甲烷、二氧化碳/甲烷、二氧化碳/氮气等混合气体的分离[63,69]。气体分离膜技术不仅操作简便，而且能耗比吸附法和深冷法等传统气体分离技术低 30%以上[70]。

(3) 渗透汽化膜

渗透汽化膜是一种功能性薄膜，具有较高的渗透性和蒸发性能，主要用于分离溶液中的溶质和溶剂。渗透汽化膜主要包括由高分子有机物制成的对称膜、不对称膜和复合膜。根据对不同物质的亲和性，有机渗透汽化膜又可进一步细分为亲水膜、亲有机膜以及有机分离膜。不同膜材料通过溶胶涂布法[71]、溶液浇铸法[72] 和中空纤维纺丝法[73] 等方法来制备渗透汽化膜。渗透汽化膜特别适合用于有机水溶液（如正丁醇/水体系、异丙醇/水体系）或有机液体混合物（如甲醇/甲基叔丁基醚体系）的分离[48,74,75]。渗透汽化膜在废水处理领域主要用于含较低浓度有机物和易挥发有机物废水的处理[76]。

渗透汽化膜的工作原理是利用待分离组分在膜中溶解度与扩散速率的差异在膜两侧

形成蒸气压差，易溶于膜的组分被透过，难溶于膜的组分被截留，从而达到分离的目的。在渗透汽化膜的分离过程中，原料液分子首先由液相主体传递到膜表面，当溶液在膜表面形成薄膜时，溶质分子随溶剂分子一起被压入膜孔隙中，并在膜孔内部和膜表面形成浓度差。由于渗透膜孔隙的限制作用，溶质分子难以通过膜孔，而溶剂分子通过膜孔渗透到膜的另一侧，在膜的上游和下游形成一定的浓度差。在浓度差的作用下，溶剂分子不断通过膜孔到达膜的下游，膜表面的浓度差增大，最终在膜的上游和下游分别形成浓缩液和淡化液两个区域。通过对淡化液侧进行脱压处理，实现溶液中溶质的分离[77]。

(4) 电渗析膜

电渗析膜是一种选择性透过膜，在外加电场作用下，利用电渗析膜对阴阳离子的选择透过性，可以实现将某种离子从水中分离。电渗析膜分为阳离子交换膜和阴离子交换膜。阴离子交换膜只允许阴离子通过，而阳离子交换膜只允许阳离子通过。

电渗析膜广泛应用于海水和苦咸水淡化、溶液的脱盐浓缩、废水资源化等领域，能够同时实现废水处理和盐分回收利用。例如，含盐废水经过“氨水沉淀-离子交换软化-聚丙烯酰胺絮凝-活性炭吸附”工艺处理后，经过电渗析膜的浓缩分离可将氯化钠的浓度浓缩 10 倍[78]。

2.1.2.4　膜按形态分类

(1) 平板膜

平板膜是外形为平板或纸片状的膜[1]，通常具有支撑层，主要用于制备板框式膜组件和螺旋卷式膜组件。平板膜制备工艺简单，操作便捷，易于进行功能化改性，是研究最为广泛的一种水处理膜，常用于微滤、超滤、纳滤和反渗透等膜分离过程。

平板膜根据制膜材料可分为有机平板膜和陶瓷平板膜两类。制备有机平板膜的高分子材料主要包括聚偏氟乙烯、聚丙烯腈、聚醚砜、聚四氟乙烯和聚乙烯等，无机材料主要有陶瓷（氧化铝、二氧化硅等）。陶瓷平板膜是一类外形为平板状、内部具有平行多通道结构的陶瓷分离膜，是由支撑层和分离层组成的不对称膜。支撑层通常采用氧化铝、二氧化锆、二氧化钛、硅藻土-高岭土等无机材料，通过挤出成型或高温烧结工艺制备。分离层通过浸渍涂膜工艺、喷涂技术或提拉浸渍法等方法制备在支撑层上，具有精密分离功能。分离层的厚度、孔径大小及孔径分布，均可通过控制烧结温度、喷涂增重和陶瓷浆料固含量等参数进行优化[79]。陶瓷平板膜与有机膜相比，具有较高的机械强度、良好的亲水性以及出色的耐高温和耐腐蚀性，不易破损，可以适用于处理不同性质的污水，尤其是一些特殊工业废水。陶瓷膜的研发拓宽了膜生物反应器的应用领域。

(2) 中空纤维膜

中空纤维膜是一种外形纤维状、空心的、具有自支撑或增强支撑作用的滤膜，也被称为中空纤维膜丝。自支撑中空纤维膜本身具有自主支撑性能，而增强支撑中空纤维膜则是采用增强材料作为内支撑以提高膜丝的强度。中空纤维膜丝通常采用化学性能好、无毒，耐腐蚀性、抗氧化性和耐污染性强的高分子有机聚合材料制备。制备中空纤维膜的高分子有机聚合物材料包括聚丙烯腈、聚丙烯、聚乙烯、聚醚砜、聚偏氟乙烯和聚四氟乙烯等[80-82]。有机中空纤维膜的制备方法有热致相分离法和拉伸法[83, 84]。中空纤维膜还可以用碳纳米材料、氧化铝和沸石等无机材料制备[85, 86]。中空纤维膜主要制成微滤膜、超滤膜与纳滤膜。中空纤维膜的过滤作用主要通过膜丝外侧的分离层实现，该分离层直接与原料液接触，而内部的空心孔则作为滤液通道。

中空纤维膜丝的耐压性能优异，其厚度与直径的比例使其能够承受运行过程中可能受到的内部或外部压力，包括高强度曝气产生的气-水冲刷力，从而保证了较长的使用寿命。中空纤维膜在气体分离和废水处理等领域有较为广泛的应用。中空纤维膜是膜生物反应器中使用的主要膜形式之一。

中空纤维膜的优点还包括高孔隙率、强透水性、低过滤阻力和低能耗率等。由中空纤维膜制作的膜组件结构紧凑、膜通量高、成本较低。膜生物反应器中使用的中空纤维膜丝通常采用亲水性极强的改性聚偏氟乙烯制备。例如，采用中空纤维膜组件的气提式膜生物反应器系统在处理生活污水时，对 COD 和 BOD_5 的去除效率分别达到 94%和 99%[87]。

(3) 管式膜

管式膜是一种内部设有一个或多个圆管形通道的圆柱形滤膜，具有不同的内径和壁厚。管式膜从结构上分为对称膜、不对称膜和复合膜。复合管式膜通过将功能层复合在具有较高强度和多孔结构的圆管形支撑层的外壁或内壁上制作而成。管式膜通常采用聚砜、聚偏氟乙烯、碳纳米管等材料，通过烧结法、浸没沉淀相转化法、直接发泡法等制备[88]。

与中空纤维膜相比，管式膜在使用过程中不会出现断丝的问题。管式膜还具有处理能力高、操作灵活、方便拆卸等优点，应用于饮用水处理、废水深度处理、垃圾渗滤液处理、生物医药以及食品等多个领域。

2.1.3 膜的主要性能指标

膜是膜分离技术的核心部件，其性能受到多种参数的影响，包括膜孔径、膜孔隙率、膜表面粗糙度、膜表面亲/疏水性以及膜表面荷电性等。这些参数共同决定了膜的过滤性能、膜污染行为和处理后的出水水质，进而影响膜分离系统的整体性能[77]。

2.1.3.1 膜孔径与膜孔隙率

(1) 膜孔径

膜孔径是表征膜性能的重要参数之一，直接关系膜的分离特性、截留能力和膜通量。描述膜孔径的指标通常有最大孔径、切割分子量与平均孔径。最大孔径是指与滤膜最大孔等效的圆形毛细管直径。膜的切割分子量则定义为在规定条件下，用超滤膜过滤一系列已知分子量的物质，当超滤膜对某一已知分子量物质的截留率达到 90%时，该物质的分子量为该膜的切割分子量。切割分子量能更准确地反映超滤膜的实际分离选择性能。平均孔径是指膜表面孔径的平均值。

一般而言，随着膜孔径的增大，膜通量也相应增加。在实际的膜分离过程中，较小的孔径可以截留更小的颗粒，虽然这可能会降低膜通量，但是能提供更好的抗污染性能。膜孔径影响城市二级出水超滤过程的研究表明，膜孔径越大，膜的纯水通量越大，但有机物在单位时间内在膜表面和膜孔内形成的膜污染也越严重[89]。此外，膜孔径还会影响施加在膜面上的压力，膜孔径较大，所需的压力相对较小。

准确测量膜孔径特征对新膜的研制、膜产品的生产调控与推广应用具有重要意义。常用于测试膜孔径的方法有泡点法、气体吸附法、液液置换法、气体排除法和扫描电子显微镜法等。表 2-1 对这些方法进行了比较，每种测定膜孔径的方法都有其独特的优势和局限性，即使是同一膜用不同方法测出的结果也有所不同。例如，同时用液液排除法和溶质截留法测量无机陶瓷超滤膜的平均孔径，液液排除法的测量结果是溶质截留法的 2.2 倍[90]，但是这两种测量方法测出的膜孔径分布曲线形状相似。在实际应用时，需要根据膜材料、预期膜孔径大小、所需达到的测量精度以及实验条件等选择适合的测量方法。

表 2-1　不同膜孔径测定方法比较

方法	测定原理	优点	缺点
泡点法	利用多孔材料的毛细张力现象，将膜浸泡在浸润液中完全浸润，在膜的一侧逐渐增加空气或氮气的压力，通过观察第一串气泡时的压力，用公式计算最大孔径[91]	(1) 设备简单、操作简单、准确度高； (2) 可直观地观察到冒泡现象及冒泡位置； (3) 可用于测试膜组件是否存在泄漏	(1) 对环境因素敏感； (2) 无法测试样品膜的平均孔径和孔径分布
气体排除法	将膜在浸润液中充分浸润后，在膜的一侧通空气或氮气，逐渐增加压力，通过测试湿膜、干膜的气体流量与对应气体压力的关系曲线，用软件系统自动拟合计算出样品膜的最大孔径、平均孔径、最小孔径以及孔径分布[92]	(1) 操作简便，测试时间短，数据稳定性较好； (2) 可测量膜孔的多种孔径特性； (3) 测试压力＜1MPa	(1) 测量结果受浸润时间的影响； (2) 不适合超滤膜孔径的测试，对样品密封性要求较高
液液置换法	即液液排除法，是气体排除法的一种延伸。 利用界面张力较小的液-液体系替代气-液体系，即用另一种不互溶的液体替代气体将孔道内的液体顶出[93]	(1) 操作简便，成本低廉。测试压力低于气体排除法； (2) 常用于测试超滤膜和纳滤膜的孔径	(1) 不适合孔径＞0.5μm 的微滤膜孔径的测试； (2) 正丁醇等有机测试液具有一定的挥发性和气味

续表

方法	测定原理	优点	缺点
气体吸附法	利用气体低温吸附测定固体孔径。 常用的吸附气体有氮气等	可同时测定超滤膜和纳滤膜的孔径和比表面积	测试时间长
扫描电子显微镜法	利用扫描电子显微镜将样品膜局部放大，通过图像分析软件测算出孔径大小，并获得孔径分布信息[94]	(1) 可直观地观察膜表面和断面的微观形貌； (2) 通过对比分析清洁膜和污染膜的SEM（扫描电子显微镜）图，有助于了解膜污染情况	(1) 不能直接测量孔径，测试样品制备较困难； (2) 测试前对样品进行的喷金处理对膜孔道产生影响； (3) 测试结果受膜取样位置的影响较大，获得的孔径数据准确度不高

(2) 膜的孔隙率

膜的孔隙率定义为多孔膜全部孔隙的体积占膜总体积的百分比。膜的孔隙率与其分离性能和渗透性关系密切。在膜孔径固定的情况下，较高的孔隙率意味着膜拥有更多的孔隙，从而允许更多的流体通过，具有更高的渗透性。然而，对于膜孔径相近的膜来说，膜的孔隙率较高，意味着膜有较大的开放空间，在过滤过程中更容易发生严重的膜污染，膜通量衰减速率也更快[89, 95]。

测量膜孔隙率的方法主要有压汞法、重量法、密度法和气-液置换法等，每种方法都有其特定适用范围，表2-2对这几种测量方法进行了比较。例如，压汞法以其测量速度快和仪器分析准确度高而受到青睐，但其理论模型的限制可能会导致孔隙率测试结果偏高[96]。相比之下，密度法通过计算膜的表观密度和膜材料的密度来确定孔隙率，与有机平板膜水通量测试结果相协同，显示出较高的准确性和有效性。此外，气-液置换法在常温条件下就能够准确测试出各种多孔膜的孔隙率，并且测试方法操作简单、精确度高[96]。在实际应用中，需要根据膜的具体类型、测试条件和精度要求来选择合适的孔隙率测量方法。例如，对膜孔隙率测量精度要求较高时，可以考虑使用气-液置换法；而需要快速筛选或初步评估膜孔隙率时，压汞法或密度法可能更加适合。

表2-2 不同膜孔隙率测定方法的比较

方法	测量原理	优点	缺点
压汞法	利用汞的不可润湿性和不可压缩性，在一定压力下将汞注入膜的孔隙中，并占据一定的体积。通过测量不同外压下进入膜孔中的汞的量来确定相应的孔体积，求得孔径分布和总孔隙体积[97]	(1) 测量速度快； (2) 可同时确定膜孔径、孔隙率等； (3) 可测量膜孔径范围广	(1) 测试压力较大，容易破坏测试膜而使测量结果产生较大误差。 (2) 汞的毒性存在一定的环境污染问题。在高压测试下汞会进入膜的通孔和盲孔孔隙中可能会导致测量结果偏高

续表

方法	测量原理	优点	缺点
乙醇法	基于重量法。将膜样品浸泡在无水乙醇中，使乙醇完全浸入膜孔，然后在真空烘箱中干燥并称量。通过膜在干燥状态和湿润状态下的质量差来计算膜的孔隙率	(1) 适用于多种类型的多孔膜，特别是疏水性膜； (2) 操作简便	(1) 需多次测量以减少误差； (2) 乙醇挥发导致测量误差较大，乙醇对某些敏感材料［如 PLA（聚乳酸）］的软化或分解影响测量准确性
密度法	根据膜的表观密度和膜材料的密度求孔隙率[98]	简单易行，测量准确	(1) 破坏膜结构； (2) 对不对称膜的测量结果有一定的影响
气-液置换法	利用一定压力的气体（如氮气）将多孔膜孔内的液体置换或吹出，通过样品膜质量的变化和液体密度测定膜孔隙率[99]	(1) 操作简单、准确度高、快速； (2) 可进行多次无损伤测试； (3) 可测多种类型膜的孔隙率	(1) 样品需要完全浸润； (2) 需要借助超声、负压和置换等方法浸润某些膜样品[99]

2.1.3.2　膜表面的亲/疏水性

(1) 亲水性膜和疏水性膜

膜材料的亲水性和疏水性是其固有的内在特性，这种特性主要体现在膜表面对水的润湿性上。亲水性膜表面含有极性基团，对水分子有较强的亲和能力，因此，这类膜表面容易被水润湿[100]，展现出较高的传质效率。当亲水性膜表面的极性基团表面能较高时，它们能够与水分子形成界面层，降低传质阻力，提高渗透效率。在过滤过程中，亲水性膜能够有效防止胶体、油脂、蛋白质等污染物在膜表面聚结成团，这些球状聚结物易从膜表面脱落，减少膜污染的程度，并且使得受污染的膜更易于清洗。常用的亲水膜材料包括纤维素及其衍生物、丙烯酸类共聚物、聚酰胺类共聚物等。

相反，疏水性膜表面含有非极性分子，这些分子与水分子相互排斥，导致这类膜表面不易被水浸润。在分离过程中，疏水性膜需要较大的驱动力来推动分离过程，而且疏水性物质，如蛋白质、胶体粒子与膜之间的相互作用更容易引起膜污染[101]。研究表明，使用具有相似透水性和孔径的疏水性聚偏氟乙烯膜和亲水性醋酸纤维素膜进行过滤测试时，疏水性膜显示出更大的膜污染倾向和更快的跨膜压差升高速率[82]。这主要是由于疏水性材料更倾向于吸附水中的蛋白质等大分子物质。目前，在废水处理中常用的疏水性膜材料包括聚丙烯、聚醚砜、聚乙烯和聚偏氟乙烯等。为了提高膜通量并有效抵抗有机物和微生物等疏水性物质造成的膜污染，可以通过在膜表面涂覆亲水性聚合物来提高膜表面的亲水性。

(2) 膜表面亲/疏水性的测量方法

水静态接触角测量是目前应用最广的一种测量膜表面亲/疏水性的方法，该方法通过观察水滴在膜表面的接触角的大小来评估膜表面的亲/疏水性。接触角（θ）是指蒸馏水接触膜表面时，液、气、固三相界面交点处向气液接触面的切线与膜表面形成的夹角[102，103]。用接触角评价膜的亲/疏水性时，先将蒸馏水滴在样品膜表面，然后观察水滴在膜表面的不同形态。如图 2-2 所示，水接触角＞90°的膜是疏水膜；水接触角＜90°的膜是亲水膜[104]。而且接触角的大小直接反映了膜的亲水性或疏水性的程度，接触角越小表示膜表面的亲水性越高；相反，接触角越大表示膜表面的疏水性越高。

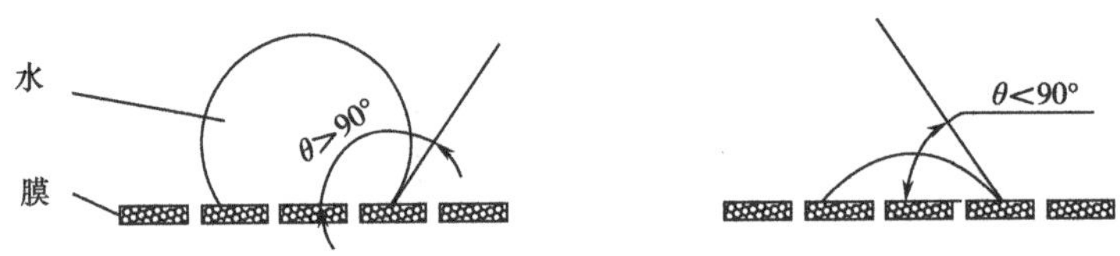

(a)疏水膜的水接触角　　(b)亲水膜的水接触角

图 2-2　膜表面的纯水接触角

用接触角评价膜的亲/疏水性时，测试环境、接触时间、水珠体积、膜表面粗糙度和测试仪器等都会影响接触角测量的结果[105]。粗糙的膜表面会导致接触角增大[106]。研究显示，真正亲水性好的膜表面非常光滑，这类膜不仅水通量高、耐污染性好，而且一旦受到污染，也很容易通过清洗恢复膜通量。

2.1.3.3　膜表面粗糙度

膜表面粗糙度影响膜污染的形成。研究表明，表面光滑的膜相较于表面粗糙的膜，展现出更优异的抗污染性能和更高的膜通量。这是因为表面粗糙度高及孔隙率高的膜更容易使污染物停留在膜表面，增加膜清洗的难度；相反，表面光滑的膜表现出较低的不可逆污染和较高的产水率。Vrijenhoek 等[107] 在研究胶体污染与膜表面形态结构的关系时，用 4 种芳香族聚酰胺薄膜复合反渗透膜和纳滤膜进行了实验室规模的错流过滤实验，他们发现无论在何种物理和化学操作条件下，反渗透膜和纳滤膜的胶体污染程度与膜表面粗糙度有直接的关系，粗糙的表面会使膜更易受到胶体和生物的污染。针对这种情况，可以通过优化膜表面粗糙度，利用表面改性技术，显著提高膜的抗污染性能和膜通量，从而提升膜分离技术的应用效率，降低运行成本。

2.1.3.4　膜表面电荷

膜表面电荷性能不仅影响膜的分离性能，如水通量、截留率，而且还影响膜的耐污染能力。具体而言，膜表面携带的负电荷越多，电荷排斥作用越显著，膜显示出越强的抗污染能力，在过滤过程中天然有机物的沉积量就越少。中性膜表面不易被带电物质污染，展现出较好的抗污染性能。通过测定膜表面 zeta 电位，可以有效地表征膜表面的电荷密度特性[108]。

2.2 膜组件和膜组器

2.2.1 膜组件的结构和类型

膜组件是由膜与内连接件、端板、密封圈以及壳体等结构，按照一定技术要求组装成的具有独立构型的基本分离单元[109]。根据膜的形状和应用需求，工业上常用的膜组件有板框式膜组件（plate and frame module）、中空纤维膜组件（hollow fiber module）、螺旋卷式膜组件（spiral wound module）以及管式膜组件（tubular module）4 种类型。其中，板框式膜组件和螺旋卷式膜组件均由平板膜构成，管式膜组件由管式膜构成，而中空纤维膜组件则由中空纤维膜构成。

在实际应用中，不同类型的膜组件在设计、材料选择、操作条件等方面都有所不同，这些差异直接影响膜组件在处理特定类型的废水时的性能表现。在分置式膜生物反应器中，应用较多的是管式膜组件及板框式膜组件；在浸没式膜生物反应器中，多采用中空纤维膜组件和板框式膜组件。这些膜组件的选择和应用，不仅取决于其物理结构和分离效率，还涉及操作成本、维护便利性以及对特定污染物的去除效果等因素。

2.2.1.1 板框式膜组件

（1）板框式膜组件的构型

板框式膜组件是最简单的膜类型之一，可由多种材料制成。根据膜材料的不同，板框式膜组件包括有机板框式膜组件和陶瓷平板膜组件两种类型。有机板框式膜组件由两层膜组成，中间有一层板。陶瓷平板膜组件主要由陶瓷平板膜和集水槽组成。板框式膜组件易于安装和更换，因此在许多污染严重的过滤过程中得到应用。

（2）过滤机理

板框式膜组件在使用时通常垂直浸没在膜生物反应器内，其两侧的膜表面与膜池中的混合液接触。进行膜分离操作时，在板框式膜组件出水口与相连的泵产生的负压的作用下，滤液垂直穿过膜表面，在膜组件内部流动，然后从出水口抽出。膜池中的固体悬浮物等物质被膜截留在膜组件外部。为了减少膜污染，确保设备的长期稳定运行，通常在膜池底部、板框式膜组件的正下方设置曝气装置。气泡通过曝气装置排出，不断冲刷膜表面，防止活性污泥或其他悬浮污染物在膜表面积累。

由于结构简单和清洗方便等优点，板框式膜组件的应用越来越广泛，例如，用于处理煤化工废水。平板膜生物反应器用于处理煤化工废水时，对化学需氧量、氨氮和总酚的去除效率分别达到 94.91%、96.60%和 97.92%以上，而且平板膜的截留作用还增加了反应器中的物种多样性，有利于维持生物群落的稳定[110]。

2.2.1.2 螺旋卷式膜组件

(1) 构型

螺旋卷式膜组件是由叠放的产水膜袋与进水隔网围绕集水管卷绕形成的一种膜组件。产水膜袋由有机平板膜、产水隔网（多孔支撑材料）和有机平板膜按顺序叠放组成，其中的3个边密封，第4个边与集水管连接密封。膜袋内部为滤液流动的产水通道，而膜袋外侧则是原料液流动的进水通道。

螺旋卷式膜组件有单叶螺旋卷式和多叶螺旋卷式两种类型。单叶螺旋卷式膜组件由一个产水膜袋和进水隔网卷绕集水管形成，而多叶螺旋卷式膜组件则由多个叠放的产水膜袋与进水隔网卷绕集水管形成。在膜面积相同的情况下，多叶螺旋卷式膜组件相较于单叶结构具有更短的滤液流道、更低的排液阻力、更高的膜通量以及更均匀的流道流动。

螺旋卷式膜组件适合用于反渗透、纳滤、超滤、微滤4种膜分离过程，并在反渗透和纳滤领域中使用最为广泛。

(2) 过滤机理

螺旋卷式膜组件通常采用外压错流式的过滤方式，待处理原料液从膜组件的一端进入，在膜袋间的进水流动通道中沿膜表面方向流动。在压力作用下，滤液垂直通过膜孔进入产水膜袋后在产水通道内流动，最终汇集到集水管后排出。而原料液中的颗粒物质等被膜截留，并随原料液形成浓缩液从膜组件的另一端流出。

(3) 特点

螺旋卷式膜组件因其独特的结构设计，具备操作简便、结构紧凑、填装密度高和分离效率高等优点，在水和废水处理、气体分离等多个领域得到广泛应用。其独特的螺旋结构不仅有效增加了膜与流体的接触面积，提升了分离效率，还有助于减小流体的压降，进一步提高系统的整体运行效率。

然而，由于螺旋卷式膜组件进料液侧的进水隔网厚度较小，容易导致胶体或小粒径颗粒物等在膜面形成污染，增加清洗难度。因此使用螺旋卷式膜组件进行水和废水处理时，对预处理的要求比较高。通过预处理可尽可能地降低胶体等物质的含量，减少膜污染的发生。螺卷式膜组件的产水膜袋的长度是影响产水量的一个主要因素。如果产水膜袋过长，会产生不同位置的产水压降和产水量不均的问题；而产水膜袋过短，则会因为膜面积减小而降低产水量。

2.1.2.3 管式膜组件

(1) 构型

管式膜组件是将一根或多根管式膜装入塑料或不锈钢膜壳中制成的。膜壳两端分别有进水口和出水口。根据膜在管式膜上的位置，管式膜组件可分为内压型和外压型两种。在内压型管式膜组件中，原料液从管式膜内流入，滤液从管外流出；而在外压型管式膜组件中，原料液从管式膜外流入，滤液从管内流出。

(2) 过滤机理

在使用管式膜组件进行过滤时，通常采用错流过滤模式。在这种模式下，原料液在压力的驱动下平行于膜表面流动，水分子和小分子物质通过膜和多孔支撑管上的微孔，然后汇集并通过出水口孔排出。被截留的物质（如悬浮固体）被浓缩液带出膜管，避免在膜表面积聚造成污堵。通过这种过滤方式，可以有效地提高过滤效率，减少膜污染，延长膜的使用寿命。同时，错流过滤模式还有助于减少浓差极化现象，进一步提高过滤过程的稳定性和可靠性。

2.1.2.4　中空纤维膜组件

(1) 构型

中空纤维膜组件是由数百根或者更多的中空纤维膜丝两端用胶黏结在集水管上，构成的一个整体过滤单元。这种膜组件通常包括帘式中空纤维膜组件和柱状中空纤维膜组件两种类型。用于膜生物反应器的中空纤维膜组件的膜通常为超滤和微滤膜。

(2) 过滤机理

中空纤维膜组件通常采用由外向内的负压式过滤方式。在中空纤维膜组件中，膜的透过液侧通常连接一个真空泵或其他负压产生设备。当真空泵启动时，它会从膜的透过液侧抽取空气，从而在膜表面形成负压环境。在这种负压的作用下，原料液会推入膜组件，并直接与膜分离层接触，较小的分子或离子通过膜孔进入中空纤维膜的内部，随后汇合到产水集水管排出，而较大的颗粒或污染物被膜截留。

为了进一步提升膜组件的性能和实用性，研究者不断探索和开发新型中空纤维膜组件，以满足日益严格的废水处理标准，提高处理效率。基于知网数据库，以中空纤维膜组件为主题进行检索，检索结果显示 2000～2024 年间，与中空纤维膜及其膜组件相关的实用新型专利和授权发明专利分别有 993 项和 759 项，从 2010 年起，每年的相关专利数以较大幅度增长，如图 2-3 所示。这些专利涉及多种类型的中空纤维膜组件的制造方法、清洗方法等，这些创新技术不仅有助于提高中空纤维膜组件的过滤效率，而且还能延长其使用寿命，降低整个设备的运行成本。

2.2.2　膜组器

膜组器是膜生物反应器的核心部件之一，通常由若干个膜组件以及集水装置和布气装置等组成。膜组器是一个可以独立运行的过滤单元，使用方便，能在单位体积内实现最大的膜面积。单个膜组件可以从膜组器中拆下来进行单独的离线化学清洗、检修或更换。鼓风机输送的空气通过布气装置输入反应器中，空气将反应器中的污泥混合均匀，为微生物提供足够的氧气，满足其新陈代谢所需的耗氧量。同时，空气冲刷膜表面，以确保每个膜表面均匀地受到气体冲刷力，从而最大程度减少悬浮污泥在膜表面附着形成滤饼层，有助于缓解膜污染、延长膜的清洗周期。

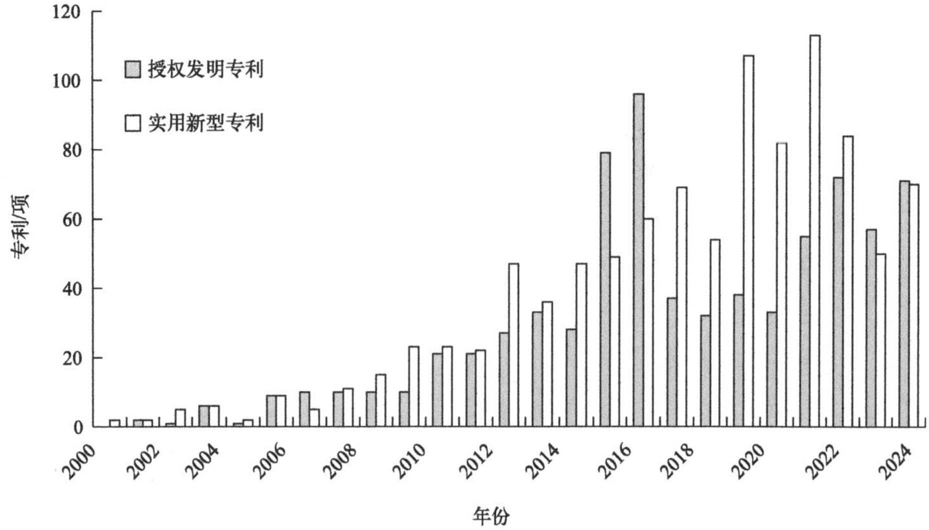

图 2-3 2000～2024 年以中空纤维膜组件为主题基于知网数据库检索的专利情况

目前膜生物反应器中最为广泛采用的膜组器的类型包括中空纤维膜组器和平板膜组器。膜组器的规格、形式等直接决定着膜生物反应器的运行方式和成本等。国内外已有多种商品化的膜生物反应器膜组器。近年来，我国在膜组器的研发方面已经取得了显著的成果。基于知网数据库，以膜组器为主题检索到我国在 2011～2024 年间发布相关实用新型专利 250 项，授权发明专利 54 项，如图 2-4 所示。

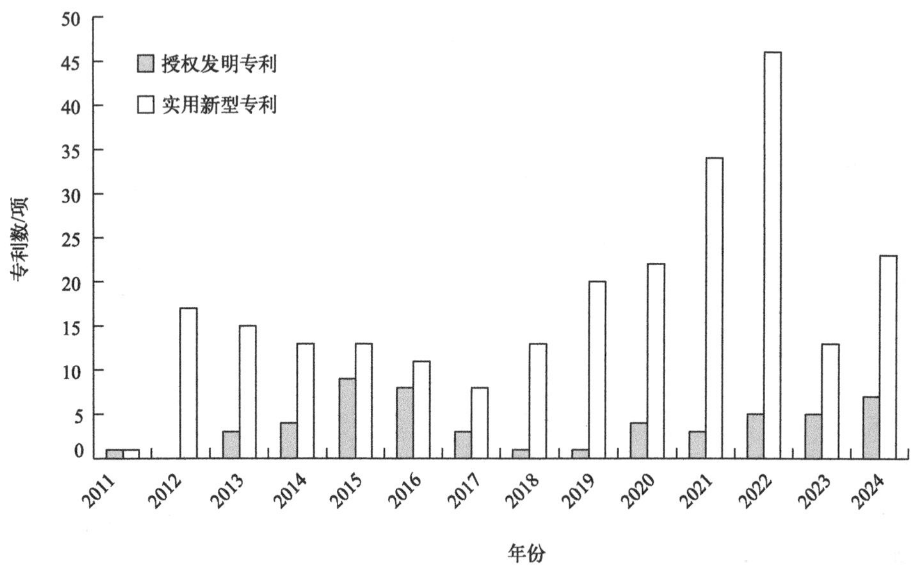

图 2-4 2011～2024 年以膜组器为主题基于知网数据库检索的专利情况

2.3 膜分离

2.3.1 膜分离的定义与特点

2.3.1.1 膜分离的定义

膜分离是通过在膜两侧施加一定的驱动力（压力差、浓度差、温度差或电位差），利用膜的选择透过性实现原料液中不同组分的有效分离、纯化、浓缩及精制的技术。膜分离技术在 20 世纪初出现，目前已经发展成为最具发展潜力的新型分离技术之一，其应用范围涵盖制药、食品加工、海水和苦咸水净化、饮用水纯化以及废水处理与回用等多个重要领域[111]。

2.3.1.2 膜分离的特点

与传统的砂滤、蒸发、蒸馏等分离技术相比较，膜分离技术展现出了独特的优势。

① 膜分离是一种物理过程，不涉及化学变化，避免相态变化带来的能量消耗，因此能耗较低。

② 该技术通常在常温下进行，不会改变被分离物质的性质和形态，因而特别适合对温度敏感的物质和生物制品进行分离和浓缩。

③ 在膜分离过程中通常不需要添加化学药剂，避免了二次污染的风险，降低了潜在的健康风险。

④ 膜分离技术可实现不同粒径混合物的选择性分离，可应用于病毒、细菌、胶体、有机物和无机物以及悬浮物的分离。

⑤ 膜分离工艺简单，处理规模可根据具体需求进行调整而不影响其分离效果，既可以进行工业上的大规模应用，也可以在实验室进行小规模应用。

膜分离工艺操作方式灵活，既可以进行连续操作，也可以进行间歇操作。该工艺还可通过可编程控制器或自动控制系统实现膜过滤的自动化操作。

然而，膜分离技术也存在一些问题，例如在膜分离过程中会出现膜污染、膜性能衰减、膜使用寿命有限等问题。随着膜科学技术的不断发展，这些膜污染相关问题正在被逐步改善。

2.3.2 膜分离的类型

膜分离包括固液分离、气体膜分离、膜蒸馏、渗透汽化、电渗析等类型。本小节着重介绍与膜生物反应器废水处理与回用密切相关的膜固液分离技术，这些技术主要包括微滤、超滤、纳滤以及反渗透。这 4 种膜固液分离技术在膜孔径、过滤压力、膜通量、截留物质以及出水水质等方面表现出不一样的特性，在实际应用时，通常会通过综合考虑待处理混合液的性质、处理后的出水水质的要求等来选择适合的膜分离技术。

2.3.2.1 微滤

微滤是一种利用静压差作为驱动力，通过微滤膜的筛分作用分离 0.1μm 至数微米的微粒的膜分离技术。微滤的主要功能是从废水中去除悬浮固体、胶体、细菌、藻类和原生动物等，以达到净化水质、分离污染物目的[112]。

微滤能替代传统水处理工艺中的砂滤，提供更优质的出水水质，并减少氯消毒副产物的生成。以地表水为水源生产生活饮用水的典型微滤处理工艺主要包括混凝、沉淀、微滤、消毒。微滤在废水处理中的应用，主要是与废水生物处理工艺相结合形成膜生物反应器，可以取代二沉池进行泥水分离，从而提高出水水质并减少废水处理设施的占地面积。微滤还可以作为传统废水生物处理工艺的深度处理手段，通过过滤二沉池的出水，使其达到更高的水质标准，满足多种水资源再利用的要求。此外，在海水和苦咸水淡化与废水回用等领域微滤还可作为反渗透或纳滤工艺的预处理，通过截留悬浮物、胶体和细菌等，保证符合反渗透膜或纳滤膜的进水水质要求，延长膜的使用寿命，维护系统运行的安全性。

然而，由于微滤膜孔径较大，过滤压力较低，微滤对水中溶解性有机物等的去除效率相对较差。为了提高这些有机物的去除效率，通常将微滤与其他处理技术，如混凝、粉末活性炭吸附、絮凝、臭氧强氧化等工艺联合应用。

2.3.2.2 超滤

超滤是一种以超滤膜为过滤介质，基于膜孔径大小进行筛选的膜分离技术。在超滤过程中，以膜两侧的压力差为驱动力，利用膜的截留作用，可以有效去除水中分子量为几百甚至几百万的溶解性有机物、胶体、悬浮颗粒、病毒和藻类等。经超滤处理后的出水浊度可控制在 0.1NTU 以下。超滤技术因其高效分离性能，在地下水和地表水处理、海水和苦咸水淡化预处理、饮用水处理和锅炉给水处理等多个领域得到广泛应用。

在水处理中，超滤可以提供高质量的安全饮用水。与传统的饮用水处理工艺相比，超滤在饮用水处理工艺中可以替代传统饮用水处理工艺中的沉淀和砂滤工艺，简化处理工艺，提供紧凑的装置和处理流程。例如，新加坡的 Chestnut Avenue 水厂采用“强化混凝-超滤”工艺处理水，每日生产 $2.73\times10^5 m^3$ 的饮用水[113]。在我国，天津杨柳青水厂超滤膜法饮用水处理示范工程采用混凝-超滤工艺，以滦河水为原水，每天可生产饮用水 $5000m^3$，出水化学需氧量、浊度和色度等指标达到《生活饮用水卫生标准》(GB 5749)的要求[53]。

随着饮用水水质标准的不断提高，越来越多的新建水厂或旧水厂改建倾向于采用超滤作为核心工艺。截至 2021 年年底，应用超滤膜技术的自来水厂总规模已超过 $1.08\times10^7 m^3/d$[114]。超滤可作为一个水处理单元，灵活设置在水处理工艺流程的不同阶段，而且还可以根据原水水质特征，与其他处理单元组合成不同的处理工艺。超滤处理后的饮用水总体质量满足了人们对饮用水水质不断提高的要求。从经济性角度来看，超滤技术的运营成本可能比传统处理方法更高。例如，在巴西的一项研究中超滤系统的平均总成本为0.0596＄/m^3，而传统水处理系统的成本为0.0496＄/m^3[115]。此外，超滤系统的运营成本主要受到原水水质的影响，不同水质可能导致膜污染程度和渗透通量不同，从而影响成本。

超滤还可以作为反渗透工艺的预处理。原水通过超滤生产出浊度和污泥密度指数极低的给水。这些给水用于后续的反渗透工艺，不仅能提高反渗透海水淡化的性能，还能提高反渗透的回收率和膜通量，对于延长反渗透膜的使用寿命和反渗透处理装置的经济运行至关重要。

2.3.2.3 纳滤

纳滤是介于超滤和反渗透之间的膜分离技术。纳滤不仅能截留那些能够透过微滤膜和超滤膜的低分子量物质，还能让那些被反渗透膜截留的无机盐通过。通过纳滤能显著降低水中的悬浮物胶体和多价离子等的含量，因此纳滤技术在水质软化方面发挥着重要作用。与传统的石灰法和离子交换法等水质软化技术相比，纳滤技术在水处理过程中不需要添加化学药剂，能够保持过滤水中溶解性盐的组成不变，也不像离子交换软化法，当树脂的吸附能力耗尽时需要进行再生才能恢复其离子软化能力，这使得纳滤水质软化的运行成本相对较低。此外，纳滤还会降低饮用水中钠或钾的浓度。然而，使用纳滤技术进行水质软化时会发生膜污染问题，同时也会产生必须排放或再利用的浓缩液。

纳滤技术的应用不仅仅限于水质软化，它在去除天然有机物、消毒副产物前驱物、水中微量污染物以及其他有毒物质方面也表现出良好的效果。例如，Barikbin等[116]采用纳滤技术，在碱性条件下，过滤压力400kPa时，去除地下水中96%的铬。纳滤技术还能有效去除水中的多种新型污染物，如药品和个人护理品、全氟化合物、内分泌干扰物质、微囊藻毒素等[117]。

此外，纳滤技术在工业废水处理与回用领域也显示出巨大的应用前景。例如，利用纳滤技术处理含有高无机盐含量的纺织废水，染料的平均去除效率高达98%，氯化钠的截留率<14%，实现了高质量再利用水的回收[118]。

2.3.2.4 反渗透

反渗透以膜两侧的静压差为推动力，利用反渗透膜仅允许水分子通过的特性，分离溶液中的可溶性盐、有机物、细菌、胶体粒子及各种离子等杂质。反渗透技术具有产水水质高、水回收率高、水资源的消耗和废水排放量少、环境友好等优点，在纯水和超纯水制备、海水和苦咸水淡化、废水处理等领域体现出了其他膜分离技术不可比拟的优势。

反渗透海水淡化技术作为一种高效节能的海水处理技术，与多级闪蒸和多效蒸馏海水淡化技术共同成为解决世界淡水资源短缺问题的关键手段。例如，胶州湾海水淡化项目采用三醋酸纤维素中空纤维反渗透膜，日处理量为10万吨，主要离子脱除率超过99.5%[119]。

典型的反渗透海水淡化工艺包括预处理单元、反渗透海水淡化单元和浓盐水循环单元等关键环节。预处理单元的主要功能是去除海水中的大颗粒杂质，以保护反渗透膜不受损害；反渗透海水淡化单元是整个工艺的核心，通过反渗透膜实现海水的有效淡化；而浓盐水循环单元则负责处理反渗透过程中产生的浓盐水，降低对环境的影响。为了进一步提高反渗透膜的处理效率，通常会采用超滤-反渗透联用的方式。例如，青岛某海水淡化项目采用超滤十二级反渗透工艺，日处理能力达到 100000m^3，处理后的水中氯离子浓度<40mg/L[120]。另一沿海城市依托当地电厂建设的海水淡化工程采用“V 型滤池-超滤-海水反渗透-淡水反渗透”工艺，日处理水量为 30000m^3，产水水质满足《生活饮用水卫生标准》(GB 5749) 的要求，且硼的质量浓度<1mg/L[121]。

随着技术的不断进步和优化，反渗透海水淡化技术在提高产水率、降低能耗、延长膜寿命等方面取得了显著成效，在解决全球淡水资源短缺问题中发挥越来越重要的作用。例如，通过采用高效的能量回收装置和优化的系统设计，可以显著降低系统的运行成本和能耗[122]。此外，新型高性能反渗透膜的研发也为提高脱盐效率和降低操作压力提供了可能。

反渗透技术在废水回用中也显示出了非常高的实用价值。例如，新加坡于 2002 年首次采用超滤-反渗透-消毒为主的工艺处理污水处理厂二级生物处理出水，经该工艺处理后的产水水质极优，具有极高的可再利用性。这种采用先进膜分离技术生产出的可再利用的水被命名为“新生水”。新生水的生产是运用微/超滤和反渗透两项膜分离技术实现水循环利用的“典范”。新生水的出现开创了世界饮用水生产的先河，同时也为水资源短缺的国家和地区提供了一种可行的解决方案。新加坡于 2003 年建成了 2 座新生水厂，日产水量分别为 $2.8\times10^4 m^3$ 和 $4.8\times10^4 m^3$，2004～2010 年间又建成了 3 座新生水厂，日产水量分别为 $2\times10^4 m^3$、$1.28\times10^5 m^3$ 和 $2.0\times10^5 m^3$[123]。

新生水的生产工艺包括“超滤-反渗透-紫外线消毒”3 个阶段[124]。在超滤单元，污水处理厂二沉池出水经过超滤膜过滤，去除水中的病原菌、悬浮物和小颗粒物质，减少引起反渗透膜污染的物质。在反渗透单元，只有水分子通过反渗透膜，其他物质，如细菌、病毒、重金属和盐类等被膜截留。经检测，反渗透膜的出水水质达到世界卫生组织饮用水卫生标准的要求。在消毒单元，对反渗透膜出水进行紫外线消毒，目的是去除所有残留的微生物，生产出更高品质的水。

2.3.3 膜分离方式

2.3.3.1 终端过滤与错流过滤

根据施加在膜表面的压力的方向、原料液在膜表面的流动方向、滤液通过膜的流动方向，膜分离方式可分为终端过滤和错流过滤两种。

(1) 终端过滤

终端过滤是指滤液以与过滤压力相同的方向通过膜的一种膜分离方式。如图 2-5 (a) 所示，在终端过滤过程中，原料液在真空泵或高压氮气的作用下垂直流向膜表面，溶剂和小于膜孔径的溶质透过膜孔从膜的另一侧流出，成为滤液。大于膜孔径的颗粒等物质被截留并积聚在膜表面形成滤饼层，而较小的颗粒物等则可能被截留在膜孔中，导致膜孔堵塞。滤饼层和堵塞的膜孔造成膜通量的降低。随着过滤时间的增加，膜表面上堆积的截留物也在增加，滤饼层的厚度和过滤阻力也随之增加，膜通量随过滤时间不断下降，如图 2-5（b）所示。

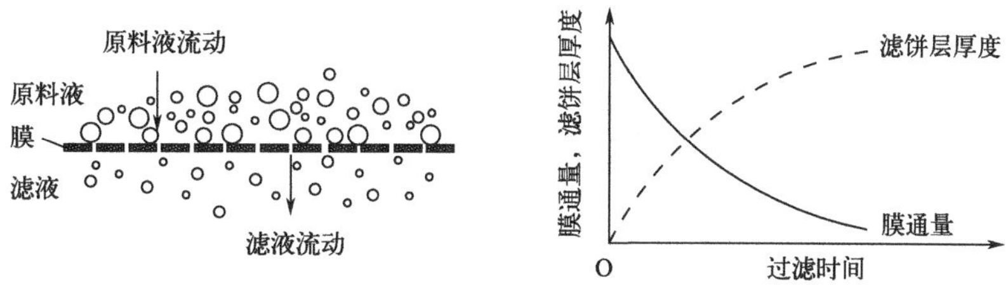

(a)终端过滤方式示意

(b)终端过滤时膜通量和滤饼层厚度随过滤时间的变化

图 2-5　终端过滤方式下膜通量和滤饼层厚度的变化趋势

因此，在终端过滤过程中，需要提供足够的跨膜压差来克服过滤阻力，以确保过滤的顺利进行。值得注意的是，研究显示，在终端过滤中形成的滤饼层在某种程度上可以起到滤膜的作用，防止大部分小尺寸污染物与膜直接接触，这对过滤的稳定进行具有一定的积极意义。

终端过滤操作简便，可在实验室环境下以间歇方式运行，适用于研究水和废水处理过程中膜的过滤行为和膜污染机理，也可用于探究新型膜材料或改性膜的过滤性能。间歇方式操作的实验室规模终端过滤装置，通常采用一定压力的压缩氮气作为滤液通过膜的推动力，在整个过滤过程中氮气压力保持恒定。滤液质量用电子天平称量，而电子天平与电脑连接，以一定时间间隔记录测得的滤液质量[125]。终端过滤也可采用连续运行的操作模式，例如平板膜或中空纤维膜在浸没式膜生物反应器中进行的过滤模式为终端过滤。终端过滤的操作成本相对较低，可以实现接近 100%的产水率。

(2) 错流过滤

错流过滤是一种滤液以垂直于原料液流动的方向通过膜的过滤方式。这种过滤方式适用于柱式膜组件、柱状中空纤维膜组件和螺旋卷式膜组件。如图 2-6（a）所示，在错流过滤过程中，原料液在泵等设备产生的驱动力的作用下，从膜组件的进水口进入，沿平行于膜表面的方向流动。一部分垂直于膜表面通过膜孔成为产水，从出水口排出；另一部分携带悬浮物等杂质从膜组件的浓水排放口排出，成为浓水。浓水经过循环后与原料液一起再次进入膜组件，继续进行错流过滤。研究表明，这种运行方式能够保持原料液在膜表面以较高的流速流动，带走部分滞留在膜表面的污染物，有效控制膜表面滤饼层的厚度在一个较薄的水平，从而在较长的过滤时间内保持较低的过滤阻力，保障膜分离系统的长时间稳定运行[126]。

如图 2-6（b）所示，在错流过滤初始阶段，由于污染物在膜表面的沉积，滤饼层厚度逐渐增加，直接影响了膜通量，使其逐渐下降。然而，随着过滤过程的持续，原料液在膜表面的流动产生的冲刷作用，有效地阻止了污染物在膜表面进一步积累，从而保持膜通量在一个相对稳定的水平。因此，错流过滤能够比终端过滤在更长的周期内有效运行。此外，错流过滤技术适用于多种水质的净化处理，即使原料液中含有大量不溶物，也能在较低的膜污染水平下维持稳定的膜通量。

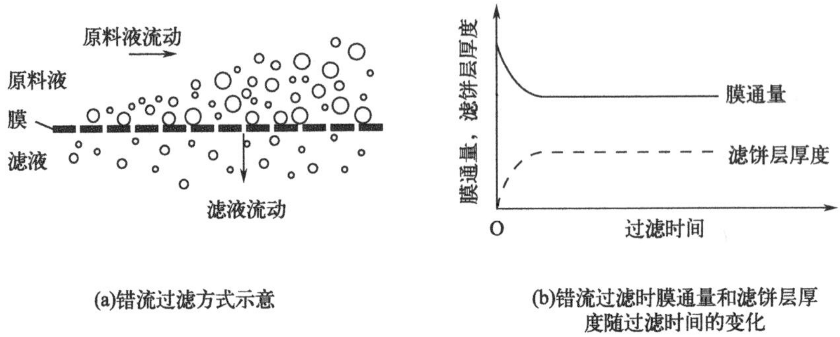

(a)错流过滤方式示意　　(b)错流过滤时膜通量和滤饼层厚度随过滤时间的变化

图 2-6　错流过滤方式下膜通量和滤饼层厚度的变化趋势

几乎所有的膜分离工艺，包括反渗透、纳滤、超滤和微滤等，都可以采用错流过滤模式运行。在实际应用中，需要根据原料液中固体物质含量的不同以及其他要求，选择终端过滤或错流过滤的操作方式。

2.3.3.2 内压式过滤与外压式过滤

根据膜分离层与支撑层的相对位置，以及原料液的流动位置，膜分离方式可分为内压式过滤与外压式过滤两种。管式膜组件和柱式中空纤维膜组件通常可以采用外压式和内压式过滤。中空纤维帘式膜组件、螺旋卷式膜组件和板框式膜组件通常采用外压式过滤模式。

内压式过滤是指在过滤过程中压力从膜内部向外部施加。如图 2-7 所示，在内压式过滤过程中，原料液首先被引入膜的内部，在压力差的驱动下通过膜孔从膜的内侧到达膜的外侧成为滤液。滤液在膜外侧流动并被收集排出，而截留的污染物汇集在膜的内部形成浓缩液，从浓缩液出口排出。

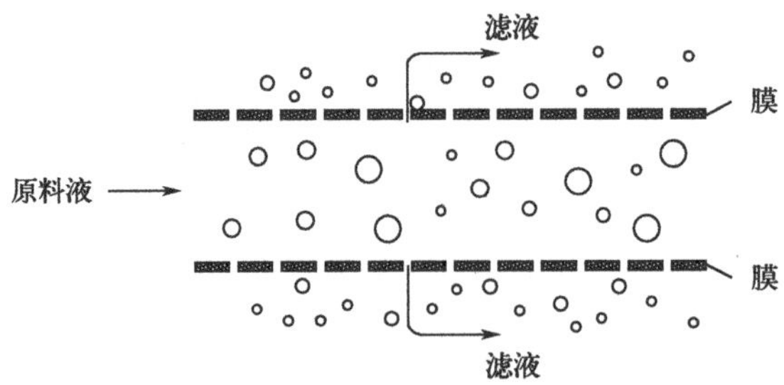

图 2-7　内压式过滤时原料液和滤液流动示意

外压式过滤的压力从膜的外部向内部施加。如图 2-8 所示，在外压式过滤模式下，原料液在膜外侧流动，在过滤压力差的推动下，从膜的外侧穿过膜孔到达膜的内侧，成为滤液。滤液在膜内侧流动并通过出水口排出，而截留的污染物则汇集在膜的外部形成浓缩液，从浓缩液出口排出。

采用外压式过滤时，对原料液的要求相对较低，跨膜压差的稳定性和产水率优于内压式，特别是在处理大流量或高污染负荷的废水时。外压式过滤时产生的膜污染也较容易清洗，意味着外压式过滤系统的维护成本较低。相较而言，外压式过滤系统的设计相对简单，清洗过程也较为标准化，通常更容易操作和维护。从长期运行稳定性和成本效益来看，外压式过滤系统可能更具优势。

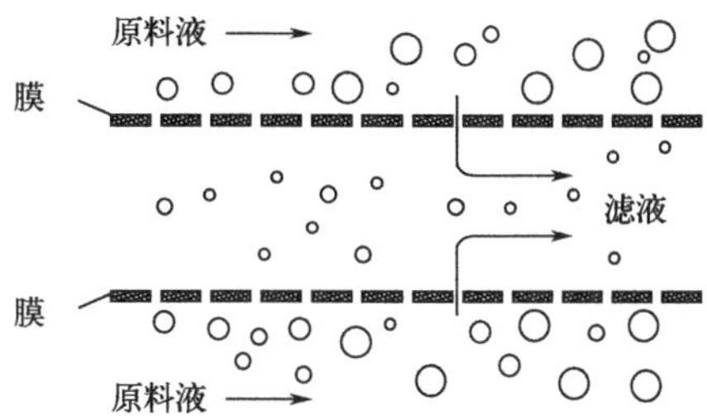

图 2-8　外压式过滤时原料液和滤液流动示意

2.3.3.3　恒定膜通量过滤和恒定跨膜压差过滤

恒定膜通量过滤是一种在过滤过程中保持出水流量恒定的膜分离技术。在实际操作中，原料液在真空泵、蠕动泵或隔膜泵[127-129] 产生的推动力作用下，通过膜孔形成滤液。随着过滤时间的延长，膜污染导致过滤阻力逐渐增加，需要不断升高跨膜压差以维持膜通量的稳定。这种过滤方式常用于膜生物反应器处理废水过程，或以膜过滤为主要处理单元的水处理过程，目的是确保出水量的稳定性。

恒定跨膜压差过滤是在过滤过程中保持压力差不变的膜分离方式。原料液在压缩氮气提供的一定推动力作用下进行过滤。由于膜污染的形成和加重，膜通量会随过滤时间的延长而降低。

恒定跨膜压差过滤和恒定膜通量过滤各有其优势和局限性。例如，恒定跨膜压差过滤适用于处理低至中等浓度的悬浮液，而恒定膜通量过滤技术通过控制流量，可以有效避免膜过度污染，从而延长膜的使用寿命并保持良好的过滤性能，更适合处理高浓度悬浮液[130]。在实际应用中，选择合适的过滤模式对于提高过滤效率和延长膜使用寿命至关重要。

2.3.3.4　非恒定膜通量和非恒定跨膜压差过滤

有一些研究指出，在膜过滤过程中，膜通量和跨膜压差常常会同时发生变化。例如，Rajesh 等[131] 观察到，在厌氧-缺氧-好氧膜生物反应器运行一段时间后，跨膜压差升高的同时膜通量下降。还有研究报道，在连续运行的限氧膜生物反应器的 4 个过滤周期内，膜通量均随跨膜压差和过滤阻力的增加而下降[128]。Liu[132] 发现，在蠕动泵以一定转速转动提供推动力进行海藻酸钠溶液微滤时，该膜分离过程既不是恒定膜通量也不是恒定跨膜压差。在 800mg/L 海藻酸钠的微滤初期，标准膜通量随标准跨膜压差的增加而线性降低，而且降低速率随蠕动泵的转速增加而增加。当蠕动泵转速较低时，微滤后期接近恒定跨膜压差过滤，膜通量随过滤时间降低；而当蠕动泵转速较高时，微滤后期可近似为恒定膜通量过滤，跨膜压差随过滤的进行快速升高。通过进一步的研究发现，这些现象存在着不同的膜污染机理：在低蠕动泵转速提供的过滤压力下，膜过滤符合滤饼过滤机理，而在高蠕动泵转速提供的过滤压力下，初始跨膜压差的增加导致滤饼层被更大程度地压缩，膜过滤符合完全膜孔堵塞机理。

2.3.4 膜通量

2.3.4.1 膜通量的定义

膜通量（permeate flux，J）是描述膜过滤行为的重要参数之一，定义为单位时间通过单位膜面积的滤液量。根据 Darcy（达西）定律，膜通量可通过以下公式计算：

$$J=\frac{\Delta M/\Delta t}{A_{\mathrm{eff}}\rho} \tag{2-1}$$

式中 J——膜通量，L/(m^2·h)；

ΔM——在 Δt 时间内滤液的变化量，g；

Δt——过滤时间，h；

A_{eff}——有效膜表面积，m^2；

ρ——滤液密度，g/L。

值得注意的是，操作压力、温度、混合液浓度等因素直接影响膜通量，因此在实际应用中应充分考虑这些因素对膜通量的影响。其中，温度对膜通量的影响可以用下式表示[133]：

$$J_T=J_{20}1.025^{(T-20)} \tag{2-2}$$

式中 J_T——T 温度下的膜通量，L/(m^2·h)；

J_{20}——20℃下的膜通量，L/(m^2·h)；

T——温度，℃。

2.3.4.2 标准化膜通量

在一个过滤周期内，由于膜污染的影响，膜通量的变化与过滤初始膜通量密切相关。因此，可以采用标准化膜通量（normalized permeate flux，J'）随过滤时间的变化来评估膜污染对膜通量造成的影响。标准化膜通量定义为原料液在过滤 t 时刻的膜通量与初始膜通量的比值，计算公式如下：

$$J'=\frac{J}{J_0} \tag{2-3}$$

式中　J——过滤 t 时刻的膜通量，L/(m^2·h)；

J_0——初始膜通量，即过滤 t_0 时刻的膜通量，L/(m^2·h)。

2.3.4.3　初始膜通量

初始膜通量这一参数可以视为膜在没有膜污染和浓差极化影响下的最大通量值，与膜的自身阻力和过滤时施加的压力有关。一个膜的初始膜通量可以在过滤实验开始前，通过该膜的纯水过滤试验测得。研究显示膜的初始通量随初始跨膜压差的提高而增大。

2.3.4.4　恒定跨膜压差过滤模式下膜通量随过滤时间的变化

在恒定跨膜压差下，膜通量的变化与膜孔堵塞和滤饼层的形成与发展密切相关。一般认为，膜通量随过滤时间的变化呈现快速下降阶段、缓慢下降阶段和稳定阶段[134]。

(1) 膜通量快速下降阶段

从过滤开始的瞬间，污染物便开始进入膜孔并在膜孔内表面吸附，导致膜孔径减小，或在膜表面附着堵塞膜孔，形成膜污染。这种膜污染的发生使得膜通量在过滤初始阶段以极快的速率下降，其下降趋势可以通过初始膜通量下降速率或初始标准膜通量下降速率来表示。研究显示，这一阶段的膜孔堵塞是造成膜通量下降的主要原因。初始膜通量下降速率或初始标准膜通量下降速率越大，表示过滤初期的膜污染越严重，进而导致过滤后期的膜通量越低。

Liu 和 Sun[125] 在研究反硝化颗粒污泥混合液和上清液微滤过程的膜污染机理时，提出了用过滤半衰时间（filtration half-life）来表示初始膜通量因膜污染而下降的趋势。过滤半衰时间定义为初始膜通量降低 50% 所需的过滤时间，用 $t_{1/2}$ 表示。$t_{1/2}$ 的值越小，说明初始膜通量下降越快，过滤初期的膜污染程度越严重，膜通量下降到初始膜通量 1/2 所需的过滤时间越短。

(2) 膜通量缓慢下降阶段

随着过滤过程的持续，被膜截留的物质逐渐积累，这些物质在过滤初始阶段形成的膜污染的基础上进一步发展，在膜表面形成了滤饼层。滤饼层对膜通量的影响较为平缓，因此随着过滤时间的延长，膜通量的降低速率逐渐变缓。

(3) 膜通量稳定阶段

随着膜表面截留物质的增多，滤饼层的厚度增加，滤饼层中污染物之间的孔隙也起到了截留污染物的作用，阻止了污染物直接到达膜表面并堵塞膜孔。此时的滤饼层反而起到了一定的缓解膜污染的作用，使得膜通量进入一个相对稳定的阶段，几乎不随过滤时间而发生变化，或者膜通量随过滤时间的变化极其缓慢。

膜通量稳定阶段是进行膜分离操作时所希望维持的阶段。在特定条件下，如在单独曝气或粉末活性炭-曝气条件下进行微滤和超滤，膜通量可以在相当长的过滤时间内保持相对稳定。然而，当膜分离在膜通量稳定阶段运行一定时间后，如果膜孔通道和膜表面被膜污染物严重吸附覆盖，且滤饼层的孔隙被污染物填充堵塞，在过滤压力的作用下滤饼层可能会出现一定程度的不可逆压缩现象，导致膜通量再次急剧下降，膜过滤将难以顺利进行。

2.3.4.5 临界通量

Field 等[135] 提出恒定膜通量下微滤过程中的临界通量（critical flux，J_{crit}）的概念。Diez 等[136] 指出在恒定膜通量下运行的膜生物反应器中的临界通量为污泥颗粒开始在膜表面大量沉积时所对应的膜通量。

作为膜生物反应器操作中的重要参数，临界通量对于应用膜生物反应器工艺的废水处理领域具有重要的指导作用。在低于临界通量（亚临界通量）的操作条件下，膜污染的发展速度非常缓慢，过滤阻力和跨膜压差几乎不会随过滤时间的增加而明显升高。膜通量超过临界通量时，会观察到膜污染现象的发生，并且过滤阻力将随运行时间延长而显著增加，跨膜压差迅速上升[135, 136]。

临界通量与膜及其组件的特性、混合液的性质和操作条件等多种因素相关。Madaeni 等[137] 用膜孔径 0.22～0.65μm 的微滤膜和截留分子量为 100000 的超滤膜过滤浓度范围为 3～10g/L 的活性污泥混合液，研究该过滤过程中影响临界通量的因素，研究结果显示，错流速度越高或进料浓度越低，临界通量越高，疏水膜的临界通量较低，而不同孔径膜的临界通量无显著差异。临界通量值取决于膜的特性（孔径、孔隙率、材料）、悬浮液的特性（性质、与孔径分布和浓度有关的粒度分布）以及流体动力循环和过滤条件。

临界通量通常用短期膜过滤实验确定。首先，膜在一个恒定的膜通量下连续运行一段时间，如果跨膜压差保持稳定，可认为此时的膜通量低于临界通量。然后，增加膜通量，在相同操作条件下重复上述实验。直到当膜在某个膜通量下运行时，跨膜压差开始小幅度升高，说明此时的膜通量刚好高于临界通量[37, 136, 138]。由此可以判断出现跨膜压差升高时的前一个恒定膜通量为该操作条件下的临界通量。

2.3.5 跨膜压差

2.3.5.1 跨膜压差的定义

在混合液通过膜分离时，污染物在膜表面及膜孔内积累，会在膜的原料液侧和透过液侧形成一定的压力差，这个压力差被定义为跨膜压差（transmembrane pressure，TMP）。

跨膜压差的大小受到膜过滤类型的影响，例如，在固液分离膜中，反渗透的跨膜压差最高，可达到 800～8000kPa，纳滤的跨膜压差范围为 350～1000kPa，超滤的跨膜压差为 70～500kPa，而微滤的跨膜压差相对较低，在 5～300kPa 之间。这些不同过滤类型的跨膜压差值是由膜的特性、原料液的性质和对处理后出水的要求决定的。

2.3.5.2 初始跨膜压差

初始跨膜压差（TMP_0）是指过滤开始时施加在膜两侧的压力差。较高的初始跨膜压差能够加快滤液通过膜孔的速度，从而提高膜通量。对于同一类型的膜，其初始跨膜压差与其初始膜通量之间存在线性正相关关系，即初始跨膜压差越高，其初始膜通量也越高。然而，不同类型的膜因其表面开孔率和内部结构不同，在相同膜通量下会有不同的初始跨膜压差。具有高膜表面开孔率的膜进行纯水过滤时，可以在较低初始跨膜压差下以较高的初始膜通量运行。

2.3.5.3 标准化跨膜压差

膜生物反应器通常采用恒定膜通量的运行模式，其过滤周期的运行时间与初始跨膜压差密切相关。跨膜压差的变化反映了膜污染的程度。当跨膜压差增加时，表明膜表面或孔隙中积累了更多的污染物，导致膜的渗透性下降。为了评估膜污染对跨膜压差的影响，通常采用标准化跨膜压差（normalized transmembrane pressure，TMP′）作为评估指标。标准化跨膜压差是原料液在过滤某一时刻的跨膜压差与初始跨膜压差的比值。这种评估方法有助于理解由膜污染导致的跨膜压差升高的趋势，从而为膜生物反应器的优化运行和维护提供依据。

2.3.5.4 恒定膜通量过滤模式下跨膜压差随过滤时间的变化

在恒定膜通量过滤模式下，当温度等其他因素保持不变时，跨膜压差的变化过程受膜污染的影响可以分为快速升高、缓慢上升和长期稳定 3 个阶段。

(1) 跨膜压差快速升高阶段

在过滤的初始阶段，主要由方向相反的抽吸力和反向扩散力控制混合液组分在膜上的沉积过程。由于膜生物反应器中的胶体颗粒和可溶性有机物等较小粒径物质所受到的反向扩散力较小，因此在抽吸力的作用下，这些物质迅速向膜表面沉积形成凝胶层。一部分物质进入膜孔后，导致膜孔阻塞，从而在过滤初期极短的时间内导致跨膜压差线性快速升高。

初始阶段跨膜压差升高程度与膜通量有密切关系。用总有机碳浓度为 30mg/L 的海藻酸钠和牛血清白蛋白溶液研究恒定膜通量过滤模式下的超滤膜污染特性，研究结果显示，当膜通量在 15～90L/(m^2 · h) 范围内变化时，膜通量越高，膜污染越严重，跨膜压差随过滤时间增加其升高的速率也越大[139]。

(2) 跨膜压差缓慢上升阶段

随着过滤的进行，污泥絮体、胞外聚合物等不断在膜表面累积形成滤饼层。滤饼污染是此阶段膜污染的主要来源。滤饼层的结构在形成初期较为疏松，随着污染物在膜表面的不断积累，滤饼层逐渐增厚，过滤阻力也因此逐渐增大，跨膜压差表现为缓慢上升。

(3) 跨膜压差长期稳定阶段

形成的滤饼层的污泥间存在着或大或小的间隙，这些间隙起到了拦截胶体颗粒和可溶性有机物等作用。同时，曝气对膜表面的气-液冲刷有助于缓解膜污染。在此阶段，滤饼层的膜污染与缓解膜污染的作用在较长时间内维持稳定，跨膜压差在此阶段保持相对稳定。

当膜分离在跨膜压差稳定的情况下运行一段时间后，膜孔通道与膜表面被膜污染物严重吸附覆盖时，膜表面滤饼层的孔隙被污染物堵塞，同时在过滤压力的作用下，透过滤饼层的胶体或微生物等物质到达膜表面，滤饼层底部的胞外聚合物浓度突然增加，滤饼层出现一定程度的不可逆压缩现象。当滤饼层达到一定程度的压缩时，其对膜孔的堵塞作用达到极限，此时跨膜压差再次急剧升高，滤膜失去过滤作用，需要清洗或更换以达到最好的膜通量状态。

参考文献

[1] 国家质量监督检验检疫总局，中国国家标准化管理委员会．膜分离技术 术语：GB/T 20103—2006 [S]. 北京：中国标准出版社，2006.

[2] 钱宏亮，王晶，秦刚华，等．二醋酸纤维素脱盐膜制备及耐污染性能研究 [J]. 能源工程，2021，41 (5)：60-65.

[3] 钟蔚，许振良，杨虎，等．三醋酸纤维素中空纤维纳滤膜的性能研究 [J]. 水处理技术，2016，42 (01)：31-34，40.

[4] 廖亮，费鹏飞，程博闻，等．三醋酸纤维素/壳聚糖反渗透膜的制备及性能研究 [J]. 高分子学报，2018，49 (05)：607-616.

[5] 汪东，林俊康，林珊，等．再生纤维素膜在水处理中的应用研究进展 [J]. 中国造纸，2020，39 (12)：61-68.

[6] Mahmood H，Moniruzzaman M，Yusup S，et al. Ionic liquids assisted processing of renewable resources for the fabrication of biodegradable composite materials [J]. Green Chemistry，2017，19 (9)：2051-2075.

[7] Gavillon R，Budtova T. Kinetics of cellulose regeneration from cellulose-NaOH-water gels and comparison with cellulose-*N*-methylmorpholine-*N*-oxide-water solutions [J]. Biomacromolecules，2007，8 (2)：424-432.

[8] Righi S，Morfino A，Galletti P，et al. Comparative cradle-to-gate life cycle assessments of cellulose dissolution with 1-butyl-3-methylimidazolium chloride and *N*-methyl-morpholine-*N*-oxide [J]. Green Chemistry，2011，13 (2)：367-375.

[9] Hyder M N，Huang R Y M，Chen P. Effect of selective layer thickness on pervaporation of composite poly (vinyl alcohol) -poly (sulfone) membranes [J]. Journal of Membrane Science，2008，318 (1/2)：387-396.

[10] He T，Mulder M H V，Strathmann H，et al. Preparation of composite hollow fiber membranes：Co-extrusion of hydrophilic coatings onto porous hydrophobic support structures [J]. Journal of Membrane Science，2002，207 (2)：143-156.

[11] Zhao C S, Xue J M, Ran F, et al. Modification of polyethersulfone membranes—A review of methods [J]. Progress in Materials Science, 2013, 58 (1): 76-150.

[12] Van der Bruggen B. Chemical modification of polyethersulfone nanofiltration membranes: A review [J]. Journal of Applied Polymer Science, 2009, 114: 630-642.

[13] Khulbe K C, Feng C, Matsuura T. The art of surface modification of synthetic polymeric membranes [J]. Journal of Applied Polymer Science, 2010, 115 (2): 855-895.

[14] Koh M, Clark M M, Howe K J. Filtration of lake natural organic matter: adsorption capacity of a polypropylene microfilter [J]. Journal of Membrane Science, 2005, 256 (1/2): 169-175.

[15] 李璟. 抗污染聚醚砜超滤膜的制备及其在油水分离中的应用 [D]. 南京：东南大学，2017.

[16] Rambabu K, Velu S. Modified polyethersulfone ultrafiltration membrane for the treatment of tannery wastewater [J]. International Journal of Environmental Studies, 2016, 73 (05): 819-826.

[17] 钱俊青，王士诚，吕坚方，等. 磺化聚砜的制备工艺及其成膜性能 [J]. 浙江工业大学学报，2012，40 (04)：384-387.

[18] 马苗，俞三传. 磺化聚砜类膜材料的制备及其在水处理中的应用 [J]. 水处理技术，2011，37 (04)：14-18，28.

[19] 宋迪. 聚砜/磺化聚砜共混超滤膜的制备及用于海水养殖废水处理的实验研究 [D]. 青岛：中国海洋大学，2015.

[20] 海水水质标准：GB 3097—1997 [S].

[21] 徐迪，戴力，水佳鑫，等. 聚乙烯膜表面能提升改性的研究进展 [J]. 表面技术，2021，50 (02)：178-189.

[22] 解林坤，杜官本，代沁伶，等. 等离子体引发气相接枝乙烯基单体对聚乙烯膜的表面改性 [J]. 膜科学与技术，2015，35 (06)：28-32.

[23] 刘超，董岸杰，张建华. 改性聚乙烯醇膜的研究进展 [J]. 化工进展，2021，40 (06)：3258-3269.

[24] 杨健，王晓琳. 聚丙烯微孔膜亲水化研究进展 [J]. 高分子材料科学与工程，2006，22 (04)：6-9，14.

[25] 樊琰，李茹，李秋怡，等. NH_3 等离子体特性及表面改性 PAN 超滤膜 [J]. 西安工程大学学报，2018，32 (01)：51-55，60.

[26] 郝竟妍. 聚丙烯膜改性及膜污染的研究 [D]. 哈尔滨：哈尔滨工程大学，2013.

[27] 余聪，李仙粉，陈南辉，等. 聚丙烯接枝改性综述 [J]. 江西化工，2010，26 (4)：10-13.

[28] Sun Z M, Chen H, Ren X J, et al. Preparation and application of zinc oxide/poly (m-phenylene isophthalamide) hybrid ultrafiltration membranes [J]. Journal of Applied Polymer Science, 2019, 136 (22): 47583.

[29] Ouyang S S, Wang T, Jia X Y, et al. Self-indicating and recyclable superhydrophobic membranes for effective oil/water separation in harsh conditions [J]. Materials & Design, 2016, 96: 357-363.

[30] Miao L, Wu Y, Hu J W, et al. Hierarchical aramid nanofibrous membranes from a nanofiber-based solvent-induced phase inversion process [J]. Journal of Membrane Science, 2019, 578: 16-26.

[31] 魏恋璎，陈明星，张威，等. 芳香聚酰胺材料在膜分离领域应用研究进展 [J]. 膜科学与技术，2022，41 (01)：155-169.

[32] 周亮，杨井路，汪慧杰，等. 聚四氟乙烯膜分离技术在含油废水处理中的应用进展 [J]. 化学通报，2023，86 (10)：1250-1257.

[33] Ma'ruf A, Al Fathoni M S. Development of porous ceramic membrane from natural zeolite-clay for microfiltration [J]. IOP Conference Series: Materials Science and Engineering, 2018, 403: 012006.

[34] Misrar W, Loutou M, Saadi L, et al. Cordierite containing ceramic membranes from smectetic clay using natural organic wastes as pore-forming agents [J]. Journal of Asian Ceramic Societies, 2017, 5 (2): 199-208.

[35] 张小珍，索帅锋，江瑜华，等. YSZ中空纤维陶瓷超滤膜制备及其处理重金属离子污染废水的研究 [J]. 陶瓷学报，2015, 36 (06): 583-588.

[36] Cai C, Sun W J, He S Y, et al. Ceramic membrane fouling mechanisms and control for water treatment [J]. Frontiers of Environmental Science & Engineering, 2023, 17 (10): 126.

[37] Ahmad Mutamim N S, Noor Z Z, Abu Hassan M A, et al. Membrane bioreactor: Applications and limitations in treating high strength industrial wastewater [J]. Chemical Engineering Journal, 2013, 225: 109-119.

[38] Jin L, Ong S L, Ng H Y. Comparison of fouling characteristics in different pore-sized submerged ceramic membrane bioreactors [J]. Water Research, 2010, 44 (20): 5907-5918.

[39] Hofs B, Ogier J, Vries D, et al. Comparison of ceramic and polymeric membrane permeability and fouling using surface water [J]. Separation and Purification Technology, 2011, 79 (3): 365-374.

[40] Lou Y Y, Liu G P, Liu S N, et al. A facile way to prepare ceramic-supported graphene oxide composite membrane via silane-graft modification [J]. Applied Surface Science, 2014, 307: 631-637.

[41] Koros W J, Ma Y H, Shimidzu T. Terminology for membranes and membrane processes (IUPAC Recommendations 1996) [J]. Pure and Applied Chemistry, 1996, 68 (7): 1479-1489.

[42] 郭雷鸣. 基于选择性溶胀成孔的嵌段共聚物均孔膜的设计、制备与应用 [D]. 南京：南京工业大学，2017.

[43] 吴联巍. 呼吸图法制备均孔膜：固体基底研究 [D]. 杭州：浙江大学，2016.

[44] 张凯敏. 水滴模板法-热粘合制备均孔复合膜的研究 [D]. 大连：大连理工大学，2018.

[45] 付欣宇，王建强，计艳丽，等. 不对称双层聚酰胺纳滤膜的制备及其性能研究 [J]. 膜科学与技术，2023, 43 (05): 50-57.

[46] Federation Water Environment. Membrane bioreactors: Water environment federation (WEF) manual of practice No. 36 [M]. New York: McGraw-Hill, 2011.

[47] 张裕媛，王新忠. ZrO_2-聚砜复合膜在中水处理中的应用研究 [J]. 工业水处理，2007, 27 (01): 24-27.

[48] Villegas M, Romero A I, Parentis M L, et al. Acrylic acid plasma polymerized poly (3-hydroxybutyrate) membranes for methanol/MTBE separation by pervaporation [J]. Chemical Engineering Research and Design, 2016, 109: 234-248.

[49] Labban O, Chong T H, Lienhard J H. Design and modeling of novel low-pressure nanofiltration hollow fiber modules for water softening and desalination pretreatment [J]. Desalination, 2018, 439: 58-72.

[50] Schaep J, Van der Bruggen B, Uytterhoeven S, et al. Removal of hardness from groundwater by nanofiltration [J]. Desalination, 1998, 119 (1/2/3): 295-301.

[51] 王晓琳，张澄洪，赵杰. 纳滤膜的分离机理及其在食品和医药行业中的应用 [J]. 膜科学与技术，2000, 20 (01): 29-36.

[52] 陈梅，张永帅. 纳滤技术在工业废水处理中的应用 [J]. 化工设计通讯，2022, 48 (12): 175-177.

[53] 赵新华，张亚雷，褚华强，等. 中空纤维纳滤膜在水处理中的应用研究综述 [J]. 净水技术，2017, 36 (01): 14-21.

[54] Suhalim N S, Kasim N, Mahmoudi E, et al. Rejection mechanism of ionic solute removal by nanofiltration membranes: An overview [J]. Nanomaterials, 2022, 12 (3): 437.

[55] 楼民，俞三传，高从堦．纳滤在水处理中的应用研究进展 [J]. 工业水处理，2008，28 (01)：13-17.

[56] Tang C Y，Yang Z，Guo H，et al. Potable water reuse through advanced membrane technology [J]. Environmental Science & Technology，2018，52 (18)：10215-10223.

[57] 谈述战，郭金明，刘毅，等．国内外海水反渗透膜技术发展现状 [J]. 中国塑料，2013，27 (05)：6-11.

[58] 许骏，王志，王纪孝，等．反渗透膜技术研究和应用进展 [J]. 化学工业与工程，2010，27 (04)：351-357.

[59] 汪洋．基于选择层改性的反渗透复合膜的制备与性能研究 [D]. 济南：山东大学，2020.

[60] Kwak S Y，Kim S H，Kim S S. Hybrid organic/inorganic reverse osmosis (RO) membrane for bactericidal anti-fouling. 1. preparation and characterization of TiO_2 nanoparticle self-assembled aromatic polyamide thin-film-composite (TFC) membrane [J]. Environmental Science & Technology，2001，35 (11)：2388-2394.

[61] 李蕊含．基于两亲性超支化聚合物的反渗透复合膜研究 [D]. 杭州：浙江工业大学，2020.

[62] Almuhtaseb R M，Awadallah-F A，Al-Muhtaseb S A，et al. Influence of casting solvents on CO_2/CH_4 separation using polysulfone membranes [J]. Membranes，2021，11 (4)：286.

[63] 郝继华，王志，王世昌．CO_2/CH_4 醋酸纤维素分离膜的制备 [J]. 高分子材料科学与工程，1997，13 (04)：64-68.

[64] Chong K C，Lai S O，Lau W J，et al. Fabrication and characterization of polysulfone membranes coated with polydimethysiloxane for oxygen enrichment [J]. Aerosol and Air Quality Research，2017，17 (11)：2735-2742.

[65] Kato H，Lundin S B，Ahn S J，et al. Gas separation silica membranes prepared by chemical vapor deposition of methyl-substituted silanes [J]. Membranes，2019，9 (11)：144.

[66] Nair B N，Keizer K，Elferink W J，et al. Synthesis，characterisation and gas permeation studies on microporous silica and alumina-silica membranes for separation of propane and propylene [J]. Journal of Membrane Science，1996，116 (2)：161-169.

[67] Scholes C A，Ghosh U K. Review of membranes for helium separation and purification [J]. Membranes，2017，7 (1)：9.

[68] Lee S T，Pang J N，Jawad Z A. Functionalised multi-walled carbon nanotubes/cellulose acetate butyrate mixed matrix membrane for CO_2/N_2 separation [J]. Journal of Physical Science，2019，30 (2)：99-135.

[69] Gorgojo P，Uriel S，Téllez C，et al. Development of mixed matrix membranes based on zeolite Nu-6 (2) for gas separation [J]. Microporous and Mesoporous Materials，2008，115 (1/2)：85-92.

[70] Shah M，McCarthy M C，Sachdeva S，et al. Current status of metal-organic framework membranes for gas separations：Promises and challenges [J]. Industrial & Engineering Chemistry Research，2012，51 (5)：2179-2199.

[71] Wang H Y，Li C C，Xu Q，et al. Mass transport and pervaporation recovery of aniline with high-purity from dilute aqueous solution by PEBA/PVDF composite membranes [J]. Separation and Purification Technology，2021，268：118708.

[72] Khan R，Ul Haq I，Mao H，et al. Enhancing the pervaporation performance of PEBA/PVDF membrane by incorporating MAF-6 for the separation of phenol from its aqueous solution [J]. Separation and Purification Technology，2021，256：117804.

[73] Roy S，Singha N. Polymeric nanocomposite membranes for next generation pervaporation process：Strate-

gies, challenges and future prospects [J]. Membranes, 2017, 7 (3): 53.

[74] 张春芳，董亮亮，白云翔，等. ZIF-8填充聚硅氧烷膜的制备及渗透汽化分离水中正丁醇 [J]. 膜科学与技术，2013，33 (04)：88-93.

[75] 李俊俊，顾瑾，孙余凭，等. PDMS中空纤维渗透汽化膜处理含盐有机废水 [J]. 中国工程科学，2014，16 (07)：68-72.

[76] Ahmad A L, Abdulkarim A A, Ismail S, et al. Preparation and characterisation of PES-ZnO mixed matrix membranes for humic acid removal [J]. Desalination and Water Treatment, 2015, 54 (12): 3257-3268.

[77] Bilad M R, Marbelia L, Laine C, et al. A PVC-silica mixed-matrix membrane (MMM) as novel type of membrane bioreactor (MBR) membrane [J]. Journal of Membrane Science, 2015, 493: 19-27.

[78] 刘启明，田清华，马建华，等. 含盐废水电渗析膜分离处理工艺研究 [J]. 生态环境学报，2012，21 (09)：1604-1607.

[79] Gu Q L, Ng T C A, Poh W, et al. 3D spray-coated gradient profile ceramic membranes enables improved filtration performance in aerobic submerged membrane bioreactor [J]. Water Research, 2022, 220: 118661.

[80] Kim H, Shim I, Zhan M. Chemical enhanced backwashing for controlling organic fouling in drinking water treatment using a novel hollow-fiber polyacrylonitrile nanofiltration membrane [J]. Applied Sciences, 2021, 11 (15): 6764.

[81] Haase M F, Jeon H, Hough N, et al. Multifunctional nanocomposite hollow fiber membranes by solvent transfer induced phase separation [J]. Nature Communications, 2017, 8 (1): 1234.

[82] Jeon S, Rajabzadeh S, Okamura R, et al. The effect of membrane material and surface pore size on the fouling properties of submerged membranes [J]. Water, 2016, 8 (12): 602.

[83] Takao S, Rajabzadeh S, Shibata M, et al. Preparation of chemically resistant cellulose benzoate hollow fiber membrane via thermally induced phase separation method [J]. Membranes, 2022, 12 (12): 1199.

[84] Komaladewi A A I A S, Aryanti P T P, Lugito G, et al. Recent progress in microfiltration polypropylene membrane fabrication by stretching method [J]. E3S Web of Conferences, 2018, 67: 03018.

[85] 魏高亮. 碳纳米管中空纤维膜和石墨烯超薄膜的制备及其在水处理中的分离性能 [D]. 大连：大连理工大学，2017.

[86] Adam M R, Othman M H D, Sheikh Abdul Kadir S H, et al. Influence of the natural zeolite particle size toward the ammonia adsorption activity in ceramic hollow fiber membrane [J]. Membranes, 2020, 10 (4): 63.

[87] Yang F, Wang Y, Bick A, et al. A long-term application of a pilot airlift membrane bioreactor for domestic wastewater treatment [J]. Desalination and Water Treatment, 2009, 4 (1/2/3): 212-217.

[88] 张正伟，于浩洋，徐梦雪，等. 地质聚合物管式无机膜的制备与应用 [J]. 广西大学学报（自然科学版），2021，46 (01)：189-198.

[89] 马琨，王磊，王旭东，等. 膜结构和DOM相对分子质量分布对城市二级出水超滤过程的影响 [J]. 水处理技术，2011，37 (11)：88-91.

[90] 高峰，范益群，李卫星，等. 溶质截留法和液-液排除法表征陶瓷超滤膜的比较 [J]. 膜科学与技术，2007，27 (05)：65-68，73.

[91] 国家质量监督检验检疫总局，中国国家标准化管理委员会. 分离膜孔径测试方法　泡点和平均流量法：GB/T 32361—2015 [S]. 北京：中国标准出版社，2016.

[92] 薛向纯，丁文秀，席红安．陶瓷膜孔径常用测试方法综述 [J]. 中国陶瓷工业，2023，30 (03)：52-58.
[93] 诸爱士，林贤诉，高兴．液-液置换法测试超滤膜孔径及其分布的研究 [J]. 浙江科技学院学报，2004，16 (04)：239-243.
[94] Ziel R，Haus A，Tulke A. Quantification of the pore size distribution (porosity profiles) in microfiltration membranes by SEM，TEM and computer image analysis [J]. Journal of Membrane Science，2008，323 (2)：241-246.
[95] 王庚，张卫东，高坚，等．膜的微观结构对空气过滤的影响 [J]. 环境保护，2003，31 (11)：46-48.
[96] 王旭亮，李宗雨，董泽亮，等．水处理用有机平板膜孔隙率三种测试方法比较 [J]. 工业用水与废水，2019，50 (05)：57-62.
[97] 周继凯，潘杨，陈徐东．压汞法测定水泥基材料孔结构的研究进展 [J]. 材料导报，2013，27 (07)：72-75.
[98] 国家海洋局．微孔滤膜孔性能测定方法：HY/T 039—1995 [S]. 北京：中国标准出版社，2004.
[99] 董泽亮，潘献辉，张艳萍，等．气液置换法测量多孔膜的空隙率 [J]. 净水技术，2024，43 (01)：125-131.
[100] 王箴．化工辞典 [M]. 3 版．北京：化学工业出版社，1992.
[101] Maximous N，Nakhla G，Wan W. Comparative assessment of hydrophobic and hydrophilic membrane fouling in wastewater applications [J]. Journal of Membrane Science，2009，339 (1/2)：93-99.
[102] 国家烟草专卖局．烟用纸表面润湿性能的测定　接触角法：YC/T 424—2011 [S]. 北京：中国标准出版社，2012.
[103] 贺承祖，张桂英．接触角的测量方法 [J]. 化学通报，1979，42 (4)：41-43.
[104] 祝振鑫．膜材料的亲水性、膜表面对水的湿润性和水接触角的关系 [J]. 膜科学与技术，2014，34 (02)：1-4.
[105] 于慧，宋杰，李强，等．膜亲水性测试方法的研究进展 [J]. 现代化工，2015，35 (06)：176-179.
[106] Ryan B J，Poduska K M. Roughness effects on contact angle measurements [J]. American Journal of Physics，2008，76 (11)：1074-1077.
[107] Vrijenhoek E M，Hong S，Elimelech M. Influence of membrane surface properties on initial rate of colloidal fouling of reverse osmosis and nanofiltration membranes [J]. Journal of Membrane Science，2001，188 (1)：115-128.
[108] 汪锰，安全福，吴礼光，等．膜 Zeta 电位测试技术研究进展 [J]. 分析化学，2007，35 (04)：605-610.
[109] 一体式膜生物反应器污水处理应用技术规程：CECS 152 [S].
[110] 刘静春，韩洪军，徐春艳，等．陶瓷平板膜生物反应器处理煤化工废水研究 [J]. 水处理技术，2020，46 (09)：86-89.
[111] 杨方威，冯叙桥，曹雪慧，等．膜分离技术在食品工业中的应用及研究进展 [J]. 食品科学，2014，35 (11)：330-338.
[112] 宁培勇，丁津华，徐文体，等．滤膜过滤技术应用研究进展 [J]. 中国消毒学杂志，2006，23 (01)：63-65.
[113] Janson A，O'Toole G，Lee M F. The 273，000m/d immersed membrane system at Chestnut Avenue Water Works：Its novel design and first year of operation [J]. Water Supply，2006，6 (2)：19-24.
[114] 张婉竹，杨力，王洋，等．超滤膜在北方地区南水北调中线水厂中的应用 [J]. 给水排水，2024，60 (05)：48-52.
[115] Skoronski E，Rosa A B，Simioni F J. Is conventional drinking water treatment more economically viable

than ultrafiltration in Brazil? A technical, economic, comparative study with risk assessment [J]. Water Supply, 2024, 24 (6): 2092-2104.

[116] Barikbin B, Mortazavi S B, Moussavi G. Removal of hexavalent chromium from brackish groundwater by nanofiltration: A case study in Iran [J]. Journal of Water Supply: Research and Technology-Aqua, 2011, 60 (2): 121-126.

[117] 赵长伟，唐文晶，贾文娟，等．纳滤去除水中新兴污染物的研究进展 [J]. 膜科学与技术，2020，41 (01): 144-151.

[118] Tang C, Chen V. Nanofiltration of textile wastewater for water reuse [J]. Desalination, 2002, 143 (1): 11-20.

[119] 阮国岭，潘献辉，初喜章，等．中空纤维反渗透膜用于胶州弯的海水淡化中试 [J]. 中国给水排水，2009，25 (10): 90-94.

[120] 刘明轩，戴本慧，陈亦力，等．青岛 10 万 t/d 海水淡化工程概况 [C] //2016 年亚太和环印度洋地区海水淡化国际论坛论文集．2016: 150-153.

[121] 王宏宾，王绍曾，周宇，等．沿海火电厂大型膜法海水淡化系统设计及运行分析 [J]. 工业水处理，2023，43 (10): 174-178.

[122] 高从堦．反渗透膜分离技术的创新性进展 [J]. 膜科学与技术，2006，26 (06): 1-4, 11.

[123] Qin J J, Kekre K A, Tao G H, et al. New option of MBR-RO process for production of NEWater from domestic sewage [J]. Journal of Membrane Science, 2006, 272 (1/2): 70-77.

[124] NEWater [EB/OL]. https: //www. pub. gov. sg/Public/WaterLoop/OurWaterStory/NEWater.

[125] Liu Y J, Sun D D. Comparison of membrane fouling in dead-end microfiltration of denitrifying granular sludge suspension and its supernatant [J]. Journal of Membrane Science, 2010, 352 (1/2): 100-106.

[126] 刘浩亮，耿安朝．主动错流式膜设备在污水处理 MBR 工艺中的应用 [J]. 膜科学与技术，2013，33 (06): 97-101.

[127] Du X, Liu G Y, Qu F S, et al. Removal of iron, manganese and ammonia from groundwater using a PAC-MBR system: The anti-pollution ability, microbial population and membrane fouling [J]. Desalination, 2017, 403 (7): 97-106.

[128] Zhao C Q, Wang G, Xu X C, et al. Long-term operation of oxygen-limiting membrane bioreactor (MBR) for the development of simultaneous partial nitrification, anammox and denitrification (SNAD) process [J]. Environmental Technology, 2018, 39 (17): 2193-2202.

[129] Kirschner A Y, Cheng Y H, Paul D R, et al. Fouling mechanisms in constant flux crossflow ultrafiltration [J]. Journal of Membrane Science, 2019, 574: 65-75.

[130] Miller D J, Paul D R, Freeman B D. A crossflow filtration system for constant permeate flux membrane fouling characterization [J]. Review of Scientific Instruments, 2013, 84 (3): 035003.

[131] Rajesh Banu J, Uan D K, Yeom I T. Nutrient removal in an A^2O-MBR reactor with sludge reduction [J]. Bioresource Technology, 2008, 100 (16): 3820-3824.

[132] Liu Y J. Investigation of factors affecting sodium alginate fouling mechanisms in a microfiltration process under non-constant-flux and non-constant-pressure conditions [J]. Water Science and Technology, 2023, 88 (01): 169-184.

[133] Judd S. The MBR book: Principles and applications of membrane bioreactors for water and wastewater treatment [M]. 2nd ed. Amsterdam: Elsevier Science, 2011.

[134] Ahmad A L, Che Lah N F, Ismail S, et al. Membrane antifouling methods and alternatives: Ultrasound

approach [J]. Separation & Purification Reviews, 2012, 41 (4): 318-346.

[135] Field R W, Wu D, Howell J A, et al. Critical flux concept for microfiltration fouling [J]. Journal of Membrane Science, 1995, 100 (3): 259-272.

[136] Diez V, Ezquerra D, Cabezas J L, et al. A modified method for evaluation of critical flux, fouling rate and in situ determination of resistance and compressibility in MBR under different fouling conditions [J]. Journal of Membrane Science, 2014, 453: 1-11.

[137] Madaeni S S, Fane A G, Wiley D E. Factors influencing critical flux in membrane filtration of activated sludge [J]. Journal of Chemical Technology & Biotechnology, 1999, 74 (06): 539-543.

[138] 平板膜生物反应器法污水处理工程技术规范: DG/TJ 08-2190—2015 [S].

[139] Sioutopoulos D, Karabelas A, Mappas V. Membrane fouling due to protein-polysaccharide mixtures in dead-end ultrafiltration; the effect of permeation flux on fouling resistance [J]. Membranes, 2019, 9 (2): 21.

第3章 膜生物反应器技术

3.1 固液分离型膜生物反应器

3.1.1 膜生物反应器的定义、技术特点和挑战

3.1.1.1 膜生物反应器的定义

膜生物反应器（membrane bioreactor，MBR）是一种结合了生物降解技术与膜分离技术进行污水处理与回用的设备或技术，也被称为固液分离型膜生物反应器。膜生物反应器结构紧凑，出水水质优异，在城市生活污水再利用和再循环要求越来越严格的情况下，膜生物反应器表现出越来越高的吸引力和越来越广阔的应用前景。并且，随着膜制备成本的降低和膜组件及膜组器制作技术的大力发展和提高，膜生物反应器处理废水工艺在经济上和技术上变得更加可行，在多种废水处理与回用领域具有更加广泛的应用潜力。膜生物反应器应用的重点领域包括城市生活污水处理与回用、多种工业废水处理与回用、垃圾填埋渗滤液处理、微污染饮用水净化、受污染地表水处理等。

膜生物反应器通常由反应器壳体、膜组件、水泵、风机、管道、仪表、反冲洗系统及电气控制等组成[1]。《环境保护产品技术要求　膜生物反应器》（HJ 2527—2012）对膜生物反应器中的各个组成部件进行了详细规定。膜生物反应器常用的膜类型包括微滤膜和超滤膜。根据膜组器或膜组件是否与微生物的降解反应设置在同一个反应器中，膜生物反应器可分为浸没式膜生物反应器和分置式膜生物反应器两种类型。此外，根据与膜分离系统相结合的生物处理系统的类型，膜生物反应器又可分为好氧膜生物反应器和厌氧膜生物反应器。

膜生物反应器在污水处理领域具有广阔的应用前景，既可用于小规模污水处理与回用设备，也可用作大型污水处理厂的核心处理单元。膜生物反应器的固液分离效果显著优于传统活性污泥法中的二次沉淀池，能够有效代替活性污泥废水处理系统对废水进行二级生物处理，并实现污泥和产水的有效分离，由膜生物反应器构成的废水处理工艺更加简洁和高效。此外，膜生物反应器也能够对二级生物处理后的出水进行深度处理，进

一步提高出水水质，如图 3-1 所示。

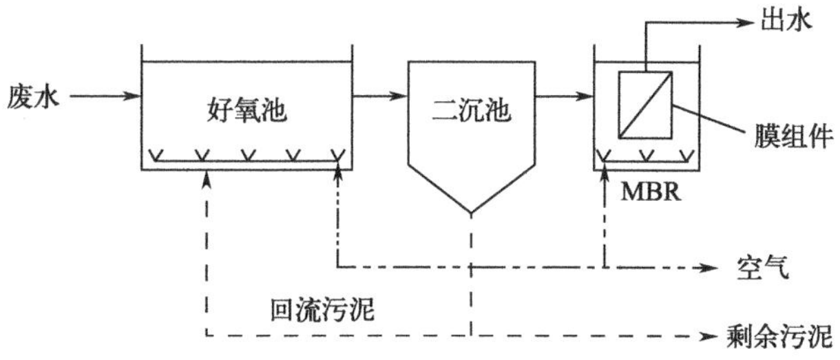

图 3-1 膜生物反应器作为传统活性污泥工艺出水的深度处理工艺流程示意

3.1.1.2 膜生物反应器的技术特点

膜生物反应器是目前最有前途的废水生物处理新技术之一，与传统好氧生物处理技术相比，其在兼具活性污泥技术优势的同时，又能极大程度地弥补传统好氧生物处理技术的出水浊度高、剩余污泥产量高等不足之处。膜生物反应器技术具有生化效率高、出水水质稳定质优、结构紧凑、占地面积小以及易实现自动控制等优点[2]。

(1) 污泥浓度高，出水稳定质优

在传统活性污泥法中，当生物处理达到一定程度后进一步提高系统的有机物去除效率变得困难，即使是延长水力停留时间，对总有机碳去除效率的提升也有限。而且污泥沉降特性影响二沉池的泥水分离效果。相比之下，膜生物反应器采用微滤膜或超滤膜进行过滤，其固液分离效果远超传统活性污泥法的二沉池，能够有效截留混合液中的悬浮物、胶体物质和微生物菌群等[3]。因此，在污水处理厂的升级改建中，膜生物反应器可以替代二沉池，有效分离污泥和产水，持续获得更优质的出水水质。膜生物反应器对浊度的去除效率可高达 99.3%[4]，出水浊度可低至 0.5NTU[5]。膜生物反应器也可以建在二沉池之后作为活性污泥工艺出水的深度处理。通过膜的高效截留作用，膜生物反应器能够有效截留大分子有机物和活性污泥，确保出水水质得到显著改善，这对于城市污水处理厂提标改造尤为重要。经膜生物反应器处理后的出水可以达到更高的排放标准，可以排放至水体，也可作为非饮用水源用于城市灌溉，甚至饮用水再利用。

通过膜分离技术可以物理保留生物反应器中的几乎所有悬浮固体，使膜生物反应器内能够维持较高的微生物浓度，从而提升了生化反应速率，并减少了剩余污泥的产量。膜生物反应器中的活性污泥浓度可高达 40g/L，而传统活性污泥法为维持污泥良好的沉降性能，曝气池中的活性污泥浓度一般控制在 3～6g/L。膜生物反应器的高污泥浓度不仅提高了微生物对污染物的整体去除效率，保证了良好的出水水质，而且有效降低了剩余污泥的产量，减少了污泥的处置费用。

膜生物反应器对进水水质与水量的各种变化具有很好的适应性，能够稳定运行。首先，膜对污染物的有效截留作用可以将许多难以降解或者降解所需时间较长的大分子物质截留在生物反应器中，延长其与微生物的接触时间，从而提高有机污染物等的降解效率。其次，膜的孔径较小（膜孔径为0.01～0.4μm），几乎可以将微生物完全截留在反应器内，通过延长污泥停留时间，使得微生物能够长时间地停留在生物反应器内，有利于微生物进行污染物的降解；并且，可以通过提高某些特殊菌群的数量来提高对特定污染物的去除效率。例如，膜生物反应器可以通过膜截留增加生长缓慢的硝化细菌的数量，对废水中氨态氮的去除效率可达到90%以上[6]。再次，膜生物反应器通常采用微滤或超滤技术，可以有效滤除细菌、病毒等有害物质，对大肠埃希菌的去除起到了决定性作用[7]，显著节省加药消毒带来的长期运行费用，并且还能避免消毒剂残留的问题[8, 9]。经过膜生物反应器处理后的出水水质良好且稳定，悬浮物和浊度非常低，属于可回收水资源。

当膜生物反应器处理后的出水达到再回用水的使用标准时，可以直接用作工业、农业和市政回用水，在工业废水处理过程中增加膜生物反应器处理环节能大幅减少总用水量。膜生物反应器技术也为缺水地区的水资源重复利用提供了可靠的新方法。此外，使用微滤膜和超滤膜的膜生物反应器的产水可以直接作为反渗透工艺的进水，通过进一步的净化处理，生产出纯度极高的水。

(2) 结构紧凑，占地面积小

通过膜分离技术与生物处理技术相结合，膜生物反应器内能维持高浓度的微生物，具有高容积负荷的处理能力。这种工艺不仅降低了反应器体积，还容易实现小型化设计。与传统好氧生物处理工艺相比，膜生物反应器的工艺具有流程简单、结构紧凑的优点，可显著减少占地面积，特别适合那些土地资源比较紧张的城市，在很大程度上节省了土建投资。特别是浸没式膜生物反应器在节省空间和占地面积方面的优势尤为突出，因为它可以在单独的一个反应器内同时实现污染物的生物降解和泥水分离，省去了传统活性污泥法中的二沉池或其他用于污泥沉淀的设施或构筑物，使得整个系统更加简单且易于操作。由于省去了二沉池，系统整体占地面积进一步缩小。

(3) 自动化控制程度高，易与其他工艺结合

膜生物反应器的各个系统，包括进水系统、生物处理和污泥排放系统、膜分离系统、水力反冲洗系统和曝气系统等，均可设计成自动化控制，实现远程监测与控制膜生物反应器的目的，从而使日常操作管理更为便捷，操作人员的安全得到最大程度的保障。

膜生物反应器的自动化控制管理能够最大限度地保证污水处理系统的稳定运行。例如，在膜池内通过设置液位计，能够及时监测混合液的液位高度，而且还可以通过设置液位开关对该液位高度进行控制，既能保证反应器内达到一定的废水量，又能防止废水从膜生物反应器中溢出。当液位升高到设计值时，上位机会发出报警信号，并自动开启泵的液位抽吸模式[10]。为了有效控制膜的透水性，每个膜过滤系统都会配置压力变送器，同步监控膜系统运行期间的压力变化。通过监测跨膜压差的变化情况和升高速率，可以判断出膜污染程度，有助于及时调整膜运行和膜清洗参数。为了确保对膜生物反应

器系统进行准确控制，尽可能消除人为因素对设备运行的影响，泵的开启和停止、产水过滤系统和膜的反冲洗系统的切换都进行自动化控制。

膜生物反应器可以与多种废水处理工艺灵活结合，高效去除有机物、氮、磷等污染物，以适应不同类型废水的处理与回用要求，拓展膜生物反应器的应用范围，有效消减排入环境水体的污染物总量，有着显著的经济和社会效应。例如，膜生物反应器通过与厌氧-缺氧-好氧工艺结合，构建厌氧-缺氧-好氧-膜生物反应器工艺，可以实现废水的同步除碳、脱氮和除磷的目标[11]。膜生物反应器还可以与反渗透结合形成双膜法工艺处理印染废水，该系统对化学需氧量的去除效率达到99%以上，反渗透工艺的产水达到印染回用水的要求[12]。在某再生水厂改扩建工程项目中，将膜生物反应器与臭氧和活性炭技术组合形成“膜生物反应器-臭氧氧化-活性炭吸附-消毒”工艺，用于城镇再生水厂，进水为城市生活污水及少量制药企业的工业废水，该工艺对总氮的去除效率可达到93.6%，可为周边区域提供高品质再生水[13]。

3.1.1.3　膜生物反应器面临的挑战

膜生物反应器以其优越的处理性能在工程应用中取得了显著成就，但其应用也面临一些挑战。

① 膜和膜组件的造价高，使得膜生物反应器的基础建设投资较高。

② 由于膜对污水中的悬浮固体、胶体、大分子物质及难生物降解物质等的高效分离作用，膜生物反应器在运行过程中容易出现膜污染问题，这不仅增加了操作管理的复杂性，还因膜清洗和膜污染控制等导致了较高的运行费用和维护成本。

③ 为了维持高浓度的混合液悬浮固体，满足微生物好氧降解有机物所需的高溶解氧浓度，以及曝气冲刷膜表面减少膜污染的需求，膜生物反应器的供氧成本较高，鼓风机、过滤泵和反洗泵等设备运转的能源消耗也较大。膜生物反应器运行的电费占运行成本的80%以上[14]。

尽管如此，随着技术的进步和规模化应用，膜生物反应器的基建和运行成本有望进一步降低；随着新型高效的膜材料和技术的发展，未来膜生物反应器系统的整体性能和经济性将得到有效提升，推动膜生物反应器技术在环境工程领域广泛应用。

3.1.2　分置式膜生物反应器

3.1.2.1　分置式膜生物反应器的定义及工艺流程

分置式膜生物反应器（side-stream membrane bioreactor，SSMBR）是指将膜组器和生物反应池分开设置，生物反应池内的活性污泥混合液泵入膜组器进行固液分离的设备或系统[15]。如图3-2所示，分置式膜生物反应器的膜组件/膜组器和生物反应器是两个相对独立的单元，废水首先进入生物反应器中，有机物等污染物与微生物充分接触而被降解，循环泵将生物反应器中的混合液送入外置的膜组器进行错流过滤。混合液中的水及小于膜孔径的物质在压力作用下透过膜成为产水。产水排放或再进行深度处理。混合液中的活性污泥、胶体等物质被膜截留。混合液因截留物质浓度升高形成浓缩液。浓缩液回流到生物反应池，补充损失的活性污泥，继续进行有机物的生物降解。

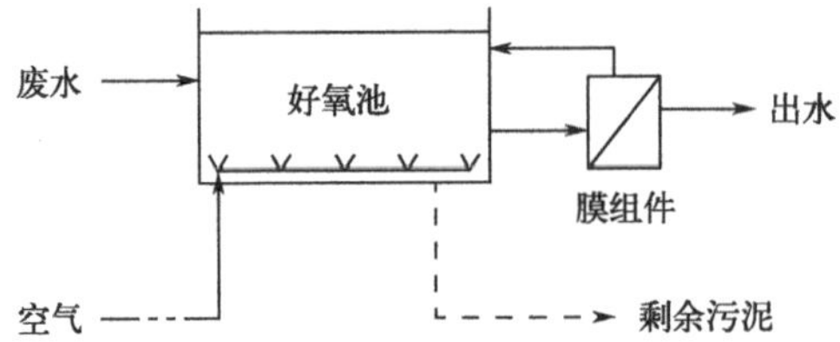

图 3-2 分置式膜生物反应器流程示意

3.1.2.2 分置式膜生物反应器的工艺特点

分置式膜生物反应器由于膜组件与生物反应器分开设置，两者的运行环境相对独立，操作管理也较为简单，可以对膜过滤条件和生物反应条件分别进行调节控制，形成不同的工艺以满足不同污染物去除的需求，整体的运行效率较高。分置式膜生物反应器通常具有较高的膜通量，运行的稳定性较高，适宜在大型污水处理厂和已建污水处理厂的改扩建中应用，改建成本较低。

分置式膜生物反应器的膜组件置于生物反应器外，可以在不影响生物反应的情况下对膜进行清洗、更换，即使对膜进行在线清洗也不会对反应器中的微生物造成影响，运行维护成本较低。由于需要用循环泵将混合液以较高的流速送入膜组件，通过在膜表面形成较高的错流冲刷力以减少膜污染，因此泵运转所需的能耗和产水能耗相对较高。分置式膜生物反应器的操作费用高于浸没式膜生物反应器。而且泵通过高速旋转产生的剪切力还可能破坏活性污泥的结构，减弱微生物菌体的活性，反而会增加膜污染。

在采用好氧分置式膜生物反应器处理城市污水时，由于曝气只需要为生物反应器中的微生物提供氧气，因此曝气量较低，曝气能耗在总能耗中的占比低于浸没式膜生物反应器。

3.1.2.3 分置式膜生物反应器的应用

分置式膜生物反应器适用于处理城市生活污水和工业废水。采用中试规模的缺氧-好氧分置式膜生物反应器处理回用城市污水的实验结果表明，该系统对化学需氧量、氨态氮的去除效率分别达到 90%和 95%以上，出水化学需氧量、氨态氮和浊度分别<20mg/L、1mg/L 和 0.1NTU，处理后的出水水质完全符合城市污水再生利用、城市杂用水和城市污水再生利用景观环境用水水质标准[16]。分置式膜生物反应器还可以与其他处理工艺组合成系统，处理某些用常规生物处理方法难以处理的特殊废水。例如，利用“厌氧序批式反应器-分置式膜生物反应器-反渗透”工艺处理印染废水时，处理后的出水各项水质指标均达到回用要求，而且反渗透工段产生的浓水经过芬顿法氧化后也可以达标排放[17]。

3.1.3 浸没式膜生物反应器

3.1.3.1 浸没式膜生物反应器的定义及工艺流程

浸没式膜生物反应器（submerged membrane bioreactor，SMBR）是一种将膜组器浸入生物反应池中形成的废水生物处理设备或系统[15]。在这个系统中，污染物的生物降解和固液分离同时在同一个反应池内进行。浸没式膜生物反应器分为一体浸没式和分区浸没式两种类型。如图 3-3（a）所示，一体浸没式膜生物反应器是将膜组件/膜组器直接置于曝气生物反应池中；而分区浸没式膜生物反应器则是通过隔板将生物反应器分隔成多个区域，将膜组件/膜组器置于最后一个生物反应区域内［图 3-3（b）］，通过单独控制每个区域的溶解氧浓度和其他操作参数，可实现同步除碳脱氮的目的[18]。

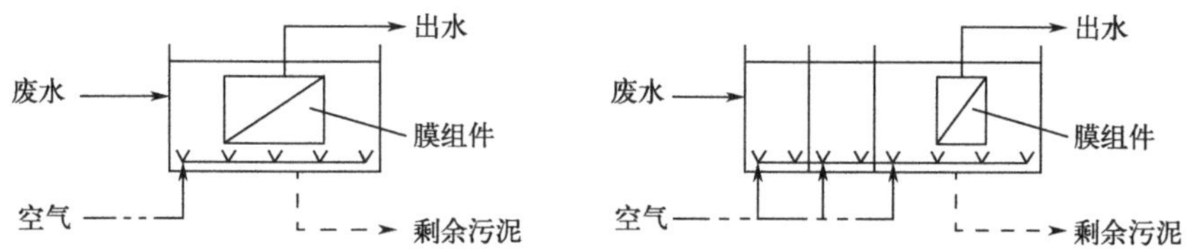

(a)一体浸没式膜生物反应器　　(b)分区浸没式膜生物反应器

图 3-3 浸没式膜生物反应器工艺流程示意

浸没式膜生物反应器通常由进水系统、生物反应系统、膜过滤系统、反冲洗系统、鼓风曝气系统及加药系统等部分组成。浸没式膜生物反应器一般采用全时曝气和间歇过滤的运行模式，其出水水质主要取决于所使用的工艺和膜性能。

浸没式膜生物反应器进行废水处理时，废水经过预处理后，通过进水系统进入浸没式膜生物反应器，大部分有机污染物被活性污泥降解去除。设置在出水管路上的抽吸泵通过负压驱动的方式对反应器内的活性污泥混合液进行固液分离。悬浮固体和胶体等物质被膜截留在膜表面形成滤饼层，而水及小于膜孔径的物质则通过膜孔成为产水，部分物质对膜孔造成堵塞。产水可以送至清水池排放或回用，也可以用作反冲洗水对污染膜进行清洗。

浸没式膜生物反应器的膜过滤系统由膜组器、出水管路和抽吸泵组成。膜组器通常采用中空纤维膜和平板膜，膜孔径范围应在 0.01～0.4μm 之间[15]。在膜进行过滤的过程中，污泥和大分子有机物等可能会导致膜孔堵塞污染和滤饼污染，从而降低膜过滤效率和出水水质，因此需要对膜进行周期性的反冲洗来减少膜孔堵塞污染。膜过滤一段时间后，抽吸泵停止工作，反冲洗系统启动，反冲洗泵以一定的压力将清洁水或过滤产水从膜出水侧注入膜组件。反冲洗水通过膜孔时将附着在膜孔内的污染物去除，恢复缩小的膜孔通道，延长膜过滤周期。为了提高膜的反冲洗效率，水力反冲洗压力通常高于膜过滤压力。此外，也可在反冲洗水中加入适当浓度的化学清洗剂，对膜进行在线化学清洗，提高膜污染的去除效率。

浸没式膜生物反应器中的曝气系统由曝气管和鼓风机组成。曝气管安装在膜组器的底部，鼓风机通过曝气管将空气输送至反应器内部。空气通过曝气管产生大量气泡，这些气泡为膜生物反应器内的微生物降解有机物提供了充足的溶解氧，而且还在膜表面形成气-液冲刷两相流，减少悬浮固体和胶体等物质在膜表面的沉积，从而有效减轻膜表面的滤饼污染。

在浸没式膜生物反应器的运行过程中，为了维持系统的稳定运行，保证污泥的活性，避免污泥浓度过高，需要定期将剩余污泥通过污泥排放系统排出反应器。

3.1.3.2 浸没式膜生物反应器的工艺特点

浸没式膜生物反应器的结构较分置式膜生物反应器更为紧凑，是废水处理领域中应用最广的一种膜生物反应器。在浸没式膜生物反应器中，污染物的好氧生物降解与固液分离在同一个反应池内同时进行，实现了高效的固液分离和稳定的出水水质。浸没式膜生物反应器能够将水力停留时间和污泥停留时间完全分离，在操作上具有很高的灵活性。

由于微生物能被膜完全截留，膜生物反应器内活性污泥浓度较高，其适合处理高浓度工业废水和难降解有机废水等。膜生物反应器的水力停留时间从几小时到十几小时不等[19]，污泥停留时间可以从几天到几百天不等[18, 20, 21]。通过分别控制污泥停留时间和水力停留时间，可以有效调节反应器中的污泥浓度和污染物去除效率，提高系统的抗冲击负荷能力和出水水质。浸没式膜生物反应器利用负压抽吸的方式出水，省去了混合液循环系统，因此显著降低了能耗。而且，浸没式膜生物反应器通常采用低负压过滤，操作压力明显低于分置式膜生物反应器，具有明显的低成本高效益优势。

在浸没式膜生物反应器中，曝气不仅为微生物生长和处理污染物提供氧气，还通过冲刷膜表面，防止微生物在膜表面聚集从而控制膜的滤饼污染[22]。因此，浸没式膜生物反应器在运行过程中，曝气所需能耗要高于分置式膜生物反应器的曝气能耗。然而，在浸没式膜生物反应器中，并不是曝气强度越高，污染物去除效果就越好。过度曝气不仅会增加能耗，而且可能会因为破坏微生物结构而导致膜污染变得更加严重。因此，浸没式膜生物反应器在实际运行过程中，需要适当控制曝气强度，使得污染物去除效率、能耗和膜污染控制等方面的综合效果达到最佳。

浸没式膜生物反应器通常采用间歇过滤、连续曝气的运行模式，通过周期性地停止过滤，在气-液两相流的作用下将沉积在膜表面上的污泥剥离，恢复膜部分过滤性能。具体操作时，过滤运行期和暂停期的时长可以根据实际情况进行调整。通常，为保证出水水量，过滤运行期较长，而过滤暂停期较短。

3.1.3.3 浸没式膜生物反应器的应用

采用一体化浸没式陶瓷膜生物反应器处理生活污水，在不同氨氮负载率下，化学需氧量、总氮、氨态氮的平均去除效率分别达到 94.97%、61.69%和 71.61%[23]。另一项采用浸没式平板膜生物反应器处理某城市工业区污水的研究实验表明，该膜生物反应器系统在 8L/(m^2·h) 恒定膜通量下运行的 60 多天内，对各种污染物有稳定的去除效率。该系统能够去除 80%的化学需氧量、95%的五日生化需氧量、90%的氨态氮和 98%的浊度[24]。中试规模的浸没式超滤平板膜生物反应器处理洗衣纺织废水的性能测试结果指出，在吸入压力为 2.5×10^4Pa 和混合液悬浮固体浓度为 12g/L 的操作条件下，当废水化学需氧量为 800～3500mg/L 时，膜生物反应器对化学需氧量的去除效率约为 90%[25]。

浸没式膜生物反应器与其他工艺组合能更有效地去除污染物。例如，由实验室规模的“好氧预处理池-膨胀颗粒污泥床生物反应器-好氧浸没式超滤膜单元”系统处理家禽屠宰场废水，取得优异的处理效果。该系统的化学需氧量去除效率达到 98%，油脂去除效率为 97%，总悬浮固体去除效率为 99%，处理后的家禽屠宰场废水的化学需氧量、油脂和总悬浮固体的含量分别降低至 101mg/L、8mg/L 和 7mg/L，该系统处理后的出水与当地内陆地表水的水质相当，可直接排放[26]。由于与颗粒污泥技术进行了结合，该系统有效控制了膜污染。

3.1.4　复合式膜生物反应器

3.1.4.1　复合式膜生物反应器的定义及组成

复合式膜生物反应器（hybrid membrane bioreactor，HMBR）是一种结合了常规膜生物反应器与生物膜技术的高效污水生物处理设备或系统。近年来，复合式膜生物反应器因其优异的污染物去除性能和膜污染控制能力而受到广泛关注。

复合式膜生物反应器由填料区和膜区两部分组成。在填料区通常放置比表面积较大的软性或半软性多孔悬浮填料[27,28]、轻质陶粒[29]等填料。这些填料为微生物提供了附着生长的表面，微生物在填料表面形成生物膜。这些生物膜的存在使得复合式膜生物反应器能够同时利用附着生长和悬浮生长的微生物进行生化反应，从而提高了系统的抗冲击负荷和处理效率。在复合式膜生物反应器的膜区，通过膜组器进行固液分离。在填料区和膜区的下方同时配有曝气装置以提供充足的氧气，促进生物膜的形成和微生物的氧化作用，并且通过促进空气剪切作用减少污泥在膜表面的附着，降低膜污染，使膜清洗变得更加容易[30]。

3.1.4.2　复合式膜生物反应器的工艺特点

(1) 污染物去除性能优异

复合式膜生物反应器内的悬浮填料或载体为微生物的固定和增殖提供了适合的环境，因此该反应器内拥有更加丰富的微生物种类以及数量更多的微生物群落。复合式膜生物反应器内微生物的生态结构复杂，使其具备了更高的污染物去除效率和抗冲击负荷能力，能够保持长期稳定运行，在除碳、脱氮与除磷方面表现出色[31]。采用复合式膜生物反应器和传统膜生物反应器同时对家庭灰水进行再生处理时，这两种反应器对化学需氧量和生化需氧量有相近的去除效率，而复合式膜生物反应器对总氮、凯氏氮和氨的平均去除效率均优于传统膜生物反应器[32]。复合式膜生物反应器在处理苯酚含量1000mg/L的合成废水时，在13h水力停留时间条件下，聚氨酯载体上的固定化活性污泥对苯酚去除效率为99%，而传统膜生物反应器对苯酚的去除效率仅为复合式膜生物反应器的71.3%[33]。

在复合式膜生物反应器中同时存在悬浮式微生物和附着式微生物。微生物在填料上形成稳定和丰富的微生物群落。填料载体上形成的生物膜是从外到内依次由好氧型、兼性厌氧型和厌氧型微生物构成的多层结构，通过这些不同类型微生物的协同作用，复合式膜生物反应器系统不仅能有效去除有机物，而且还同时具有脱氮除磷的功能[34]。研究显示，用中试规模的复合式膜生物反应器进行城市污水处理时，对氨态氮、总氮和总磷的去除效率分别比常规的膜生物反应器提高了4.2%、13.7%和1.7%[35]。研究指出，在复合式膜生物反应器中能够有效实现同步硝化和反硝化反应，显著提高生物脱氮效率。

(2) 膜污染控制能力强

复合式膜生物反应器具有良好的膜污染控制能力，能够保持长期稳定的运行[36]。研究显示，复合式膜生物反应器对膜污染的控制比传统浸没式膜生物反应器更加有效。在运行条件相同的情况下，传统浸没式膜生物反应器运行35h后跨膜压差达到30kPa；而复合式膜生物反应器在运行89h后达到相同的跨膜压差，跨膜压差的平均上升速率为0.33kPa/h，仅为传统浸没式膜生物反应器的37.5%[28]。另一项研究指出，复合式膜生物反应器在10L/(m^2·h)的恒定膜通量下持续运行时间为92d，跨膜压差达到规定的最大值，而常规膜生物反应器在运行57～65d后就达到相同的跨膜压差规定值[35]。

复合式膜生物反应器对膜污染的控制主要是通过优化污泥特性和降低胞外聚合物含量实现的。复合式膜生物反应器实质上是一种将传统膜生物反应器与生物膜法有机结合的高效污水处理工艺。经过一段时间的运行，会在填料表面附着一层厚达1～3mm的污泥层[27,37]，降低反应器中悬浮态污泥及其他溶解性有机物的含量，有效减轻这些物质造成的膜污染，保证较高的膜通量和出水水质。由于污泥主要以附着态存在，复合式膜生物反应器能够在反应器内保持较高的总污泥浓度，提高污染物去除效率，而在膜区内保持很低的悬浮污泥浓度，有效缓解污泥在膜表面的沉积，有效控制膜污染。

一项采用复合式膜生物反应器处理城市生活污水的研究指出，反应器中的附着型胞外聚合物、松散附着型胞外聚合物和紧密附着型胞外聚合物的浓度比常规浸没式膜生物反应器分别降低了10.0%、43.6%和2.1%[38]。由于松散附着型胞外聚合物对滤饼层污泥比阻的影响程度更深，随着反应器中附着型胞外聚合物特别是松散附着型胞外聚合物浓度的降低，复合式膜生物反应器的膜污染控制性能增强，反应器中膜表面的滤饼阻力明显低于常规膜生物反应器的滤饼阻力。

此外，复合式膜生物反应器内的软性载体在曝气条件下在局部范围内不断扰动，强化了混合液在膜表面的扰动，不利于悬浮污泥在膜表面的沉积，因此缓解了滤饼层的形成，提高了膜的过滤性能[28]。

3.1.4.3 复合式膜生物反应器的应用

由于复合式膜生物反应器具有较高的处理效率和较长的膜组件运行周期，它在污水处理与回用领域具有广阔的应用前景，已经在多个行业的废水处理与回用中成功应用。例如，采用"格栅→调节池→复合式膜生物反应器→加氯槽→中水池"工艺流程处理洗浴中心废水，水力停留时间为6h时，化学需氧量的去除效率为70%～80%，生化需氧量的平均去除效率达到97.8%，色度、浊度悬浮物和氨态氮的去除效率均在90%以上[39]。该系统处理后的出水中的化学需氧量浓度为10～40mg/L，五日生化需氧量为2～3mg/L。陈荣等[40]研发的复合式膜生物反应器装置在住宅小区污水处理与再生利用工程中得到了推广应用，该装置处理后的出水水质高，达到了再利用水质的要求。

3.1.5 膜生物反应器的发展

3.1.5.1 膜生物反应器的发展历程

传统活性污泥技术自发明和应用以来，在处理工业废水和生活污水、降低污染物排放量方面起到了积极有效的作用，在保护水环境方面做出了巨大的贡献。然而，好氧生物处理过程中进行的曝气对能耗的要求、大量剩余污泥的产生以及温室气体（如二氧化碳）的排放等，也对环境产生了影响，而且好氧处理的维护成本也比较高昂，这些问题一直激励着研究者寻找能够在生产高质量出水的同时，具有较低环境影响的更高效的废水处理方法。

20世纪60年代，美国科学家首次提出了膜生物反应器这个概念。1967年，美国的Dorr-Oliver公司第一个采用商用膜生物反应器进行废水处理。该膜生物反应器将传统活性污泥法工艺与一个外部循环的错流超滤膜过滤工艺结合用于处理船舶污水，获得了极佳的处理效果。该工艺使用聚合物板框式超滤膜，膜孔径范围为0.003～0.01μm，尽管膜的平均渗透通量不到0.1L/(m^2·h·kPa)，但该工艺成功地确立了膜与好氧活性污泥法耦合的原则，并在保留高微生物浓度的同时生产出高水质的产水[41,42]。

1969年，Budd等设计的分置式膜生物反应器技术获得了美国专利，标志着膜生物反应器技术正式用于水处理。20世纪70年代初期，膜生物反应器开始了小规模的研究与应用，实验室规模与中试规模的好氧分置式膜生物反应器在处理城市污水的研究中均取得了较好的结果。

20世纪80年代起，膜生物反应器进入大力研发阶段。20世纪80年代末，Yamamoto等[22]首次提出将浸没式膜生物反应器工艺引入生物处理系统。该工艺将膜孔径0.1μm的中空纤维膜组件置于活性污泥池内部进行废水处理，并且取消了侧流循环泵。浸没式膜生物反应器工艺的出现使废水处理装置变得更加紧凑。该工艺在13kPa的低压条件下，采用间歇抽吸模式稳定运行120d。在运行期间，化学需氧量的去除效率>95%。该装置通过采用适度的膜通量及两相流来控制膜污染，平均耗能从早期的5kW·h/m^3

降至 2kW·h/m^3。随着新型膜材料的出现，膜成本的稳步下降，膜生物反应器进入了实际应用阶段。

20 世纪 90 年代，开发出了浸没式一体化膜生物反应器。随着对膜生物反应器运行条件优化措施与膜污染机理的深入研究，膜生物反应器的运行能耗进一步降低，膜生物反应器技术开始进入大规模应用阶段，用于生活污水和工业废水等的处理。从 20 世纪 90 年代中期开始，膜生物反应器技术在浸没式膜组件的基础上又取得了非常大的进步，膜生物反应器的结构设计、运行方式和条件得到了进一步改进，膜生物反应器的运行和维护变得更加简便。这些成果促进了膜生物反应器的进一步发展，其运行规模也进一步扩大。

进入 21 世纪以来，随着膜技术水平的提高、膜及膜组件价格的大幅降低以及各国对污水处理排放标准的提高，膜生物反应器技术得到快速发展，多种类型的新型膜生物反应器被研发出来，以满足不同的处理要求[42]。城市污水处理厂开始采用膜生物反应器工艺进行生活污水的处理和回用，膜生物反应器在实际工程中的应用规模也显著扩大。

我国在 20 世纪 90 年代初期，开始了膜生物反应器的研究与开发工作。在 20 世纪 90 年代，主要对分置式和浸没式膜生物反应器进行实验室和中试规模的研究。主要研究这两类反应器对多种类型废水（如生活污水、工业废水、食品废水等）的处理效果，同时对膜生物反应器系统的稳定性、操作条件的优化、影响膜通量的因素以及膜污染控制与膜清洗方法等多个方面进行了大量的研究工作[43-46]。

进入 21 世纪以来，我国的膜生物反应器进入设备研发与工艺应用推广及实施阶段。在此期间，国内学者的研究重点集中于膜生物反应器运行参数对膜污染的影响，特别是水力停留时间、污泥停留时间以及水力反冲洗周期等。2000 年年初，一体式生物反应器工程装置在北京市海淀乡医院建成并投入使用，用于处理医院废水，该装置采用聚乙烯中空纤维微滤膜组件。在整个运行过程中，该装置的出水的化学需氧量和氨氮的浓度始终分别稳定在 25mg/L 以下和 2mg/L 以下，该装置对化学需氧量、氨氮和浊度的平均去除效率分别达到 80%、93%和 83%，对大肠埃希菌群的截留率达到 98%以上[7]。

我国的膜生物反应器工程项目在 2003 年前，主要是每日废水处理规模为百吨级别的中小型项目，这些项目多数用于生活小区污水及化工废水的处理。2003 年之后，膜生物反应器工程项目的每日废水处理规模达到千吨左右。例如，天津医科大学总医院废水处理站的扩建工程的废水处理能力为 1000m^3/d，该工程采用浸没式膜生物反应器-次氯酸钠消毒工艺，处理后的出水符合《污水综合排放标准》（GB 8978—1996）二级标准[47]。之后，每日处理废水量达到万吨级以上的大型膜生物反应器工程项目也开始建设并用于工业废水及市政污水的处理，建成了多个大型膜生物反应器商用项目。例如，湖北武汉北湖污水处理厂项目采用双模式的改良厌氧-缺氧-好氧-深度处理工艺和高浓度厌氧-缺氧-好氧-膜生物反应器工艺，是国内一次性建成规模最大的污水处理厂项目，该项目的设计废水处理能力为 8.0×10^5 t/d[48]。

随着污水排放标准和再利用要求的不断提高，膜生物反应器在废水处理领域显示出良好的发展前景，未来的应用范围和处理规模也将越来越广。而且膜生物反应器占地面积小这一优势对缺乏足够可用土地建设常规城市污水处理厂的地区来讲，尤其具有吸引力。

我国在膜生物反应器的研究和应用领域取得了丰硕的成果。基于知网数据库，以“膜生物反应器（MBR）”“膜生物反应器法”“膜生物反应器技术”“膜生物反应器工艺”及“膜生物反应器系统”为主题进行检索，检索结果显示，在 2000～2024 年期间，发表与膜生物反应器相关的研究论文共计 2800 篇。基于 Science Direct 数据库，以“membrane bioreactor”为主题共检索到中国学者在 2000～2024 年期间发表的 SCI 学术论文 2035 篇，如图 3-4 所示。根据检索结果，膜生物反应器的研究主要专注于传统膜生物反应器和新型膜生物反应器（如厌氧膜生物反应器、动态膜生物反应器）的膜污染、膜污染机理、膜清洗、膜通量、污染物去除等领域，这些研究成果在膜生物反应器设计和运行中起到了积极的作用。

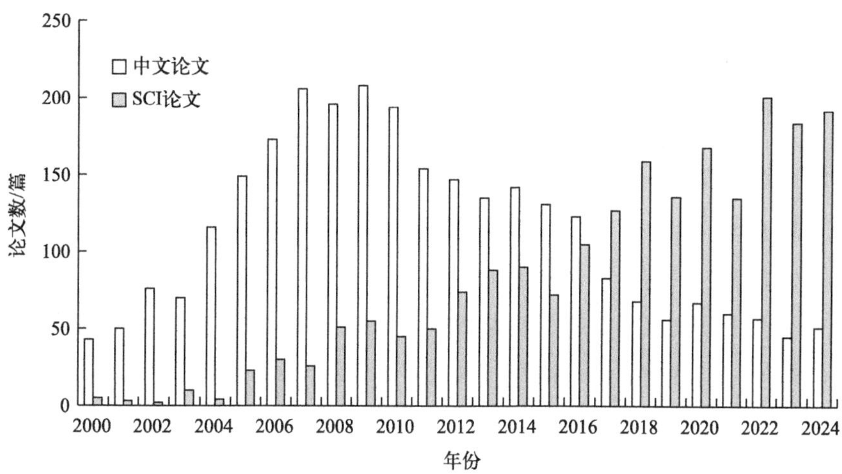

图 3-4　基于知网数据库和 Science Direct 数据库，中国学者在 2000～2024 年期间发表的膜生物反应器相关领域的研究成果

同样地，基于知网数据库进行检索，在 2000～2024 年期间，专利名称中包含“膜生物反应器”的实用新型专利有 3227 项，授权发明专利有 1427 项，如图 3-5 所示。这些专利涉及的反应器类型包括膜生物反应器、动态膜生物反应器、厌氧膜生物反应器、平板膜生物反应器等，涉及的工艺包括硝化、反硝化、脱氮和脱氮除磷等。这些专利的授权促进了膜生物反应器技术在实际废水处理及资源化工程中的成功应用。

随着膜生物反应器技术成熟度的提高，其应用规模和应用范围也越来越广。为了对膜生物反应器的工程设计、施工、设备制造和运营等进行规范管理，颁布了一系列和膜生物反应器及其工艺相关的国家和行业标准。这些国家和行业标准的颁布与实施，不仅规范了膜生物反应器的应用，而且还推动了膜技术的创新，促进了膜产业的发展。这些

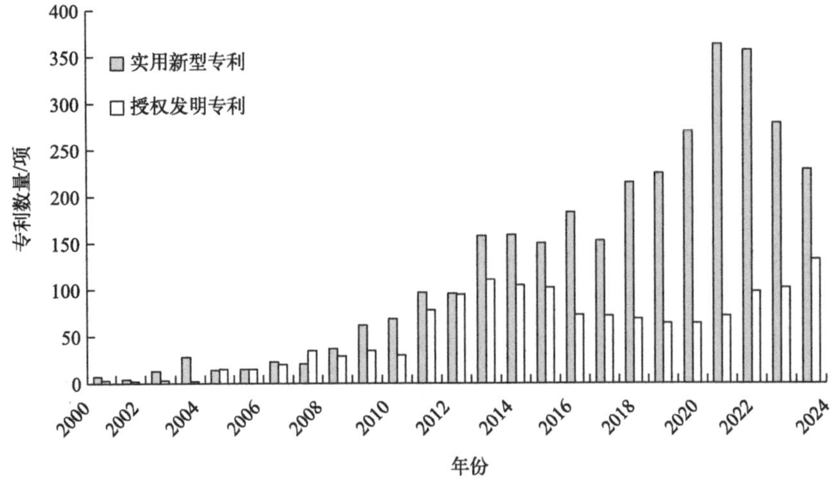

图 3-5 基于知网数据库，以专利名称中包含“膜生物反应器”进行检索，2000～2024 年期间的授权发明专利和实用新型专利

标准的引导和规范，提高了整个膜生物反应器行业在废水处理领域的竞争力和影响力。

3.1.5.2 膜生物反应器的发展趋势

(1) 膜组件和膜组器的标准化

作为一种有效的废水处理新技术，膜生物反应器经过了快速发展，各方面的经验和技术已经非常成熟。然而，各种膜生物反应器及其相关产品具有各自独特的结构和特点，膜组件和膜组器这些膜生物反应器的核心部件还无法在不同工程中完全实现无障碍互换，导致使用时出现一定的局限性。因此，开发可互换的膜组件及制定标准化参数显得尤为重要。通过这种方式，我们能更好地推动膜技术的广泛应用，并为水资源环境保护提供更高效的解决方案。

(2) 膜生物反应器技术的创新与优化

随着对水资源再利用的需求越来越高，以及对水质要求越来越严格，低能耗、低成本和高处理效率成为未来废水处理技术的发展趋势。开发先进节能的废水处理工艺显得更加重要。研究者提出了多种膜生物反应器与其他技术相组合的工艺，通过技术上的深度融合显著提升膜生物反应器的性能和效率。例如，基于微生物燃料电池耦合膜生物反应器技术形成的生物电化学辅助膜生物反应器技术能有效降低膜污染速率并提高出水水质，在降低能耗和提升污染物去除效率方面具有良好的应用前景[49]。通过新型膜蒸馏-热微生物反应器系统，可以实现对痕量有机物的高效去除[50]。好氧颗粒膜生物反应器结合了好氧颗粒污泥和膜生物反应器技术的多项优势，是一种非常有前途的混合工艺。颗粒污泥可以减少膜污染，而膜将颗粒污泥与处理后的水分离，确保生产适合再利用的高质量产水[51]。将高截留性膜（如纳滤膜）与酶生物反应器相结合的新工艺用于微污染物去除，利用纳滤膜有效地保留酶［如laccase（漆酶）］和微污染物，从而在不需要连续投加酶的情况下，在纳滤-酶膜生物反应器内持续降解微污染物[52]。

膜生物反应器还可以与电场耦合形成新型的电场应用膜生物反应器。通过在膜生物反应器中施加低压和低强度电场，可以防止污泥絮体和胞外聚合物等污染物在膜上的沉积和吸附，从而抑制膜污染[53]。施加的电场还可以减少污泥胞外聚合物的产量，从而延长膜的过滤周期。研究发现，在膜生物反应器中以间歇的方式施加垂直电场，在膜通量急剧下降时，利用电场产生的排斥力可显著提高从膜表面上去除活性污泥的能力，从而提高膜的平均渗透通量[54]。使用外加电场产生的过氧化氢可以在一定程度上通过氧化改变胞外聚合物的成分和含量，提高膜的抗污染性能。胞外聚合物中带正电荷的基团和带负电荷的基团会随着电压的升高而分别减少和增加，导致zeta电位的绝对值增大，显著增强污泥与膜间的静电斥力[55]。

此外，适当地施加电压还可以增强微生物的活性，提高有机污染物的降解率。通过优化膜组件和电极配置，能有效减少膜污染和能耗。例如，将不锈钢网状阴极置于平板膜组件内部，将不锈钢网状阳极置于组件外部，构建了一种新型的电场-膜生物反应器耦合形成的反应器，这种反应器运行时，能提高对含苯酚、吡啶和喹啉的焦化废水的处理性能，并减少膜污染[56]。应用生物炭辅助电场膜生物反应器能显著提高苯酚的降解效率，同时也能明显减轻膜污染[57]。

通过技术创新和优化不仅能够提升膜生物反应器的处理能力，还能降低其运行成本，使其在污水处理领域具有更广泛的应用前景。未来的研究还可以通过继续开发高通量和高抗污染性能膜材料（如纳米材料）、改进膜污染控制技术以及协同应用多种处理废水工艺，来实现处理效率更高效、经济技术更有效和可持续的废水处理解决方案。

(3) 拓展膜生物反应器的应用领域

随着全球水资源日益紧张以及环保意识的提升，膜生物反应器技术的应用范围正在不断扩大。城市污水处理、工业废水处理、中水回用及农村污水处理等领域将继续是膜生物反应器技术的主要应用方向。城市化进程的加快导致的废水量增加，以及废水处理要求与排放标准的不断提高，为膜生物反应器技术提供了广阔的发展前景和极大的市场应用空间。在城市污水处理厂的设施更新和工艺升级过程中，膜生物反应器因其高效处理能力而备受重视，尤其是当传统废水处理工艺难以达到排放标准要求的出水水质时，或者是对那些废水处理量剧增但是处理工艺占地面积又无法扩大的情况，膜生物反应器是一种适合的解决方案。

膜生物反应器技术不仅在传统废水生物处理中表现出色，还逐渐扩展到农业废弃物处理、垃圾渗滤液处理和生物质气的生产等领域。例如，厌氧膜生物反应器在处理畜禽养殖废水中的应用，不仅能有效去除污染物，而且还能产生甲烷，为废水处理的能源自给自足提供了一种有效的途径[58]。此外，结合其他先进处理技术，如生物除磷和自养脱氮工艺等，可以进一步提升膜生物反应器的处理能力和应用范围。

3.2 膜曝气生物膜反应器

3.2.1 膜曝气生物膜反应器的定义、构型与技术特性

3.2.1.1 膜曝气生物膜反应器的定义

膜曝气生物膜反应器（membrane aerated biofilm reactor，MABR）是一种以透氧膜为微生物载体，通过无泡曝气的方式为其表面生长的生物膜提供氧气的污水处理系统[59]。在膜曝气生物膜反应器中，氧气从膜的内侧扩散进入生物膜被微生物代谢消耗，而污染物从膜的外侧扩散进入生物膜被微生物降解。这种独特的氧气传递模式不仅提高了氧气传递效率，还使得反应器结构紧凑、废水处理效率更高、能耗更低。因此，膜曝气生物膜反应器主要用于高需氧量废水和难降解有机物的处理。

膜曝气生物膜反应器是一种结合了传统生物处理工艺和现代膜技术的先进废水生物处理技术，最早由 Yeh 和 Jenkins[60] 于 1978 年提出，他们构建的膜曝气生物膜反应器是一个包含充入纯氧的聚四氟乙烯毛细管的反应器。随着混合液在聚四氟乙烯管外流动，聚四氟乙烯管被一层生物膜覆盖，氧气通过管壁扩散提供给生物膜中的微生物。该设备有更高的设计有机负荷，可以提供超过 90%的生化需氧量去除效率。

膜曝气生物膜反应器的工作原理是基于氧气分子通过透氧膜进入生物膜，在生物膜内部形成浓度梯度，从而实现污染物的去除[61]。由于膜曝气生物膜反应器的气相和废水相在物理上是分离的，膜曝气系统可有效地分离曝气和混合功能，结合无泡曝气的高氧利用率，只需调节氧分压即可为生物膜提供精准控制的氧气供应量，不仅可以避免气体的浪费，又可以间接控制氧气在生物膜中的穿透深度，可为多种废水处理工艺创造独有的供氧条件。

3.2.1.2 膜曝气生物膜反应器的构型

在膜曝气生物膜反应器中，透氧膜将反应器分为气相和废水相两部分。气相位于中空纤维膜的管腔侧，为生物膜内侧的微生物代谢提供氧气；而废水相位于生物膜的外侧。当废水流过膜表面时，由于细菌生长和膜-液体界面的高氧浓度，生物膜在面对废水相的膜表面形成。来自气相的氧气或空气在压力作用下进入透氧膜内部进行循环，通过透氧膜的扩散进行无泡曝气，进入膜表面附着的生物膜内，为微生物降解污染物提供充足的溶解氧。而废水中的有机物和营养物质与生物膜充分接触，通过浓差极化的驱动与吸附等作用从生物膜外侧扩散进入生物膜内部，被生物膜中的功能性微生物降解去除[62]。微生物降解污染物产生的代谢产物，如氮气和二氧化碳等通过生物膜扩散至废水相后释放到大气中。

(1) 透氧膜

膜曝气生物膜反应器中使用的透氧膜不仅是微生物附着及形成生物膜的载体，而且

还是向生物膜提供无气泡曝气的气体扩散器，因此，透氧膜表面应具有一定的粗糙度和良好的微生物亲和性，以促进微生物在膜表面附着形成功能性生物膜。其次，透氧膜应具有较好的氧气透过性能，确保氧气能够有效地从膜的气相侧渗透到膜的生物膜侧，使氧气在生物膜内的含量更加充足、分布更加均匀，提高废水处理效率，避免传统曝气过程中可能出现的泡沫问题。由于氧气是以一定的压力穿过透氧膜的，因此，透氧膜还应该具备优异的机械性能，避免在操作过程中发生断裂而导致漏气问题。

目前，膜曝气生物膜反应器工艺通常采用疏水性微孔膜，这类膜具有较低的泡点和较高的气体通量。聚偏氟乙烯和聚丙烯中空纤维膜是膜曝气生物膜反应器中最常用的两种疏水性微孔膜。研究表明，聚偏氟乙烯膜在使用时表现出更好的微生物亲和力和除碳脱氮性能，而且聚偏氟乙烯膜纤维表面的鱼鳞状结构能有效防止微生物完全堵塞膜孔，而聚丙烯膜在运行后期容易出现严重的膜孔阻塞，导致氧气传输速率低于聚偏氟乙烯膜[63]。为了进一步提高膜曝气生物膜反应器的性能，研究者尝试研发出了各种新型复合膜，例如，一种利用聚乙烯作为两侧多孔支撑层，聚苯乙烯作为中间无孔层形成的复合中空纤维膜，不仅具有较高的氧气透过性能和较低的水透过性能，而且还提高了生物膜的生长速度和对氧气的利用率，采用这种复合膜的膜曝气生物膜反应器对有机物的去除能力更高[64]。

用于膜曝气生物膜反应器的透氧膜组件主要包括平板膜组件、管式膜组件以及中空纤维膜组件，其中以中空纤维膜组件的应用最为广泛，主要是因为中空纤维膜具有较大的比表面积，能够附着更多的生物量，而且中空纤维膜组件可以进行模块化设计，使其安装简单且成本较低。《膜曝气生物膜反应器（MABR）　中空纤维膜组件》（GB/T 42281—2022）对中空纤维膜组件的生产、科研、使用和管理等多个方面进行了详细规定[59]，以确保膜曝气生物膜反应器系统在污水处理中的高效性和稳定性。

（2）生物膜

在膜曝气生物膜反应器中，微生物附着在透氧膜表面形成的生物膜结构具有独特的氧气和污染物逆向扩散的特性。在这种结构下，废水中的可溶性有机碳和氨态氮等污染物通过生物膜-混合液界面进入生物膜内部，并被其中的微生物降解去除。同时，氧气通过透氧膜从生物膜-膜界面扩散进入生物膜内，在压力作用下穿透生物膜，当生物膜的厚度约为1600μm时氧气从透氧膜的外表面向生物膜内渗透了300～700μm[65]。氧气在生物膜中的运输阻力导致氧气浓度在生物膜内的传递不平衡，在生物膜厚度方向上，从生物膜-膜界面到生物膜-混合液界面形成一定的氧气浓度梯度。

生物膜在靠近膜表面的区域内氧气浓度较高，形成好氧区，而在靠近废水相的区域内氧气浓度较低或没有氧气，形成缺氧区或厌氧区[66]。氧气浓度梯度促进了生物膜的不同区域内具有不同功能的微生物菌群的发展。好氧区的氧气浓度较高，适合好氧微生物生长，如好氧异养菌和硝化细菌；而在远离膜表面的缺氧区或厌氧区的氧气浓度较低，更适合厌氧或兼性厌氧微生物的生存，如反硝化细菌和厌氧细菌（如厌氧氨氧化细菌）等。这些微生物菌群的协同作用使得在膜曝气生物膜反应器中能够同时实现有机物、氮和磷的高效去除[67]。

这种独特的好氧-缺氧生物膜分层结构在生物膜不同层次耦合了自养硝化细菌和异养反硝化细菌，为在同一反应器内实现同步硝化反硝化提供了关键优势。在生物膜的好氧区内，硝化细菌在充足的氧气条件下，与渗透进入的氨态氮充分接触，进行硝化反应，将氨态氮转化为硝态氮。产生的硝态氮通过扩散进入缺氧区[68]。在缺氧区内，异养反硝化细菌通过反硝化反应将硝态氮还原为氮气，同时降解有机物。反硝化产物氮气扩散进入废水相后再逸散出反应器，实现总氮的有效去除。在缺氧区没有降解的有机物渗透进入好氧区继续被降解。

生物膜的这种自然分层现象还受到曝气强度、水力停留时间和溶解氧浓度等操作条件的影响[69]。例如，适当的曝气强度和水力停留时间可以改变微生物群落在生物膜空间结构上的分布，促进好氧-厌氧分层结构的形成，有利于同步硝化反硝化过程，提高总氮去除效率。也可以通过控制溶解氧浓度或曝气强度来调整生物膜内不同区域中的微生物群落结构，进而控制除碳、脱氮和除磷的程度。

3.2.1.3 膜曝气生物膜反应器的技术特性

与传统活性污泥法相比，膜曝气生物膜反应器在处理效率、能源消耗、操作与控制以及对环境的影响等方面具有多个优势。

膜曝气生物膜反应器技术通过使用疏水性中空纤维膜或平板膜作为氧气传递介质，采用无泡曝气技术，氧气透过膜的机理符合逆扩散模型，与液相传质机理相比，具有更高的利用率和更低的能耗。在采用鼓风曝气的传统活性污泥工艺中，曝气所消耗的能量占废水处理系统总能耗的40%～60%，大量的能量消耗用于气体向液相的传递[70]，只有极少部分的氧气能够转移到水中供微生物降解有机物使用，其余的气体逸出反应器进入大气。而在膜曝气生物膜反应器中，氧气利用透氧膜内外两侧的氧分压差，通过膜的扩散作用直接到达生物膜内部，避免了传统曝气过程中气泡的形成，极大地减小了氧气在水中的扩散阻力，提高了氧气利用率。膜曝气生物膜反应器中的生物膜对氧气的理论利用率可高达100%[70]，远远高于传统活性污泥工艺中的氧气利用率。

由于膜曝气生物膜反应器对氧气的利用非常高效，在处理污水时，仅需要提供较少的氧气就能满足微生物降解污染物的需求，从而显著节省操作和能源成本。研究表明，膜曝气生物膜反应器比传统活性污泥工艺节省高达80%的能源消耗[71]。此外，膜曝气生物膜反应器系统采用的无泡曝气技术还避免了传统活性污泥系统在曝气过程中因气泡携带易挥发性污染物进入大气造成的二次污染问题。

膜曝气生物膜反应器设计允许独立控制电子供体和受体，通过反扩散输送机制实现了比传统气泡扩散器更高效的气体转移效率和底物利用率。这种设计不仅使膜曝气生物膜反应器系统在结构上更为紧凑，还能在单个反应器中同步进行硝化和反硝化过程，从而在较小的空间内实现高效的废水处理效果，节省了空间和建设成本[72]。相比之下，传统活性污泥法通常需要较多的步骤来达到相同的处理效果。

此外，膜曝气生物反应器系统能够适应不同的进水负荷变化，包括高有机负荷、高氨氮负荷以及强碱和强冲击负荷。这种灵活性使得膜曝气生物膜反应器系统能够更好地应对实际污水处理中遇到的各种挑战。与传统活性污泥法相比，膜曝气生物膜反应器系统在操作和控制方面相对简单，处理废水时不需要复杂的预处理步骤，如去除悬浮杂质，进一步降低了运行成本。

膜曝气生物膜反应器是一项具有非常高的节能降耗潜力的技术，目前，已在多个领域得到应用，包括污水处理厂升级改造、工业废水和垃圾渗滤液的处理等。通过不断地技术创新和优化，膜曝气生物膜反应器系统的应用范围和处理能力正在不断扩大。

3.2.2 膜曝气生物膜反应器对污染物的去除

3.2.2.1 有机碳的去除

膜曝气生物膜反应器对有机碳表现出优异的去除效率。在生物处理中，氧气浓度决定有机物的去除效率。废水中的化学需氧量浓度越高，降解过程所需的氧气量越多。与传统的生物曝气系统相比，膜曝气生物膜反应器对氧气的利用效率可达 100%，对化学需氧量有更高的去除效率，达到 97%～98%[73]。传统好氧曝气化学需氧量去除效率通常在 70%～80%之间，生物膜法对化学需氧量的去除效率约为 90%。由此可知，膜曝气生物膜反应器可以处理有机负荷高达 21.8kg COD/(m^3・d) 的废水，远高于其他废水处理系统，如移动床生物膜反应器（moving bed biofilm reactor，MBBR）的有机负荷通常为 1～4kg/(m^3・d)，曝气生物滤床（biological aerated filter，BAF）的有机负荷通常为 5～8kg/(m^3・d)，而旋转生物接触器（rotating biological contactor，RBC）的有机负荷通常为 2.5～6kg/(m^3・d)[74]。

由于膜曝气生物膜反应器的出水没有经过膜过滤，因此仍含有一定量的悬浮固体，需要进一步处理来提升出水水质。例如，采用臭氧氧化-膜曝气生物膜反应器-混凝/絮凝的组合工艺处理高化学需氧量浓度的制药废水时，能显著降低有机碳和氮的浓度。在该组合工艺中，废水首先经过臭氧氧化预处理，COD 浓度从 2080mg/L 下降到 984mg/L，生化需氧量和化学需氧量的比值从 0.22 提高到 0.46，废水的可生物降解性得到了有效改善。随后，膜曝气生物膜反应器在曝气压力 0.15MPa 的条件下运行，COD 和 TN 的去除效率分别达到 95%和 92%[75]。最终，膜曝气生物膜反应器的出水水质经过混凝/絮凝后处理后得到进一步的提升，出水水质达到了国家规定的工业用水水质标准的要求。由此可知，由膜曝气生物膜反应器参与形成的组合工艺可为工业废水的处理提供一种高效且经济的解决方案。

3.2.2.2 氮的去除

在膜曝气生物膜反应器中，由于生物膜内存在氧气浓度梯度，硝化反应和反硝化反应可以在单个反应器中同时进行。生物膜靠近透氧膜表面的好氧区由于有充足的氧气和低有机碳浓度，有利于硝化反应的进行，而生物膜靠近废水相的缺氧区由于有机碳、亚硝酸氮、硝酸氮和低浓度游离氧的存在，有利于反硝化反应的进行。采用膜曝气生物膜反应器处理高浓度氨氮废水可以取得较好的处理效果，当废水的有机碳和氨态氮的表面负荷分别为 5.76g C/(m^2 · d) 和 4.48g N/(m^2 · d) 时，总有机碳和总氮的去除效率分别达到 96%和 83%[65]。用实验室规模的膜曝气生物膜反应器处理合成氨氮废水时，合成废水中的部分氨氮发生了硝化反应，经过 24h 反应后，废水中的 NH_4^+/NO_2^- 值介于 (1∶1) ～ (1∶1.3) 之间，溶解氧浓度<0.6mg/L[76]。NH_4^+/NO_2^- 值和低溶解氧浓度水平使这个生物反应器成为理想的厌氧氨氧化预处理系统，为厌氧氨氧化反应的顺利进行提供了合适比例的反应物。

膜曝气生物膜反应器独特的生物膜分层结构以及精准的氧气浓度控制，使得好氧氨氧化与厌氧氨氧化反应在同一反应器中的耦合成为可能。通过控制氧气在生物膜中的浓度，抑制亚硝酸盐氧化菌的活性，促进氨氧化细菌和厌氧氨氧化细菌的生长和活性，使得好氧区的好氧氨氧化与厌氧区的厌氧氨氧化同时进行，实现单级自养氨氧化脱氮，在处理高浓度氨氮废水方面具有巨大潜力。Li 等[77] 利用结合了颗粒污泥工艺的实验室规模的上流式膜曝气生物膜反应器处理氨含量为 70mg/L 的合成废水时，生物膜中同时存在着好氧和厌氧氨氧化细菌，颗粒污泥中的厌氧氨氧化细菌含量达到 63.3%。氨氧化细菌在生物膜中进行氨态氮的氧化，而厌氧氨氧化细菌在颗粒污泥中进行厌氧氨氧化脱氮反应。通过单级硝化-厌氧氨氧化工艺，实现了较高的总氮和氨态氮的平均去除效率。

3.2.3 影响膜曝气生物膜反应器工作效率的因素

3.2.3.1 生物膜厚度

生物膜厚度在氧气和污染物传递中起着至关重要的作用，是影响膜曝气生物膜反应器性能的关键因素之一。增加生物膜的厚度能有效增加微生物密度，提高膜曝气生物膜反应器对污染物的去除效率。一项膜曝气生物膜反应器对 13 种有机微污染物的去除效率的研究结果表明，不同生物膜厚度对不同类型的污染物显示出不同的去除效率，当生物膜厚度从 0.1mm 增加到 0.13mm 时，膜曝气生物膜反应器对化学需氧量的去除效率从 18%提升到 60%[78]。然而，当生物膜厚度进一步增加时，化学需氧量的去除效率并没有显著提高。这一现象说明，生物膜存在一个最佳的厚度范围，该厚度能最大化氧气传质效率。

研究显示，随着生物膜厚度的增加，生物膜内的胞外聚合物含量也增加，导致氧气传质阻力增大，氧气在生物膜内的含量呈现先增加后减小的趋势，氨氮的去除效率也呈现先增加后减小的变化趋势[79]。而在一定厚度范围内，较厚的生物膜可能同时存在硝化和反硝化作用[65]，更有利于脱氮。

然而，生物膜过厚可能会限制基质渗透到生物膜内的微生物种群中，进而影响污染物的去除效果。因此，可通过控制生物膜厚度来调控微生物种群，从而优化污染物的去除效果。可以通过定期冲刷去除膜表面的生物膜[80]、向生物膜中添加表面活性剂[81] 或利用原生动物的微生物捕食[82] 等方法控制生物膜的厚度。需要注意的是，使用表面活性剂可能会在废水处理过程中产生并引入额外的污染成分，增加处理难度；而利用原生动物捕食微生物的方法控制生物膜厚度时，如果原生动物的捕食速度超过微生物生长速度，反而不利于某些生长缓慢的好氧微生物的积累，例如可能会因为硝化细菌的减少而造成氨氮降解效率下降，而且还可能会由于微生物的缺失而增加生物膜脱落的可能性[83]。

3.2.3.2 曝气压力

在膜曝气生物膜反应器系统中，氧气通过透氧膜进行无泡曝气时，氧气首先在膜的气相侧吸附在膜上，然后在浓度差产生的推动力下扩散至膜外侧的生物膜中。在膜曝气生物膜反应器的实际运行过程中，为了实现无泡曝气，氧气通过膜-生物膜界面扩散进入生物膜内的曝气压力必须低于膜的泡点压力。曝气压力不仅影响氧气在生物膜内的浓度梯度，而且还影响微生物群落以及有机碳和氮的去除效率。一项用膜曝气生物膜反应器处理反渗透浓缩液的研究指出，曝气压力增加 80%，显著提高了化学需氧量和氨态氮的去除效率，而总氮的去除效率则下降[84]。另一项研究表明，在 0.01MPa 和 0.02MPa 压力下，膜曝气生物膜反应器对有机碳和氨态氮的去除效果优于在 0.005MPa 下的运行效果，而且随着曝气压力的增加，硝酸盐的积累增加[85]。出现这些现象的主要原因是曝气压力升高导致生物膜中的好氧区范围扩大和溶解氧浓度升高，充足的溶解氧浓度提高了好氧异养菌和硝化细菌的活性，促进了有机碳的降解和硝化反应的进行，同时抑制了反硝化细菌的活性，从而阻碍了反硝化过程，造成总氮去除效率下降。在膜曝气生物膜反应器-臭氧-生物活性炭组合工艺处理含油废水时，进水中的有机物通过好氧氧化和水解酸化被降解，随着曝气压力的升高，生物膜中的好氧环境使得有机碳的水解酸化几乎无法进行，除油率反而降低[86]。

为了达到最佳处理效果，膜曝气生物膜反应器系统需要控制在适合的曝气压力下运行，通过控制生物膜中好氧区域和厌氧区域的厚度范围，在生物膜内形成独特的微生物分层结构，利用不同区域的不同微生物菌群的活性实现除碳、脱硝等复杂的污染物去除过程。虽然大多数透氧膜具有较高的泡点，但是为了优化膜曝气生物膜反应器的性能，通常建议在低压高氧传送率下进行操作。当膜曝气生物膜反应器在最小膜管腔压力下运行时，可以最大限度地抑制亚硝酸盐氧化菌的活性，减少亚硝酸盐的氧化，从而实现同步好氧和厌氧氨氧化的脱氮过程[87]。

3.2.3.3 溶解氧浓度

溶解氧浓度直接影响膜曝气生物膜反应器中的生物膜特性以及有机化合物和氮等污染物的去除效率。当溶解氧浓度为 0.5mg/L 时，化学需氧量、氨氮和总氮的去除效率可分别达到 94.5%、96%和 78.4%，而当溶解氧浓度为 0.1mg/L 时，氨氮和总氮的去除效率分别下降到 69.3%和 65.7%。然而，当溶解氧浓度升高到 4mg/L 时，化学需氧量和氨氮的去除效率保持在 96%，总氮的去除效率则下降到 26.4%[88]。这种现象说明，硝化过程在较低溶解氧浓度下受到抑制，从而导致氨氮和总氮的去除效率降低；而在高溶解氧浓度下，生物膜的好氧区扩大以及缺氧区压缩，甚至会导致整个生物膜处于好氧状态，从而限制了反硝化细菌的生长，抑制了反硝化过程的进行，导致总氮去除效率下降。

另一项报告报道了类似的现象，当反应器中的溶解氧浓度保持在 2mg/L 时，化学需氧量去除效率高达 99%，但是氮的去除效率不到 20%[89]，而当溶解氧浓度保持在 0.5mg/L 较低水平时，化学需氧量去除效率仍高于 97%，氮去除效率提高 2 倍，达到 52%[76]。此现象说明较低的溶解氧浓度为微生物提供了充足的缺氧区域进行反硝化反应，增强了反应器的反硝化性能。而且通过控制膜曝气生物膜反应器的氧气浓度，将硝化过程控制在亚硝酸盐阶段，可实现短程硝化反硝化，并且可节约氧气需求量与外加有机碳源投加量。

3.2.4 膜曝气生物膜反应器的应用

膜曝气生物膜反应器独特的氧气传输模式和生物膜生长可以减少废水处理设施的能量消耗和占地面积，在各种废水处理中具有显著优势。单级膜曝气生物膜反应器在未添加任何絮凝剂或沉淀剂的情况下能够实现 99.79%的总无机氮去除效率和 82.62%的总磷去除效率[90]。为了进一步提高处理效率，研究者开发了多级膜曝气生物膜反应器系统。在这些系统中，单个膜曝气生物膜反应器转变为一个单独的处理单元，这些单元以串联的形式连接，每个处理单元内的微生物群落结构可以单独调控以发挥不同的功能。通过各个单元微生物群落的分工合作，实现污染物的高效去除，并提升系统的整体性能[91]。一个由膜曝气生物膜反应区、缺氧区和曝气区构成的废水处理系统能够同步实现除碳、脱氮以及除磷等多种废水处理目的。在膜曝气生物膜反应区内，进行有机物的好氧降解和硝化反应，产生的硝态氮为异养反硝化细菌和反硝化聚磷菌的生长提供了所需的营养[92]。

当膜曝气生物膜反应器与其他废水预处理或后处理工艺相结合时，可以实现更高效的污染物去除效果。例如，采用单级或二级膜曝气生物膜反应器结合混凝/絮凝预处理工艺，能够有效去除高浓度啤酒厂废水中的有机碳、氮和磷。混凝/絮凝预处理工艺能显著降低后续膜曝气生物膜反应器的主要负荷。该组合工艺对化学需氧量、总氮和总磷的去除效率分别达到 89.1%、66.7%和 91.1%[93]。膜曝气生物膜反应器工艺结合臭氧-生物活性炭深度处理技术在处理油田废水时也取得了良好的效果。在最佳运行条件下，化学需氧量、油、总氮和氨态氮出水浓度分别为 45mg/L、2.7mg/L、6.8mg/L 和 2.8mg/L，达到了油田废水排放标准的要求[86]。

一种由低曝气压力板式膜曝气生物膜反应器和曝气生物过滤器组合形成的系统能够对有毒脲醛树脂生产废水进行高效清洁处理。在采用低曝气压力的膜曝气生物膜反应器中，进行甲醛的转化、尿素的水解以及硝化反应，而中间产物甲醇和挥发性脂肪酸则作为有机碳源促进了反硝化过程。该组合工艺通过较低的曝气压力实现了高效的废水除碳脱氮处理，对甲醛实现了 100%的去除效率，对总氮的去除效率达到了 81.84%[94]，同时也极大地降低了整个废水处理过程中曝气产生的能耗问题。

3.3 萃取膜生物反应器

3.3.1 萃取膜生物反应器的定义、构型、技术特性及挑战与发展方向

3.3.1.1 萃取膜生物反应器的定义

萃取膜生物反应器（extractive membrane bioreactor，EMBR）是一种结合了膜分离技术和生物处理技术的污水处理设备或技术。萃取膜生物反应器使用选择性透过膜，如以聚二甲基硅氧烷为主要成分的膜、硅橡胶管式膜等，将废水单元和微生物处理单元彻底隔开，仅允许废水中的目标污染物通过膜进入微生物反应单元，在膜表面附着生长的生物膜内进行降解处理[95]。同时，其他有毒物质或可能影响微生物生长代谢的物质被有效隔离，从而避免了微生物直接与这些物质接触而受到毒害作用。

萃取膜生物反应器技术由英国帝国理工学院的 Livingston 教授于 20 世纪 90 年代研发，最初使用聚二甲基硅氧烷（polydimethylsiloxane，PDMS）膜作为选择性透过膜。萃取膜生物反应器最初开发的目的是用于处理含盐量高、具有极端 pH 值的有机合成工业废水，对 3,4-二氯苯胺的去除效率达到 99%，该技术也适用于处理含有挥发性有机化合物的废水[96]。在萃取膜生物反应器技术开发后的最初 10 年间，研究者进行了大量与聚二甲基硅氧烷膜相关的研究。然而，由于聚二甲基硅氧烷膜的应用仅限于疏水性化合物，研究者对其研究兴趣逐渐降低[97]。随着膜制造技术的进步、膜材料的改进以及复合膜的发展，萃取膜生物反应器技术在 21 世纪初得到了进一步的发展。例如，采用新型高通量选择性渗透萃取膜，如基于聚二甲基硅氧烷的复合膜，不仅提高了跨膜传质速率，还有效解决了传统硅胶管式膜传质阻力大、易污染等问题[98]。这些改进使得萃取膜生物反应器逐渐被应用于更广泛的领域，包括含苯酚工业废水的处理、含硝酸氮地下水的净化等[99, 100]。

3.3.1.2 萃取膜生物反应器的构型

萃取膜生物反应器常使用的选择性透过膜包括管式膜、中空纤维膜和平板膜，根据所使用的膜类型的不同，萃取膜生物反应器有不同的构型。当萃取膜生物反应器采用平板膜时，平板膜将反应器分为废水单元和微生物处理单元两个独立的单元。废水首先进入废水单元，废水中的污染物通过平板膜的选择透过作用，从废水单元转移到微生物处理单元，在微生物的作用下被降解。

当萃取膜生物反应器采用管式膜或中空纤维膜时，废水则进入膜的内部，而降解污染物的微生物则附着在膜的外部形成生物膜。由于废水与微生物不直接接触，因此可以避免微生物被污染物毒害，同时也能减少膜污染的发生。根据管式膜或中空纤维膜与生物反应器的位置关系，萃取膜生物反应器又可分为外置式和浸没式两种类型。外置式萃取膜生物反应器由膜单元和微生物反应单元组成，这两个单元之间通过管路连接，实现

混合液悬浮固体的循环以及营养元素的补充；其中膜单元由单根或多根管式膜或中空纤维膜构成。废水在膜内部流动，而含有某种专性微生物的活性污泥混合液在膜外侧流动，目标污染物通过选择性透过膜进入膜外侧，并被附着在膜表面的生物膜降解。废水中的污染物含量降低后作为出水排出[101]。

浸没式萃取膜生物反应器的核心特点是直接将管式膜或中空纤维膜置于生物反应器内部。废水在膜的内部空腔中流动，目标污染物通过膜进入生物反应器内进行微生物降解。由于微生物反应和膜的萃取过程在同一个反应器中进行，因此浸没式萃取膜生物反应器无需额外的微生物混合液循环装置，从而简化了操作流程。然而，为了优化传质效率，提升膜的自我再生能力，也常对浸没式萃取膜生物反应器的出水进行循环。通过循环不仅能提高污染物的去除效率，还能降低运行成本。

3.3.1.3　萃取膜生物反应器的技术特性

(1) 运行方式灵活多样

萃取膜生物反应器的运行方式具有高度灵活性，能够通过对微生物反应单元进行曝气，对有机污染物进行好氧降解，实现有机物的高效去除。该系统也可以以厌氧模式运行微生物反应单元，利用膜萃取出的有机物作为碳源，通过反硝化反应将硝酸氮转化为氮气，同时实现除碳脱氮。废水中的有机碳从废水单元侧通过膜的选择透过性进入微生物处理单元的生物膜中，而硝酸氮通过扩散进入生物膜内部，在生物膜-膜界面进行反硝化反应，而且通过调控硝态氮的浓度从而减轻污染物通量随生物膜生长而减小的情况[102]。

为了进一步提高污染物的去除效率，可以采用多级萃取膜生物反应器。此外，萃取膜生物反应器还可以采用连续或半连续模式运行，以适应不同的处理需求和工艺条件。

(2) 污染物去除效率高

许多传统的废水生物处理方法对有毒、挥发性有机化合物的处理效果不佳，因为这些污染物对微生物具有毒性，需要通过预处理或稀释等方法降低其浓度以减轻其对微生物的毒害作用。然而，萃取膜生物反应器结合了膜分离技术和生物降解技术，能够更高效地分离和降解废水中的有毒物质以及挥发性有机污染物，同时操作成本更低。研究显示，在废水接触时间不到 30min 的情况下萃取膜生物反应器可以实现 99%以上的有毒有机化合物的去除效率[103]。

萃取膜生物反应器利用膜的高度选择性从废水单元中萃取无法用常规生物工艺处理的特定有机污染物，并且控制抑制微生物代谢的无机成分（如酸、碱、盐和重金属等）向微生物反应单元的传输[104]。这种独特设计使得萃取膜生物反应器的微生物既无需处理高浓度有机污染物，也无需受到无机污染物的影响，在高盐有机废水处理领域具有独特优势。当废水中的有机污染物通过疏水性膜逐渐释放到微生物处理单元后，相应的微生物菌群就能够及时有效地降解污染物，并将生物处理单元的有机污染物的浓度保持在较低水平。当微生物处理单元中的污染物浓度过高时，膜对污染物的萃取速率由于膜两侧较小的浓度差而自动降低，使得微生物处理单元的有机负荷始终保持相对稳定[99]。

由于微生物反应器单元和废水单元分别位于选择性透过膜的两侧，微生物不会与废水直接接触，因此，微生物在反应单元中的生存环境不会受到废水水质的影响，某些专性微生物能够维持其原有活性，废水处理效果稳定。

(3) 污泥产量低

萃取膜生物反应器运行时，可以分别控制水力停留时间和污泥停留时间，这意味着反应器能够在高污泥停留时间下运行，从而实现高效的污染物转化率和有机物利用率，同时降低剩余污泥产量。因此，减少了复杂的剩余污泥后处理和废物处置要求。

(4) 出水水质高，对环境友好

萃取膜生物反应器是一种专为处理传统生物处理工艺难以降解的有毒废水而开发的技术，适用于恶劣条件下的废水处理。由于萃取膜生物反应器中的膜可将微生物和废水完全隔离，废水中的有毒物质通过扩散进入微生物处理单元[105]，扩散量受到浓度差的控制，不会轻易对微生物产生毒害作用，而且微生物的代谢产物也不会轻易对废水产生二次污染，因此，萃取膜生物反应器通常不需要进行额外处理就能获得高品质的出水。此外，萃取膜生物反应器在去除含挥发性有机碳废水时，通过独特的反扩散方式避免了挥发性有毒污染物和空气的直接接触。具体而言，挥发性有机物从膜内侧扩散到生物膜中，被微生物降解，从而减少了传统生物反应器中常见的挥发性有机物随曝气气流挥发至大气，造成环境污染的问题[106]。这种设计不仅提高了污染物去除效率，还有效降低了对环境的潜在危害。此外，萃取膜生物反应器在常压下进行，表现出环保节能的独特优势。

3.3.1.4 挑战与发展方向

萃取膜生物反应器在处理高含盐废水和挥发性有机污染物方面具有显著优势，例如，无需对含有抑制性化合物和条件恶劣的废水进行预处理，从而为直接处理难降解废水提供了一条经济且技术可行的途径。然而，该技术在实际应用中仍然存在一些需要特别关注和解决的问题。

① 生物膜在膜表面的过度生长是主要问题之一。生物膜的增厚会显著降低膜传质效率，同时也限制了氧气向生物膜内部的传递，从而影响系统的整体处理效率[107]。为了克服这一问题，需要继续深入研究如何通过优化操作条件，如水力停留时间、污泥停留时间、废水循环比、混合液悬浮固体循环比等，来有效控制生物膜的厚度，从而提高污染物的降解速率和系统的处理能力。

② 膜材料及膜特性直接影响萃取膜生物反应器的处理能力。因此，研究和开发新型高性能膜不仅是未来的研究重点，更是克服现有技术的局限性，提升萃取膜生物反应器处理能力和稳定性的新思路[105, 108]。例如，研究者开发了一种将纳米银颗粒封装到沸石咪唑酸盐框架8（ZIF-8）中形成AgNPs@ZIF-8微胶囊固定在膜表面的技术。这种技术不仅保证了微材料与膜表面的良好相容性，避免纳米银颗粒直接暴露在生物质中，还

能通过缓慢释放银离子，减少微生物的附着，并提高了膜对酚类化合物的亲和力[109]。

尽管萃取膜生物反应器具有无需预处理、难降解污染物去除效率高等优点，但其具有工艺过程复杂、出水量小、投资成本高等问题，使其目前主要用于实验室研究，还没有大规模工业化应用的成功案例[108]。通过优化操作条件、开发新型高性能膜材料以及降低系统成本，萃取膜生物反应器技术有望在未来实现更广泛的应用。

3.3.2 生物膜的形成与控制

3.3.2.1 生物膜的形成

向膜表面引入含有微生物菌种的污泥，可以动态培养和驯化微生物在膜表面附着生长，从而形成生物膜。由于聚二甲基硅氧烷膜具有疏水性，疏水性的细菌细胞能自然地附着在膜表面，形成生物膜。生物膜的厚度通常在 200～400μm 之间，这一厚度对去除挥发性有机污染物非常有利。挥发性有机物在生物膜内几乎被微生物完全降解，从而提高污染物的去除效率。随着污染物浓度的增加，生物膜的厚度逐渐增加，较厚的生物膜通常能够提供更高的微生物量，不仅能快速降解生物膜底层的污染物，还能提高膜两侧的污染物浓度梯度，从而提升污染物的传质效率，增强处理能力。

3.3.2.2 生物膜的控制

在萃取膜生物反应器中，膜表面附着生长的生物膜是污染物进行降解的主要区域。然而，生物膜的过度生长可能会增加生物膜的厚度，使得生物膜结构更加致密，不仅限制了污染物通过膜的传递，而且还阻碍了氧气的传递，从而降低了生物降解速率，并促进污染物在膜-生物膜界面的积累，最终导致污染物通过膜的整体质量转移减少。研究表明，有机污染物的通量与生物膜生长之间成反比关系。例如，在处理废水中的难降解有机物苯酚时，由于生物膜不受控制地生长，苯酚的传质效率下降了 42%。然而，降低污泥负载率和采用曝气冲刷膜表面的措施，可以将苯酚的传质损失控制在 13%以内[110]。因此，通过优化操作条件可以有效调控生物膜的厚度，并驯化生物膜中的优势菌群，以达到去除特定污染物的目的。

外置式和浸没式萃取膜生物反应器通过不同的方式控制膜外侧的生物膜厚度。在外置式萃取膜生物反应器中，生物膜厚度由管式膜或中空纤维膜外侧的水流速度或混合液循环速率控制；而在浸没式萃取膜生物反应器中，生物膜厚度由曝气强度控制。提高水流速度或曝气强度，可以增加膜表面的剪切力，从而减小生物膜厚度，使氧气能快速穿透生物膜到达内部，提高生物膜内部溶解氧浓度，促进微生物代谢活动，提高有机污染物的好氧降解效率。因此，优化工艺条件，如提高膜外侧的湍流或剪切力，在稳态运行下控制生物膜厚度，可以有效提高萃取膜生物反应器对目标有机污染物的传质效率和去除效率。一些研究表明，膜的粗糙度可能是影响膜表面污染物积累的关键因素。因此，将纳米纤维复合膜的光滑选择层面向微生物处理单元，能有效减少生物膜的形成。研究表明，光滑的膜表面显著降低了生物膜中的蛋白质、多糖以及总悬浮固体含量，同时保持了较高的膜传质系数[111]。

3.3.3 萃取膜生物反应器的应用

3.3.3.1 挥发性有机污染物的去除

在萃取膜生物反应器中，废水不与微生物直接接触，而是通过选择性透过膜的萃取作用，将废水中的挥发性有机污染物逐渐释放到微生物处理单元。这种设计避免了微生物暴露于高浓度有机污染物或有毒物质中，使其能够处理含高盐分和金属的废水，也能够处理 pH 值非中性的废水[95]。萃取膜生物反应器采用聚醚砜中空纤维膜组件，并结合活性污泥法，取得了较高的苯酚去除效率。研究表明，含苯酚的废水循环进入中空纤维膜内部，苯酚通过膜进入微生物处理单元，被活性污泥菌胶团吸附并由苯酚降解菌进一步降解。当苯酚浓度为 700mg/L 时，活性污泥体系对苯酚的去除效率可达到 99%以上[99]。

废水中的高盐分（如氯化钠）和高浓度有机物（如苯酚）对微生物具有不利影响，传统生物处理方法对这类废水的处理效果较差。而萃取膜生物反应器在处理这类废水时表现出显著优势，能够将有机物进行有效分离和生物降解。例如，萃取膜生物反应器在处理含 1.0～5.0g/L 苯酚和 35.0g/L 氯化钠的废水时，硅橡胶管式膜能够将苯酚逐步释放到微生物处理单元，微生物处理单元中的苯酚浓度始终处于较低水平，微生物对苯酚的生物降解起到了积极的作用[112]。

另一项研究指出，采用新型聚二甲基硅氧烷薄膜可以显著提高氯化钠的拦截能力和苯酚类污染物的跨膜传质性能，从而实现高效降解。萃取膜生物反应器对苯酚降解率可达到 100%，对氯化钠的截留率>99.9%[98]。

3.3.3.2 氮的去除

萃取膜生物反应器通过微孔膜将反硝化区与含硝酸盐的地下水隔离，利用浓度梯度的作用，使地下水中的硝酸盐扩散至反硝化区并被去除。当两个或多个萃取膜生物反应器串联时，可形成二级或多级萃取膜生物反应器系统，从而可以实现更全面和更高效的污染物去除[104]。例如，采用二级中空纤维萃取膜生物反应器去除地下水中硝酸盐的研究指出，对硝态氮的总去除效率达到 3.36g/(m^2·d)，出水中的硝态氮浓度为 9.76mg/L[100]。

为了更好地理解和优化萃取膜生物反应器反硝化系统的运行条件，Sanaeepur 等[113] 开发了一个数学模型，用于模拟和分析萃取膜生物反应器在处理饮用水时的反硝化过程。该研究表明，反硝化作用主要发生在中空纤维膜组件的壳侧，硝态氮的去除产生的传质驱动力影响反硝化效率。随着进料流速的增加，萃取膜生物反应器的效率会降低；而随着进料浓度的增加，萃取膜生物反应器的效率则有所提高。

参考文献

[1] 中华人民共和国环境保护部. 环境保护产品技术要求 膜生物反应器：HJ 2527—2012 [S]. 北京：中国

环境科学出版社，2012.

[2] Arabi S, Nakhla G. Impact of calcium on the membrane fouling in membrane bioreactors [J]. Journal of Membrane Science, 2008, 314 (1/2): 134-142.

[3] Chiemchaisri C, Yamamoto K. Performance of membrane separation bioreactor at various temperatures for domestic waste-water treatment [J]. Journal of Membrane Science, 1994, 87 (1/2): 119-129.

[4] Katayon S, Megat Mohd Noor M J, Ahmad J, et al. Effects of mixed liquor suspended solid concentrations on membrane bioreactor efficiency for treatment of food industry wastewater [J]. Desalination, 2004, 167: 153-158.

[5] Lobos J, Wisniewski C, Heran M, et al. Sequencing versus continuous membrane bioreactors: Effect of substrate to biomass ratio (F/M) on process performance [J]. Journal of Membrane Science, 2008, 317 (1/2): 71-77.

[6] Ou Y K, Liu J X. Effect of sludge retention time on sludge characteristics and membrane fouling of membrane bioreactor [J]. Journal of Environmental Sciences-China, 2009, 21 (10): 1329-1335.

[7] 丁杭军，文湘华，黄霞，等．一体式膜-生物反应器处理医院污水 [J]. 中国给水排水，2001 (09): 1-5.

[8] 李鹏飞，李勇．餐厨污水就地处理与中水回用工艺的探索与实践 [J]. 水处理技术，2020, 46 (01): 134-136, 140.

[9] Hai F, Riley T, Shawkat S, et al. Removal of pathogens by membrane bioreactors: A review of the mechanisms, influencing factors and reduction in chemical disinfectant dosing [J]. Water, 2014, 6 (12): 3603-3630.

[10] 张永．MBR膜处理控制系统的实现 [J]. 自动化信息，2010 (5): 4.

[11] 曹斌，黄霞，北中敦，等．A^2/O—膜生物反应器强化生物脱氮除磷中试研究 [J]. 中国给水排水，2007, 23 (03): 22-26.

[12] 郭海林，周宇松，李亮，等．MBR＋反渗透双膜法处理印染废水及其回用工程实例 [J]. 水处理技术，2016, 42 (03): 132-135.

[13] 朱强．膜生物反应器与臭氧活性炭组合工艺在高品质再生水厂的应用 [J]. 净水技术，2020, 39 (12): 30-35.

[14] 蔡文，骆建明．浸入式膜生物反应器中水回用工程应用 [J]. 环境科学研究，2010, 23 (12): 1553-1558.

[15] 中华人民共和国环境保护部．膜生物法污水处理工程技术规范：HJ 2010—2011 [S]. 北京：中国环境科学出版社，2012.

[16] 姚宏，刘广沛，陶若虹，等．分置式膜生物反应器应用于城市污水回用中试研究 [J]. 北京交通大学学报，2005, 29 (01): 64-68.

[17] 郑钦炜，高湘，董宏宇，等．印染废水回用工艺的研究 [J]. 水处理技术，2011, 37 (01): 95-98.

[18] Khor S L, Sun D D, Liu Y J, et al. Biofouling development and rejection enhancement in long SRT MF membrane bioreactor [J]. Process Biochemistry, 2007, 42 (12): 1641-1648.

[19] Estrada-Arriaga E B, Mijaylova P N. Influence of operational parameters (sludge retention time and hydraulic residence time) on the removal of estrogens by membrane bioreactor [J]. Environmental Science and Pollution Research, 2011, 18 (7): 1121-1128.

[20] Su Y C, Pan J R, Huang C, et al. Impact of sludge retention time on sludge characteristics and microbial community in MBR [J]. Water Science and Technology, 2011, 63 (10): 2250-2254.

[21] Wu B, Yi S, Fane A G. Microbial behaviors involved in cake fouling in membrane bioreactors under differ-

ent solids retention times [J]. Bioresource Technology，2011，102 (3)：2511-2516.

[22] Yamamoto K，Hiasa M，Mahmood T，et al. Direct solid-liquid separation using hollow fiber membrane in an activated sludge aeration tank [J]. Water Pollution Research and Control Brighton，1988：43-54.

[23] You Y J，Guo J Y，Jiang J Y. Insight into the performance and fouling characteristics of submerged ceramic membrane bioreactor in wastewater treatment [J]. Journal of Environmental Management，2025，373：123900.

[24] 黄圣散，吴志超，周琪．浸没式平板膜生物反应器处理工业区污水试验研究 [J]. 环境工程，2005，23 (06)：13-15.

[25] Deowan S A，Korejba W，Hoinkis J，et al. Design and testing of a pilot-scale submerged membrane bioreactor (MBR) for textile wastewater treatment [J]. Applied Water Science，2019，9 (3)：59.

[26] Bingo M N，Njoya M，Basitere M，et al. Performance evaluation of an integrated multi-stage poultry slaughterhouse wastewater treatment system [J]. Journal of Water Process Engineering，2021，43：102309.

[27] 林静雯，单士亮，胡筱敏，等．复合膜生物反应器处理采油废水的挂膜及污泥驯化 [J]. 安全与环境学报，2013，13 (04)：24-29.

[28] 祁佩时，李正，王文斌，等．悬浮载体复合膜生物反应器过滤特性及滤饼层微结构特征 [J]. 大连海事大学学报，2008，34 (02)：28-32.

[29] 万兴，黄海燕，万金保．复合膜生物反应器的除污性能研究 [J]. 中国给水排水，2007，23 (21)：56-58.

[30] Ivanovic I，Leiknes T. Membrane reactor design as a tool for better membrane performance in a biofilm MBR (BF-MBR) [J]. Desalination and Water Treatment，2011，25 (1/2/3)：259-267.

[31] 李莹，刘强，项玮，等．MBR 与 HMBR 除污效能及相关功能微生物对比研究 [J]. 工业水处理，2024，44 (7)：156-161.

[32] Palmarin M J，Young S. Comparison of the treatment performance of a hybrid and conventional membrane bioreactor for greywater reclamation [J]. Journal of Water Process Engineering，2019，28：54-59.

[33] Rafiei B，Naeimpoor F，Mohammadi T. Bio-film and bio-entrapped hybrid membrane bioreactors in wastewater treatment：Comparison of membrane fouling and removal efficiency [J]. Desalination，2014，337：16-22.

[34] 张军，聂梅生，王宝贞．复合膜生物反应器的生物学研究 [J]. 中国给水排水，2002，18 (02)：53-55.

[35] Liu Q，Wang X C，Liu Y J，et al. Performance of a hybrid membrane bioreactor in municipal wastewater treatment [J]. Desalination，2010，258 (1/2/3)：143-147.

[36] Artiga P，Oyanedel V，Garrido J M，et al. An innovative biofilm-suspended biomass hybrid membrane bioreactor for wastewater treatment [J]. Desalination，2005，179 (1/2/3)：171-179.

[37] 瞿贤，周珉，刘琴．复合膜生物反应器处理环氧氯丙烷废水 [J]. 环境工程，2013，31 (S1)：40-43.

[38] 刘强，王晓昌．附着性胞外多聚物对 HMBR 膜污染控制性能的影响 [J]. 环境工程学报，2012，6 (12)：4395-4399.

[39] 白昊阳，邢国平，徐斌，等．复合 MBR 处理洗浴废水并回用 [J]. 中国给水排水，2004 (09)：90-92.

[40] 陈荣，王晓昌，金鹏康，等．缺水城市雨污水再生处理和不同途径用水的关键技术研究与工程示范 [J]. 给水排水，2013，49 (10)：13-16，11-12.

[41] Bemberis I，Hubbard P J，Leonard F B. Membrane sewage treatment systems potential for complete wastewater treatment [C/OL] American Society for Agricultural Engineering Winter Meeting，1971：1-28.

[42] Judd S. The MBR book: Principles and applications of membrane bioreactors for water and wastewater treatment [M]. Oxford: Elsevier, 2006.

[43] 樊耀波，王菊思．水与废水处理中的膜生物反应器技术 [J]. 环境科学，1995 (05)：79-81，96.

[44] 张绍园，王菊思，姜兆春．膜生物反应器水力停留时间的确定及其影响因素分析 [J]. 环境科学，1997 (06)：36-39，94.

[45] 邢传宏，钱易，Eric T. 超滤膜-生物反应器处理生活污水及其水力学研究 [J]. 环境科学，1997 (05)：21-24，94.

[46] 何义亮，谢芬琴．厌氧膜生物反应器处理高浓度食品废水的应用 [J]. 环境科学，1999，20 (6)：53-55.

[47] 臧倩，孙宝盛，魏青．膜生物反应器用于医院废水处理 [J]. 水处理技术，2006 (09)：85-87.

[48] 陈宝玉，杨涛，刘东征，等．武汉北湖污水处理厂设计关键节点分析及组合流程的应用 [J]. 中国给水排水，2020，36 (24)：92-98.

[49] 应贤斌，黄利杰，汪锐，等．基于微生物燃料电池的新型膜生物反应器研究进展 [J]. 化工进展，2019，38 (12)：5557-5564.

[50] Wijekoon K C, Hai F I, Kang J G, et al. A novel membrane distillation-thermophilic bioreactor system: Biological stability and trace organic compound removal [J]. Bioresource Technology, 2014, 159: 334-341.

[51] Liébana R, Modin O, Persson F, et al. Integration of aerobic granular sludge and membrane bioreactors for wastewater treatment [J]. Critical Reviews in Biotechnology, 2018, 38 (6): 801-816.

[52] Asif M B, Hai F I, Dhar B R, et al. Impact of simultaneous retention of micropollutants and laccase on micropollutant degradation in enzymatic membrane bioreactor [J]. Bioresource Technology, 2018, 267: 473-480.

[53] Liu L F, Liu J D, Gao B, et al. Minute electric field reduced membrane fouling and improved performance of membrane bioreactor [J]. Separation and Purification Technology, 2012, 86: 106-112.

[54] Akamatsu K, Lu W, Sugawara T, et al. Development of a novel fouling suppression system in membrane bioreactors using an intermittent electric field [J]. Water Research, 2010, 44 (3): 825-830.

[55] Shi S N, Xu J, Zeng Q Z, et al. Impacts of applied voltage on EMBR treating phenol wastewater: Performance and membrane antifouling mechanism [J]. Bioresource Technology, 2019, 282: 56-62.

[56] Jiang B, Du C, Shi S N, et al. Enhanced treatment performance of coking wastewater and reduced membrane fouling using a novel EMBR [J]. Bioresource Technology, 2017, 229: 39-45.

[57] Jiang B, Zeng Q Z, Liu J X, et al. Enhanced treatment performance of phenol wastewater and membrane antifouling by biochar-assisted EMBR [J]. Bioresource Technology, 2020, 306: 123147.

[58] 刘婉岑，李赟，袁京，等．厌氧膜生物反应器在畜禽养殖废水处理领域的应用机遇与挑战 [J]. 中国沼气，2020，38 (6)：3-13.

[59] 国家市场监督管理总局，国家标准化管理委员会．膜曝气生物膜反应器（MABR）中空纤维膜组件：GB/T 42281—2022 [S]. 北京：中国标准出版社，2022.

[60] Yeh S J, Jenkins C R. Pure oxygen fixed film reactor [J]. Journal of the Environmental Engineering Division, 1978, 104 (4): 611-623.

[61] 柯艳春，李晓琳，刘豹，等．MABR 技术在污水处理中的应用及研究进展 [J]. 工业水处理，2022，42 (11)：18-24.

[62] 张杨，李庭刚，强志民，等．膜曝气生物膜反应器研究进展 [J]. 环境科学学报，2011，31 (06)：1133-1143.

[63] 曾庆楠，吴云，张宏伟，等．膜材料对膜曝气生物膜反应器性能影响的比较 [J]. 化工学报，2016，67 (04)：1483-1489.

[64] Kobayashi M, Agari R, Kigo Y, et al. Efficient oxygen supply and rapid biofilm formation by a new composite polystyrene elastomer membrane for use in a membrane-aerated biofilm reactor [J]. Biochemical Engineering Journal, 2022, 183: 108442.

[65] Terada A, Hibiya K, Jun N G, et al. Nitrogen removal characteristics and biofilm analysis of a membrane-aerated biofilm reactor applicable to high-strength nitrogenous wastewater treatment [J]. Journal of Bioscience and Bioengineering, 2003, 95 (2): 170-178.

[66] Li P, Li M, Zhang Y G, et al. The treatment of surface water with enhanced membrane-aerated biofilm reactor (MABR) [J]. Chemical Engineering Science, 2016, 144: 267-274.

[67] Sui Q W, Di F, Zhang J Y, et al. A single-stage membrane aerated biofilm reactor achieving the combination of partial nitritation/anammox and enhanced biological phosphorus removal [J]. Journal of Water Process Engineering, 2024, 58: 104933.

[68] Lackner S, Terada A, Smets B F. Heterotrophic activity compromises autotrophic nitrogen removal in membrane-aerated biofilms: Results of a modeling study [J]. Water Research, 2008, 42 (4/5): 1102-1112.

[69] Lackner S, Terada A, Horn H, et al. Nitritation performance in membrane-aerated biofilm reactors differs from conventional biofilm systems [J]. Water Research, 2010, 44 (20): 6073-6084.

[70] Li T G, Liu J X, Bai R B. Membrane aerated biofilm reactors: A brief current review [J]. Recent Patents on Biotechnology, 2008, 2 (2): 88-93.

[71] Campo G, Cerutti A, Zanetti M, et al. Membrane aerated biological reactors (MABRs) to enhance the biological treatment process at a WWTP [J]. Journal of Environmental Management, 2024, 371: 122921.

[72] Lu D W, Bai H, Kong F G, et al. Recent advances in membrane aerated biofilm reactors [J]. Critical Reviews in Environmental Science and Technology, 2021, 51 (7): 649-703.

[73] Kinh C T, Suenaga T, Hori T, et al. Counter-diffusion biofilms have lower N_2O emissions than co-diffusion biofilms during simultaneous nitrification and denitrification: Insights from depth-profile analysis [J]. Water Research, 2017, 124: 363-371.

[74] Siagian U W R, Friatnasary D L, Khoiruddin K, et al. Membrane-aerated biofilm reactor (MABR): Recent advances and challenges [J]. Reviews in Chemical Engineering, 2024, 40 (1): 93-122.

[75] Tian H L, Zhang H M, Li P, et al. Treatment of pharmaceutical wastewater for reuse by coupled membrane-aerated biofilm reactor (MABR) system [J]. RSC Advances, 2015, 5 (85): 69829-69838.

[76] Feng Y J, Tseng S K, Hsia T H, et al. Aerated membrane-attached biofilm reactor as an effective tool for partial nitrification in pretreatment of anaerobic ammonium oxidation (ANAMMOX) process [J]. Journal of Chemical Technology & Biotechnology, 2008, 83 (1): 6-11.

[77] Li X J, Sun S, Badgley B D, et al. Nitrogen removal by granular nitritation-anammox in an upflow membrane-aerated biofilm reactor [J]. Water Research, 2016, 94: 23-31.

[78] Sanchez-Huerta C, Fortunato L, Leiknes T, et al. Influence of biofilm thickness on the removal of thirteen different organic micropollutants via a membrane aerated biofilm reactor (MABR) [J]. Journal of Hazardous Materials, 2022, 432: 128698.

[79] 王荣昌，肖帆，赵建夫．生物膜厚度对膜曝气生物膜反应器硝化性能的影响 [J]. 高校化学工程学报，2015，29 (1)：151-158.

[80] 翟心瑜，魏春海，郭绮琪，等．膜曝气生物膜厚度控制研究进展 [J]. 中国环境科学，2024，44 (7)：

3867-3878.

[81] Splendiani A, Livingston A G, Nicolella C. Control of membrane-attached biofilms using surfactants [J]. Biotechnology and Bioengineering, 2006, 94 (1): 15-23.

[82] Aybar M, Perez-Calleja P, Li M, et al. Predation creates unique void layer in membrane-aerated biofilms [J]. Water Research, 2019, 149: 232-242.

[83] 任乐辉，陈姝，王志伟. 无泡曝气膜生物反应器污水处理研究及应用进展 [J]. 水处理技术，2021，47 (11): 18-25.

[84] Lan M C, Li M, Liu J, et al. Coal chemical reverse osmosis concentrate treatment by membrane-aerated biofilm reactor system [J]. Bioresource Technology, 2018, 270: 120-128.

[85] Hou F F, Li B A, Xing M H, et al. Surface modification of PVDF hollow fiber membrane and its application in membrane aerated biofilm reactor (MABR) [J]. Bioresource Technology, 2013, 140: 1-9.

[86] Li P, Zhao D X, Zhang Y G, et al. Oil-field wastewater treatment by hybrid membrane-aerated biofilm reactor (MABR) system [J]. Chemical Engineering Journal, 2015, 264: 595-602.

[87] Chen R F, Zhou Y. Mainstream nitrogen removal in membrane aerated biofilm reactor at minimal lumen pressure [J]. Science of the Total Environment, 2022, 818: 151758.

[88] Dong W Y, Wang H J, Li W G, et al. Effect of DO on simultaneous removal of carbon and nitrogen by a membrane aeration/filtration combined bioreactor [J]. Journal of Membrane Science, 2009, 344 (1/2): 219-224.

[89] Yu C P, Liang Z H, Das A, et al. Nitrogen removal from wastewater using membrane aerated microbial fuel cell techniques [J]. Water Research, 2011, 45 (3): 1157-1164.

[90] Li M, Cao X W, Wu Z Q, et al. Insights on nitrogen and phosphorus removal mechanism in a single-stage membrane aeration biofilm reactor (MABR) dominated by denitrifying phosphorus removal coupled with anaerobic/aerobic denitrification [J]. Journal of Water Process Engineering, 2023, 52: 103583.

[91] Liu R K, Wang Q, Li M, et al. Advanced treatment of coal chemical reverse osmosis concentrate with three-stage MABR [J]. RSC Advances, 2020, 10 (17): 10178-10187.

[92] Carlson A L, He H Q, Yang C, et al. Comparison of hybrid membrane aerated biofilm reactor (MABR) /suspended growth and conventional biological nutrient removal processes [J]. Water Science and Technology, 2021, 83 (6): 1418-1428.

[93] Tian H L, Zhang J S, Zheng Y F, et al. Evaluating the performance of an integrated membrane-aerated biofilm reactor (MABR) system for high-strength brewery wastewater treatment [J]. Environmental Science: Water Research & Technology, 2023, 9 (8): 2053-2064.

[94] Mei X, Ma M Y, Guo Z W, et al. A novel clean and energy-saving system for urea-formaldehyde resin wastewater treatment: Combination of a low-aeration-pressure plate membrane-aerated biofilm reactor and a biological aerated filter [J]. Journal of Environmental Chemical Engineering, 2021, 9 (5): 105955.

[95] Loh C H, Zhang Y, Goh S, et al. Composite hollow fiber membranes with different poly (dimethylsiloxane) intrusions into substrate for phenol removal via extractive membrane bioreactor [J]. Journal of Membrane Science, 2016, 500: 236-244.

[96] Livingston A G. Extractive membrane bioreactors: A new process technology for detoxifying chemical industry wastewaters [J]. Journal of Chemical Technology and Biotechnology, 1994, 60 (2): 117-124.

[97] Manetti M, Tomei M C. Extractive polymeric membrane bioreactors for industrial wastewater treatment: Theory and practice [J]. Process Safety and Environmental Protection, 2022, 162: 169-186.

[98] 任龙飞，徐宇博，邵嘉慧．新型PDMS相转化膜在萃取膜生物反应器中的应用［J］．环境工程，2021，39（07）：133-138.

[99] 戴宁，张晟禹，张凤君，等．萃取膜生物反应器处理苯酚废水的试验研究［J］．环境科学，2008，29（8）：2214-2218.

[100] 曹敬华，郑西来，潘明霞，等．萃取膜生物反应器去除地下水硝酸盐［J］．西安建筑科技大学学报（自然科学版），2006（04）：574-579.

[101] Gede Wenten I，Friatnasary D L，Khoiruddin K，et al. Extractive membrane bioreactor（EMBR）：Recent advances and applications［J］. Bioresource Technology，2020，297：122424.

[102] Emanuelsson E A C，Arcangeli J P，Livingston A G. The anoxic extractive membrane bioreactor［J］. Water Research，2003，37（6）：1231-1238.

[103] Livingston A G，Freitas dos Santos L M，Pavasant P，et al. Detoxification of industrial wastewaters in an extractive membrane bioreactor［J］. Water Science and Technology，1996，33（3）：1-8.

[104] Strachan L F，Livingston A G. The effect of membrane module configuration on extraction efficiency in an extractive membrane bioreactor［J］. Journal of Membrane Science，1997，128（2）：231-242.

[105] 任龙飞．新型选择性渗透萃取膜的制备及其在萃取式膜生物反应器中的应用研究［D］．上海：上海交通大学，2019.

[106] Pavasant P，Dos Santos L M，Pistikopoulos E N，et al. Prediction of optimal biofilm thickness for membrane-attached biofilms growing in an extractive membrane bioreactor［J］. Biotechnology and Bioengineering，1996，52（3）：373-386.

[107] Nicolella C，Garcia Appendini I C，Zhang S F，et al. Control of membrane-attached biofilms in extractive membrane bioreactors［J］. Water Science and Technology，2000，41（4/5）：227-234.

[108] 袁国玉．针对高盐有机废水处理的抗污染萃取膜制备及机理［D］．天津：南开大学，2022.

[109] Wang B X，Tian Y X，Yang T T，et al. Membrane biofouling mitigation via immobilizing AgNPs@ZIF-8 microcapsules on membrane surface for extractive membrane bioreactor［J］. Journal of Environmental Chemical Engineering，2023，11（3）：109899.

[110] Yeo B J L，Goh S，Livingston A G，et al. Controlling biofilm development in the extractive membrane bioreactor［J］. Separation Science and Technology，2017，52（1）：113-121.

[111] Liao Y，Tian M，Goh S，et al. Effects of internal concentration polarization and membrane roughness on phenol removal in extractive membrane bioreactor［J］. Journal of Membrane Science，2018，563：309-319.

[112] Ren L F，Chen R，Zhang X F，et al. Phenol biodegradation and microbial community dynamics in extractive membrane bioreactor（EMBR）for phenol-laden saline wastewater［J］. Bioresource Technology，2017，244：1121-1128.

[113] Sanaeepur H，Hosseinkhani O，Kargari A，et al. Mathematical modeling of a time-dependent extractive membrane bioreactor for denitrification of drinking water［J］. Desalination，2012，289：58-65.

第4章 膜污染及其防控

4.1 膜污染

根据国际纯粹与应用化学联合会（International Union of Pure and Applied Chemistry，IUPAC）的定义，膜污染是指在膜过滤过程中，原污水中的悬浮物或溶解性物质在膜表面、膜孔开口及膜孔内部吸附或沉积，引起过滤阻力增大和膜过滤性能变差的现象[1]。膜污染的形成是一个从膜孔内部到膜外部的渐进过程，在膜生物反应器运行时，混合液一旦与膜接触，膜污染就会发生。造成膜污染的物质称为膜污染物，按性质可分为无机污染物、有机污染物和微生物污染物，这些污染物可单独与膜作用引起膜污染，也可以相互影响共同造成膜污染。膜污染物的特性直接决定了膜污染的性质以及膜污染的控制与清除方法。

膜污染是限制膜生物反应器进一步发展和应用的最具挑战性的问题之一。随着膜生物反应器运行时间的延长，膜污染不可避免地降低膜过滤性能，影响膜使用寿命和系统运行的稳定性，频繁清洗或更换污染膜会进一步增加运行成本和能耗。自膜生物反应器早期发展以来，膜污染机理及膜污染控制就一直是该领域的研究重点，只有当膜表面及膜孔内部发生的污染现象得到充分理解时才能以此为理论依据实施更有效的控制和缓解膜污染的技术与措施。

4.1.1 膜污染的分类及特性

4.1.1.1 根据膜污染物的性质分类

（1）无机污染

膜生物反应器中的无机污染是指水中某些无机离子在膜表面或膜孔内形成沉淀，从而导致的膜污染。这些无机离子包括阳离子 Ca^{2+}、Mg^{2+}、Fe^{3+} 和 Al^{3+} 等，以及阴离子 SO_4^{2-}、PO_4^{3-}、CO_3^{2-} 和 OH^- 等[2]。这些离子形成的沉淀主要包括金属盐，如碳酸钙、硫酸钙、硫酸镁和磷酸钙等，金属氢氧化物和金属氧化物等。

无机污染的本质是由无机物的化学沉淀和/或无机-有机复合物的生物沉淀产生的。虽然适量的金属离子（例如钙离子浓度为 280mg/L）可以通过对胞外聚合物的阳离子架桥作用增强生物絮凝，从而有利于控制和改善生物污染。但是，当钙离子浓度过高（如达到 800mg/L）时，会显著增加膜生物反应器混合液中的无机沉淀物的含量，进而增加膜的无机污染[3]。在采用微滤或超滤膜生物反应器处理高含盐化工废水、垃圾渗滤液时常发生无机污染，应引起足够的重视。

膜的无机污染是一个复杂的过程，主要涉及结晶和流动传输两种机制。这两种机制在无机污染形成过程中的主导地位由水力学操作条件决定。无机污染通过体积结晶和表面结晶两种途径形成[4]。在体积结晶过程中，溶解性无机盐类在浓差极化作用下容易在膜表面富集，一旦浓度超过该无机盐溶解度的极限就会在膜表面及膜孔内壁发生沉淀，导致膜孔闭塞或膜孔通道堵塞。针对此类污染，需要根据污染物成分使用专门的酸、碱和螯合剂等化学药剂进行清洗去除。表面结晶则是溶液中的黏土类无机胶体杂质等通过对流作用输送到膜表面后发生的沉积[4]。黏土类无机胶体杂质主要参与滤饼层的形成。表面结晶造成的无机污染随操作压力的增加而增加，但随着流经膜表面流体流速的加快而降低。黏土类无机胶体杂质与膜表面之间的吸附性能不强，容易通过水力冲刷和曝气冲刷去除。

无机污染是膜过滤工艺在水处理应用中影响产水率的主要因素。特别是在纳滤和反渗透工艺中，当溶液中的盐浓度超过其溶解度极限并形成沉淀时，无机污染显著影响滤液的回收率。因此，原水在进行纳滤和反渗透之前，通常需要通过预处理来控制无机污染的形成，以确保纳滤和反渗透过程的顺利运行。例如，使用强酸（H_2SO_4 或 HCl）降低原水的 pH 值，使 $CaCO_3$ 沉淀转化为 $Ca(HCO_3)_2$ 和 CO_2；也可以加入阻垢剂，或采用微滤或超滤，防止无机污染在纳滤和反渗透膜表面形成。

(2) 有机污染

膜生物反应器中的有机物主要包括原废水本身含有的有机物，以及微生物代谢过程中产生的高分子聚合有机物，例如胞外聚合物（excellular polymeric substances，EPS）、溶解性微生物产物（soluble microbial products，SMP）和透明胞外聚合颗粒物（transparent exopolymer particles，TEP）[5]。由于废水中的有机物能通过微生物降解去除。因此，膜生物反应器中的有机污染主要是指由胞外聚合物、溶解性微生物产物以及透明胞外聚合颗粒物等通过物理或化学结合的方式附着在膜孔内或沉积在膜表面，增加过滤阻力、降低膜过滤性能的现象。

在膜生物反应器中，胞外聚合物和溶解性微生物产物对滤饼层的形成与发展具有显著影响。溶解型胞外聚合物和溶解性微生物产物在膜表面形成的凝胶层引起的特别过滤阻力几乎是絮状污泥形成的滤饼层造成的特别滤饼阻力的 100 倍[6]。溶解型胞外聚合物、溶解性微生物产物和透明胞外聚合颗粒物的主要成分为多糖和蛋白质，这两种成分分别含有亲水性基团和憎水性基团，能分别在亲水膜和憎水膜的表面或膜孔内壁形成高黏度的水合凝胶层，从而引发严重的有机污染[7-9]。膜吸附溶解型胞外聚合物、溶解性微生物产物和透明胞外聚合颗粒物后，表面性质变得更容易吸附微生物，这些物质中所含的多糖类物质也为附着在其表面的微生物提供生长繁殖所需的营养物质。随着微生物的不断增殖，微生物及其分泌的高分子有机聚合物共同形成难以去除的生物污染[10-12]，同时也促使絮状污泥因较强的沉积倾向在膜表面逐渐形成污泥滤饼层，导致较高的过滤阻力[13]。膜的有机污染随着溶解型胞外聚合物、溶解性微生物产物和透明胞外聚合颗粒物含量的增加变得更加严重[14]。

1）胞外聚合物

胞外聚合物是微生物利用水中的溶解性有机物合成并在细胞外分泌产生的复杂高分子有机聚合物，其分子量通常＞10000，具有动态双层结构[15]。胞外聚合物对微生物聚集体的物理化学性质产生显著影响，主要影响它们的表面电荷、结构、沉降性、絮凝性和吸附能力等[16]。胞外聚合物包含多糖、蛋白质、氨基酸、腐殖酸、核酸和脂类等多种成分，其中蛋白质和多糖是主要成分。研究中，通常以葡萄糖为标准物，采用苯酚-硫酸法测定多糖含量[17]，以牛血清白蛋白（bovine serum albumin，BSA）为标准物，采用福林-苯酚比色法定量分析蛋白质的含量[18]。在膜生物反应器系统中，胞外聚合物被认为是主要的膜有机污染物，它们与其他所有污染物都有多重相互作用。蛋白质表现出疏水性，而多糖具有亲水性，这意味着如果使用亲水性膜，胞外聚合物中的多糖组分比蛋白质组分更容易导致膜污染[19]。

根据在细胞外的分布特点，胞外聚合物分为结合型胞外聚合物（bound EPS，bEPS）和溶解型胞外聚合物（soluble EPS，sEPS）。这两种形式的胞外聚合物对絮状污泥的结构和性质的影响与对上清液的组成和性质的影响不同，从而导致对絮状污泥和上清液造成的膜污染机制存在显著差异。

① 结合型胞外聚合物。结合型胞外聚合物的特征在于其能够存在于微生物细胞表面，促进微生物聚集体的形成，从而改变微生物聚集体的絮凝能力、表面电荷、疏水性和污泥黏度，进而对膜污染产生影响。

结合型胞外聚合物分为紧密结合型和松散结合型两种类型。紧密结合型胞外聚合物（tightly bound EPS，TB-EPS）位于微生物细胞表面，各种大分子物质排列紧密且与细胞壁结合牢固，不易脱落，主要通过影响活性污泥絮体的结构和性质来影响膜污染。而松散结合型胞外聚合物（loosely bound EPS，LB-EPS）以松散状态附着在活性污泥絮体外层，具有一定的流动性，能够向周围环境扩展，影响污泥的絮凝、脱水和沉降等性能。在某些情况下，松散结合型胞外聚合物还可以与污泥絮体分离，进入上清液成为溶解型胞外聚合物的一部分，影响上清液中的溶解性物质的成分和含量。

结合型胞外聚合物含有多种官能团，包括羟基、羧基、磺基、磷酸基和酚基等带电基团，以及蛋白质中的脂族和芳香族等极性基团[20]。这些官能团的存在使得胞外聚合物同时具备疏水和亲水特性，胞外聚合物中的疏水组分与亲水组分的比例在膜污染的形成中起着重要作用。在膜生物反应器中，胞外聚合物中的蛋白质（疏水性）与多糖

(亲水性) 的比例直接影响膜污染的程度，尤其是影响滤饼层的形成。通常认为，结合型胞外聚合物中蛋白质含量越高，污泥的疏水性越强，这有助于改善污泥的絮凝和沉降性能。而当污泥中的胞外多糖含量过高时，污泥的絮凝性、沉降性以及脱水性都会变差。

② 溶解型胞外聚合物。溶解型胞外聚合物通常是由微生物在废水处理过程中产生的可溶性有机聚合物，是造成膜污染问题的最重要的有机污染物之一[21]。溶解型胞外聚合物的存在增加了混合液的黏度和过滤阻力，还直接影响膜的过滤性能。尽管与污泥浓度相比，膜生物反应器中的溶解型胞外聚合物浓度较低，但溶解型胞外聚合物一直被认为是一种主要的膜污染物，容易以吸附的形式在膜表面积累，形成薄而致密的黏膜状凝胶层，或吸附在膜孔内壁缩小膜孔径甚至堵塞膜孔。由胞外聚合物形成的膜污染为不可逆，难以通过反冲洗去除。在恒定膜通量过滤模式下，溶解型胞外聚合物的积累会引起跨膜压差的上升。研究显示，废水中的溶解型胞外聚合物对膜污染的贡献占总过滤阻力的 50%～75%[22]。

多糖是溶解型胞外聚合物的主要成分，带负电荷，分子量从几千到几百万不等。多糖的主要官能团为羧基（COO—）和羟基（—OH)，这些官能团赋予了多糖极强的亲水性和黏附特性。多糖通过在膜表面黏附引起严重的膜污染，从而导致膜通量降低。此外，多糖还能引起膜表面性质的改变，影响膜表面的流动状态，使膜表面更容易吸附微生物及其他污染物，造成严重的有机物污染和生物污染。

2) 溶解性微生物产物

溶解性微生物产物是在底物降解和微生物代谢过程中产生并释放到混合液中的有机化合物。溶解性微生物产物的主要成分为多糖、蛋白质和腐殖质。根据分子量，溶解性微生物产物分为低分子量和高分子量两类。低分子量溶解性微生物产物通常为多肽类物质；而高分子量溶解性微生物产物以多糖和蛋白质为主。根据其来源，溶解性微生物产物可以分为底物利用相关产物（utilization-associated products，UAP）和生物量相关产物（biomass-associated products，BAP）两类。底物利用相关产物主要为微生物利用底物进行生长或能量代谢时释放的酶、代谢中间产物（有机酸）或代谢终产物（二氧化碳)。而生物量相关产物则主要来源于微生物内源呼吸或微生物自然衰亡过程，通常为高分子难降解有机物[23, 24]。溶解性微生物产物不仅能抑制微生物代谢活性，对生化反应产生毒性，而且还能与某些金属进行螯合。

研究发现，溶解性微生物产物在本质上与溶解型胞外聚合物相似，都是造成膜生物反应器膜污染的重要有机污染物[25]。它们对膜污染的贡献高于混合液悬浮固体、结合型胞外聚合物和胶体。与紧密结合型胞外聚合物相比，溶解性微生物产物更容易渗透到污泥絮体的孔隙和膜孔中，从而导致更严重的膜污染。溶解性微生物产物对膜生物反应器膜污染的影响取决于其浓度、膜材料和操作模式。这表明，控制溶解性微生物产物的浓度是控制膜生物反应器膜污染的关键。溶解性微生物产物中的低分子量有机物和多糖类物质可作为外源有机碳被微生物利用并降解，不易在污泥停留时间较长的膜生物反应器内积累。因此，溶解性微生物产物的浓度随着污泥停留时间的增加而降低，而且在较低溶解氧浓度下可观察到较高的溶解性微生物产物浓度[26]。

3）透明胞外聚合颗粒物

透明胞外聚合颗粒物是以离散粒子形式存在的具有黏性的有机微凝胶，由藻类和细菌通过对溶解性有机物的生物利用直接产生，也可由微生物的黏性分泌物和溶解性有机物通过非生物途径形成[27,28]。也有学者认为透明胞外聚合颗粒物是水中一类具有特殊自由形态的胞外聚合物，可与微生物分泌的固定型胞外聚合物和溶解型胞外聚合物进行相互转化[29,30]。

透明胞外聚合颗粒物的主要成分为酸性多糖，其他成分还包括蛋白质、腐殖酸、氨基酸和金属等[7]。由于透明胞外聚合颗粒物具有黏附有机物和有机质的功能，因此能促进有机物和微生物通过吸附、黏合和凝聚等过程形成黏性聚集体[31]。透明胞外聚合颗粒物能促进微生物的附着、生长和增殖，在水生生物膜的形成及早期发育阶段发挥重要作用，是造成海水淡化厂和水处理厂严重膜污染的主要原因[32,33]。研究显示，透明胞外聚合颗粒物与反渗透、超滤、微滤和膜生物反应器运行中膜污染的形成密切相关。

(3) 生物污染

对于处理废水的膜生物反应器来说，生物污染是指由微生物及其絮凝体在膜表面及膜孔内壁上沉积、生长和代谢而引发的膜污染[26,34]。生物污染的形成分两步进行：首先，单个微生物细胞在过滤初期附着于膜表面或膜孔内，随后细胞增殖并形成生物膜[35,36]，堵塞膜孔，降低膜的渗透能力。由于膜生物反应器本质上属于生物处理系统，因此，以微生物及其絮凝体为主要成分的生物污染是难以避免的。研究显示，生物污染在膜生物反应器运行过程中占有重要地位，在总膜污染中的占比和影响程度受多种因素制约。例如，透明胞外聚合颗粒物及其前体对水生生物膜的早期形成和膜生物污染具有潜在促进作用[37]。生物污染不仅会破坏膜结构的完整性，导致不可逆膜损伤，而且可能导致系统故障，增加运营和维护成本。

在膜分离过程中，微生物分泌的胞外聚合物在膜表面形成的凝胶层对微生物在膜表面的不可逆附着起着重要作用，并在营养物质充足的条件下促进微生物的生长和增殖，最终形成生物膜。胞外聚合物中的多糖和蛋白质等成分，被认为可以通过机械交联作用增强生物膜的稳定性，防止其从膜表面脱落。随着微生物总量的增加，微生物分泌的多糖增加，进一步促进蛋白质、多糖和生物颗粒的附着，并在膜表面形成滤饼层，进而将有机污染转化为生物污染。通常认为有机污染和生物污染同时发生，并通过相互作用引发更加严重的膜污染。因此，研究者在探索控制膜污染的策略时会同时关注有机污染和生物污染。

在膜生物反应器长期运行过程中，生物污染的发生导致跨膜压差升高（在恒定膜通量过滤模式下）或膜通量降低（在恒定跨膜压差过滤模式下）。生物污染属于不可逆膜污染，无法通过物理清洗去除，通常采取预消毒或化学清洗来预防生物污染的发生。

4.1.1.2　根据膜污染形成的位置分类

(1) 膜孔堵塞污染

膜孔堵塞污染是指在过滤过程中，胶体、溶质大分子和小分子有机物、微生物等随滤液通过膜孔时导致膜孔通道变窄或堵塞[2]，从而引起膜孔阻力增加和膜过滤性能降低的现象。膜孔堵塞污染分为 3 种类型：机械堵塞污染、吸附污染和架桥污染。膜生物反应器中混合液悬浮固体和上清液的性质和浓度以及膜孔结构是影响膜孔堵塞程度的重要因素。

机械堵塞污染是由颗粒物质直接堵塞膜孔引起的膜污染现象。根据颗粒物质与膜孔径的相对大小，膜孔堵塞可以进一步分为完全膜孔堵塞和部分膜孔堵塞，如当颗粒物粒径大于或等于膜孔径时，会发生完全膜孔堵塞；而当颗粒物粒径小于膜孔径时，则可能发生部分膜孔堵塞。

膜孔吸附污染是由于溶解型胞外聚合物和溶解性微生物产物等高分子有机物进入膜孔后，吸附在膜孔内壁上，导致膜孔径逐渐变小，从而引起膜过滤性能下降的现象。膜孔内吸附污染通常发生在过滤初期，属于不可逆污染，可以通过化学清洗部分去除。

架桥污染是指污染物在膜表面形成滤饼层的同时，污染物之间因架桥作用在膜表面形成一层连续的桥状结构，这种结构可以跨越膜孔，全部或部分堵塞膜孔在膜表面的开口，从而阻碍物质的通过。

(2) 膜表面污染

膜表面污染主要分为两种类型：凝胶层污染与滤饼层污染。凝胶层污染是指在膜过滤过程中，由于胶体、溶解性微生物产物和胞外聚合物等高黏性有机物在膜表面的吸附作用而形成的结构紧密的污染层[38]。凝胶污染层直接附着在膜表面，具有厚度非常薄、结构致密和孔隙率低的特点。污染物形成凝胶层后，能够继续吸附微生物和其他物质，进一步加剧膜污染。滤饼层污染是指在膜过滤过程中，粒径大于膜孔径的污染物（如污泥絮体）被膜表面截留而形成的污染层。

相较于凝胶层，滤饼层结构较疏松。当使用气-液两相流冲刷被污染的膜表面时，能够被直接冲洗掉的污染层即为滤饼层，而留在膜上的部分则是凝胶层。

膜表面污染不仅影响了膜的过滤效率，还可能对整个系统的运行稳定性和可靠性产生负面影响。因此，了解和掌握膜表面污染的类型及其形成机制，对于提高膜过滤系统的性能和延长其使用寿命具有重要意义。

在膜分离过程中，膜污染导致滤液通过膜孔时遇到一定的阻力，在这种阻力的阻碍下，膜通量（恒定跨膜压差模式下）会下降或跨膜压差（恒定膜通量模式下）会升高。这种阻力称为过滤阻力，包括膜孔阻塞阻力和滤饼阻力，这两种阻力与膜本身的阻力之和为过滤总阻力。图 4-1 展示了在膜不同位置形成的膜污染与过滤阻力之间的关系。定量分析各种膜污染引起的阻力及其对总阻力的贡献可以明确膜污染机理，从而有助于实施有效的膜污染控制措施。

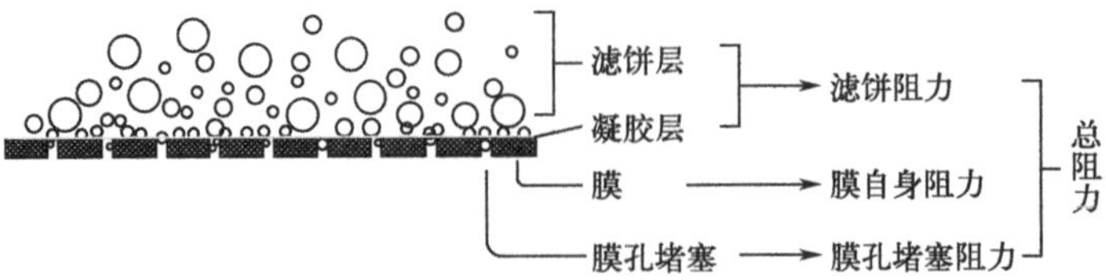

图 4-1 膜生物反应器中膜污染与阻力的关系

4.1.1.3 膜污染的可逆性

(1) 可逆膜污染

可逆膜污染是指可以通过物理清洗方法（如反冲洗、擦洗）去除的膜污染[39]。可逆膜污染属于非永久性污染，具有较高的水力可逆性。在膜生物反应器运行中，通常认为以下几种情况是由可逆膜污染引起的：a. 膜表面松散附着的污泥絮体形成的滤饼层所导致的膜污染；b. 颗粒物机械堵塞膜孔造成的膜污染[40]。

由可逆膜污染导致的过滤阻力称为可逆阻力。可逆膜污染越严重，可逆阻力越高。当可逆阻力严重影响到膜过滤效率，导致出水水质不达标时，就需要对膜进行物理清洗。在膜生物反应器正常运行中进行的膜表面的气-液冲刷、周期性水力反冲洗等物理清洗，能有效去除可逆膜污染。通过物理清洗，由可逆膜污染引起的膜通量衰减或跨膜压差升高的问题可以得到一定程度的恢复。然而，由于可逆膜污染往往伴随着不可逆膜污染，因此在进行几个周期的物理清洗后还需要对膜进行化学清洗，目的是最大程度地恢复膜的过滤性能。

(2) 不可逆膜污染

不可逆膜污染是指那些不能通过周期性物理清洗去除的膜污染。在膜生物反应器运行过程中，不可逆膜污染主要由溶解性有机污染物（如胞外聚合物）和微生物污染物与膜表面或膜孔内壁的强烈吸附引起，随着这些污染物的积累，膜的有效孔径显著缩小[41,42]。不可逆膜污染无法通过物理清洗有效去除，只能通过化学清洗部分去除。由不可逆膜污染造成的过滤阻力被称为不可逆阻力。当不可逆阻力达到临界值时，需要对膜进行在线或离线化学清洗，以保证有效的出水水质和出水量；如果不可逆膜污染严重到化学清洗都不能有效恢复膜过滤性能时就需要更换新的膜。

4.1.2 膜污染机理

4.1.2.1 恒定膜通量过滤模式下的膜污染机理

大多数膜生物反应器在恒定膜通量过滤模式下运行，既确保了出水量的稳定性，又能根据跨膜压差的变化直观反映出膜污染的发展。在恒定膜通量模式下，膜污染的发展呈现典型的阶段性特征[43,44]。

在膜生物反应器运行初期，膜污染以溶解型胞外聚合物和溶解性微生物产物在膜表面和膜孔内的吸附性污染为主。与此同时，粒径小于膜孔径的胶体等物质直接进入膜孔并吸附到膜孔内壁，随着污染物的积累，吸附层逐渐加厚，造成滤液通过的膜孔通道变窄[8]；而粒径大于或等于膜孔径的胶体等物质沉积在膜表面形成薄而致密的凝胶层，堵塞膜孔在膜表面的开口。这一时期发生的膜污染具有不可逆性，而且在较短时间内，过滤阻力显著增加，跨膜压差呈指数级升高。

随着过滤的进行，形成凝胶层的胞外聚合物等促使微生物在膜表面积累，具有截留作用的滤饼层开始形成，膜污染速率开始变缓，跨膜压差升高速率变慢。当膜表面形成的滤饼污染层达到一定厚度时，滤饼层对小粒径污染物（如胞外聚合物和胶体等）的截留作用，对膜污染的控制起到积极作用。此时，滤饼层的厚度受到两方面因素的影响：一方面，通过滤液抽吸泵等设备产生的过滤曳力，促使污染物随滤液一起向膜表面附着，增加了滤饼层的质量和厚度；另一方面，气-液冲刷或混合液错流产生的剪切力减少污染物在膜表面的附着量，从而减少滤饼层的质量和厚度。在这两方面因素的共同作用下，滤饼层的厚度始终保持在一个动态平衡状态，这使得过滤阻力在较长的时间内保持相对稳定。这一阶段也是膜生物反应器稳定运行的关键时期，表现为跨膜压差在较长时期内以非常缓慢的速率线性上升甚至稳定不变。膜通量是影响这一时期的膜污染进程的重要因素。当膜通量较低时，膜污染速率较慢或保持不变，膜生物反应器能在较长的时间内稳定运行。而且研究显示，低膜通量过滤时的膜表面污染层的截留性能高于高膜通量[42]。

膜生物反应器在长期运行后，滤饼层内部截留的胞外聚合物、溶解性微生物产物和胶体等物质的占比逐渐增加，在过滤曳力的作用下滤饼层逐渐被压实，滤饼层的孔隙减小，导致粒径更小的颗粒物通过滤饼层进入膜孔内，在膜孔深处形成不可逆堵塞，引发跨膜压差呈现指数级增长。

当膜生物反应器出现跨膜压差跳跃时，就需要对膜进行化学清洗来降低跨膜压差或恢复膜通量。如果膜污染严重到化学清洗也不能有效恢复其过滤性能时，则需要更换新的膜组件以保证膜生物反应器的正常运行。

4.1.2.2 恒定跨膜压差模式下的膜污染机理

膜生物反应器在恒定跨膜压差模式下运行时，膜通量在过滤初期因膜污染迅速下降，然后随着膜污染速率逐渐减慢直至稳定，膜通量下降速率也变缓直至稳定。在膜通量快速下降阶段，膜污染以溶解型胞外聚合物和溶解性微生物产物造成的不可逆污染为主。由于气-液冲刷作用，污泥絮体和胶体颗粒在膜表面的附着量较低，不会对膜表面污染层的结构产生显著影响。随着污泥絮体和胶体颗粒在膜表面沉积量的增加，膜污染逐渐转变为以可逆污染为主，表现为膜污染速率降低，膜通量下降速率变缓。当推动滤液通过膜孔的过滤曳力和使污染物反向运动的作用力达到平衡时，污泥絮体和胶体颗粒在膜表面的沉积量基本保持不变，膜污染不再增加，基本保持稳定[40]。

4.1.2.3 非恒定膜通量和非恒定跨膜压差模式下的过滤机理

尽管大多数研究主要关注膜过滤在恒定通量模式或在恒定跨膜压差模式下的应用，

并对这两种过滤模式进行了深入研究，提出了相应的膜污染机理。然而，也有研究指出，在膜生物反应器运行过程中膜通量和跨膜压差会同时发生变化，即出现跨膜压差不断升高的同时膜通量不断下降的现象，这对传统膜污染模型的适用性提出了新的挑战。例如，采用厌氧-缺氧-好氧膜生物反应器进行脱氮除磷研究时发现，反应器在210d的运行期间内，跨膜压差缓慢增加到80kPa，与此同时，膜通量从17L/(m^2·h) 略降至16.8L/(m^2·h)[45]。类似地，限氧膜生物反应器运行197d内，进行了4个过滤周期，膜通量在每个膜过滤周期中均从14L/(m^2·h) 下降到9L/(m^2·h)，同时伴随着跨膜压差的升高，以及总过滤阻力的增加[46]。

研究发现，在蠕动泵转动产生的过滤曳力作用下，海藻酸钠单独在曝气条件下以及在曝气和粉末活性炭条件下的微滤过程中，随着膜污染的形成，膜通量下降和跨膜压差升高同时发生，而当膜污染不再发生变化时膜通量和跨膜压差同时不再发生变化[47,48]。而且蠕动泵转速、海藻酸钠浓度、曝气强度以及粉末活性炭的投加量都会影响膜通量下降和跨膜压差升高的趋势。进一步研究显示，蠕动泵转动产生的过滤推动力直接影响膜过滤模式和过滤机理。在低蠕动泵转速控制下，海藻酸钠微滤初期的膜污染机理符合滤饼过滤模型，而微滤后期则接近恒定跨膜压差模式。在高蠕动泵转速控制下，海藻酸钠微滤初期的膜污染更符合完全阻塞模型，而微滤后期则接近恒定膜通量模式[47]。

4.1.3　膜污染的影响因素

膜污染是膜生物反应器在应用中面临的一个几乎不可避免的问题。膜污染不仅直接影响膜生物反应器的性能，还受到多种因素的影响。这些影响因素包括膜的结构与特性、混合液的性质以及运行条件。

4.1.3.1　膜结构与特性对膜污染的影响

(1) 膜孔径

膜生物反应器通常使用的膜为微滤膜和超滤膜，这两种膜基于筛分机理进行固液分离，可以在反应器中保留细菌、胶体和几乎所有的悬浮固体[43,49]。膜孔径和孔隙率是影响膜生物反应器膜污染的重要因素，不同孔径的膜在固液分离过程中表现出不同的膜污染机理。当膜孔径较大时，小于膜孔径的溶质和有机物等污染物更容易进入膜孔内部，主要通过在膜孔内的吸附导致不可逆膜污染的急剧发展[50]。而孔径较小的膜对相同成分的污染物具有更高的截留率，大于膜孔径的污染物更易被截留在膜表面，虽然在过滤初期产生的滤饼阻力更大，但是在整体过滤期间，总过滤阻力并不高。这是因为形成的滤饼层起到了截留胶体和大分子物质的作用，从而降低了这类污染物堵塞膜孔开口和在膜孔内引起不可逆吸附污染的可能性。其次，在孔径较小的膜表面形成的滤饼层可逆性更高，更容易通过水力冲刷去除。

研究膜孔径对颗粒污染物在终端微滤过程中膜污染的影响时，发现平均粒径为0.15μm的聚甲基丙烯酸甲酯颗粒在膜孔径为0.4μm的微滤膜中的堵塞指数高于膜孔径为 0.2μm 的微滤膜[51]。而在低压力下过滤天然有机物时，微滤膜生物反应器中的膜通量下降趋势比超滤膜生物反应器更明显[52]。在相同操作条件下，孔径为 0.4μm 的微滤膜需要更频繁的清洗，而孔径为 0.08μm 的超滤膜则表现出更好的抗污染能力。研究还指出，微滤膜污染主要由亲水性大分子和有机胶体引起的膜孔堵塞造成，而超滤膜通量的下降则是由膜表面形成的凝胶层所致。此外，膜孔径较小的乙酸丁酸纤维素中空纤维膜在间歇过滤测试中的膜污染趋势小于膜孔径较大的膜[53]。这主要是因为膜生物反应器中的主要污染物（如溶解性有机物、胞外聚合物和悬浮固体颗粒）的粒径通常大于超滤膜孔径，这些物质会在超滤过程中沉积在膜表面形成滤饼层。

由筛分机理可知，当污染物尺寸与膜孔径相近时，更容易导致膜孔部分或全部堵塞。由此可见，大孔径膜在过滤初期表现出的较高的膜通量和较低的滤饼阻力是以污染物在膜孔内的吸附为代价的。而且研究也发现，孔径较大的膜虽然在运行初期膜通量较大，但随着过滤的进行，大孔径滤膜出现更快速的膜通量衰减，经过长期运行后膜通量逐渐与较小孔径滤膜的膜通量趋于一致。

然而，也有许多研究报道了膜孔径与膜污染之间存在着相反的关系。例如，采用聚偏氟乙烯和聚醚砜中空纤维超滤膜进行活性污泥过滤实验的研究发现，膜孔径越小，膜污染程度越高[54]。在浸没式膜生物反应器中使用不同孔径（0.03μm、0.1μm 和 0.3μm）的聚偏氟乙烯平板膜进行过滤实验时发现，大孔径的聚偏氟乙烯膜能够显著降低膜污染，而且过滤阻力随膜孔径的增大而急剧下降[55]。其他类似的研究也报道了膜污染程度随着膜孔径的增大而减小的现象[43, 56]。

通过对这些研究的综合分析可知，膜孔径并非唯一影响膜生物反应器工艺中膜污染的因素。膜污染行为可能受到膜表面化学性质、膜表面形态、膜的亲疏水性以及混合液化学性质等复杂因素的影响[43]，应综合分析和考虑这些因素才能全面了解膜污染行为和机理。例如，在研究膜生物反应器中不同有机聚合物膜的膜孔径与膜污染之间的关系时，发现聚偏氟乙烯膜的膜孔径越大，膜污染程度越轻；而醋酸丁酸纤维素膜的膜污染倾向则随着膜孔径减小而降低[53]。这表明，不同材料制成的膜在减少膜污染方面具有不同的最佳膜孔径。因此，在设计和运行膜生物反应器时，选择合适的膜孔径对于优化系统性能、确保高效稳定运行至关重要。

(2) 膜表面粗糙度

膜表面粗糙度也会对膜生物反应器中的膜污染具有一定的影响。研究表明，表面不平整且粗糙度较高的膜更容易受到污染[57]，而表面光滑的膜在过滤过程中通常表现出较低的不可逆污染和较高的膜通量。这是因为粗糙的膜表面提供了更大的比表面积，增加了污染物和膜之间的接触机会，从而提高了膜表面吸附污染物的可能性，容易导致胶体颗粒在膜表面形成吸附累积，增加过滤阻力，进而导致膜通量降低和清洗恢复困难。而且粗糙的膜表面的凹谷为废水中的胶体颗粒物提供了更多的累积场所[58]，导致胶体颗粒在凹谷中堵塞，进而加剧了粗糙膜表面的污染程度[59]。为了深入了解胶体污染与膜表面形态结构关系，Vrijenhoek 等[59] 采用 4 种芳香族聚酰胺薄膜复合反渗透膜和纳滤膜研究了膜特性对膜污染率的影响，研究结果表明，这些反渗透膜和纳滤膜的胶体污染与膜表面粗糙度直接相关，与物理和化学操作条件无关。原子力显微镜图像清楚表明，在膜污染初期，胶体颗粒优先积聚在粗糙膜的凹谷中，在粗糙膜上沉积的颗粒比在光滑膜上沉积的颗粒多，导致更严重的膜通量下降。

此外，粗糙的膜表面也具有一定的抗污染优势。表面粗糙的膜通过增加膜表面的扰动程度，有利于保持滤饼层的动态平衡，从而阻止污染物在膜表面的进一步吸附和沉积。研究发现，用醋酸丁酸纤维聚合膜进行海藻酸钠和腐殖酸的过滤后，膜表面突起的顶部保持清洁，而污染物主要在突起之间的凹谷中积聚，而且通过反冲洗，膜通量的恢复性也较高[60]。这表明，尽管粗糙的膜表面会增加膜污染的倾向，但是外表面凸起较多的膜可能会将污染物困在凹谷中，使膜具有更高的防污染性能。

由此可知，膜表面粗糙度是通过以上两方面的综合作用影响膜通量，需要根据实际情况确定其对膜污染的具体影响。在膜生物反应器中，吸附性污染是膜分离过程中需要重点防护的对象。表面光滑的膜在过滤过程中不易被污染，可以在一定程度上延缓不可逆膜污染的发生和发展。因此，在实际应用时，通常根据具体情况选择表面光滑的膜。对于表面粗糙的膜，可以通过亲水薄膜涂覆和亲水性单体介质改性等方法降低膜表面的粗糙度，使膜表面更加光滑，从而改善流体在膜表面的扰动程度，进一步控制膜污染[61]。

(3) 膜的对称性

对称膜的膜孔结构不会随膜孔的深度而发生变化。这意味着污染物一旦透过膜表层，就会滞留在微孔中，难以通过水力冲刷等物理作用去除。因此，对称膜的抗污染能力较弱，且膜通量较低。

相比之下，不对称膜或复合膜在膜厚度方向上展现出不对称性结构，这两种膜通常包括一个致密皮层和一个或多个多孔支撑层。膜致密皮层的孔径远小于支撑层的微孔结构，在过滤时，污染物主要被致密皮层截留，而不是穿透皮层后滞留在内部的微孔中，从而避免了膜孔堵塞。此外，污染物在膜表面或膜孔中的聚集可以通过切向水流或水力反冲洗被有效清除，从而恢复膜的过滤性能。因此，不对称膜和复合膜具有较高的膜通量、优良的分离性能和强大的抗污染能力。即使不对称膜和复合膜的外表面被污染，也能通过反冲洗较为轻松地恢复其过滤性能。

(4) 膜表面亲/疏水性

膜表面的亲水性和疏水性对膜生物反应器中的膜污染程度有显著影响。一般来说，亲水性膜的抗污染能力更强，更有利于水溶液的过滤，而且膜的亲水性越高，膜污染的可能性越低。例如，在膜生物反应器系统中，疏水性膜在过滤活性污泥和溶解性微生物产物时对多糖和蛋白质的截留率高于亲水性膜，导致膜通量更低[43, 62]。

研究表明，疏水性聚偏氟乙烯膜在过滤过程中，由于蛋白质和微生物等与疏水性膜之间的相互作用，容易发生严重的生物污染，其跨膜压差的增幅远大于孔径相近的亲水性醋酸纤维素膜[54]。此外，聚丙烯腈膜、聚偏氟乙烯膜和聚乙基砜膜的亲水性依次降低，而胞外聚合物与这 3 种膜之间的亲和能力依次增加，说明亲水性最高的聚丙烯腈膜具有最强的抗污染能力，而腐殖酸和富里酸在疏水性较强的聚砜膜上的吸附能力更强[63]。

疏水性膜表面难与水分子发生氢键作用。当疏水性有机物靠近膜表面时，有机物与膜之间存在较强的相互作用，且缺乏水分子层的保护，导致疏水性膜表面容易吸附疏水性有机物而受到污染。这种现象不仅加剧了污染物在膜表面的沉积，还增加了水透过疏水性膜所消耗的能量。在相同跨膜压差运行条件下进行过滤时，疏水性膜的临界通量远低于亲水性膜。膜生物反应器混合液中的疏水性有机物、蛋白质、微生物细胞与膜材料之间发生疏水相互作用，使得疏水性膜受到更为严重的膜污染。

由亲水性材质制作的滤膜，如无机陶瓷膜，通常表现出较强的耐污染能力。这些膜的膜孔内壁和膜表面能够与水分子形成氢键，从而在膜表面形成一层有序的水分子层，该结构被称为平衡水膜。随着膜的亲水性增强，平衡水膜的吸附率会相应提高[64]。当疏水性溶质接近膜表面时，需要消耗一定的能量来破坏水分子层，因此亲水性膜不易受到污染。

尽管亲水性污染物能够参与水分子层的形成并与亲水性膜发生相互作用，但这些物质造成的膜污染具有较大的可逆性，它们对膜的污染速率相对较慢。然而，疏水性膜由于其表面特性，更容易受到不可逆污染的影响，导致膜通量下降。因此，在膜生物反应器选择膜材料时，应优先考虑亲水性较高的膜材料以提高抗污染能力和过滤效率。同时，也可以通过表面改性技术进一步提升疏水性膜的抗污染性能。

(5) 膜表面电荷

膜表面电荷是影响膜污染的重要因素之一。膜表面所带的电荷主要来源于膜表面官能团电离后产生的电荷，或者是膜吸附的带电粒子。例如，带有羧基官能团的膜会因羧基电离而带负电，而含有氨基官能团的膜则会带正电。通常情况下，膜优先吸附水合离子半径更小的阴离子，因此大多数膜表面带有负电荷[58]。这种负电荷会吸引钙、镁等阳离子，从而导致无机污染的发生。

需要注意的是，膜的特性对膜污染的影响并非独立存在，而是各种膜特性之间相互作用的结果，而且，膜与过滤介质之间的相互作用也会影响膜污染潜力。

4.1.3.2　混合液性质对膜污染的影响

在膜生物反应器中，膜污染主要是由混合液中的悬浮固体和上清液造成的。由于混合液性质具有非常高的复杂性，因此在膜生物反应器运行过程中的膜污染呈现出一定的复杂性和多变性。影响膜污染的混合液性质包括污泥浓度、污泥结构、污泥粒径分布、胞外聚合物、亲水性或憎水性以及表面电荷等。

(1) 悬浮固体特性

1) 污泥浓度

在膜生物反应器中，混合液悬浮固体主要通过在膜表面形成滤饼层而导致膜污染。

研究表明，膜生物反应器比较适合的混合液悬浮固体浓度通常在8～12g/L范围内，因为这一浓度范围内的生物量特性较为理想，相应的膜污染程度较低[65,66]。然而，由于不同生物质的性质和操作条件的差异，关于混合液悬浮固体浓度对膜污染影响的研究结果并不一致。例如，研究发现，当混合液悬浮固体浓度从3g/L增加到4.5g/L时膜通量下降了18%[67]。类似地，Trussell等[68]和Katayon等[69]也报道了随着混合液中悬浮固体浓度的增加，膜污染加剧和膜的渗透性降低的趋势。出现这种现象的一个主要原因是混合液悬浮固体中胞外聚合物、溶解性微生物产物和胶体等物质的积累[70]。当混合液悬浮固体浓度增加时，胞外聚合物的多糖和蛋白质浓度也会增加，导致膜的渗透性显著下降，膜的污染率也会上升[71]。

另一方面，混合液的黏性随混合液悬浮固体浓度的提高而增加，也是导致膜污染加剧的重要原因之一。通常，在膜生物反应器中存在一个临界混合液悬浮固体浓度，当膜生物反应器的悬浮固体浓度低于该临界浓度时，污泥黏度保持在较低水平，膜污染程度也较轻。而当污泥浓度高于该临界浓度时，混合液的黏度会随着混合液悬浮固体浓度的增加呈指数级增加，从而显著降低膜的渗透性。

然而，一些研究表明，在某些情况下，混合液悬浮固体浓度对膜污染的影响并不显著。例如，浸没式膜生物反应器中的悬浮固体浓度在2～25g/L范围内变化时对膜污染几乎没有影响[11]。另一项研究结果表明，在保持结合型胞外聚合物浓度和跨膜压差不变的条件下，混合液悬浮固体浓度从4000mg/L增加到10000mg/L时，比滤饼阻力变化不明显[72]。

还有一些研究结果显示，混合液悬浮固体浓度对膜污染的影响是分阶段的。例如，Le-Clech等[65]发现，当混合液悬浮固体浓度从4g/L增加到8g/L时，膜污染不受影响，但当悬浮固体浓度从8g/L增加到12g/L时，膜污染轻微降低。Liu和Sun[73]在研究反硝化颗粒污泥混合液在微滤过程中的膜污染特性时指出，当反硝化颗粒污泥浓度<5g/L时，膜污染随颗粒污泥浓度的增加而减轻；而当颗粒污泥浓度从5g/L增加到13g/L时，膜污染几乎不发生变化。进一步分析指出，当颗粒污泥混合液进行微滤时，颗粒污泥形成的滤饼层对上清液中的胶体和可溶性有机物等有预过滤的作用，从而减少了这类物质引起的膜污染，降低了过滤阻力。当颗粒污泥自身所引起的膜污染、上清液中的胶体和可溶性有机物造成的膜污染以及颗粒污泥对上清液中的有机物等污染物的截留作用达到平衡时，总过滤阻力与特别滤饼阻力将不再随着颗粒污泥浓度变化而发生变化[73,74]。

这些研究表明，尽管混合液悬浮固体浓度在一定范围内对膜污染有显著影响，但由于不同反应器系统处理的污染物种类的多样性，在不同操作条件下污泥特性以及上清液特性表现出的复杂性，不同膜生物反应器在运行过程中，悬浮固体浓度对膜污染的影响呈现多变性。高污泥浓度不一定会造成更严重的膜污染，污泥形态、粒径以及上清液性质等因素也在膜污染的形成过程中起到重要作用。

2）污泥絮体尺寸

在废水生物处理系统中，微生物通过聚集形成污泥絮体，污泥絮体尺寸的大小影响处理水与悬浮固体的分离效果。由于膜能够完全截留污泥絮体并对胶体以及游离细菌具有非常高的截留作用，因此在膜生物反应器中，混合液有时会出现较大粒径和较小粒径同时呈现高浓度分布的现象。

在膜生物反应器中，污泥对膜污染的贡献主要体现为在膜表面形成滤饼层，而污泥絮体的尺寸不仅影响滤饼层中的污泥颗粒之间的相互作用，而且还影响着滤饼污泥与膜表面之间的相互作用。研究显示，小尺寸絮状污泥在膜表面上的黏附能力较强，而且，在膜表面上形成的滤饼层孔隙较小、致密性更强，从而增加了滤饼阻力，导致发生更加严重的膜污染[75, 76]。

对于相似膜表面性质来说，单位质量吸引能的理论计算值与颗粒尺寸的平方成反比[77]。Kozeny-Carman 方程指出，特别滤饼阻力与形成滤饼层的污染物粒径的平方成反比，这一关系在多项研究中得到了证实。胶体类物质和絮状污泥等小粒径物质在接近膜表面时有向膜表面附着形成滤饼层的强烈趋势。这意味着，污泥絮体粒径越小越不利于膜污染的控制，而絮体尺寸越大越有助于减少膜污染[78]。出现这种现象主要是因为较大粒径的污泥絮体在膜表面形成的滤饼层结构比较松散，造成的滤饼阻力也比较小，表现出更高的可滤过性或更长的过滤周期[79]，而且结构疏松的滤饼层更容易通过冲刷等物理清洗方式去除[80]。此外，形成滤饼层的絮体之间的孔隙在膜过滤过程中还能截留混合液中的溶解性有机污染物、胶体类物质以及悬浮微生物，从而缓解这类污染物到达膜表面或进入膜孔内造成的可逆或不可逆污染。

在实际应用中，采用颗粒污泥技术、投加粉末活性炭或沸石等方法提高污泥絮体粒径，可以有效降低膜污染风险并提高处理效率。此外，膜生物反应器运行时，气-液两相流对膜表面的冲刷作用使得小粒径污泥絮体比大粒径污泥絮体更容易沉积在膜表面，在滤饼层中占有更高的比例。

3）污泥形态

生物反应器中的微生物形态包括絮状污泥、附着态污泥和颗粒污泥 3 种类型。研究表明，微生物的生理特性和形态在膜污染的发展过程中起重要作用。例如，Lee 等[81]在对比浸没式膜生物反应器悬浮态污泥和附着态污泥的终端过滤特征时，观察到尽管这两种反应器中的可溶性部分具有相似的特性，但附着生长系统的膜污染率比悬浮生长系统高出约 7 倍。这是因为悬浮态污泥在膜表面形成的滤饼层结构更加松散，通过气-液两相流对膜表面的冲刷作用容易将其去除。

采用浸没式中空纤维膜生物反应器研究不同形态污泥的膜污染行为时，研究结果指出膨胀污泥具有较高的结合型胞外聚合物浓度以及不规则形状，其在膜表面的沉积导致严重的滤饼污染。相比之下，反絮凝污泥的游离态胞外聚合物浓度较高，这些物质沉积在膜上或进入膜孔内，不仅会形成致密的滤饼层，还会导致严重的膜孔堵塞，而正常污泥的膜污染倾向相对较弱[82]。

Liu 和 Sun[83] 的研究指出，在恒定跨膜压差为 80kPa 的条件下，平均粒径为 190μm 和 220μm 的反硝化颗粒污泥悬浮固体在进行微滤时，膜通量分别是相同浓度的平均直径为 120μm 的絮状反硝化污泥的 2.35 倍和 9.4 倍。这一现象表明，颗粒污泥因其较大的粒径和较强的抗压缩性等优点，在微滤过程中形成的滤饼层有更多的孔隙，从而降低膜污染强度。此外，颗粒污泥形成的滤饼层对胶体和溶解型胞外聚合物的截留作用比絮状污泥更为显著，能有效通过颗粒污泥滤饼层预过滤去除胶体、溶解型胞外聚合物和细颗粒物等，降低膜污染强度。然而，随着颗粒污泥粒径的增大，形成滤饼层的反硝化颗粒污泥之间的孔隙增大，对胶体和细颗粒物的预过滤作用会有所下降。

(2) 上清液

上清液作为混合液中的液相部分，在膜生物反应器中对膜污染的影响非常显著。研究指出，在活性污泥过滤过程中，上清液对膜污染的贡献达到 100%；而且在上清液微滤过程中发现，即使上清液中存在活性污泥，也不会导致膜污染进一步加剧[84]。研究发现，虽然活性污泥混合液经过二沉池的分离后，出水中的悬浮固体含量非常低，仅为浸没式膜生物反应器中活性污泥浓度的 1.5%，但是二沉池出水在连续过滤时则产生更高的过滤总阻力，该阻力是浸没式膜生物反应器过滤总阻力的 2 倍[85]。Liu 和 Sun[73] 的研究也显示，粒径分别为 139.42μm、260.69μm 和 411.37μm 的反硝化颗粒污泥上清液进行微滤时造成的过滤总阻力是混合液过滤总阻力的 141%～147%，而且随着上清液浊度的增加，过滤阻力也增加。另一项关于中空纤维膜（膜孔径 0.1μm）在膜生物反应器中过滤特性的研究报道，混合液悬浮固体浓度为 20.7g/L，污泥停留时间为 20d 时，上清液对膜生物反应器过滤总阻力的贡献率达到 76%[22]。

然而，也有一些文献报道指出上清液对膜污染的贡献小于悬浮固体。例如，用亲水化处理后的聚丙烯中空纤维膜（膜孔径 0.4μm）在恒定膜通量为 9L/(m^2·h) 的条件下，评估膜生物反应器中上清液和污泥絮体对膜污染相对贡献的研究指出，污泥停留时间为 20d、40d 和 60d 时，上清液对膜污染的贡献率为 29%～37%[86]。用孔径为 0.1μm 的陶瓷膜对混合液进行微滤，混合液悬浮固体浓度为 4500mg/L 时，上清液对总过滤阻力的贡献率为 35%[87]。

通过以上分析可知，造成上清液对膜污染贡献不一致的原因包括：不同膜生物反应器的混合液性质与上清液组分不同，溶解性微生物产物和胶体等含量不同导致上清液特性不同。此外，在研究中，分离上清液的方法也是造成上清液成分不同、上清液对膜污染的贡献和机理差异的一个主要原因。例如，混合液利用离心分离法在高转速条件下分离出的上清液的主要成分为胶体和溶解型胞外聚合物，它们对膜污染几乎没有影响。而使用重力沉降法，通过将混合液静置 15min 后得到的上清液，其主要成分包括细颗粒物、胶体和溶解型胞外聚合物，这些物质是造成膜污染的主要成分，在混合液过滤时对特别滤饼阻力的贡献为 222～312 倍[88]。

上清液主要含有溶解型胞外聚合物、溶解性微生物产物和胶体等，这些物质对膜污染的贡献主要通过在膜表面形成凝胶层，以及通过吸附造成膜孔阻塞。而且，在上清液的微滤过程中，总阻力、滤饼阻力和特别滤饼阻力都会随这些物质含量的增加而增加[73]。另一项研究表明，膜生物反应器因膜污染导致的过滤阻力是上清液中蛋白质浓度的函数。当蛋白质浓度从 30mg/L 增加到 100mg/L 时，特别阻力增加了 10 倍[89]。

通过扫描电子显微镜和原子力显微镜分析可知，由上清液中的溶解性微生物产物形成的凝胶层的结构更加致密，而且渗透性能较差。研究显示，膜生物反应器在恒定膜通量为 40L/(m^2 · h) 的条件下过滤时，上清液的膜污染速率为 0.011MPa/h，而且随着溶解性微生物产物含量的增加，膜污染速率加快，而对溶解性微生物产物进行絮凝产生的絮凝物在形成滤饼层时，絮凝物间会留有孔隙，膜污染速率降低至 0.0034MPa/h[90]。扫描电子显微镜和能量扩散 X 射线分析进一步表明，有机污染物与无机沉淀（如镁、铝、钙等）相结合，促进了致密凝胶层的形成[91]。

上清液过滤时表现出的膜污染机理与膜的孔径密切相关。对于相同孔径的膜来说，中低分子量的溶解性有机物和胶体类污染物更容易堵塞膜孔，导致不可逆膜污染的发生；大于膜孔径的细小颗粒会沉积在膜表面，形成阻力极大的凝胶层。研究表明，浸没式膜生物反应器中粒径＞0.04μm 的胶体颗粒是造成超滤膜污染的主要原因，而废水和活性污泥中的可溶性成分对膜污染的贡献较低[92]。进一步分析显示，上清液中不同成分的膜污染机理和对膜污染的贡献程度存在差异。例如，Liu 和 Sun[88] 的研究结果表明，上清液中粒径在 1.0～2.7μm 范围内的细颗粒物在微滤（膜孔径 0.22μm）过程中造成的膜污染比其他粒径物质造成的膜污染更加严重，它们对滤饼阻力的贡献率均在 86.82%以上；而粒径＜1.0μm 的胶体颗粒通过滤饼层形成和膜孔堵塞共同作用引起膜污染。研究还发现，添加钙离子有助于降低序批式反应器中细颗粒物、胶体和溶解型胞外聚合物的浓度，从而有效降低膜污染。

综上可知，膜生物反应器的膜污染是悬浮固体和上清液共同作用的结果。上清液对膜污染的贡献受到多种因素的影响，包括膜生物反应器的操作条件、混合液的性质以及分离上清液的方法等。因此，在评估上清液对膜污染的贡献时，需要综合考虑这些因素。此外，溶解性微生物产物和溶解型胞外聚合物是膜生物反应器中上清液的主要成分，充分理解它们的膜污染机理及影响因素，对于实施有效的膜污染控制技术至关重要。

4.1.3.3　运行条件对膜污染的影响

(1) 过滤模式

膜生物反应器的过滤主要包括恒定跨膜压差过滤和恒定膜通量过滤两种模式，在这两种过滤模式下，膜污染的发展趋势显著不同。当膜生物反应器在恒定跨膜压差模式下运行时，膜通量因膜污染的加剧而降低；而在恒定膜通量模式下运行时，跨膜压差随膜污染的加剧而升高。

膜生物反应器在恒定膜通量过滤模式下运行时，通过检测跨膜压差的升高变化来评估膜污染的程度，跨膜压差越高或跨膜压差升高速率越快，表示膜污染程度越严重。例如，用预臭氧氧化-混凝-沉淀-平板超滤组合工艺处理高浊度和高有机物含量的地表水，恒定膜通量从 80L/(m^2·h) 增加到 150L/(m^2·h) 时，过滤初期的跨膜压差上升速率 (TMP/t) 升高 11.3 倍[93]。该结果说明提高膜通量会增加膜污染。

由于初始膜通量与初始跨膜压差之间存在近似线性关系，因此，膜生物反应器膜系统以恒定膜通量模式运行时，通常采用调节操作压力的方法来控制膜通量。膜生物反应器在较高的恒定膜通量下运行意味着初始跨膜压差较高，这不仅促使胶体颗粒等污染物在膜表面凝胶层和滤饼层中的积累与压实，而且小尺寸颗粒和污染物更容易在压力推动下透过滤饼层迁移到膜表面和膜孔中，导致膜孔通道的堵塞，跨膜压差在短时间内快速升高。而滤饼层在高跨膜压差下被压实，又极大地增加了膜的清洗难度，降低了气液冲刷和反冲洗对膜的清洗效果。因此，膜生物反应器优先考虑在低跨膜压差下进行低膜通量的运行，以防止在过滤初始阶段结构紧密滤饼层的形成与发展；而且还需要将有机负荷控制在较小的波动范围内，以防止微生物产生更多的胞外聚合物，加剧膜污染。

通常，膜生物反应器的膜过滤是在低于临界通量的可持续通量下运行。临界通量是一个定量参数，用于描述在膜生物反应器操作中不同类型的膜和不同活性污泥混合液的过滤性能[49, 94]，其值可以通过短期过滤实验来确定[95]。可持续通量在膜生物反应器运行中的膜污染控制中起着关键作用。对于给定的膜生物反应器系统，膜污染率很大程度上取决于膜的运行通量。由此可知，当膜生物反应器以可持续通量运行时，可减少污染物在膜表面的过度沉积，跨膜压差会以可接受的速率逐渐上升，在此期间无须进行化学清洗[26, 43, 96]。当运行通量超过可持续通量时，膜污染率显著增加，膜过滤在经济上变得不可持续[97]。然而，当运行膜通量超过临界通量时，固体物质在膜表面沉积，形成结块或凝胶，导致膜污染加剧[95]。

膜生物反应器在恒定跨膜压差过滤模式下运行时，每个过滤周期都会有较高的初始膜通量，然后膜通量因膜污染而迅速下降，而且膜污染越严重，膜通量的衰减程度越大，过滤阻力增大的程度也越大。这种膜通量的波动导致了反应器内有机负荷呈现动态变化。研究指出，在一个过滤周期结束时，有机负荷仅为过滤初期有机负荷的 38%[98]。而膜通量和有机负荷的动态变化又促进了膜污染。在恒定跨膜压差模式下过滤，即使将平均膜通量维持在与恒定膜通量模式相同的水平，膜污染的发展也更为显著，膜的渗透性明显降低。

(2) 曝气强度

曝气是膜生物反应器中一种常用的控制膜表面污染的方法。通过曝气能够在膜表面及其附近产生气-液剪切力，改善膜表面的流体动力学环境，减少污染物在膜表面的附着和积累，降低滤饼层厚度[99]。曝气还能影响与膜性能和膜污染相关的微生物代谢行为，如影响胞外聚合物和溶解性微生物产物的生成、组成和分布，以及污泥絮体的尺寸和浓度[100]，进而影响膜生物反应器的膜污染效率。

曝气通过空气压缩设备、气体输送管路和气体扩散装置向膜生物反应器中输送溶解氧 (dissolved oxygen, DO)。溶解氧在膜生物反应器中的浓度水平，以及产生的气-液剪切力的大小由曝气速率或曝气强度控制。曝气速率是指单位时间内向反应器输入的气体量，而曝气强度是指单位时间内作用在单位膜表面积上的气体量。

溶解氧浓度是影响膜生物反应器膜污染的因素之一。膜耦合缺氧-好氧反应器时产生的膜污染，比膜耦合好氧反应器时产生的膜污染更为严重，表现为跨膜压差上升速率更快[101]。低溶解氧浓度水平导致微生物絮体尺寸较小，这些小尺寸絮体倾向于在膜表面上形成更加致密和更加紧凑的滤饼层，因此产生更大的过滤阻力。膜生物反应器在溶解氧浓度<0.5mg/L的情况下，会促进混合液中的胞外聚合物的产生及其在滤饼层中的积累，导致严重的生物污染[102]。膜污染速率与滤饼层中胞外聚合物的含量有非常高的相关性。而且降低溶解氧浓度也可能会导致好氧膜生物反应器中的微生物群落结构发生明显变化，造成出水水质恶化。例如，当膜生物反应器中的溶解氧浓度从1.25mg/L降低到0.20mg/L时，氨态氮的氧化和有机碳的降解效率降低，而反硝化细菌的生长效率升高[103]。

曝气强度或曝气速率是影响膜污染的重要因素之一。曝气强度过低或过高均不利于膜污染的缓解。当曝气强度过低时，气-液两相流产生的水力剪切作用不能有效防止大量污泥絮体在膜表面的沉积。研究显示，在一定曝气强度范围内，提高膜生物反应器中的曝气速率会提高气泡流的含气率，提高膜表面的气-液两相流的流速，对膜污染控制产生积极的影响[68, 71]。当浸没式中空纤维膜生物反应器在恒定膜通量为12L/(m^2·h)的条件下运行，曝气强度从1.2m^3/(m^2·h)提高到3.6m^3/(m^2·h)时，过滤总阻力降低了1/3[22]。另一项研究指出，当气体流量分别为6.9L/h、11.4L/h和15.0L/h时膜生物反应器中膜组件的跨膜压差升高到70kPa所需的连续运行时间依次延长，分别为12d、22d和32d[104]。这些现象表明，采用提高气体流量或增加膜组件填装密度的方法来提高曝气强度，可以极大程度地减少膜污染。

然而，当曝气强度达到一定程度时，继续增加曝气强度来缓解膜污染的效果不再明显。当曝气强度超过一定临界值时，不但不能有效控制膜污染，反而会加剧膜污染。这是因为较高的曝气强度产生的气-液冲刷力较强，虽然能够减少粒径较大的污泥絮体在膜表面的附着，但是增加了滤饼层中粒径较小的悬浮固体颗粒和胞外聚合物等物质，这些物质形成的滤饼层有更高的密度，产生更高的过滤阻力。而且，过高的曝气强度产生的气-液剪切力也会对悬浮污泥特性产生负面影响，如破坏污泥絮体的结构[105]，这不仅减小了污泥絮体粒径，还增加了混合液中溶解性微生物产物和胞外聚合物的含量，进一步加剧膜污染程度[106]，对膜生物反应器的运行效率和稳定性产生不利影响。

此外，随着曝气强度的提高，因曝气产生的能耗增加。据报道，浸没式膜生物反应器的能耗为0.2～0.4kW·h/m^3，其中曝气所需的能耗占了总能耗的80%以上[107]，这不可避免地间接导致碳排放量上升，进而也增加了运营成本[100, 108]。为了提高膜生物反应器运行中对能源的节约效率，在满足污水处理要求的前提下，在有限能耗下实现更高的膜污染控制显得尤为重要。研究表明，如果曝气强度足够高且膜通量足够低，膜过滤可以在膜污染最小的情况下进行。因此，寻找一个最佳的曝气强度来平衡膜污染控制和能耗两者之间的关系就成为一个特别重要的研究方向。Nywening 和 Zhou[109] 在研究基础上建立了一个经验公式，该公式将稳定的可逆过滤阻力与可持续膜通量和冲刷曝气强度联系起来，对选择最佳的膜生物反应器过滤条件非常有用。

(3) 错流流速

在分置错流式膜生物反应器的运行过程中，混合液流经膜表面的速度称为错流流速。在其他运行条件一定时，错流流速决定了混合液在膜表面的状态。当错流速率较低时，流体在膜表面处于平流状态，胶体等污染物不容易进行反向扩散返回混合液主体，容易在膜表面形成滤饼层，此时滤饼层较厚，膜污染较严重。当错流流速提高时，较高的流速能够增强膜表面的剪切力，有效减少污染物在膜表面的积累[110]，滤饼层不再因污染物的滞留而增厚，从而延缓膜污染。

(4) 水力停留时间

水力停留时间（hydraulic retention time，HRT）主要是通过与其他操作参数（如污泥停留时间）协同作用，影响污泥和上清液的特性，进而影响膜污染。研究显示，在膜生物反应器运行过程中，降低水力停留时间可能会刺激微生物细胞释放胞外聚合物，导致丝状菌过度生长，增加膜污染[82]。此外，降低水力停留时间还会提高食物/微生物的比值（food to microorganisms ratio，F/M），使微生物在有机物充足的情况下大量繁殖，增加混合液悬浮固体和溶解性微生物产物的浓度，从而增加膜生物反应器中的膜污染程度。在 30L/(m^2 · h) 的恒定膜通量下运行的浸没式超滤膜生物反应器（膜孔径为 0.035μm）中的膜污染速率随着食物与微生物比值的增加而增加[111]。因此，在膜生物反应器运行期间，控制合理的水力停留时间将食物与微生物比值控制在较低水平有助于减轻膜污染。

使用浸没式陶瓷膜生物反应器系统去除内分泌干扰物的研究结果显示，污泥停留时间为 45d 时，在较长水力停留时间（12h）条件下，由于污染物被充分降解，膜污染程度最低，跨膜压差上升速度较慢[112]。另外一项研究指出，浸没式平板厌氧膜生物反应器在处理屠宰废水时，超过 24h 的水力停留时间可以在不增加跨膜压差的情况下，提供更优质的出水；而水力停留时间为 8～12h 时导致跨膜压差超过 10kPa，而且甲烷产量也较低[113]。

(5) 污泥停留时间

污泥停留时间（sludge retention time，SRT）对污泥性质，如污泥尺寸、胞外聚合物含量、蛋白质与多糖比值、混合液挥发性悬浮固体与混合液悬浮固体比值等有显著影响，是影响膜生物反应器膜污染的重要因素之一。根据所处理废水的特性和要达到的理想的膜通量，膜生物反应器的污泥停留时间可以从几天到几百天不等[114]。

大多数研究表明，延长污泥停留时间会降低胞外聚合物浓度，从而降低膜污染的风险，而缩短污泥停留时间则会增加结合型和溶解型胞外聚合物的含量，显著增加膜污染，导致膜生物反应器性能下降[82]。例如，当污泥停留时间从 10d 增加到 33d 时，用于处理城市污水的浸没式膜生物反应器中溶解性多糖减少了40.8%[115]，溶解性多糖浓度的降低减少了膜表面凝胶层的形成，因此膜污染率更低。

由于悬浮污泥可以被截留在膜生物反应器中，因此在较长的污泥停留时间下可以获得较高的污泥浓度，一些生长速度缓慢的微生物（如硝化细菌）可以有效地在膜生物反应器中积累，有助于提高污染物去除效率，改善出水水质。因此，污泥停留时间较长的膜生物反应器对化学需氧量和氨态氮的去除效果优于污泥停留时间较短的膜生物反应器。当污泥停留时间从10d增加到30d时，出水化学需氧量浓度从41.3mg/L降低到20.3mg/L，化学需氧量去除效率从94.8%提高到97.4%[22]。采用中试规模的浸没式膜生物反应器处理高浓度工业废水时，在污泥停留时间为300d的条件下运行，膜生物反应器中的污泥浓度保持在14500mg/L的较高水平，实现超过99%的化学需氧量和总有机碳去除效率[116]。

延长污泥停留时间会在膜生物反应器中产生饥饿条件，此时，微生物的代谢以内源代谢为主，需要的能量较少，为减少胞外聚合物的形成和降低污泥产量创造有利环境[49]。研究指出，较短的污泥停留时间增加了溶解性微生物产物中底物利用相关产物的浓度，同时降低了生物量相关产物的浓度，由此可知，膜生物反应器在恰当的污泥停留时间下运行，可以降低总溶解性微生物产物浓度，从而有效降低膜污染[117]。

(6) 有机负荷

有机负荷（organic loading rate，OLR）是影响膜生物反应器系统在处理废水时运行状态的重要参数之一。在膜生物反应器中，废水的有机负荷通过改变混合液悬浮固体粒径和浓度、胞外聚合物产量等间接地影响膜污染强度。用中试规模超滤膜生物反应器在膜通量为30L/(m^2·h)的条件下处理城市污水，当废水的有机负荷从0.34g COD/(g VSS·d)提高到1.41g COD/(g VSS·d)时膜污染速率提高了20倍[68]。增加有机负荷可为微生物提供充足的营养，促进微生物的生长，提高悬浮固体浓度，同时增加胞外聚合物或溶解性微生物产物的产量及混合液黏度，导致膜生物反应器的膜污染加重。用浸没式反应器在20m^3/d设计流速下处理市政污水，观察到当污水的有机负荷从0.86kg COD/(m^3·d)增加至3.7kg COD/(m^3·d)时，化学需氧量、生化需氧量和氨态氮的去除效率均降低，增加了过滤总阻力[118]。

在膜生物反应器运行过程中，维持进水有机负荷的稳定性对膜污染进程存在显著影响。研究显示，两个污泥停留时间相同的浸没式膜生物反应器在启动阶段，进水有机负荷波动的膜生物反应器的膜污染更加严重，而进水有机负荷恒定的膜生物反应器的膜污染程度较轻，进水有机负荷波动的膜生物反应器的跨膜压差上升速率比恒定有机负荷系统提高87.5%[119]。不过，随着膜生物反应器的运行，稳定的微生物群落在反应器内形成，对有机碳的去除效率逐渐稳定，对有机负荷的波动也有了更强的适应能力，进水有机负荷波动的系统中的胞外聚合物和溶解性微生物产物浓度降低，膜污染速率随之显著降低。由此可知，进水有机负荷的变化对稳定运行期间的膜污染影响相对较小。

(7) 化学需氧量与氮的比值

在膜生物反应器中，废水中的化学需氧量与氮的比值通过影响功能性微生物种群、污泥特性、胞外聚合物和溶解性微生物产物的理化特性对膜污染产生深远影响。研究显示，提高化学需氧量与氮的比值，有助于提高对膜污染的控制。序批式反应器在富氮(COD∶N=10∶1)、中氮(COD∶N=20∶1)和缺氮(COD∶N=50∶1)3种情况下运行时，溶解性微生物产物在超滤中的膜污染程度依次降低，而且富氮废水中产生的类腐殖质和腐殖质成分更加丰富，分别与可逆和不可逆结垢密切相关；缺氮条件下蛋白质对可逆结垢的贡献更大[120]。类似地，在有机负荷保持不变的情况下，减少进水的氮含量增加膜生物反应器中的化学需氧量与氮的比值，有效提高了膜的过滤性能[121]。

然而，有的研究认为，降低化学需氧量与氮的比值可显著增加浸没式膜生物反应器中的膜污染率。例如，UCT-膜生物反应器运行期间，化学需氧量与氮的比值从10∶1降低至5∶1，显著影响了自养和异养型微生物群落的代谢，化学需氧量去除效率从82.8%降低至72.9%，并且由于活性污泥特性的恶化从而增强了溶解性微生物产物的产量，膜过滤性能下降[122]。

膜生物反应器的膜污染、膜通量及跨膜压差的变化与多种因素有关，包括过滤模式、曝气强度、溶解氧浓度、水力停留时间、污泥停留时间、温度、pH值和金属离子等。因此，在研究膜污染机理时，不能只着重于其中的某一点，而是应该深入地研究各种影响因素间的相互关联，全面评估膜污染的产生原因、形成机制和发展趋势。这不仅有利于优化膜生物反应器的设计和运行，还有助于采用有针对性的膜污染控制和清洗措施，从而控制和缓解膜污染的发展趋势和程度，降低建设和运行成本。

4.1.4 膜污染模型

在膜污染研究中，将过滤过程中采集的滤液质量流量与跨膜压差变化等参数，用数学模型定量分析膜污染机理，可以更好地理解原料液在过滤过程中的膜污染行为，为实验室规模的过滤系统的成功放大提供精准的预测。常用来定量分析膜生物反应器膜污染的模型有串联阻力模型(resistance-in-series model)、堵塞模型(bocking model)以及特别滤饼阻力模型(specific cake resistance model)等。

4.1.4.1 串联阻力模型

(1) 过滤阻力

膜污染发生时最直观的体现为膜通量下降和跨膜压差升高，它们和过滤阻力直接相关。过滤阻力越高说明膜污染程度越严重。根据Darcy定律，过滤阻力可用下式计算：

$$R=\frac{\mathrm{TMP}}{\mu J} \tag{4-1}$$

式中 R——过滤阻力，m^{-1}；

TMP——跨膜压差，Pa；

μ——滤液黏度，Pa·s；

J——膜通量，L/(m^2·h)。

在不同过滤模式下，膜污染累积结果的直接表现是不一样的。在恒定跨膜压差模式下，膜通量 J 随着过滤总阻力的增加而降低；在恒定膜通量模式下，跨膜压差 TMP 随着过滤总阻力的增加而升高；而在非恒定膜通量和非恒定跨膜压差模式下，膜通量 J 和跨膜压差 TMP 同时随着过滤总阻力的增加而分别降低和升高。

根据串联阻力模型，膜污染造成的过滤总阻力和各项阻力有如下关系：

$$R_t = R_m + R_c + R_p \tag{4-2}$$

式中　R_t——过滤总阻力，m^{-1}；

R_m——膜自身阻力，m^{-1}；

R_c——滤饼阻力，m^{-1}；

R_p——膜孔阻塞阻力，m^{-1}。

(2) 过滤阻力的测定

利用式 (4-1)，可以在任意过滤时刻通过测得的膜通量和跨膜压差确定膜污染造成的过滤总阻力，并且可进一步分析过滤总阻力随过滤时间的变化趋势。但是仅根据式 (4-1) 难以定量确定过滤期间由膜污染造成的滤饼阻力和膜孔阻塞阻力。然而可以通过一系列过滤实验，结合式 (4-1) 和式 (4-2)，确定在过滤期间，膜污染造成的总滤饼阻力和膜孔阻塞阻力，还可以通过比较滤饼阻力和膜孔阻塞阻力在过滤总阻力中的占比以及滤饼阻力和膜孔阻塞阻力的比值，分析造成过滤阻力增加的具体原因。

过滤总阻力、膜自身阻力、滤饼阻力以及膜孔阻塞阻力可通过短期过滤实验测定。各种阻力的测定方法和步骤具体如下[83]。

1) 膜自身阻力的测定

膜自身阻力 R_m 是膜材料本身的特性之一，由膜材质、膜结构、膜孔径、膜孔结构以及膜孔深度等决定。膜自身阻力一般通过纯水过滤实验测得。在测试膜自身阻力之前，先将新膜浸泡在纯水或超纯水中，使其充分湿润，同时去掉膜在加工和运输过程中附着的杂质。在对新膜进行纯水过滤测试时，施加的压力为初始跨膜压差 TMP_0，测得的膜通量为初始膜通量 J_0。根据式 (4-1)，用测得的 J_0 和 TMP_0 计算得到膜自身阻力 R_m。

2) 过滤总阻力的测定和计算

在与测定膜自身阻力相同的过滤条件下，用同一片新膜过滤原料液，经过一段时间，过滤结束时，测得的膜通量和跨膜压差分别为 J 和 TMP，根据式 (4-1) 计算得到过滤期间的过滤总阻力 R_t。

3) 膜孔阻塞阻力和滤饼阻力的测定和计算

过滤结束后，将膜取出，此时膜表面和膜孔内沉积着膜污染物。用海绵轻轻擦去膜表面沉积的污染物，用纯水彻底冲洗膜表面后，再次在与步骤 1）和步骤 2）测试相同的过滤条件下，用清洗后的膜过滤纯水，此时测得的膜通量和跨膜压差分别表示为 J_f 和 TMP_f。根据式（4-1）用 J_f 和 TMP_f 计算得到阻力 R_f。R_f 为膜自身阻力 R_m 和膜孔阻塞阻力 R_p 之和。因此，用 R_f 减去 R_m 得到膜孔阻塞阻力 R_p。然后，根据式（4-2），用过滤总阻力减去膜自身阻力和膜孔阻塞阻力得到滤饼阻力 R_c。

滤饼阻力 R_c、膜孔阻塞阻力 R_p 和膜自身阻力 R_m 在总阻力 R_t 中的占比可分别由以下公式计算：

$$R_c(\%)=\frac{R_c}{R_t}\times 100 \tag{4-3}$$

$$R_p(\%)=\frac{R_p}{R_t}\times 100 \tag{4-4}$$

$$R_m(\%)=\frac{R_m}{R_t}\times 100 \tag{4-5}$$

通过比较滤饼阻力、膜孔阻塞阻力和膜自身阻力在总阻力中的占比，可以确定在过滤过程中造成膜污染的主要原因。

4.1.4.2 传统堵塞模型

传统堵塞模型是分析原料液在恒定跨膜压差模式下过滤时膜污染行为的数学模型。Hermia[123] 建立的描述恒定跨膜压差下堵塞模型的广义微分方程如下：

$$\frac{d^2t}{dV^2}=K\left(\frac{dt}{dV}\right)^n \tag{4-6}$$

或

$$\frac{dJ}{dt}=-KJ(A_{eff}J)^{2-n} \tag{4-7}$$

式中 J——膜通量，$L/(m^2\cdot h)$；

t——过滤时间，s；

A_{eff}——膜有效表面积，m^2；

V——滤液总体积，m^3；

K——膜污染相关系数；

n——阻塞指数。

当阻塞指数 n 分别为 2、1.5、1 和 0 时，堵塞模型分别转化为完全堵塞模型、标准堵塞模型、中间堵塞模型和滤饼过滤模型（图 4-2）。n 的值可以通过膜通量与过滤时间的线性关系式得到。

如图 4-2（a）所示，完全堵塞模型（$n=2$）假设在过滤过程中每个被截留的污染物颗粒（如一个分子或细胞）或由污染物形成的聚集体的粒径与膜孔径相当，恰好完全堵

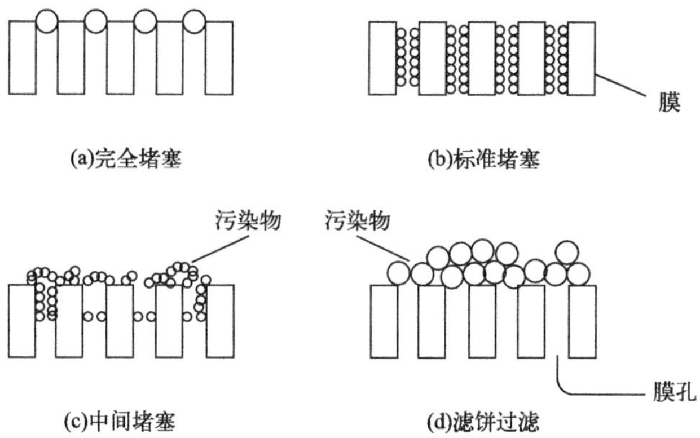

图 4-2 传统堵塞模型示意

塞一个膜孔在膜表面的开口，滤液完全不能通过被堵塞部分的膜。当过滤行为以完全堵塞模型为主时，随着污染物的积累，标准膜通量呈指数下降。完全堵塞模型的线性表达式为：

$$-\ln\left(\frac{J}{J_0}\right)=K_aJ_0t \tag{4-8}$$

式中 K_a——单位体积滤液通过膜时被堵塞的膜表面积，m^{-1}。

如图 4-2 (b) 所示，标准堵塞模型（$n=1.5$）假设膜孔为直径相同的圆柱形孔，每个到达膜的颗粒物都能进入膜孔并吸附到膜孔内壁上，或者吸附在膜孔内壁上已吸附的其他颗粒物上，这些物质将使滤液通过膜孔的通道变窄。在恒定跨膜压差条件下过滤时，膜通量因膜孔通道变窄而快速下降。标准膜孔堵塞模型适用于描述过滤早期的膜污染行为，颗粒污染物所占孔隙的体积与滤液体积成正比。标准堵塞模型的线性表达式为：

$$\left(\frac{J}{J_0}\right)^{-0.5}=2K_sA_{eff}^2J_0^{0.5}t+1 \tag{4-9}$$

式中 K_s——Hermia 参数，单位体积滤液减少的孔隙横截面面积，m^{-1}。

如图 4-2 (c) 所示，中间堵塞模型（$n=1$）假设到达膜表面的部分颗粒物或聚集体形成滤饼层封堵膜孔在膜表面的开口，剩余部分的颗粒物或聚集体在滤饼层顶部聚集[124]。根据中间堵塞模型，当膜孔被污染物堵塞时，膜表面的非孔区也可以同时被污染物积累形成滤饼层。这意味着过滤时，膜表面污染和膜孔污染的概率是相等的，每个到达膜表面的颗粒物的膜污染行为取决于之前到达膜表面的颗粒物，后到达的颗粒物沉积在别的颗粒物之上，或者参与膜孔的堵塞。中间堵塞模型适用于描述过滤中期的膜污染行为。中间堵塞模型的线性表达式为：

$$\left(\frac{J}{J_0}\right)^{-1}=K_aJ_0t+1 \tag{4-10}$$

如图 4-2（d）所示，滤饼过滤模型（$n=0$）假设过滤阻力主要由膜表面形成的滤饼层贡献。滤饼过滤模型中不涉及污染物对膜孔的堵塞和膜孔径收缩。该模型假设膜表面和膜孔内部已经存在污染物，颗粒物到达膜表面后，实际是在已有污染层上附着形成滤饼层。在这种情况下，滤液先通过滤饼层的污染物间隙过滤，再通过膜孔过滤。滤饼过滤模型一般适用于描述过滤过程中滤饼层的形成和发展阶段的膜污染行为。滤饼过滤模型的线性表达式为：

$$\left(\frac{J}{J_0}\right)^{-2}=2K_cR_rJ_0t+1 \tag{4-11}$$

式中 K_c——滤饼面积与滤液体积的比值，m^{-1}；

R_r——R_c 与 R_m 的比值，无量纲。

堵塞模型因其模型参数易于从过滤实验的运行数据中获得而被广泛应用于膜污染现象的定量分析。例如，Liu 和 Sun[88] 利用堵塞模型分析反硝化颗粒污泥上清液中不同成分的膜污染机理时，发现粒径在 2.7μm 以下的微粒子的膜污染机理符合滤饼过滤机理，进一步的分析确认滤饼过滤模型中描述滤饼层形成的重要参数 K_c、R_r 与上清液中溶解型胞外聚合物含量以及浊度成正比。而粒径在 0.22μm、0.45μm 与 1.0μm 以下的微粒在微滤时的膜污染行为符合中间堵塞机理。

尽管传统堵塞模型长期以来为恒定跨膜压差过滤模式下的膜污染形成过程提供了机理性描述，但经常观察到膜通量衰减数据和堵塞模型预测之间存在显著差异，这意味着膜污染可能涉及多个机制，需要采用复合模型或结合串联阻力模型，提高对膜污染机理分析的准确性。还有许多研究表明膜污染机理在过滤过程中发生了转变，因此，传统堵塞模型也常被用来确定膜污染从膜孔堵塞向滤饼过滤转变的拐点。传统堵塞模型最初是针对恒定跨膜压差模式提出的研究膜污染机理的模型，可通过修正应用于恒定膜通量模式下的膜污染机理研究。

4.1.4.3 膜污染机理的判断依据

(1) 相关系数平方

用完全堵塞模型、标准堵塞模型、中间堵塞模型和滤饼过滤模型的线性表达式分别拟合过滤过程中的膜通量（恒定跨膜压差过滤）或跨膜压差（恒定膜通量过滤）数据，比较各模型拟合曲线的相关系数平方（R^2）。相关系数平方最大的拟合曲线的模型被确定为该过滤条件下最符合客观膜污染行为的模型。

(2) 相对曲线拟合优度

Liu 和 Wang[125] 提出采用各模型模拟曲线的相对曲线拟合优度（f）来评价膜污染发展和稳定阶段中可能存在的膜污染机理。相对曲线拟合优度用下式计算：

$$f=\frac{\sigma_{\min}^2}{\sigma^2} \tag{4-12}$$

式中　σ^2——预测误差平方和；

σ^2_{min}——所有 σ^2 值中的最小值。

拟合曲线的 f 值在 0～1.000 之间变化，f 等于 1.000 的模型被认为是对实验数据匹配度最高的模型，即该模型是最适合描述膜污染机理的模型。

式（4-12）中的 σ^2 用下式计算[126]：

$$\sigma^2 = \frac{\sum (Y_k - \hat{Y}_k)^2}{n - p} \tag{4-13}$$

式中　Y_k——实验数值；

$\hat{Y}_k$——回归值；

n——实验数值的数量；

p——回归系数。

相对曲线拟合优度为以吸附性污染为主的膜污染模型拟合曲线提供了一种很好的系统性评估方法，可以为这类过滤实验数据提供最佳的膜污染预测。

4.1.4.4　特别滤饼阻力模型

特别滤饼阻力模型假设原料液中的颗粒物形成的滤饼层中间存在孔隙，液体首先通过滤饼层的孔隙到达膜表面，然后再通过膜孔成为滤液[127]。基于特别滤饼阻力模型，原料液在恒定跨膜压差下过滤时，过滤时间与滤液体积有如下关系[128]：

$$\frac{t}{V} = \frac{\mu C\alpha}{2\mathrm{TMP} \times {A_{\mathrm{eff}}}^2} V + \frac{\mu R_{\mathrm{m}}}{\mathrm{TMP} \times A_{\mathrm{eff}}} \tag{4-14}$$

式中　t——过滤时间，s；

V——滤液在 t 时刻的累积体积，m^3；

C——溶液浓度，kg/m^3；

α——特别滤饼阻力，m/kg。

特别滤饼阻力（specific cake resistance，α）是膜过滤过程中滤饼形成的重要指标，可由式（4-14）中的 t/V 对 V 的直线的斜率计算得到。式（4-14）的直线斜率被定义为修正过滤指数（modified filtration index，MFI），反映过滤过程中形成的滤饼结构。对于给定的跨膜压差，修正过滤指数是特别滤饼阻力的函数，即

$$\mathrm{MFI} = \frac{\mu C\alpha}{2\mathrm{TMP} \times {A_{\mathrm{eff}}}^2} \alpha \tag{4-15}$$

特别滤饼阻力与滤饼层微观结构的内在关系可以用 Kozeny-Carman 方程描述如下：

$$\alpha = \frac{180(1 - \varepsilon)}{\rho_{\mathrm{p}} D_{\mathrm{p}}^2 \varepsilon^3} \tag{4-16}$$

式中　ε——滤饼层的孔隙率，无量纲；

ρ_p——颗粒密度，kg/m^3；

D_p——沉积颗粒的平均粒径，m。

由式（4-16）可知，对于一定的膜面积，特别滤饼阻力与颗粒密度和沉积颗粒平均粒径的平方成反比，这一关系已在多项研究中得到了证实[129]。例如，在研究反硝化颗粒污泥在微滤过程的膜污染性能时发现，特别滤饼阻力与形成滤饼层的反硝化颗粒污泥粒径的平方成反比，表明颗粒污泥粒径越大，特别滤饼阻力越小[83]。滤饼层的特别滤饼阻力不仅受污染物粒径的影响，还受到粒径分布的影响。研究显示，小颗粒物比例增加会导致滤饼层的特别滤饼阻力显著上升，大颗粒物的体积分数为 0.75 时能形成结构更疏松的滤饼层[130]。

当形成的滤饼层是过滤总阻力的主要来源时，膜表面形成的滤饼层的质量与滤饼阻力和特别滤饼阻力之间有如下关系：

$$M=\frac{R_c}{\alpha} \tag{4-17}$$

式中　M——滤饼层的质量，kg。

滤饼层的压缩性是指形成滤饼层的颗粒污染物之间的孔隙在过滤曳力作用下减小或保持不变的能力。滤饼层的压缩性用压缩指数表示。压缩指数与特别滤饼阻力和跨膜压差之间有如下关系：

$$\alpha=k\,\mathrm{TMP}^n \tag{4-18}$$

式中　k——经验常数，其值相当于跨膜压差为 1Pa 时的特别滤饼阻力；

n——滤饼层的压缩指数。

对式（4-18）两边取对数，可将其改写成如下的线性表达式：

$$\lg\alpha=\lg k+n\lg\mathrm{TMP} \tag{4-19}$$

压缩指数 n 的值需要在较宽的跨膜压差范围内进行一系列的过滤实验来确定。压缩指数 n 可以根据 $\lg\alpha$ 与 lgTMP 的线性关系得到。压缩指数 n 的值介于 0～1 之间，n 值越大说明滤饼层的可压缩性越高。当 n 等于 0 时，认为滤饼层是不可压缩的，这意味着在膜表面上形成滤饼层的颗粒物之间的孔隙不会随着过滤压力发生变化，特别滤饼阻力 α 也不随过滤压力发生变化。然而，对于可压缩滤饼层来说，当跨膜压差增大时滤饼层内部孔隙减小，特别滤饼阻力和滤饼过滤阻力增大。

滤饼层的压缩性与形成滤饼层的污染物的强度成反比。研究指出，由颗粒污泥形成的滤饼层的压缩性低于絮状污泥形成的滤饼层。而钙离子与胞外聚合物耦合能有效提高颗粒污泥的强度，降低膜污染。当颗粒污泥中的钙离子浓度从 5.63mg Ca^{2+}/g SS 增加到 177.63mg Ca^{2+}/g SS 时，颗粒污泥形成的滤饼层的压缩指数从 0.98 降低到 0.71[73]。

4.1.4.5　复合堵塞模型

由于膜污染是一个非常复杂的过程，单独的恒定跨膜压差模式或恒定膜通量模式下的传统堵塞模型往往不足以准确描述整个过滤过程中的膜污染现象，有些研究还表明膜污染机理在过滤过程中发生了转变。为了更好地解释实验观察到的过滤行为及其膜污染现象，Yuan 和 Zydney[131] 开发了一种同时考虑膜孔堵塞和滤饼过滤的复合堵塞模型。该模型假设污染物或聚集体堵塞膜孔造成初始膜通量的下降，这些污染物或聚集体被认为是可渗透的，可以通过被堵塞的膜孔通道，随着区域的流动最终导致滤饼沉积，每个堵塞区域的流动阻力随着过滤时间而增加，进一步降低膜通量。该复合堵塞模型通过对膜通量随过滤时间变化的相关方程进行数值积分，获得恒定跨膜压差运行期间滤液体积与过滤时间的关系图。他们开发的膜孔堵塞-滤饼过滤组合模型能更好地解释过滤过程中观察到的过滤现象和膜污染从膜孔堵塞到滤饼过滤行为的平稳过渡，很好地解释了蛋白质、海藻酸钠和腐殖酸微滤过程中的膜污染行为。

Duclos-Orsello 等[132] 认为膜污染是一个多种机制共同作用下的复杂过程，他们提出了一个结合完全堵塞、中间堵塞和滤饼过滤 3 种情况的复合堵塞模型，全面分析不同过滤阶段的膜污染行为。根据该复合堵塞模型，膜污染初期的通量衰减可以通过完全膜孔堵塞或膜孔窄化来解释。随着过滤的进行，膜表面会形成滤饼层，导致膜通量进一步下降；在过滤中期，膜孔堵塞和膜孔窄化共同控制膜通量的变化；到了过滤后期，膜污染现象与滤饼层过滤机制相符。

Bolton 等[124] 从 Darcy 定律出发，将单一的传统堵塞模型进行结合扩展，开发出用于分析恒定跨膜压差及恒定膜通量过滤模式下膜污染机理的混合堵塞模型。这些混合堵塞模型对实际过滤过程中的膜污染现象有更准确的描述，能够帮助研究人员更好地理解和预测膜过滤过程中的各种膜污染现象。复合堵塞模型对膜污染的分析结果可以用来指导膜过滤操作条件的控制，为优化膜生物反应器膜清洗措施提供理论依据。

4.1.5　膜污染的检测

传统的定量分析膜污染的方法，如监测跨膜压差（恒定膜通量过滤模式）和膜通量（恒定跨膜压差过滤模式）随过滤时间的动态变化，虽然在实际应用中结合过滤阻力，广泛用于分析推测可能的膜污染机理。然而，这些传统的跨膜压差和膜通量监测技术仅能反映过滤过程中膜污染的整体趋势，无法对膜污染的空间分布、污染物的组成和类型提供详细的信息。实时监测膜的污染情况、确定污染物特性对膜生物反应器的正常稳定运行具有重要意义。

近年来，一些快速有效的检测技术应用于观察膜污染现象，对膜污染进行实时监测，通过图像和数据分析，能更加准确地评估膜污染，有助于优化膜系统的运行条件，实施高效的膜清洗方案。这些常用的膜污染检测技术包括扫描电子显微镜、原子力显微镜、X 射线光电子能谱和傅里叶变换红外光谱等。

(1) 扫描电子显微镜

扫描电子显微镜（scanning electron microscope，SEM）可以提供清洁膜和污染膜的表面和垂直断面的图像，直观观察清洁膜的表面微观结构和膜孔结构，以及污染膜的滤饼层厚度和膜孔内的污染情况。使用特定的图像处理软件，可以定量分析膜表面孔隙率和孔径分布，计算污染物的覆盖面积和滤饼层厚度等。为了提高扫描电子显微镜的观察效果，在进行扫描电子显微镜测试之前所有的膜样品都必须经过冷冻干燥和溅射镀金处理。

(2) 原子力显微镜

原子力显微镜（atomic force microscopy，AFM）是用来观察和表征清洁膜和污染膜表面形貌的有用工具，分辨率达到亚微米级。原子力显微镜图像可以定量分析清洁膜表面的粗糙度、膜污染后表面的粗糙度等信息。

(3) X射线光电子能谱

X射线光电子能谱（X-ray photoelectron spectroscopy，XPS）在测定膜表面的元素组成方面具有较高的精度，还可以对膜材料的表面元素组成进行详细的分析。主要用于分析改性膜或复合膜的元素组成和化学状态，测量污染物中元素类别及含量。

(4) 傅里叶变换红外光谱

傅里叶变换红外光谱（fourier transform infrared spectroscopy，FTIR）通过分子振动能级跃迁产生特征吸收峰，反映官能团信息，是研究不同条件下膜表面化学组成的一种方便有效的手段，能够快速鉴定膜污染物的类别。傅里叶变换红外光谱技术通过比较膜过滤前和过滤后的表面官能团特征吸收峰图谱，初步确定膜污染物的类别。该技术也可以通过比较膜在化学清洗前后特征峰的变化，确定经过化学清洗后膜污染物是否被去除，以及膜是否因化学清洗而受到损伤。

4.2 膜污染的控制

膜生物反应器系统运行过程中不可避免地会出现膜污染问题，导致产水速率降低，增加膜组件更换和膜清洗的频率，增加产水成本和系统运行费用，制约了膜生物反应器的规模性应用及推广。为了有效防控和减轻膜污染问题，克服传统膜生物反应器带来的操作难度提升和运行费用提高的缺点，维持系统长期运行的稳定性，科研人员开展了广泛的研究工作，开发和改进延缓膜污染进程和程度的技术和措施，延长膜使用寿命。

通过深入研究，根据膜污染的形成机制和影响因素，提出控制膜污染的措施：

① 提高膜的抗污染性能；

② 改善混合液特性；

③ 控制生物污染；

④ 优化运行条件。

4.2.1 提高膜的抗污染性能

近年来提升膜性能的新兴技术不断涌现，以应对膜污染和膜性能退化问题。一个重要的研究方向就是通过对膜表面及制膜基体材料进行改性来改善膜的抗污染性能，以及开发防污染膜。优化膜性能不仅能提高废水处理的效率，还能扩展膜技术在废水处理领域的应用范围。通常膜的亲水性越高，膜污染的可能性越低。用于水与废水处理中的理想膜应该能够减少溶解性有机物和微生物的吸附，同时减缓颗粒在膜表面的沉积或在膜孔中的积累。

4.2.1.1　膜表面改性

膜表面改性技术是指在不改变成品膜原有性能的基础上，通过化学、物理或两者的组合方式，提升膜的亲水性和抗污染性能[133]。膜的化学改性技术主要是通过各种化学反应来改变膜表面的化学性质，包括将亲水性单体通过化学反应连接到膜表面的接枝技术和将不同官能团引入膜表面的等离子体处理技术。膜的化学改性技术具有稳定性高、可以定向引入功能基团的优点，但是缺点包括工艺复杂、进行强氧化或高温处理时可能会损伤膜基体材料等。膜的物理改性技术是指在不发生任何化学反应的情况下达到改变膜表面特性的目的，主要方法有涂覆改性和混合改性。物理改性方法的优点是操作比较简单、成本低、能保留膜的机械性能；缺点是涂层的耐久性较差，经过一段时间的使用，可能会出现涂层脱落的现象，而且致密涂层复合到膜表面后可能会降低膜的水通量。

(1) 接枝改性

膜表面化学接枝改性是通过使用不同类型的聚合物接枝到膜表面，通过膜表面与接枝键的共价键作用将亲水性单体耦合到膜表面，使其具有长期的化学稳定性[134]。聚合物的接枝可细分为直接接枝和桥联剂接枝。例如，利用直接表面接枝技术，将赖氨酸接枝到聚酰胺反渗透膜的致密皮层表面上，提高了膜的亲水性和抗污性能。接枝改性后的膜的接触角降低到了 25.8°，膜通量比原始膜提高了 22.45%，脱盐率从初始值的 95.44% 提高到了 98.54%，对蛋白质和阳离子的抗污染性能更好[135]。

有些膜无法通过直接表面接枝技术将亲水性单体耦合到膜表面。这类膜在进行接枝之前需要通过化学引发、等离子体引发或紫外光引发对膜表面进行功能化。通过接枝引发技术改性后，能提高膜的分离效率，同时改善膜表面性质。例如，紫外光接枝改性技术利用不同能量的紫外线辐射激活膜表面上添加的单体，启动其在聚合物表面的接枝过程[136]，然后将具有高亲水性的单体接枝到膜表面，促进膜表面的改性。该技术不仅能提高膜表面的亲水性，而且还可以降低膜表面的粗糙度，改善膜的抗污染性能。用不同浓度的丙烯酸单体和氨基单体对聚偏氟乙烯膜进行紫外光接枝改性时，通过紫外线照射可以让这些化合物牢牢附着在膜表面，让原本疏水性膜更容易被水润湿，提高了膜通量，而且也提高了膜对蛋白质的排斥能力[137]。膜表面紫外光接枝改性的优点包括：a. 紫外线在膜材料上的穿透能力较弱，由此引发的接枝聚合只会对膜的最外层结构做出改变，而不会对膜材料的整体性能造成损坏；b. 产生紫外线的设备成本低廉，反应程度容易控制，易于实现连续化工业生产。膜的紫外光接枝改性的方法有气相接枝法、液相接枝法和连续液相法等[138，139]。

化学接枝改性法是通过化学反应将亲水性聚合物附着在膜表面，显著提高膜的亲水性，增强膜防污染性能的技术。例如，聚偏氟乙烯中空纤维膜用聚乙烯吡咯烷酮-氧化石墨烯纳米复合材料通过化学接枝法改性后，膜的亲水性得到有效提高，接触角从 97°降低至 62°，膜的水渗透性提高了 1.7 倍，膜通量恢复率达到 96%[140]。化学接枝改性后的膜在藻-膜光生物反应器中用于废水处理时，观察到膜表面污染层上的疏水蛋白质含量显著降低。

在接枝改性技术中，用于接枝的聚合物的性质在提升膜的亲水性和抗污染性方面有很重要的影响。接枝改性能有效改善膜的亲水性，但是也会不同程度地减小膜孔径。而膜孔径是影响膜过滤性能的一个重要因素，因此在对膜进行接枝改性时，需要根据特定的应用需求来调控膜孔径。

（2）等离子体改性

等离子体改性技术是一种通过等离子体对膜表面进行直接或间接改性的方法。直接等离子体改性技术使用反应性气体获得等离子体，利用等离子体内的活性元素通过激活膜表面的分子层来提升超滤膜和纳滤膜的亲水性。用于获得等离子体的反应气体包括氢气、氧气、氮气、二氧化碳和空气等。例如，采用等离子体增强化学气相沉积法在纳米复合薄膜的聚酰胺层的表面形成极薄的丙烯酸亲水层，改性后的纳米复合薄膜具有更高的亲水性、更光滑的表面和更强的抗膜污染性能，可以用作反渗透膜。等离子体改性后的纳米复合薄膜的盐截留率得到有效改善，盐透过率从 2.43%降低至 1.50%[141]。聚丙烯中空纤维微孔膜进行氮气等离子体处理，在膜表面引入极性基团后，膜的亲水性显著增加，等离子体改性后的膜在浸没式膜生物反应器中用于处理合成废水，经过 90h 的连续运行，分别用水和氢氧化钠溶液对膜进行清洗后，膜通量的恢复率分别比原膜高 62.9%和 67.8%[142]。

对膜实施等离子体改性技术时需要购买真空设备，由此增加了生产成本。而且在处理时间较长的情况下，等离子体处理膜的改性过程经常会影响膜的固有特性。例如，使用空气等离子体改性技术对聚丙烯中空纤维微孔膜表面进行改性，改性后的膜性能与处理时间密切相关。研究结果表明，空气等离子处理 4min 和 2min 的膜在浸没式膜生物反应器中连续运行 110h 后，膜经过水洗和碱洗后，膜通量恢复率比未改性膜分别提高了 11.66%和 34.99%[143]。

等离子体处理改性技术通过等离子体产生的自由基与官能团之间的相互作用来改善接枝的过程被称为等离子体诱导接枝。该技术在使用时不产生有害化学物质，对环境的不良影响较小[144]。

（3）涂覆改性

膜表面涂覆改性是指用一种或几种对膜特性不会产生很大影响的小分子化合物，将膜表面具有不吸附活性的结构部分进行物理覆盖，在膜表面顶部形成一层薄的亲水性预涂覆层，从而提高成品膜表面亲水性和抗污染性的改性方法[145]。膜表面的亲水涂层减少了污染物和膜之间的相互作用，防止疏水性膜材料直接与混合液中的有机物发生作用，通过阻止污染物的积累来抑制膜污染，提高膜的抗污染性能。用于涂覆的亲水性物质分为有机物和无机物两类。亲水性有机物有醇类、表面活性剂、两亲性聚合物、壳聚糖和纤维素等[146,147]；亲水性无机物质有沸石、氧化铝、氧化锆和二氧化钛等[40,148,149]。这些亲水性物质与原膜之间通过物理吸附[150]、氢键作用、交联作用和磺化反应等，在不改变原有膜强度等本体性质的前提下，在膜表面形成具有一定结合强度的亲水性涂层，提升自然疏水性成品膜的亲水性，降低其膜污染风险。

例如，用1%的壳聚糖和3%的绿茶多酚制成天然添加剂，通过表面涂覆方法对聚醚砜超滤膜进行改性，改性后的聚醚砜膜有更高的亲水性和防污抗菌性能，对牛血清白蛋白的截留率高达99.99%。将改性后的聚醚砜膜在酸性、碱性和中性浸泡液中浸泡21d后，膜上壳聚糖和茶多酚基团仍显示出较高的稳定性[151]。研究显示，两性离子表面涂覆技术能够使膜在膜生物反应器中的抗污泥性能得到有效提高。通过简单的流经涂覆方法将两性离子有机二氧化硅材料引入中空纤维膜上，提高了污染物向膜表面附着的能量壁垒，两性离子涂覆改性后的膜对胞外聚合物、可溶性微生物聚合物以及蛋白质的吸附表现出了极高的抵抗能力，改性后的膜在膜生物反应器中应用时，膜的临界通量从25L/(m^2·h）提高到35L/(m^2·h)，跨膜压差的发展速率大幅减缓，过滤周期延长了2倍[152]。

然而，在对膜表面进行涂覆改性时，涂覆层与膜之间依靠分子间作用力进行复合，因此，膜表面涂层的稳定性较差，容易受到环境和机械作用的影响从原膜表面脱落，进而造成膜的亲水性衰减，而且脱落的涂覆物质也会对膜造成污染。由于涂覆层会在膜孔表面产生自聚集倾向从而堵塞膜孔，经过表面涂覆改性后的膜会出现膜孔径减小及纯水通量下降的现象。

(4）混合改性

混合改性技术就是将几种膜表面改性技术组合在一起，通过结合每种技术的优点，实现最佳膜表面改性效果。例如，等离子体处理与涂覆技术相结合能有效改善膜表面的亲水性。研究指出，聚砜复合超滤膜经氩气/氧气等离子体氧活化辅助处理后，再涂覆金属玻璃，能有效提高膜的亲水性。经氧活化处理的聚砜复合超滤膜具有较强的亲水性，纯水通量为350.7L/(m^2·h)，对牛血清白蛋白的截留率为83%。将金属玻璃涂覆到氧活化处理后的聚砜复合膜表面，形成金属玻璃/聚砜复合膜，该膜对牛血清白蛋白的截留率提高98.6%～99.9%[153]。

涂覆改性技术也可以与接枝技术相结合，使膜获得更好的抗污染性能和更高的纯水通量。例如，用二氧化钛涂覆反渗透膜，然后对膜进行紫外线照射，处理后的膜的亲水性和膜通量显著增加[154]。同样，接枝改性技术还可以与等离子体处理技术结合使用来修饰膜表面性质。例如，对聚偏氟乙烯/聚丙烯腈纳米纤维进行氩气的低真空微波等离子体处理和氢氧化钠化学改性，由于活性羧基的形成，改性后的膜具有优异的亲水性。

但是，在膜清洁过程中膜性能不佳，于是又将二氧化钛接枝到膜表面，使改性后的膜具有高渗透性和抗污性[155]。

4.2.1.2 制膜材料改性

在膜材料准备过程中，通过共混改性将亲水性物质引入疏水基材，能从根本上提高膜的亲水性，增强膜的抗污染能力。该方法通过改变制膜材料的性质来实现膜性能优化，相较于对成品膜进行的表面涂覆改性或接枝改性等方法，具有工艺集成度高、成本可控的特点。

共混改性通过将亲水性物质与疏水性制膜基体材料在铸膜液中均匀分散，经相转化过程形成具有稳定亲水结构的复合膜[156]。亲水性物质包括有机物和无机纳米粒子，其中有机物有聚甲基丙烯酸甲酯、聚丙烯腈、醋酸纤维素和聚乙烯醇等，无机纳米粒子有三氧化二铝、二氧化硅和二氧化钛等。共混改性的方法操作简便，加入亲水性有机物和无机纳米粒子能够减小膜表面水接触角，而且无机纳米粒子还能提高膜的强度和韧性。然而，亲水性有机物在成膜过程中可能会溶出，影响膜在长期使用中的稳定性；而无机纳米粒子分散性差，过量添加容易导致膜结构致密性降低，可能会影响膜的分离性能。

4.2.2 改善混合液特性

4.2.2.1 投加混凝剂或絮凝剂

在水和废水处理系统中，添加混凝剂和絮凝剂能够有效破坏混合液中的悬浮颗粒和胶体物质的稳定性，使其脱稳形成较大的絮体，以便通过后续的沉淀、过滤等物理过程将其从水中分离，得到高水质出水。在膜生物反应器中，膜孔首先被溶解型胞外聚合物和大分子有机物等堵塞，然后被膜表面形成的滤饼层堵塞。为了减少或阻止膜孔堵塞，通过投加混凝剂和絮凝剂将溶解型胞外聚合物和胶体等有效地聚集形成更大尺寸的絮体。而且混凝剂还能够强化污泥絮体的结构，提高其强度，减少溶解型胞外聚合物的含量，从而显著降低膜过滤阻力，提高膜过滤效率。这些混凝剂和絮凝剂通常带有正价离子，如铝、镁、铁和钙等[88,157,158]。

硫酸铝和氯化铁是两种常用的混凝剂，在提高膜生物反应器中混合液的过滤性以及显著减少膜污染方面发挥了重要作用[158,159]。硫酸铝在水中溶解后形成水合硫酸铝离子和氢氧化铝沉淀，氯化铁溶于水后形成氢氧化铁。水合硫酸铝离子、氢氧化铝或氢氧化铁通过压缩双电层、电中和、吸附架桥和卷扫网捕等凝聚机理与水中的悬浮固体、胶体以及可溶性有机物形成絮体。硫酸铝或氯化铁的添加会显著降低溶解性微生物产物和胶体的浓度，减少这些物质在膜表面的积累，降低膜的不可逆污染。

与单体絮凝剂相比，聚合混凝剂对混合液过滤性的增强效果更高。研究发现，在膜生物反应器中投加聚合硫酸铁（polymeric ferric sulfate，PFS）和聚合氯化铝（polymeric aluminum chloride，PAC），可以为有机颗粒和污泥絮体提供更多的正电荷，增强电荷中和能力，从而使上清液中的有机物去除效率更高。聚合混凝剂通过形成粒径更大的污泥絮体，抑制凝胶层的形成，减缓膜污染的发展[160]。

在废水进入膜生物反应器之前投加适量的混凝剂作为预处理，能有效去除部分有机物和悬浮固体，获得更好的膜污染控制效果。例如，采用预混凝/沉淀相结合的混合膜生物反应器进行城市污水处理时，预混凝/沉淀过程有效去除了废水中的有机物和磷等悬浮固体，显著降低了膜生物反应器的有机负荷，限制了胞外聚合物的产生和积累，并且有效降低混合液黏度。预混凝/沉淀显著提高了膜的渗透性，改善了混合膜生物反应器出水水质[161]。采用次氯酸钠氧化与氯化铁混凝相结合的工艺进行预处理，可以通过改善废水性质来有效减少膜污染，膜的操作时间可以增加 3.7 倍[162]。

其他类型的絮凝剂，如有机絮凝剂和生物絮凝剂等，通过不同的机制形成较大的絮体，减少膜表面的污染物浓度，从而起到有效缓解膜污染、提高膜生物反应器性能的作用[163, 164]。例如，用改性微生物絮凝剂（modified microbial flocculants，MMF）可以减轻膜表面污染物的积累，在膜表面形成疏松多孔的滤饼层。而且在改性微生物絮凝剂-好氧颗粒污泥膜生物反应器系统中观察到膜-污染物以及污染物-污染物之间存在最大能量壁垒[163]。在实际应用中，需要根据废水水质和处理要求等具体情况，优化混凝剂和絮凝剂的选择和使用条件等，这样才能有效控制和减少膜生物反应器系统中的膜污染，提高整体处理效率和系统稳定性。

4.2.2.2　投加吸附剂

膜生物反应器系统常用来控制膜污染的吸附剂，包括粉末活性炭、颗粒活性炭、生物炭、海绵等。这些吸附剂的共同特征是具有多孔结构，且比表面积大，对溶解性微生物产物、胞外聚合物以及微生物有高效的吸附能力，通过吸附作用减少它们在混合液中的含量，从而降低这些物质在膜表面和孔隙上的附着，实现对膜污染的有效控制。同时，吸附剂表面吸附的胞外聚合物和溶解性微生物产物，能进一步吸附更多的微生物，通过胞外聚合物的黏合作用促进微生物以更活跃的方式生长，微生物对混合液中污染物的摄取能力更高，对预防膜污染具有积极作用[165]。

研究显示，向膜生物反应器中投加粉末活性炭可以显著提高系统的处理效率和稳定性。例如，用膜生物反应器处理漂白纸浆厂废水时，向反应器中投加 19g/L 的粉末活性炭，化学需氧量的去除效率从 82%提高到 88%[166]。用浸没式膜生物反应器处理城市污水时，向反应器中添加生物炭，可以将反应器稳定运行阶段的混合液挥发性悬浮固体与混合液悬浮固体的比值（MLVSS/MLSS 值）保持在 0.78～0.81 之间，溶解性微生物产物和胞外聚合物的浓度分别稳定在（63.05±8.49）mg/L 和（67.12±1.54）mg/L。分析表明，利用生物炭是一种缓解膜污染的低成本方法，生物炭通过降低膜表面滤饼层的厚度和致密性来降低跨膜压差[167]。

吸附剂对膜生物反应器膜污染的影响机制较为复杂，对混合液中的悬浮固体特性和溶解性有机物的成分与特性展现出不同的影响。下面以粉末活性炭为例具体分析其对膜污染的控制机制。

(1) 通过改善悬浮固体特性控制膜污染

向膜生物反应器中投加粉末活性炭，通过提高污泥絮体强度，并且增大污泥粒径来控制膜污染[168]。在膜生物反应器运行时，由粉末活性炭参与形成的高强度污泥絮体通过 2 个方面来控制膜污染：

① 能够抵抗曝气产生的剪切力对污泥结构的破坏，减少胞外聚合物和溶解性微生物产物的释放；

② 形成的滤饼层能够有效抵抗过滤压力，保持其结构完整性和较低的滤饼阻力。

而粉末活性炭通过增大污泥絮体粒径来缓解膜污染的机制主要体现在 3 个方面：

① 在曝气条件下，粉末活性炭辅助形成的较大粒径污泥絮体在膜表面受到的错流提升作用力能有效克服污泥絮体与膜表面接触时的吸引能，使污泥絮体向远离膜表面的方向迁移，抑制膜表面污泥滤饼层的生长，减缓膜污染。

② 污泥絮体在曝气气流的作用下在膜表面形成气-固-液三相流，比单独曝气在膜表面形成的气-液两相流的冲刷作用更强，有效限制溶解性有机物在膜表面因黏附和沉积形成凝胶层，显著减少滤饼层的形成[92]。

③ 大粒径污泥絮体在膜表面形成的滤饼层结构更加疏松，不仅产生更小的过滤阻力[169]，而且对混合液中溶解性有机污染物、胶体类物质以及悬浮微生物有更强的截留作用，缓解这类物质造成的膜污染。

(2) 通过降低溶解性有机物含量控制膜污染

膜生物反应器中投加的粉末活性炭通过吸附以及粉末活性炭表面附着的微生物降解两种方式共同作用降低溶解性有机物的含量，减少这类污染物造成的膜污染。例如，在处理市政污水处理厂二次出水的浸没式膜生物反应器中投加粒径为 75～80μm 的粉末活性炭，当粉末活性炭投加量为 0.75g/L 时，总有机碳去除效率提高了 3.89 倍，其中 46.4%的总有机碳通过粉末活性炭的吸附去除，而 13.3%的总有机碳通过微生物降解去除[170]。研究显示，粉末活性炭对蛋白质、腐殖质、芳香族物质、中等分子量以下的溶解性有机物等具有良好的吸附性[171, 172]，但对多糖等亲水性有机物的吸附性较差[173]。

粉末活性炭主要是通过吸附、絮凝和生物降解共同作用来控制膜污染，因此，增加粉末活性炭的投加量，为膜生物反应器中的微生物、胞外聚合物、胶体和有机物等提供更多的吸附机会，增强有机物的生物降解效果。然而，粉末活性炭本身可能会通过在膜上形成饼层和/或堵塞膜孔而增加膜污染。因此，在膜生物反应器中投加粉末活性炭进行膜污染控制时，需要根据具体情况通过实验确定粉末活性炭的最佳投加量和投加频率，以维持膜生物反应器系统运行的稳定性，实现最优的膜污染控制效果和最低的处理成本[168]。

4.2.3 控制生物污染

微生物及其絮凝体在膜表面附着造成的生物污染，降低了膜生物反应器的出水水质，增加了运行费用[174]。通过生物方法控制微生物在膜表面的附着是一种有效的控制和减轻膜生物污染的方法，这些方法包括群体猝灭（quorum quenching，QQ）、一氧化氮诱导生物膜分散、胞外多糖酶解、能量解耦抑制微生物附着、细胞壁水解和噬菌体破坏生物膜等[175]。其中，群体猝灭对生物污染的控制在近年来受到广泛关注和研究。

研究认为，微生物细胞间通讯是细菌之间相互交流并使其有效活动同步的一种信号机制，也称为细菌群体感应（quorum sensing，QS）[176]。微生物通过发送和接收化学信号来抑制微生物细胞间的群体感应的行为被称为群体淬灭[177]。通过群体淬灭可以控制膜表面生物膜的生长和附着，从而实现控制膜生物反应器中的生物污染。

研究显示，由细菌产生、自诱导分子参与的群体感应在水环境中的生物膜形成中起着关键作用。在膜生物反应器中发现的群体感应自诱导分子 *N*-酰基高丝氨酸内酯的活性与由细菌产生的胞外聚合物引起的膜生物污染相关，而且向膜生物反应器中添加酰基转移酶可以使 *N*-酰基高丝氨酸内酯通过酰胺键断裂而失活，由此确定淬灭 *N*-酰基高丝氨酸内酯自诱导分子能有效防止膜生物污染[178]。

利用游离态或附着态群体淬灭酶（酰基转移酶）控制膜生物污染的方法已成功应用于浸没式微滤膜生物反应器中。例如，将酰基转移酶直接固定在纳滤膜上，实验室规模连续错流纳滤系统在 200kPa 的恒定压力下连续运行 38h 后，固定化酰基转移酶纳滤膜的膜通量为初始膜通量的 90%以上，而未经处理的纳滤膜的膜通量降低至初始膜通量的 60%，同时伴有严重的生物污染[179]。Yeon 等[180] 利用附着在磁性载体上的酰化酶来抑制膜生物反应器中的群体感应，有效减轻膜的生物污染，很大程度上也提高了膜的渗透性，附着在磁性载体上的酰化酶在使用时克服了游离酶的技术局限性，在循环利用和混合液稳定性方面显示出优于游离酶的巨大优势。另有研究发现，解偶联剂 2,4-二硝基苯酚可以通过破坏能量代谢及随后产生细菌群体感应信号分子来有效控制膜的生物污染[181]。

文献报道的另一种群体淬灭方法是利用群体淬灭细菌（如 HEMM-1）降解 *N*-酰基高丝氨酸内酯，通过抑制在膜表面形成的细菌和活性污泥生物膜来控制膜生物反应器中的生物污染[182]。研究显示，将群体感应淬灭菌（红球菌属 BH4）包埋到一种微型水凝胶中，形成群体感应淬灭菌微胶囊，在膜生物反应器中处理合成废水时表现出显著的抗生物污染效果，与对照膜生物反应器相比，膜污染延迟了 233%～280%[183]。这种群体感应淬灭菌微胶囊具有特殊的三层结构：海藻酸盐核心层固定细菌，壳聚糖薄膜中间层起到隔离保护作用，海藻酸钠/聚丙烯酰胺半互穿网络外壳对群体感应淬灭菌进行生物防护并提高微胶囊的机械强度。这种群体感应淬灭菌主要通过降解 *N*-酰基高丝氨酸内酯，使生物膜中的微生物细胞产生较少的胞外聚合物，从而形成松散结合的生物膜，能够更轻松地从膜表面脱落。在膜生物反应器中，群体感应淬灭菌微胶囊和膜之间的碰撞产生的摩擦力，也促进了生物膜从膜表面的分离[184]。群体感应淬灭菌微胶囊使细菌群体淬灭更接近解决膜生物反应器中生物污染问题的实际解决方案。

群体淬灭作为一种有前途的生物污染控制方法，为实际膜生物反应器废水处理中的生物污染控制和长期高效运行带来了广阔的潜力。然而，附着群体淬灭酶的磁性载体以及群体感应淬灭菌微胶囊的抗污染性能的稳定性和成本还需要进一步确定。

4.2.4 优化运行条件

4.2.4.1 采用合适的膜通量运行

膜生物反应器有恒定膜通量和恒定跨膜压差两种运行模式。由于恒定膜通量模式下过滤产生的膜污染较少，而且还能轻松处理水力负荷波动的进水，确保出水水量稳定。因此，膜生物反应器设计运行以恒定膜通量过滤为首选模式。研究显示，当膜生物反应器在高膜通量下运行时，虽然产水量在运行初期较高，但是膜污染发展迅速，膜污染严重，是不容忽视的问题。而膜生物反应器在低压控制下的低膜通量运行时，膜系统操作稳定，膜污染速率慢，但是产水量较低，单位产水的运行成本更高。因此，选择合理的膜通量对减轻膜生物反应器运行时的膜污染和控制合理产水成本具有重要意义。只有达到合理的产水量且不会出现严重膜污染的膜生物反应器才具有经济可行性。

针对膜生物反应器运行过程中膜通量影响膜污染速率和程度这一问题，20 世纪 90 年代中期，研究者提出了临界通量的概念[185,186]。临界通量定义为在恒定膜通量操作下，随着过滤时间的推移跨膜压差不会升高的通量。临界通量是粒度、流体动力学和膜-胶体相互作用的函数[186]。当膜在高于临界通量下运行时，就会观察到严重的膜污染现象。当膜生物反应器在低于临界通量（亚临界通量）下运行时，活性污泥受到的趋向膜表面附着的曳力与趋向远离膜表面的气-液冲刷作用力达到平衡，活性污泥在膜表面形成滤饼层的速度极慢。因此，膜生物反应器在亚临界通量下运行时，膜污染进展缓慢，过滤阻力和跨膜压差几乎不随过滤时间发生改变，或者以极其缓慢的速率增加[35]。

然而，许多研究报道了膜生物反应器在亚临界通量下长时间运行时，也会发生跨膜压差随过滤时间增加，出现明显膜污染的现象。例如，浸没式平板膜生物反应器在亚临界通量下运行，处理工业区废水时，在膜通量为 13L/(m^2 · h) 条件下运行 33d 后，出现非常严重的膜污染，而系统在膜通量为 8L/(m^2 · h) 条件下运行 60 多天仍保持稳定[187]。针对此现象，研究者提出了可持续通量的概念，它代表了在膜生物反应器运行过程中膜污染速率在操作上和经济上都可接受的膜通量，通常需要通过长期试验来评估该通量的可持续性[43]。膜生物反应器的可持续通量是过滤过程中跨膜压差以可接受的速度逐渐增加的膜通量。研究指出，最佳可持续通量值应为临界通量的 50%～75%[188]。与亚临界通量相比，可持续通量的概念更适用于实际运行的膜生物反应器。

膜生物反应器系统在可持续通量下运行，能满足所需的可持续运行周期，同时避免频繁的化学清洗。由于受到可持续通量的影响，跨膜压差的增加率和膜化学清洗前进行的过滤时间需根据具体情况（如废水水质特征）决定。通过优化操作参数，如曝气速率、污泥浓度等，使膜污染速率处于经济和环境可接受的范围内。

4.2.4.2 优化间歇抽吸模式

间歇抽吸是一种周期性启、停抽吸泵（或负压泵）的膜过滤操作模式，膜系统在泵启动阶段产水，在泵停抽阶段利用曝气扰动实现膜污染的控制。在膜生物反应器运行过程中，抽吸泵连续运行一段时间后暂停，此时曝气持续进行，产生气液两相紊流，通过气泡形成的剪切力和水力冲刷作用，使沉积在膜表面的污泥滤饼层及污染物脱落，从而延缓膜污染进程。研究表明，污染物在膜表面的积累会显著加速跨膜压差的升高，而采用泵间歇抽吸模式，动态调节膜表面滤饼层的厚度和污染物质量，可以有效平衡膜污染和跨膜压差。

在实际应用中，通过优化间歇抽吸频率和周期，可以进一步降低膜污染的风险，有效控制跨膜压差。一般来说，延长抽吸时间会增加污染物在膜表面的滞留时间，特别是在跨膜压差较高的情况下，通过增强污染物与膜表面的相互作用，促进污染物在膜表面的积累，从而加速滤饼层的形成。在泵停抽期间，由于压力的释放促使膜表面的污染物反向扩散，但如果泵的停抽时间过长，可能会因为水力扰动减弱而使膜污染的清除效果下降，而在泵停抽时继续进行曝气，则能有效改善清除膜表面污染物的效果。

研究显示，高频次短周期的间歇抽吸可减少污染物在膜表面的深层吸附，维持较低的跨膜压差增长率，而低频次长周期的间歇抽吸可能会因为滤饼层的压实而导致不可逆污染。如果在泵停吸期间，同时对膜进行反冲洗，能显著降低滤饼污染和膜孔隙污染率，延长膜生物反应器的运行时间。研究显示，采用周期性泵抽吸-反冲洗模式的膜过滤操作时间比泵连续运行的操作时间高出 64.6%，而且比周期性泵抽吸模式的膜过滤操作时间长 21.1%[189]。

4.2.4.3 控制合理的运行温度

温度通过影响膜生物反应器中微生物的活性、污泥絮体的结构和组成、污染物的吸附和降解等特性来影响膜污染。温度过低会导致微生物释放更多的胞外聚合物和溶解性微生物产物，破坏污泥沉降性，因此更容易发生膜污染[190,191]。在适宜微生物生长和代谢的温度范围内，升高温度有助于提高微生物代谢，提高污染物的去除效率，有利于降低膜污染。然而，温度过高不利于膜污染的控制。例如，温度从 30℃升高至 45℃后污泥絮体会发生解絮，胞外聚合物从污泥絮体中溶解，导致混合液的浊度和溶解性微生物产物浓度增加[192]，进而加剧膜污染。温度升高还可能加速膜的老化或膜的化学降解，从而缩短膜的使用寿命。

一般来说，膜生物反应器应尽量在常温下运行，避免温度突然升高或降低。如果污染物的降解需要在较高温度下进行，而所使用的膜又不能耐受高温，此时可采取分置式膜生物反应器工艺，分别在两个反应器中进行生物处理和膜分离，通过分别控制两个反应器的温度达到更优的处理和膜污染控制效果。

4.3 膜清洗

尽管通过合理设计和优化操作条件等措施能有效减缓膜污染，但膜污染仍是膜生物反应器运行中不可避免的现象，膜污染直接导致跨膜压差上升（恒定膜通量模式）或膜通量降低（恒定跨膜压差模式），从而缩短膜的使用寿命，影响膜生物反应器的运行效率和成本。膜清洗是膜生物反应器控制膜污染和保持膜性能非常重要的操作。通过周期性清洗可以减少膜的无机污染、有机污染和生物污染，重新打开被污染物堵塞的膜孔，减少滤饼层污染，恢复膜通量和跨膜压差等各项性能指标，尽可能延长膜的使用寿命。理想的膜清洗应该高效、快速，不会对膜造成损害，并满足所有的卫生要求。

膜清洗按作用原理分为物理清洗和化学清洗。膜生物反应器中膜的物理清洗主要是通过水、气、超声波等产生的机械作用去除膜表面和膜孔内的可逆污染，使膜通量或跨膜压差在较短时间内得到一定程度的恢复。物理清洗既不需要使用化学药品，也不会产生化学废物，对膜的损害较小。因此，膜生物反应器进行物理清洗后，经过一段时间的运行会再次出现膜通量下降或跨膜压差升高的现象，需要再次进行物理清洗以去除污染物并恢复膜通量。物理清洗对吸附引起的不可逆污染的去除效果非常有限，经过多个物理清洗周期后不可逆污染的积累导致膜通量出现显著降低或跨膜压差出现明显升高，继续进行物理清洗也不能有效去除污染物或恢复膜通量，此时膜就需要进行化学清洗。

化学清洗是指通过使用化学药剂减少或去除在膜表面和膜孔内壁积累的不可逆污染，从而恢复膜通量或跨膜压差的膜清洗方法。化学清洗是恢复膜性能的重要手段。经过化学清洗可以显著恢复膜通量，满足连续过滤的需求。图 4-3 和图 4-4 比较了物理清洗和化学清洗对恒定跨膜压差运行模式下膜通量的影响以及恒定膜通量过滤模式下跨膜压差的影响。

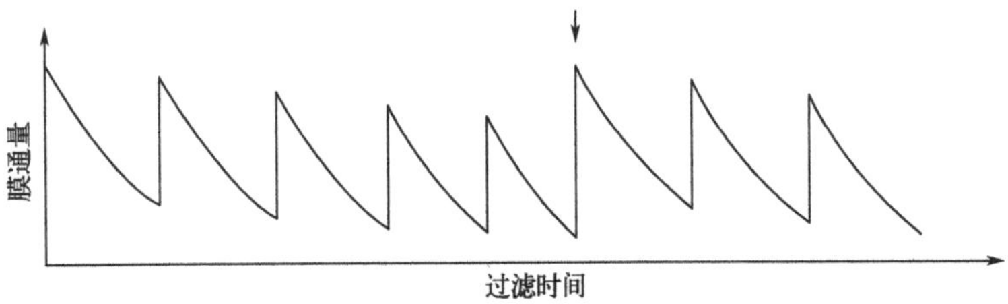

图 4-3 物理清洗和化学清洗对恒定跨膜压差过滤模式下的膜通量的影响

箭头表示进行化学清洗的时间

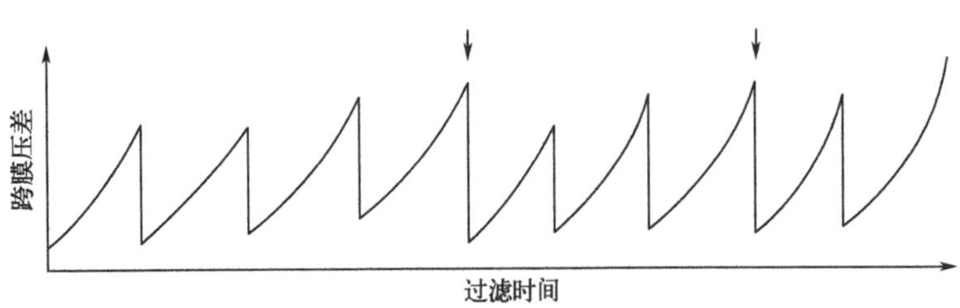

图 4-4 物理清洗和化学清洗对恒定膜通量过滤模式下的跨膜压差的影响

箭头表示进行化学清洗的时间

4.3.1 物理清洗

4.3.1.1 水力反冲洗

水力反冲洗是一种有效去除膜孔内部污染，防止凝胶层被压实的物理清洗方法。当膜进行反冲洗时，滤液或反冲洗水在高于过滤压力下从膜的出水侧流向膜的进水侧。在膜生物反应器运行中，为了避免污泥絮体等固体颗粒物在膜表面持续积累导致膜通量下降或跨膜压差升高，通常会在膜过滤系统运行一段时间或达到跨膜压差或膜通量的预设值后停止过滤，并对膜进行水力反冲洗。周期性的水力反冲洗可以有效减少膜污染、改善膜性能、延长膜的使用寿命，从而获得稳定的水力操作条件。

水力反冲洗是一个周期性的逆向水流过程。膜生物反应器在进行水力反冲洗时，首先关闭抽吸泵、膜池的进水阀和出水阀，停止产水；然后，使用反冲洗泵将反冲洗水（膜过滤的产水或更优质的水）从膜出水侧反向注入膜系统；在较高压力和较大流量下，反冲洗水通过膜孔，去除堵塞在膜孔中的污染物以及部分附着在膜表面的悬浮固体。

水力反冲洗主要去除膜的可逆污染，对膜通量的恢复程度有限，每次水力反冲洗只能部分恢复被堵塞的膜孔通道。如果在反冲洗的同时继续进行曝气，利用气液冲刷联合反冲洗技术能显著清除沉积在膜表面的滤饼层，提高膜通量恢复效果。也可以在反冲洗水中加入化学清洗剂，通过化学增强反冲洗去除部分不可逆膜污染，从而提高膜性能的恢复程度。

影响水力反冲洗效率与膜通量恢复程度的因素包括反冲洗压力、频率和持续时间，以及膜特性和膜污染物性质等。为了获得较高的膜通量恢复率，反冲洗压力通常高于膜过滤压力。研究显示，在膜的机械强度允许范围内，提高反冲洗压力，可以增大反冲洗水的流速，产生足够的剪切力，有效去除大部分造成膜孔堵塞的污染物，以及形成松散滤饼层的污染物，并将其送回混合液中。然而，过高的反冲洗压力可能会对膜结构造成损伤。在实际应用中，反冲洗压力或反冲洗水的流速通常根据经验选择或通过实验确定。

增加反冲洗时间和提高反冲洗频率可能会提高污染物的去除效果，但同时也会消耗大量反冲洗水，增加膜生物反应器系统的总处理水量，提高投资和运行成本。因此，在实际应用中，应在综合考虑膜特性、污染物性质以及污染物去除机制的基础上，持续优化反冲洗频率和反冲洗持续时间，确定最佳反冲洗操作条件，以获得较高的反冲洗效率，同时还需要平衡膜通量恢复效率、产水量和出水水质以及运行成本之间的关系。

膜特性也会影响反冲洗效果。例如，亲水性膜的反冲洗效率优于疏水性膜，这是由污染物和膜之间的黏附表面自由能存在差异所导致的。不对称膜的反冲洗效果较好，这是因为不对称膜支撑层的孔径比膜表面分离层的孔径大得多，污染物一般堵塞在分离层的孔隙中，通过水力反冲洗能迫使沉积在膜孔内的污染物返回混合液中，使膜通量恢复到较高水平。此外，反冲洗对膜强度方面的要求较高，反冲洗时应避免反冲洗压力过高而损伤膜结构。

4.3.1.2 曝气冲洗

曝气冲洗技术是一种高效的物理清洗方法，通过鼓风机将空气引入膜生物反应器中，利用空气气泡与水形成的气-液两相流，强化膜表面的水力冲刷作用，从而清除膜表面的污染物，有效控制膜表面滤饼层的厚度。曝气冲洗技术可以在过滤过程中连续进行，也可以在抽吸泵停吸阶段或反冲洗阶段持续进行。

曝气冲洗可以直接作用于平板膜和管式膜的表面，也可以通过气泡流诱导中空纤维膜丝运动间接发挥清洗膜的作用。曝气冲洗技术在不同类型的膜生物反应器中发挥良好的膜污染控制效果，并能够提高处理效率，保持系统的高效运行。在一个处理高盐度污水的膜生物反应器系统中，使用曝气冲洗技术控制膜污染，在 4.8m/d 的高膜通量和气水比为 15 的条件下，成功地在 270d 的连续运行期间维持了无膜污染状态，而且总悬浮固体、化学需氧量和总凯氏氮的平均去除效率分别达到 92%、90%和 93%[193]。

曝气强度和曝气气泡大小直接影响气液两相湍流程度和剪切力，进而影响曝气冲洗效率。研究表明，曝气强度越大，曝气冲洗的效率越高。然而，过高的曝气强度会导致污泥絮体破裂，反而增加溶解性微生物产物的浓度，造成二次污染。而曝气产生的微气泡破裂时产生的微射流可以有效剥离膜表面的附着层，因此，微气泡可提供更高的滤饼去除效率，是一种环境友好的膜污染清除技术[194]。

由于曝气冲洗对膜孔堵塞和吸附性污染的清洗效果有限，将曝气冲洗与其他清洗工艺联合使用，能达到更好的膜清洗效果。使用曝气冲洗和周期性水力反冲洗联合工艺时，曝气冲洗主要去除膜表面的污染，而水力反冲洗则针对膜孔内的污染进行清洗，这种联合清洗工艺的使用不仅可以缩短清洗时间，还能提高清洗效率。

4.3.1.3 海绵球擦洗

海绵球擦洗是一种利用手工操作或水力控制等方式使海绵球在内压管式膜内循环运动，通过物理摩擦作用去除膜表面污染物的膜清洗技术[195]。海绵球的直径通常比管式膜的内径略大，以确保海绵球被压缩变形后既能与膜表面形成有效的摩擦，又不会因为过度挤压而损伤膜结构。海绵球擦洗技术具有操作简便、成本低、环境友好等优点。

4.3.1.4 超声波清洗

利用超声波清洗膜时，超声波在水中形成微小的气泡，这些气泡在水中引起剧烈的紊流、气冲和震动，将膜表面上附着的污染物分解成碎片，从膜表面剥离，从而达到降低膜表面污染的目的[196]。超声波清洗可以在膜生物反应器中在线进行，也可以将膜组件拆卸后在专门的清洗装置中进行离线清洗。例如，聚砜超滤膜被乳清溶液污染后，采用超声波对其进行离线清洗时，在不使用表面活性剂的情况下膜的清洗效果显著[197]。研究显示，超声波清洗可以有效去除废水在微滤过程中产生的滤饼污染，但是对膜孔堵塞污染的去除效果并不显著[198]。与其他物理清洗技术一样，膜通量的恢复程度随着超声波清洗周期的增加而减小。为了实现更高的膜清洁效率，超声波清洗还可以与其他膜清洗方法结合使用，如超声波清洗与反冲洗组合、超声波与化学清洗组合[199]。

影响超声波清洗效率和膜通量的重要参数包括超声波频率、超声波强度、持续时间、辐照方式、方位、距离、操作条件、膜材料和污染物性质等。研究显示，在相对较低的超声频率（如 35kHz）下无法获得有效的清洗效率，而在较高频率（如 130kHz）下可以获得良好的清洁效果[200]。研究指出，使用频率为 28kHz、45kHz 和 100kHz 的混合波超声波清洁被牛奶污染的聚偏氟乙烯微滤膜，清洁效果高于单独使用任意一种频率超声波。而且混合超声波与乙二胺四乙酸（EDTA）混合使用时，能通过协同作用更有效地清洁污染膜[201]。

超声波强度是另一个影响超声波清洗效率的主要因素，在一定范围内提高超声波强度可以提高清洗效率，然而过高的超声波强度不仅对膜造成损伤，而且对微生物也有抑制甚至杀灭作用。特别是使用超声波进行在线清洗时，超声波会对膜生物反应器中的混合液性质产生较大影响，如造成污泥活性降低、粒径减小等，污泥的这些变化可能会堵塞膜孔，甚至使膜污染恶化。因此，利用超声波清洗污染膜时需要严格控制超声波强度。

4.3.2 化学清洗

4.3.2.1 化学清洗类型

(1) 酸洗

酸洗是指用酸性清洗剂通过降低 pH 值，提高金属氧化物、金属碳酸盐等无机污染物的溶解度，使其从膜表面和膜孔中析出，从而达到恢复膜通量的化学清洗方法。常用的酸性清洗剂包括硫酸、盐酸、硝酸和磷酸等酸性较强的无机酸，以及乳酸、草酸和柠檬酸等酸性较弱的有机酸。

强酸可能会损伤某些膜结构，因此在使用时需要根据膜材料选择合适的酸性清洗液的浓度。例如，用 0.05%的盐酸清洗被乳清污染的反渗透膜可以实现完全的污染物去除和膜通量的恢复；而磷酸可以有效去除无机污染物，但是对硅酸盐胶体的去除效果较差[202]。

柠檬酸清洗剂能提供 pH 缓冲作用，在清洗过程中，既能有效清除膜污染物，还能降低膜因 pH 造成的损伤风险。柠檬酸清洗剂在使用时，通过创造酸性环境，促进膜上的金属离子溶解来达到清洗膜的目的，能有效去除如碳酸钙、硫酸钙等无机盐污垢，还能去除铁、锰、铜等金属氧化物或金属氢氧化物。当膜被无机胶体污染后，柠檬酸清洗剂对其清洗效果也很好。柠檬酸清洗剂还具有良好的配位能力，在清洗膜的过程中，柠檬酸通过与铁配位形成柠檬酸铁，有效去除膜表面的铁沉积[203]。

(2) 碱洗

碱洗是一种利用碱性清洗剂（如氢氧化钠）清洗膜的方法，利用水解、皂化和增溶等作用去除膜表面沉积的有机物、油脂、蛋白质及生物污染物等。在实际应用中，需要根据膜材料特性和污染物性质来选择适合的碱性清洗剂浓度。碱性清洗剂浓度太低时不能有效去除污染物，而浓度太高时则可能会破坏膜的分子结构，导致膜材料的老化和性能退化。

(3) 氧化剂清洗

氧化剂清洗利用氧化剂的强氧化性，将有机污染物的疏水性官能团氧化为水溶性更强的醛基和羧基等官能团，增加污染物的亲水性，减少有机污染物与膜表面的黏附[2, 204]，使其更容易从膜表面去除，从而达到清洗膜的目的。氧化剂在清洗膜时，既可以去除膜上的污染物，又可以起到杀灭细菌的作用。常用的氧化清洗剂包括次氯酸钠、臭氧等[205, 206]。

在进行化学清洗时，尽管氧化剂在去除有机污染和生物污染，以及恢复膜通量方面具有非常积极的作用，但是在膜清洗过程中对膜性能和膜生物反应器中的微生物产生的负面影响也是不可忽视的。例如，在研究饮用水生产过程中次氯酸钠对超滤膜性能的影响时，将聚醚砜/聚 *N*-乙烯基吡咯烷酮超滤膜以浸泡方式或以过滤-反冲洗循环方式暴露于次氯酸盐中，当 pH 值为 7～8 时聚 *N*-乙烯基吡咯烷酮发生降解且对膜特性产生严重的改变[206]。次氯酸钠在进行膜清洗时，能够破坏聚合物膜的表面完整性，加速聚偏氟乙烯膜的老化[207]。因此，用氧化剂清洗污染膜时需要谨慎选择使用条件，既要确保能有效去除污染物，又不能对膜造成损伤。

氧化剂也会对膜生物反应器中的微生物产生负面影响，主要体现在减小微生物絮体尺寸、破坏微生物生存能力等方面。例如，使用浓度为 5～50mg/g SS 的次氯酸钠清洗膜时，活性污泥中的微生物细胞在几分钟内就会出现不同比例的破坏，而且参与有机物生物降解、硝化反应和反硝化反应的关键酶的活性被抑制[208]。研究指出，次氯酸钠可引发细菌裂解，高浓度次氯酸钠会降低污泥表面疏水性并释放胞外聚合物，反而增加了悬浮污泥的膜污染率，导致膜污染以更快的速度发展[209]。许多研究报道指出，使用次氯酸钠进行污染膜的在线清洗和离线清洗时会产生包括氯仿、三氯乙腈、三氯乙酸等高达 19 种有毒副产物[210, 211]。

(4) 表面活性剂清洗

表面活性剂，如十二烷基硫酸钠，是一种具有两亲性特征的化合物，可以降低液体和固体之间的表面张力，促使污染物脱离膜表面。表面活性剂还具有增溶大分子的能力，能够将脂肪、蛋白质等疏水性污染物包裹，形成胶束，提高它们的溶解性和分散性，使这些污染物更容易从膜中去除，实现对膜的清洗。

表面活性剂与其他化学清洗剂组合对某些污染物的清除非常有效。例如，由表面活性剂、碱和氧化剂组合而成的配方清洗剂在清洗被蛋白质污染的膜时表现出很高的清洁性能，即使在非常低的浓度下也能将膜通量恢复到初始水平，并保持膜的完整性[212]。在清洗过程中，碱和氧化成分快速渗透到污染层中氧化污染物，然后表面活性剂有效地将污染物胶束化使其从膜上分离，实现高膜通量恢复。然而，有些表面活性剂可能与膜结合，改变膜原有的表面特性，加剧膜污染。

(5) 酶清洗

酶清洗利用酶的高效生物催化性，对膜表面及膜孔内沉积的污染物进行降解，从而去除有机污染物和生物污染物。常用于清洗污染膜的酶有蛋白酶、淀粉酶和脂肪酶等。不同的酶能够有针对性地降解某类污染物。酶清洗通常在温和的条件下进行。需要注意的是，酶清洗剂使用不当也会对膜造成损伤，影响其分离性能。

为了实现更高效的膜清洗效果，减小化学清洗剂对膜的损伤，需要根据污染物的组成与性质，以及膜特性选择单一的化学清洗剂，或者由几种化学清洗剂按一定比例混合配成的复合清洗液，在一定的条件（如清洗剂浓度、pH 值）下，按照特定的清洗流程进行膜的化学清洗。例如，膜被多糖类物质污染后通过温水浸泡清洗即可恢复膜通量，而膜被蛋白质严重污染后，采用含有胃蛋白酶的氢氧化钠溶液进行清洗，可有效恢复其膜通量[213]。复合清洗液利用不同清洁剂的协同效应，在膜清洗过程中有效缩短清洗时间、保持膜完整性并降低清洁频率。在使用时，需要通过实验确定化学清洗剂的种类、浓度、清洗顺序、清洗时间与频率等。

4.3.2.2 化学清洗方式

化学清洗分为维护性清洗和恢复性清洗。维护性清洗是为了缓解膜污染，用低浓度化学清洗剂对污染膜进行的清洗。而恢复性清洗是为了恢复膜性能，用较高浓度的化学清洗剂对膜进行在线或离线清洗。

(1) 原位化学清洗

原位化学清洗也称在线化学清洗（chemical cleaning-in-place，CIP），是指在膜组件不离开膜生物反应器的情况下进行的化学清洗[2]。进行原位化学清洗时，在反冲洗水中加入较低浓度化学清洗剂，如次氯酸钠、氢氧化钠、盐酸等，通过水力反冲洗的方式，将化学清洗剂用泵以逆过滤方向通过膜孔，将膜表面和膜孔中的污染物清洗去除。这种结合物理和化学清洗的原位化学清洗也称为化学增强反冲洗，能有效提高膜的过滤性能。例如，在中试规模饮用水处理系统中使用聚偏氟乙烯对称微滤膜和复合微滤膜处理地表水，在膜的反洗过程中引入次氯酸钠，将对称膜和复合膜的运行时间分别从大约 10d 和 50d 增加到大约 60d 和 200d[214]。研究显示，在膜使用过程中，每 3～7d 用 0.01%的次氯酸钠化学清洗剂对膜进行短时间的原位化学清洗，在保证膜组件正常使用前提下，对提高设计通量有显著的效果[43]。通常，膜通量在最初几次的原位化学清洗之后可以达到几乎 100%的恢复[215,216]。

膜进行原位化学清洗时，化学清洗剂与污染物之间的反应是提高清洗效率的重要因素。在清洗时，化学清洗剂首先通过膜孔传输到膜表面，然后进入膜表面的污染层，在此过程中化学清洗剂与膜孔内和膜表面的污染物发生反应，提高其溶解度或脱附能力，从膜上脱附的污染物随着清洗剂最终进入膜生物反应器中，残留的有效化学清洗剂还可以与反应器中的溶解性有机物和微生物发生反应，如果残留的清洗剂浓度超过微生物的耐受能力会对微生物造成不可逆转的损害。因此，在进行原位化学清洗时需要控制化学清洗剂的浓度和使用量，避免对微生物造成影响。清洗结束后，新的膜过滤周期开始，并伴随着新的膜污染的发展。

(2) 异位化学清洗

异位化学清洗（chemical cleaning-out-place，COP），又称离线化学清洗，是指将膜组件移出膜池或膜生物反应器，并将其浸入含有较高浓度化学清洗剂的清洗槽中进行的化学清洗。用于异位化学清洗的清洗剂包括次氯酸钠、柠檬酸或草酸等稀溶液。当膜组件被严重污染，跨膜压差升高导致过滤无法进一步持续，且原位化学清洗无法达到理想清洗效果时，应采取化学离线清洗。

典型的异位化学清洗通过以下步骤进行：

① 对膜组件进行物理清洗，去除可逆污染物和未被吸收的污染物；

② 根据污染物类型及膜特性配置适当浓度的化学清洗剂，将膜组件置于投加了化学清洗剂的专用容器中浸泡若干小时，使污染物与化学清洗剂充分接触和反应，去除不可逆膜污染物。

如有必要，可根据膜污染程度调整清洗时间，重复清洗步骤，直到膜的过滤能力得到有效恢复。清洗结束后，用清水彻底冲洗膜组件，去除残留的污染物和化学清洗剂，对膜组件进行通量测试，以确定清洗效率。

4.3.2.3 影响化学清洗效率的因素

膜清洗是膜技术应用中的关键环节，它直接影响膜的性能、使用寿命及能耗。化学清洗主要包括化学反应和物理过程两个阶段。在化学反应阶段，化学清洗剂与膜污染物接触并发生反应，这一过程需要适宜的 pH 环境和适当浓度的化学清洗剂。为了确保清洗效果，需要根据污染物的特性选择合适的化学清洗剂类型及用量，确定反应时间。化学清洗的物理阶段涉及化学清洗剂向污染层的转移，以及污染物从膜表面和膜孔向混合液中的迁移，这一阶段受流体动力学、接触时间和温度等因素的影响。因此，化学清洗效果取决于清洗周期、清洗剂的种类和浓度、清洗时间和温度等多个因素。为了实现最佳的化学清洗效率，尽可能恢复设计通量，并且减少膜污染和清洗过程的负面影响，优化膜的清洗条件至关重要。

(1) 化学清洗剂浓度

化学清洗被一致认为是恢复膜过滤性能的有效手段。膜的化学清洗基于清洗剂与膜污染物之间的化学反应，其中化学清洗剂的浓度可能对反应平衡和反应速率都有影响，同时也决定了膜过滤过程的能耗和运行成本。在实际应用中，为了使清洗时的反应达到一定的速率，化学清洗剂的浓度应足够高。然而，质量传递又限制了可用于清洁的有效浓度范围。例如，用氢氧化钠溶液清洗膜时，当氢氧化钠浓度在 3%～4%范围内时膜通量的恢复程度随着氢氧化钠浓度的增加而提高，然而当氢氧化钠浓度超过 4%时膜通量的恢复率反而降低[217]。类似地，在使用浓度为 0.1%～1.0%的次氯酸钠对微藻生物质污染后的醋酸纤维素微滤膜进行清洗时发现，浓度为 0.75%的次氯酸钠的清洗效果最好[218]。

由此可知，在膜的化学清洗过程中，化学清洗剂的浓度并非越高越好。特别是在原位化学清洗时，膜和膜生物反应器中的微生物都暴露于化学清洗剂中，使用较高浓度的化学清洗剂虽然可以更容易地去除膜上的污染物，完全恢复膜通量，但也可能导致膜性能发生变化，甚至会破坏膜结构，缩短膜的使用寿命。而且高浓度化学清洗剂可能会抑制反应器中的微生物活性。因此，在进行原位化学清洗时，通常建议采用较低浓度化学清洗剂和较长清洗时间的清洗模式，在去除污染物的同时最大程度保证膜不受损害。在实际应用时，由于膜生物反应器运行操作条件的不同，通常会先进行小规模的测试来确定最佳的清洗方案，如清洗剂种类、清洗剂浓度和清洗时间，再进行实际操作。

(2) 清洗时间

在化学清洗过程中，需要足够的时间让化学清洗剂与膜污染物充分发生反应，从而获得更高的膜通量恢复程度。然而，由于化学清洗剂溶解污染层的能力有限，单纯延长清洗时间对清洗效果的提升是有限的。最佳清洗时间应取决于清洗剂的种类和浓度、膜材料性质和膜污染物特性等各种因素。为此，研究者提出了清洁强度的概念[219]。清洁强度被定义为化学清洗剂浓度（C）和清洁时间（t）的乘积，此概念说明对膜进行化学清洗时应同时考虑化学清洗剂浓度和清洁时间对膜清洗效果的综合影响。

(3) 清洗温度

温度对膜清洗效率和膜通量恢复起着至关重要的影响。温度可以通过改变化学反应平衡、污染物和/或反应产物的溶解度，以及反应动力学来影响膜清洗效率。通常，在一定温度范围内，提高清洗温度会明显改善化学清洗剂的清洗能力。温度升高通常会加快化学反应速率，提高清洗效果，可以缩短恢复膜通量的清洗时间。然而，每种膜对温度都有一定的极限适应值，因此在化学清洗过程中，还必须考虑温度对膜的影响，避免过高的清洗温度对膜造成不可逆损伤。

4.3.2.4 膜清洗效率

膜运行一段时间以后，需要对膜进行清洗，去除膜表面和膜孔内吸附沉积的污染物，以确保膜生物反应器系统的稳定运行和出水水质。膜清洗效率可用膜通量恢复率（flux recovery rate，FRR）来定量表示，膜通量恢复率[220]用下式计算：

$$\mathrm{FRR}(\%)=\frac{J_c}{J_0}\times 100 \tag{4-20}$$

式中 J_c——污染膜被化学清洗后的纯水通量，$\mathrm{L/(m^2 \cdot h)}$；

J_0——清洁膜的纯水通量，$\mathrm{L/(m^2 \cdot h)}$。

需要说明的是，膜通量恢复率应是一个≤100%的值。如果膜经过清洗后，膜通量恢复率的计算值>100%，说明该膜在化学清洗过程中发生了物理性损伤。

化学清洗效率也可以用阻力去除（resistance removal，RR）[202]来评价，即

$$RR(\%)=\frac{R_f-R_{cc}}{R_f}\times 100 \tag{4-21}$$

式中 R_f——污染膜用水清洗后的阻力，m^{-1}；

R_{cc}——膜经过化学清洗后剩余的阻力，m^{-1}。

参考文献

[1] Koros W J, Ma Y H, Shimidzu T. Terminology for membranes and membrane processes (IUPAC recommendations 1996) [J]. Pure and Applied Chemistry, 1996, 68 (7): 1479-1489.

[2] Wang Z W, Ma J X, Tang C Y, et al. Membrane cleaning in membrane bioreactors: A review [J]. Journal of Membrane Science, 2014, 468: 276-307.

[3] Arabi S, Nakhla G. Impact of calcium on the membrane fouling in membrane bioreactors [J]. Journal of Membrane Science, 2008, 314 (1/2): 134-142.

[4] Lee S, Lee C H. Effect of operating conditions on $CaSO_4$ scale formation mechanism in nanofiltration for water softening [J]. Water Research, 2000, 34 (15): 3854-3866.

[5] Bar-Zeev E, Berman-Frank I, Liberman B, et al. Transparent exopolymer particles: Potential agents for organic fouling and biofilm formation in desalination and water treatment plants [J]. Desalination and Water Treatment, 2009, 3 (1/2/3): 136-142.

[6] Hong H C, Zhang M J, He Y M, et al. Fouling mechanisms of gel layer in a submerged membrane bioreactor [J]. Bioresource Technology, 2014, 166: 295-302.

[7] Li S, Winters H, Jeong S, et al. Marine bacterial transparent exopolymer particles (TEP) and TEP precursors: Characterization and RO fouling potential [J]. Desalination, 2016, 379 (3): 68-74.

[8] Iorhemen O T, Hamza R A, Tay J H. Membrane bioreactor (MBR) technology for wastewater treatment and reclamation: Membrane fouling [J]. Membranes, 2016, 6 (2): 33.

[9] Asif M B, Ren B Y, Li C Y, et al. Evaluating the impacts of a high concentration of powdered activated carbon in a ceramic membrane bioreactor: Mixed liquor properties, hydraulic performance and fouling mechanism [J]. Journal of Membrane Science, 2020, 616 (24): 118561.

[10] Bar-Zeev E, Passow U, Castrillón S R, et al. Transparent exopolymer particles: From aquatic environments and engineered systems to membrane biofouling [J]. Environmental Science & Technology, 2015, 49 (2): 691-707.

[11] Rosenberger S, Kraume M. Filterability of activated sludge in membrane bioreactors [J]. Desalination, 2002, 146 (1/2/3): 373-379.

[12] Li C, Yang Y, Ding S Y, et al. Dynamics of biofouling development on the conditioned membrane and its relationship with membrane performance [J]. Journal of Membrane Science, 2016, 514: 264-273.

[13] Chu H P, Li X Y. Membrane fouling in a membrane bioreactor (MBR): Sludge cake formation and fouling characteristics [J]. Biotechnology and Bioengineering, 2005, 90 (3): 323-331.

[14] de la Torre T, Lesjean B, Drews A, et al. Monitoring of transparent exopolymer particles (TEP) in a membrane bioreactor (MBR) and correlation with other fouling indicators [J]. Water Science and Technology, 2008, 58 (10): 1903-1909.

[15] Chen J R, Zhang M J, Li F Q, et al. Membrane fouling in a membrane bioreactor: High filtration resistance of gel layer and its underlying mechanism [J]. Water Research, 2016, 102: 82-89.

[16] Sheng G P, Yu H Q, Li X Y. Extracellular polymeric substances (EPS) of microbial aggregates in biological wastewater treatment systems: A review [J]. Biotechnology Advances, 2010, 28 (6): 882-894.

[17] DuBois M, Gilles K A, Hamilton J K, et al. Colorimetric method for determination of sugars and related substances [J]. Analytical Chemistry, 1956, 28 (3): 350-356.

[18] Lowry O, Rosebrough N, Farr A L, et al. Protein measurement with the Folin phenol reagent [J]. Journal of Biological Chemistry, 1951, 193 (1): 265-275.

[19] Li J F, Yang F L, Liu Y, et al. Microbial community and biomass characteristics associated severe membrane fouling during start-up of a hybrid anoxic-oxic membrane bioreactor [J]. Bioresource Technology, 2012, 103 (1): 43-47.

[20] Guo W S, Ngo H H, Li J X. A mini-review on membrane fouling [J]. Bioresource Technology, 2012, 122: 27-34.

[21] Thanh B X, Visvanathan C, Spérandio M, et al. Fouling characterization in aerobic granulation coupled baffled membrane separation unit [J]. Journal of Membrane Science, 2008, 318 (1/2): 334-339.

[22] Bouhabila E H, Ben Aim R, Buisson H. Fouling characterisation in membrane bioreactors [J]. Separation and Purification Technology, 2001, 22: 123-132.

[23] Ishizaki S, Papry R I, Miyake H, et al. Membrane fouling potentials of an exoelectrogenic fouling-causing bacterium cultured with different external electron acceptors [J]. Frontiers in Microbiology, 2019, 9: 3284.

[24] Mesquita P L, Aquino S F, Xavier A L P, et al. Soluble microbial product (SMP) characterization in bench-scale aerobic and anaerobic CSTRs under different operational conditions [J]. Brazilian Journal of Chemical Engineering, 2010, 27 (1): 101-111.

[25] You Y J, Guo J Y, Jiang J Y. Insight into the performance and fouling characteristics of submerged ceramic membrane bioreactor in wastewater treatment [J]. Journal of Environmental Management, 2025, 373: 123900.

[26] Meng F G, Chae S R, Drews A, et al. Recent advances in membrane bioreactors (MBRs): Membrane fouling and membrane material [J]. Water Research, 2009, 43 (6): 1489-1512.

[27] Passow U. Transparent exopolymer particles (TEP) in aquatic environments [J]. Progress in Oceanography, 2002, 55 (3/4): 287-333.

[28] Passow U, Alldredge A L. Aggregation of a diatom bloom in a mesocosm: The role of transparent exopolymer particles (TEP) [J]. Deep-Sea Research Part Ⅱ: Topical Studies in Oceanography, 1995, 42 (1): 99-109.

[29] Berman T. Transparent exopolymer particles as critical agents in aquatic biofilm formation: Implications for desalination and water treatment [J]. Desalination and Water Treatment, 2013, 51 (4/5/6): 1014-1020.

[30] 刘雅娟. 透明胞外聚合颗粒物及其膜污染机理的研究进展 [J]. 环境化学, 2020, 39 (11): 3038-3049.

[31] Jennings M K, Passow U, Wozniak A S, et al. Distribution of transparent exopolymer particles (TEP) across an organic carbon gradient in the western North Atlantic Ocean [J]. Marine Chemistry, 2017, 190 (3): 1-12.

[32] Lin J C, Wu C Y, Chu Y L, et al. Effects of high turbidity seawater on removal of boron and transparent

exopolymer particles by chemical oxo-precipitation [J]. Journal of the Taiwan Institute of Chemical Engineers, 2019, 94 (1): 109-118.

[33] Berman T. Biofouling: TEP—A major challenge for water filtration [J]. Filtration & Separation, 2010, 47 (2): 20-22.

[34] Nguyen T, Roddick F A, Fan L. Biofouling of water treatment membranes: A review of the underlying causes, monitoring techniques and control measures [J]. Membranes, 2012, 2: 804-840.

[35] Vanysacker L, Declerck P, Bilad M R, et al. Biofouling on microfiltration membranes in MBRs: Role of membrane type and microbial community [J]. Journal of Membrane Science, 2014, 453: 394-401.

[36] Takimoto Y, Miwa T, Hatamoto M. Initiation and progression of Early-Stage microbial-driven membrane fouling in membrane bioreactors: A review [J]. Biofouling, 2023, 39 (4): 459-472.

[37] Li S, Winters H, Villacorte L O, et al. Compositional similarities and differences between transparent exopolymer particles (TEPs) from two marine bacteria and two marine algae: Significience to surface biofouling [J]. Marine Chemistry, 2015, 174: 131-140.

[38] Tang S J, Wang Z W, Wu Z C, et al. Role of dissolved organic matters (DOM) in membrane fouling of membrane bioreactores for municipal wastewater treatment [J]. Journal of Hazardous Materials, 2010, 178 (1/2/3): 377-384.

[39] Ognier S, Wisniewski C, Grasmick A. Influence of macromolecule adsorption during filtration of a membrane bioreactor mixed liquor suspension [J]. Journal of Membrane Science, 2002, 209 (1): 27-37.

[40] Bae T H, Tak T M. Interpretation of fouling characteristics of ultrafiltration membranes during the filtration of membrane bioreactor mixed liquor [J]. Journal of Membrane Science, 2005, 264 (1/2): 151-160.

[41] Nuengjamnong C, Kweon J H, Cho J, et al. Membrane fouling caused by extracellular polymeric substances during microfiltration processes [J]. Desalination, 2005, 179 (1/2/3): 117-124.

[42] Khor S L, Sun D D, Liu Y J, et al. Biofouling development and rejection enhancement in long SRT MF membrane bioreactor [J]. Process Biochemistry, 2007, 42 (12): 1641-1648.

[43] Le-Clech P, Chen V, Fane T A G. Fouling in membrane bioreactors used in wastewater treatment [J]. Journal of Membrane Science, 2006, 284 (1/2): 17-53.

[44] Zhang J, Chua H C, Zhou J, et al. Factors affecting the membrane performance in submerged membrane bioreactors [J]. Journal of Membrane Science, 2006, 284 (1/2): 54-66.

[45] Rajesh Banu J, Uan D K, Yeom I T. Nutrient removal in an A^2O-MBR reactor with sludge reduction [J]. Bioresource Technology, 2009, 100 (16): 3820-3824.

[46] Zhao C Q, Wang G, Xu X C, et al. Long-term operation of oxygen-limiting membrane bioreactor (MBR) for the development of simultaneous partial nitrification, anammox and denitrification (SNAD) process [J]. Environmental Technology, 2018, 39 (17): 2193-2202.

[47] Liu Y J. Investigation of factors affecting sodium alginate fouling mechanisms in a microfiltration process under non-constant-flux and non-constant-pressure conditions [J]. Water Science and Technology, 2023, 88 (1): 169-184.

[48] Liu Y J. Mitigation of membrane fouling of alginate with combined actions of aeration and powdered activated carbon: Fouling behaviors and mechanisms [J]. Water Environment Research, 2022, 94 (6): e10748.

[49] Ahmad Mutamim N S, Noor Z Z, Abu Hassan M A, et al. Membrane bioreactor: Applications and limi-

tations in treating high strength industrial wastewater [J]. Chemical Engineering Journal, 2013, 225: 109-119.

[50] Van den Broeck R, Van Dierdonck J, Nijskens P, et al. The influence of solids retention time on activated sludge bioflocculation and membrane fouling in a membrane bioreactor (MBR) [J]. Journal of Membrane Science, 2012, 401: 48-55.

[51] Hwang K J, Liao C Y, Tung K L. Effect of membrane pore size on the particle fouling in membrane filtration [J]. Desalination, 2008, 234 (1/2/3): 16-23.

[52] Lee N, Amy G, Croué J P, et al. Identification and understanding of fouling in low-pressure membrane (MF/UF) filtration by natural organic matter (NOM) [J]. Water Research, 2004, 38 (20): 4511-4523.

[53] Miyoshi T, Yuasa K, Ishigami T, et al. Effect of membrane polymeric materials on relationship between surface pore size and membrane fouling in membrane bioreactors [J]. Applied Surface Science, 2015, 330: 351-357.

[54] Jeon S, Rajabzadeh S, Okamura R, et al. The effect of membrane material and surface pore size on the fouling properties of submerged membranes [J]. Water, 2016, 8 (12): 602.

[55] Van der Marel P, Zwijnenburg A, Kemperman A, et al. Influence of membrane properties on fouling in submerged membrane bioreactors [J]. Journal of Membrane Science, 2010, 348 (1/2): 66-74.

[56] Chen L, Tian Y, Cao C Q, et al. Interaction energy evaluation of soluble microbial products (SMP) on different membrane surfaces: Role of the reconstructed membrane topology [J]. Water Research, 2012, 46 (8): 2693-2704.

[57] Elimelech M, Zhu X Y, Childress A E, et al. Role of membrane surface morphology in colloidal fouling of cellulose acetate and composite aromatic polyamide reverse osmosis membranes [J]. Journal of Membrane Science, 1997, 127 (1): 101-109.

[58] Rana D, Matsuura T. Surface modifications for antifouling membranes [J]. Chemical Reviews, 2010, 110 (4): 2448-2471.

[59] Vrijenhoek E M, Hong S, Elimelech M. Influence of membrane surface properties on initial rate of colloidal fouling of reverse osmosis and nanofiltration membranes [J]. Journal of Membrane Science, 2001, 188 (1): 115-128.

[60] Hashino M, Katagiri T, Kubota N, et al. Effect of surface roughness of hollow fiber membranes with gear-shaped structure on membrane fouling by sodium alginate [J]. Journal of Membrane Science, 2011, 366 (1/2): 389-397.

[61] Asadi A, Gholami F, Zinatizadeh A A. Enhanced oil removal from a real polymer production plant by cellulose nanocrystals-serine incorporated polyethersulfone ultrafiltration membrane [J]. Environmental Science and Pollution Research. 2022, 29 (25): 37144-37158.

[62] Maximous N, Nakhla G, Wan W. Comparative assessment of hydrophobic and hydrophilic membrane fouling in wastewater applications [J]. Journal of Membrane Science, 2009, 339 (1/2): 93-99.

[63] Chang I S, Le Clech P, Jefferson B, et al. Membrane fouling in membrane bioreactors for wastewater treatment [J]. Journal of Environmental Engineering-Asce, 2002, 128 (11): 1018-1029.

[64] 陈镒锋. 典型膜分离过程在水处理中的膜污染机制 [D]. 金华: 浙江师范大学, 2020.

[65] Le-Clech P, Jefferson B, Judd S J. Impact of aeration, solids concentration and membrane characteristics on the hydraulic performance of a membrane bioreactor [J]. Journal of Membrane Science, 2003, 218 (1/2): 117-129.

[66] Chang I S, Lee C H. Membrane filtration characteristics in membrane-coupled activated sludge system: The effect of physiological states of activated sludge on membrane fouling [J]. Desalination, 1998, 120 (3): 221-233.

[67] Yuliwati E, Ismail A F, Othman M H D, et al. Critical flux and fouling analysis of PVDF-mixed matrix membranes for reclamation of refinery-produced wastewater: Effect of mixed liquor suspended solids concentration and aeration [J]. Membranes, 2022, 12 (2): 161.

[68] Trussell R S, Merlo R P, Hermanowicz S W, et al. Influence of mixed liquor properties and aeration intensity on membrane fouling in a submerged membrane bioreactor at high mixed liquor suspended solids concentrations [J]. Water Research, 2007, 41 (5): 947-958.

[69] Katayon S, Megat Mohd Noor M J, Ahmad J, et al. Effects of mixed liquor suspended solid concentrations on membrane bioreactor efficiency for treatment of food industry wastewater [J]. Desalination, 2004, 167: 153-158.

[70] Pan J R, Su Y C, Huang C. Characteristics of soluble microbial products in membrane bioreactor and its effect on membrane fouling [J]. Desalination, 2010, 250 (2): 778-780.

[71] Yigit N O, Harman I, Civelekoglu G, et al. Membrane fouling in a pilot-scale submerged membrane bioreactor operated under various conditions [J]. Desalination, 2008, 231 (1/2/3): 124-132.

[72] Cho J, Song K G, Ahn K H. The activated sludge and microbial substances influences on membrane fouling in submerged membrane bioreactor: Unstirred batch cell test [J]. Desalination, 2005, 183 (1/2/3): 425-429.

[73] Liu Y J, Sun D D. Membrane fouling mechanism in dead-end microfiltration of denitrifying granular sludge mixed liquors developed in SBRs at different calcium concentrations [J]. Journal of Membrane Science, 2012, 396: 74-82.

[74] 刘雅娟，赵建国．膜生物反应器中膜污染机理研究 [J]. 山西大同大学学报，2016，32 (3): 36-39.

[75] Deng L J, Guo W S, Ngo H H, et al. Biofouling and control approaches in membrane bioreactors [J]. Bioresource Technology, 2016, 221: 656-665.

[76] Shen L G, Lei Q, Chen J R, et al. Membrane fouling in a submerged membrane bioreactor: Impacts of floc size [J]. Chemical Engineering Journal, 2015, 269: 328-334.

[77] Hong H C, Peng W, Zhang M J, et al. Thermodynamic analysis of membrane fouling in a submerged membrane bioreactor and its implications [J]. Bioresource Technology, 2013, 146: 7-14.

[78] Su X Y, Tian Y, Li H, et al. New insights into membrane fouling based on characterization of cake sludge and bulk sludge: An especial attention to sludge aggregation [J]. Bioresource Technology, 2013, 128 (2): 586-592.

[79] Xiao Y Y, Waheed H, Xiao K K, et al. In tandem effects of activated carbon and quorum quenching on fouling control and simultaneous removal of pharmaceutical compounds in membrane bioreactors [J]. Chemical Engineering Journal, 2018, 341: 610-617.

[80] Zhang Y J, Wang X T, Ye H X, et al. Effect and mechanism of reduced membrane bioreactor fouling by powdered activated carbon [J]. Water Science and Technology, 2021, 83 (5): 1005-1016.

[81] Lee J, Ahn W Y, Lee C H. Comparison of the filtration characteristics between attached and suspended growth microorganisms in submerged membrane bioreactor [J]. Water Research, 2001, 35 (10): 2435-2445.

[82] Meng F G, Yang F L. Fouling mechanisms of deflocculated sludge, normal sludge, and bulking

sludge in membrane bioreactor [J]. Journal of Membrane Science, 2007, 305 (1/2): 48-56.

[83] Liu Y J, Sun D D. Comparison of membrane fouling in dead-end microfiltration of denitrifying granular sludge suspension and its supernatant [J]. Journal of Membrane Science, 2010, 352 (1/2): 100-106.

[84] Iritani E, Katagiri N, Sengoku T, et al. Flux decline behaviors in dead-end microfiltration of activated sludge and its supernatant [J]. Journal of Membrane Science, 2007, 300 (1/2): 36-44.

[85] Chang I S, Kim S N. Wastewater treatment using membrane filtration: Effect of biosolids concentration on cake resistance [J]. Process Biochemistry, 2005, 40 (3/4): 1307-1314.

[86] Lee W, Kang S, Shin H. Sludge characteristics and their contribution to microfiltration in submerged membrane bioreactors [J]. Journal of Membrane Science, 2003, 216 (1/2): 217-227.

[87] Defrance L, Jaffrin M Y, Gupta B, et al. Contribution of various constituents of activated sludge to membrane bioreactor fouling [J]. Bioresource Technology, 2000, 73 (2): 105-112.

[88] Liu Y J, Sun D D. Particles size-associated membrane fouling in microfiltration of denitrifying granules supernatant [J]. Chemical Engineering Journal, 2012, 181: 494-500.

[89] Hernandez Rojas M E, Van Kaam R, Schetrite S, et al. Role and variations of supernatant compounds in submerged membrane bioreactor fouling [J]. Desalination, 2005, 179 (1/2/3): 95-107.

[90] Yu S L, Zhao F B, Zhang X H, et al. Effect of components in activated sludge liquor on membrane fouling in a submerged membrane bioreactor [J]. Journal of Environmental Sciences, 2006, 18 (5): 897-902.

[91] Wang Z W, Wu Z C, Yin X, et al. Membrane fouling in a submerged membrane bioreactor (MBR) under sub-critical flux operation: Membrane foulant and gel layer characterization [J]. Journal of Membrane Science, 2008, 325 (1): 238-244.

[92] Siembida B, Cornel P, Krause S, et al. Effect of mechanical cleaning with granular material on the permeability of submerged membranes in the MBR process [J]. Water Research, 2010, 44 (14): 4037-4046.

[93] Yang W J, Guo Q, Duan D, et al. Characteristics of flat-sheet ceramic ultrafiltration membranes for lake water treatment: A pilot study [J]. Separation and Purification Technology, 2022, 289: 120677.

[94] Van der Marel P, Zwijnenburg A, Kemperman A, et al. An improved flux-step method to determine the critical flux and the critical flux for irreversibility in a membrane bioreactor [J]. Journal of Membrane Science, 2009, 332 (1/2): 24-29.

[95] Diez V, Ezquerra D, Cabezas J L, et al. A modified method for evaluation of critical flux, fouling rate and in situ determination of resistance and compressibility in MBR under different fouling conditions [J]. Journal of Membrane Science, 2014, 453: 1-11.

[96] Kimura K, Ogyu R, Miyoshi T, et al. Transition of major components in irreversible fouling of MBRs treating municipal wastewater [J]. Separation and Purification Technology, 2015, 142: 326-331.

[97] Bacchin P, Aimar P, Field R W. Critical and sustainable fluxes: Theory, experiments and applications [J]. Journal of Membrane Science, 2006, 281 (1/2): 42-69.

[98] Hong P N, Noguchi M, Matsuura N, et al. Mechanism of biofouling enhancement in a membrane bioreactor under constant trans-membrane pressure operation [J]. Journal of Membrane Science, 2019, 592: 117391.

[99] Psoch C, Schiewer S. Anti-fouling application of air sparging and backflushing for MBR [J]. Journal of Membrane Science, 2006, 283 (1/2): 273-280.

[100] Braak E, Alliet M, Schetrite S, et al. Aeration and hydrodynamics in submerged membrane bioreactors

[J]. Journal of Membrane Science, 2011, 379 (1/2): 1-18.

[101] Ma B C, Lee Y N, Park J S, et al. Correlation between dissolved oxygen concentration, microbial community and membrane permeability in a membrane bioreactor [J]. Process Biochemistry, 2006, 41 (5): 1165-1172.

[102] Gao D W, Fu Y, Tao Y, et al. Linking microbial community structure to membrane biofouling associated with varying dissolved oxygen concentrations [J]. Bioresource Technology, 2011, 102 (10): 5626-5633.

[103] Checa Fernández A, Ruiz L M, Pérez J I, et al. Influence of activated sludge dissolved oxygen concentration on a membrane bioreactor performance with intermittent aeration [J]. Journal of Environmental Science and Health, Part A Toxic/Hazardous Substances & Environmental Engineering, 2021, 56 (9): 953-962.

[104] Qian G L, Zhou J T, Zhang J S, et al. Microfiltration performance with two-phase flow [J]. Separation and Purification Technology, 2012, 98: 165-173.

[105] Chua H C, Arnot T C, Howell J A. Controlling fouling in membrane bioreactors operated with a variable throughput [J]. Desalination, 2002, 149 (1/2/3): 225-229.

[106] Bérubé P R, Hall E R, Sutton P M. Parameters governing permeate flux in an anaerobic membrane bioreactor treating low-strength municipal wastewaters: A literature review [J]. Water Environment Research, 2006, 78 (8): 887-896.

[107] Churchouse S. Membrane bioreactors: Going from laboratory to large scale-problems to clear solutions [C/OL]. Membranes and the Environment, 2002.

[108] Kraume M, Drews A. Membrane bioreactors in waste water treatment-status and trends [J]. Chemical Engineering and Technology, 2010, 33 (8): 1251-1259.

[109] Nywening J P, Zhou H D. Influence of filtration conditions on membrane fouling and scouring aeration effectiveness in submerged membrane bioreactors to treat municipal wastewater [J]. Water Research, 2009, 43 (14): 3548-3558.

[110] Hwang K J, Sz P Y. Filtration characteristics and membrane fouling in cross-flow microfiltration of BSA/dextran binary suspension [J]. Journal of Membrane Science, 2010, 347 (1/2): 75-82.

[111] Trussell R S, Merlo R P, Hermanowicz S W, et al. The effect of organic loading on process performance and membrane fouling in a submerged membrane bioreactor treating municipal wastewater [J]. Water Research, 2006, 40 (14): 2675-2683.

[112] Caglak A, Chormey D S, Bakirdere S, et al. Performance evaluation of ceramic membrane bioreactor: Effect of operational parameters on micropollutant removal and membrane fouling [J]. Environmental Science and Pollution Research, 2022, 29 (45): 68306-68319.

[113] Tran Thi Viet N, Vu D C, Duong T H. Effect of hydraulic retention time on performance of anaerobic membrane bioreactor treating slaughterhouse wastewater [J]. Environmental Research, 2023, 233: 116522.

[114] Ou Y K, Liu J X. Effect of sludge retention time on sludge characteristics and membrane fouling of membrane bioreactor [J]. Journal of Environmental Sciences, 2009, 21 (10): 1329-1335.

[115] Malamis S, Andreadakis A, Mamais D, et al. Investigation of long-term operation and biomass activity in a membrane bioreactor system [J]. Water Science and Technology, 2011, 63 (9): 1906-1912.

[116] Sun D D, Loong K S, Hay C T, et al. Impact of prolonged sludge retention time on the performance of a submerged membrane bioreactor [J]. Desalination, 2007, 208 (1): 101-112.

[117] Jiang T, Myngheer S, de Pauw D J W, et al. Modelling the production and degradation of soluble microbial products (SMP) in membrane bioreactors (MBR) [J]. Water Research, 2008, 42 (20): 4955-4964.

[118] Al-Sayed A, Hassan G K, Al-Shemy M T, et al. Effect of organic loading rates on the performance of membrane bioreactor for wastewater treatment behaviours, fouling, and economic cost [J]. Scientific Reports, 2023, 13 (1): 15601.

[119] Zhang J S, Zhou J T, Liu Y, et al. A comparison of membrane fouling under constant and variable organic loadings in submerge membrane bioreactors [J]. Water Research, 2010, 44 (18): 5407-5413.

[120] Ly Q V, Nghiem L D, Sibag M, et al. Effects of COD/N ratio on soluble microbial products in effluent from sequencing batch reactors and subsequent membrane fouling [J]. Water Research, 2018, 134: 13-21.

[121] Hao L, Liss S N, Liao B Q. Influence of COD : N ratio on sludge properties and their role in membrane fouling of a submerged membrane bioreactor [J]. Water Research, 2016, 89: 132-141.

[122] Mannina G, Capodici M, Cosenza A, et al. Carbon and nutrient biological removal in a University of Cape Town membrane bioreactor: Analysis of a pilot plant operated under two different C/N ratios [J]. Chemical Engineering Journal, 2016, 296: 289-299.

[123] Hermia J. Constant pressure blocking filtration laws-Application to power-law non-Newtonian fluids [J]. Transactions of the American Institute of Chemical Engineers, 1982, 60: 183-187.

[124] Bolton G, LaCasse D, Kuriyel R. Combined models of membrane fouling: Development and application to microfiltration and ultrafiltration of biological fluids [J]. Journal of Membrane Science, 2006, 277 (1/2): 75-84.

[125] Liu Y, Wang Z W. Uncertainty of preset-order kinetic equations in description of biosorption data [J]. Bioresource Technology, 2008, 99 (8): 3309-3312.

[126] Montgomery D C, Runger G C. Applied statistics and probability for engineers [M]. New York: John Wely & Sons, Inc. , 2003.

[127] Sreedhar N, Mavukkandy M O, Aminabhavi T M, et al. Fouling mechanisms in ultrafiltration under constant flux: Effect of feed spacer design [J]. Chemical Engineering Journal, 2022, 446: 136563.

[128] Suarez J A, Veza J M. Dead-end microfiltration as advanced treatment for wastewater [J]. Desalination, 2000, 127 (1): 47-58.

[129] 李正，祁佩时，陈兆波，等 . 移动载体膜生物反应器膜污染控制研究 [J]. 中国矿业大学学报，2008, 37 (6): 814-818.

[130] Hwang K J, Lin I L. Effects of mixing ratio of binary fine particles on the packing density and filtration characteristics [J]. KONA Powder and Particle Journal, 2016, 33: 296-303.

[131] Yuan W, Zydney A L. Humic acid fouling during ultrafiltration [J]. Environmental Science & Technology, 2000, 34 (23): 5043-5050.

[132] Duclos-Orsello C, Li W, Ho C C. A three mechanism model to describe fouling of microfiltration membranes [J]. Journal of Membrane Science, 2006, 280 (1/2): 856-866.

[133] Tawalbeh M, Aljaghoub H, Qasim M, et al. Surface modification techniques of membranes to improve their antifouling characteristics: Recent advancements and developments [J]. Frontiers of Chemical Science and Engineering, 2023, 17 (12): 1837-1865.

[134] Madalosso H B, Machado R, Hotza D, et al. Membrane surface modification by electrospinning,

coating, and plasma for membrane distillation applications: A state-of-the-art review [J]. Advanced Engineering Materials, 2021, 23 (6): 2001456.

[135] Liu T Y, Chen D D, Yang F, et al. Enhancing the permeability and anti-fouling properties of a polyamide thin-film composite reverse osmosis membrane via surface grafting of l-lysine [J]. RSC Advances, 2019, 9 (35): 20044-20052.

[136] Zhao C S, Liu X D, Rikimaru S, et al. Surface characterization of polysulfone membranes modified by DNA immobilization [J]. Journal of Membrane Science, 2003, 214 (2): 179-189.

[137] Rahimpour A, Madaeni S S, Zereshki S, et al. Preparation and characterization of modified nano-porous PVDF membrane with high antifouling property using UV photo-grafting [J]. Applied Surface Science, 2009, 255 (16): 7455-7461.

[138] 申屠宝卿，赵黎，翁志学，等．聚乙烯的表面光接枝改性研究进展 [J]. 高分子通报，2001 (04): 24-30.

[139] 张宏艳，程国君，于秀华．聚乙烯膜表面改性的研究现状 [J]. 化工时刊，2008，22 (8): 65-67.

[140] Wu W, Zhang X, Qin L, et al. Enhanced MPBR with polyvinylpyrrolidone-graphene oxide/PVDF hollow fiber membrane for efficient ammonia nitrogen wastewater treatment and high-density Chlorella cultivation [J]. Chemical Engineering Journal, 2020, 379: 122368.

[141] Khoo Y S, Lau W J, Liang Y Y, et al. Eco-friendly surface modification approach to develop thin film nanocomposite membrane with improved desalination and antifouling properties [J]. Journal of Advanced Research, 2022, 36: 39-49.

[142] Yu H Y, He X C, Liu L Q, et al. Surface modification of polypropylene microporous membrane to improve its antifouling characteristics in an SMBR: N_2 plasma treatment [J]. Water Research, 2007, 41 (20): 4703-4709.

[143] Yu H Y, Liu L Q, Tang Z Q, et al. Surface modification of polypropylene microporous membrane to improve its antifouling characteristics in an SMBR: Air plasma treatment [J]. Journal of Membrane Science, 2008, 311 (1/2): 216-224.

[144] Suresh D, Goh P S, Ismail A F, et al. Surface design of liquid separation membrane through graft polymerization: A state of the art review [J]. Membranes, 2021, 11 (11): 832.

[145] Wang M, Wu L G, Zheng X C, et al. Surface modification of phenolphthalein poly (ether sulfone) ultrafiltration membranes by blending with acrylonitrile-based copolymer containing ionic groups for imparting surface electrical properties [J]. Journal of Colloid and Interface Science, 2006, 300 (1): 286-292.

[146] Kusworo T D, Ismail A F, Mustafa A, et al. Dependence of membrane morphology and performance on preparation conditions: The shear rate effect in membrane casting [J]. Separation and Purification Technology, 2008, 61: 249-257.

[147] Koh M, Clark M M, Howe K J. Filtration of lake natural organic matter: Adsorption capacity of a polypropylene microfilter [J]. Journal of Membrane Science, 2005, 256 (1/2): 169-175.

[148] Maximous N, Nakhla G, Wong K, et al. Optimization of Al_2O_3/PES membranes for wastewater filtration [J]. Separation and Purification Technology, 2010, 73 (2): 294-301.

[149] Maximous N, Nakhla G, Wan W, et al. Performance of a novel ZrO_2/PES membrane for wastewater filtration [J]. Journal of Membrane Science, 2010, 352 (1/2): 222-230.

[150] Pontié M, Durand-Bourlier L, Lemordant D, et al. Control fouling and cleaning procedures of UF membranes by a streaming potential method [J]. Separation and Purification Technology, 1998, 14 (1/2/3):

1-11.

[151] Desiriani R, Susanto H, Istirokhatun T, et al. Preparation of polyethersulfone ultrafiltration membrane coated natural additives toward antifouling and antimicrobial agents for surface water filtration [J]. Journal of Environmental Chemical Engineering, 2024, 12 (1): 111797.

[152] Song W L, Xu D, Yang X, et al. Membrane surface coated with zwitterions for fouling mitigation in membrane bioreactor: Performance and mechanism [J]. Journal of Membrane Science, 2023, 676: 121622.

[153] Kassa S T, Hu C C, Keshebo D L, et al. Surface modification of high-rejection ultrafiltration membrane with antifouling capability using activated oxygen treatment and metallic glass deposition [J]. Applied Surface Science, 2020, 529: 147131.

[154] Madaeni S S, Ghaemi N. Characterization of self-cleaning RO membranes coated with TiO_2 particles under UV irradiation [J]. Journal of Membrane Science, 2007, 303 (1/2): 221-233.

[155] Yalcinkaya F, Siekierka A, Bryjak M. Preparation of fouling-resistant nanofibrous composite membranes for separation of oily wastewater [J]. Polymers, 2017, 9 (12): 679.

[156] Qu P, Tang H W, Gao Y, et al. Polyethersulfone composite membrane blended with cellulose fibrils [J]. BioResources, 2010, 5 (4): 2323-2336.

[157] Teychene B, Guigui C, Cabassud C. Engineering of an MBR supernatant fouling layer by fine particles addition: A possible way to control cake compressibility [J]. Water Research, 2011, 45 (5): 2060-2072.

[158] Lee J C, Kim J S, Kang I J, et al. Potential and limitations of alum or zeolite addition to improve the performance of a submerged membrane bioreactor [J]. Water Science and Technology, 2001, 43 (11): 59-66.

[159] Sohn W, Guo W S, Ngo H H, et al. A review on membrane fouling control in anaerobic membrane bioreactors by adding performance enhancers [J]. Journal of Water Process Engineering, 2021, 40: 101867.

[160] Wu J L, Chen F T, Huang X, et al. Using inorganic coagulants to control membrane fouling in a submerged membrane bioreactor [J]. Desalination, 2006, 197 (1/2/3): 124-136.

[161] Itonaga T, Watanabe Y. Performance of membrane bioreactor combined with pre-coagulation/sedimentation [J]. Water Supply, 2004, 4 (1): 143-149.

[162] Sabouhi M, Torabian A, Bozorg A, et al. A novel convenient approach toward the fouling alleviation in membrane bioreactors using the combined methods of oxidation and coagulation [J]. Journal of Water Process Engineering, 2020, 33: 101018.

[163] Zhang B, Mao X, Tang X M, et al. Pre-coagulation for membrane fouling mitigation in an aerobic granular sludge membrane bioreactor: A comparative study of modified microbial and organic flocculants [J]. Journal of Membrane Science, 2022, 644: 120129.

[164] Zhang H F, Gao Z Y, Zhang L H, et al. Performance enhancement and fouling mitigation by organic flocculant addition in membrane bioreactor at high salt shock [J]. Bioresource Technology, 2014, 164: 34-40.

[165] Alvarino T, Torregrosa N, Omil F, et al. Assessing the feasibility of two hybrid MBR systems using PAC for removing macro and micropollutants [J]. Journal of Environmental Management, 2017, 203: 831-837.

[166] Amaral M C S, Lange L C, Borges C P. Evaluation of the use of powdered activated carbon in membrane bioreactor for the treatment of bleach pulp mill effluent [J]. Water Environment Research, 2014, 86 (09): 788-799.

[167] Jiang J Y, Guo J Y. Treatment performance of municipal sewage in a submerged membrane bioreactor (SMBR) and mechanism of biochar to reduce membrane fouling [J]. Sustainability, 2023, 15 (12): 9239.

[168] 刘雅娟. 浸没式 PAC-AMBRs 系统中 PAC 缓解膜污染的研究进展 [J]. 化工进展, 2023, 42 (1): 457-468.

[169] Li Y Z, He Y L, Liu Y H, et al. Comparison of the filtration characteristics between biological powdered activated carbon sludge and activated sludge in submerged membrane bioreactors [J]. Desalination, 2005, 174 (3): 305-314.

[170] Lin H J, Wang F Y, Ding L X, et al. Enhanced performance of a submerged membrane bioreactor with powdered activated carbon addition for municipal secondary effluent treatment [J]. Journal of Hazardous Materials, 2011, 192 (3): 1509-1514.

[171] Suzuki T, Watanabe Y, Ozawa G, et al. Removal of soluble organics and manganese by a hybrid MF hollow fiber membrane system [J]. Desalination, 1998, 117 (1/2/3): 119-129.

[172] Mailler R, Gasperi J, Coquet Y, et al. Removal of a wide range of emerging pollutants from wastewater treatment plant discharges by micro-grain activated carbon in fluidized bed as tertiary treatment at large pilot scale [J]. Science of the Total Environment, 2016, 542: 983-996.

[173] Campinas M, Rosa M J. Assessing PAC contribution to the NOM fouling control in PAC/UF systems [J]. Water Research, 2010, 44 (5): 1636-1644.

[174] Judd S. A review of fouling of membrane bioreactors in sewage treatment [J]. Water Science and Technology, 2004, 49 (2): 229-235.

[175] Xiong Y H, Liu Y. Biological control of microbial attachment: A promising alternative for mitigating membrane biofouling [J]. Applied Microbiology and Biotechnology, 2010, 86 (3): 825-837.

[176] Freckelton M L, Høj L, Bowden B F. Quorum sensing interference and structural variation of quorum sensing mimics in australian soft coral [J]. Frontiers in Marine Science, 2018, 5: 198.

[177] Bouayed N, Dietrich N, Lafforgue C, et al. Process-oriented review of bacterial quorum quenching for membrane biofouling mitigation in membrane bioreactors (MBRs) [J]. Membranes, 2016, 6 (4): 52.

[178] Yeon K M, Cheong W S, Oh H S, et al. Quorum sensing: A new biofouling control paradigm in a membrane bioreactor for advanced wastewater treatment [J]. Environmental Science & Technology, 2009, 43 (2): 380-385.

[179] Kim J H, Choi D C, Yeon K M, et al. Enzyme-immobilized nanofiltration membrane to mitigate biofouling based on quorum quenching [J]. Environmental Science & Technology, 2011, 45 (4): 1601-1607.

[180] Yeon K M, Lee C H, Kim J. Magnetic enzyme carrier for effective biofouling control in the membrane bioreactor based on enzymatic quorum quenching [J]. Environmental Science & Technology, 2009, 43 (19): 7403-7409.

[181] Xu H J, Liu Y. Control and cleaning of membrane biofouling by energy uncoupling and cellular communication [J]. Environmental Science & Technology, 2011, 45 (2): 595-601.

[182] Ham S Y, Kim H S, Cha E, et al. Mitigation of membrane biofouling by a quorum quenching bacterium

for membrane bioreactors [J]. Bioresource Technology, 2018, 258: 220-226.

[183] Yi K X, Huang J H, Pang H L, et al. Semi-interpenetrating network hydrogels-based microcapsule for quorum quenching bacteria biocontainment to enhance biofouling control in membrane bioreactor [J]. Chemical Engineering Journal, 2024, 486: 150103.

[184] Kim S R, Oh H S, Jo S J, et al. Biofouling control with bead-entrapped quorum quenching bacteria in membrane bioreactors: Physical and biological effects [J]. Environmental Science & Technology, 2013, 47 (2): 836-842.

[185] Field R W, Wu D, Howell J A, et al. Critical flux concept for microfiltration fouling [J]. Journal of Membrane Science, 1995, 100 (3): 259-272.

[186] Howell J A. Sub-critical flux operation of microfiltration [J]. Journal of Membrane Science, 1995, 107 (1/2): 165-171.

[187] 黄圣散，吴志超，周琪．浸没式平板膜生物反应器处理工业区污水试验研究 [J]. 环境工程，2005，23 (06): 13-15.

[188] Zhou Y, Xu Z L, Munib S, et al. Sustainable membrane operation design for the treatment of the synthetic coke wastewater in SMBR [J]. Water Science and Technology, 2009, 60 (8): 2115-2124.

[189] Tabraiz S, Haydar S, Sallis P, et al. Effect of cycle run time of backwash and relaxation on membrane fouling removal in submerged membrane bioreactor treating sewage at higher flux [J]. Water Science and Technology, 2017, 76 (4): 963-975.

[190] Gurung K, Ncibi M C, Sillanpää M. Assessing membrane fouling and the performance of pilot-scale membrane bioreactor (MBR) to treat real municipal wastewater during winter season in Nordic regions [J]. Science of the Total Environment, 2017, 579: 1289-1297.

[191] Ma Z, Wen X H, Zhao F, et al. Effect of temperature variation on membrane fouling and microbial community structure in membrane bioreactor [J]. Bioresource Technology, 2013, 133: 462-468.

[192] Morgan S F, Allen D G. Activated sludge deflocculation under temperature upshifts from 30 to 45℃ [J]. Water Research, 2005, 39 (6): 1061-1074.

[193] Bai P, Wang J, Chen G H. A real trial of a long-term non-fouling membrane bioreactor for saline sewage treatment [J]. Water Science and Technology, 2011, 63 (7): 1519-1523.

[194] Agarwal A, Ng W J, Liu Y. Cleaning of biologically fouled membranes with self-collapsing microbubbles [J]. Biofouling, 2013, 29 (1): 69-76.

[195] AlSawaftah N, Abuwatfa W, Darwish N, et al. A review on membrane biofouling: Prediction, characterization, and mitigation [J]. Membranes, 2022, 12 (12): 1271.

[196] Xu M L, Wen X H, Huang X, et al. Mechanisms of membrane fouling controlled by online ultrasound in an anaerobic membrane bioreactor for digestion of waste activated sludge [J]. Journal of Membrane Science, 2013, 445: 119-126.

[197] Muthukumaran S, Kentish S, Lalchandani S, et al. The optimisation of ultrasonic cleaning procedures for dairy fouled ultrafiltration membranes [J]. Ultrasonics Sonochemistry, 2005, 12 (1/2): 29-35.

[198] Lim A L, Bai R B. Membrane fouling and cleaning in microfiltration of activated sludge wastewater [J]. Journal of Membrane Science, 2003, 216 (1/2): 279-290.

[199] Arefi O S, Khataee A, Safarpour M, et al. A review on the applications of ultrasonic technology in membrane bioreactors [J]. Ultrasonics Sonochemistry, 2019, 58: 104633.

[200] Reuter F, Lauterborn S, Mettin R, et al. Membrane cleaning with ultrasonically driven bubbles [J].

Ultrasonics Sonochemistry, 2017, 37: 542-560.

[201] Maskooki A, Kobayashi T, Ali Mortazavi S, et al. Effect of low frequencies and mixed wave of ultrasound and EDTA on flux recovery and cleaning of microfiltration membranes [J]. Separation and Purification Technology, 2008, 59 (1): 67-73.

[202] Madaeni S S, Mansourpanah Y. Chemical cleaning of reverse osmosis membranes fouled by whey [J]. Desalination, 2004, 161 (1): 13-24.

[203] Melliti E, Touati K, Abidi H, et al. Iron fouling prevention and membrane cleaning during reverse osmosis process [J]. International Journal of Environmental Science and Technology, 2019, 16 (7): 3809-3818.

[204] Van Geluwe S, Braeken L, Van der Bruggen B. Ozone oxidation for the alleviation of membrane fouling by natural organic matter: A review [J]. Water Research, 2011, 45 (12): 3551-3570.

[205] Lee S, Jang N, Watanabe Y. Effect of residual ozone on membrane fouling reduction in ozone resisting microfiltration (MF) membrane system [J]. Water Science and Technology, 2004, 50 (12): 287-292.

[206] Causserand C, Pellegrin B, Rouch J C. Effects of sodium hypochlorite exposure mode on PES/PVP ultrafiltration membrane degradation [J]. Water Research, 2015, 85: 316-326.

[207] Puspitasari V, Granville A, Le-Clech P, et al. Cleaning and ageing effect of sodium hypochlorite on polyvinylidene fluoride (PVDF) membrane [J]. Separation and Purification Technology, 2010, 72 (3): 301-308.

[208] Han X M, Wang Z W, Wang X Y, et al. Microbial responses to membrane cleaning using sodium hypochlorite in membrane bioreactors: Cell integrity, key enzymes and intracellular reactive oxygen species [J]. Water Research, 2016, 88: 293-300.

[209] Cai W W, Liu Y. Enhanced membrane biofouling potential by on-line chemical cleaning in membrane bioreactor [J]. Journal of Membrane Science, 2016, 511: 84-91.

[210] Wang Z P, Ding J Q, Xie P C, et al. Formation of halogenated by-products during chemical cleaning of humic acid-fouled UF membrane by sodium hypochlorite solution [J]. Chemical Engineering Journal, 2018, 332: 76-84.

[211] Regula C, Carretier E, Wyart Y, et al. Chemical cleaning/disinfection and ageing of organic UF membranes: A review [J]. Water Research, 2014, 56: 325-365.

[212] Levitsky I, Duek A, Naim R, et al. Cleaning UF membranes with simple and formulated solutions [J]. Chemical Engineering Science, 2012, 69 (1): 679-683.

[213] 王岩. 浸没式 MBR 工艺处理城市污水的研究 [D]. 西安: 长安大学, 2011.

[214] Chae S R, Yamamura H, Ikeda K, et al. Comparison of fouling characteristics of two different poly-vinylidene fluoride microfiltration membranes in a pilot-scale drinking water treatment system using pre-coagulation/sedimentation, sand filtration, and chlorination [J]. Water Research, 2008, 42 (8/9): 2029-2042.

[215] Kweon J H, Jung J H, Lee S R, et al. Effects of consecutive chemical cleaning on membrane performance and surface properties of microfiltration [J]. Desalination, 2012, 286: 324-331.

[216] Wei C H, Huang X, Ben Aim R, et al. Critical flux and chemical cleaning-in-place during the long-term operation of a pilot-scale submerged membrane bioreactor for municipal wastewater treatment [J]. Water Research, 2011, 45: 863-871.

[217] Kim Y B, Lee K, Chung J H. Optimum cleaning-in-place conditions for stainless steel microfiltration membrane fouled by terephthalic acid solids [J]. Journal of Membrane Science, 2002, 209 (1): 233-240.

[218] Ahmad A L, Mat Yasin N H, Derek C J C, et al. Chemical cleaning of a cross-flow microfiltration membrane fouled by microalgal biomass [J]. Journal of the Taiwan Institute of Chemical Engineers, 2014, 45 (1): 233-241.

[219] Levitsky I, Naim R, Duek A, et al. Effect of time in chemical cleaning of ultrafiltration membranes [J]. Chemical Engineering & Technology, 2012, 35 (5): 941-946.

[220] Liikanen R, Yli-Kuivila J, Laukkanen R. Efficiency of various chemical cleanings for nanofiltration membrane fouled by conventionally-treated surface water [J]. Journal of Membrane Science, 2002, 195 (2): 265-276.

第5章 新型膜生物反应器

在污水排放标准日益严格的背景下，膜生物反应器技术正朝着低污染、低能耗和可再生能源利用的方向迅速发展。开发新型膜生物反应器不仅可以高效处理污水中的有机物和营养物质，实现清洁水的回收和再利用，还能回收能源、简化操作维护，并确保长期稳定运行。事实上，在过去的几十年中，多种类型的膜生物反应器被开发出来并应用于不同领域。这些新型膜生物反应器包括厌氧膜生物反应器、颗粒污泥膜生物反应器、动态膜生物反应器和高截留能力膜生物反应器等。这些技术通过结合厌氧生物处理技术、颗粒污泥生物处理技术和动态膜技术，有效解决了传统膜生物反应器中的膜污染问题，同时提升了污染物去除效率和能源回收能力。例如，厌氧膜生物反应器不仅能够高效去除污染物，还能通过生物质气体的产生实现减碳节能；而动态膜生物反应器则利用普通多孔支撑材料制成的过滤基材代替超滤和微滤膜，从而改善膜污染带来的成本和能耗问题，并通过滤饼层实现污染物降解和固液分离。

5.1 厌氧膜生物反应器

5.1.1 厌氧膜生物反应器的定义、运行机理与技术特性

5.1.1.1 厌氧膜生物反应器的定义

厌氧膜生物反应器（anaerobic membrane bioreactor，AnMBR）是一种通过耦合厌氧生物处理技术与膜分离技术形成的新型能源型废水处理技术，近年来在城市生活污水和工业废水处理领域受到了广泛关注。该技术通过高效降解废水中的有机污染物，不仅实现了水资源的再生利用，还能浓缩营养物质用于肥料生产[1]。此外，厌氧膜生物反应器还能够产生富含甲烷的沼气，为能源回收提供可能，从而最大限度地降低废水处理过程的能源需求[2]。例如，使用大型中试浸没式厌氧膜生物反应器在温度为25℃、水力停留时间为6h的条件下处理城市生活污水时，可以去除超过90%的化学需氧量和超过95%的生化需氧量，沼气产率为0.25～0.27L/g $COD_{去除}$，沼气中甲烷含量达到75%～

81%[3]。

5.1.1.2 厌氧膜生物反应器的运行机理

厌氧膜生物反应器本质上是一个厌氧生物处理系统，其运行机理主要依赖多种微生物群落的协同作用，通过厌氧消化过程降解有机污染物并产生沼气（主要成分为甲烷和二氧化碳）以及微生物量[4]。在厌氧膜生物反应器中，废水中的复杂有机物在厌氧微生物产生的胞外水解酶的作用下被水解成更简单的可溶性有机物，随后这些有机物被产酸菌代谢生成易降解的有机酸（如甲酸）。产氢产乙酸菌进一步将这些有机酸转化为乙酸、氢气和二氧化碳。产甲烷菌利用乙酸和氢气生成甲烷和二氧化碳作为厌氧反应的最终产物。

膜的物理分离作用则用于分离处理后的废水与厌氧消化过程中产生的生物质、悬浮物和污染物，从而生成高质量出水。厌氧生物处理与膜分离的这种协同作用能够有效去除废水中的有机污染物、病原体和营养物质，因此无需进行三级处理即可获得高质量出水。同时，膜分离作用还能保留反应器中代谢缓慢的厌氧微生物，提高微生物浓度和有机物去除效率。

厌氧膜生物反应器中使用的膜主要包括微滤膜和超滤膜，通常由聚乙烯、聚丙烯等高分子聚合物或陶瓷、金属等无机材料制成，膜孔径介于 0.02～0.45μm 之间。这些膜能够物理截留细菌絮凝物和几乎所有悬浮固体，使厌氧膜生物反应器能够聚集更高浓度的微生物，从而实现更高的有机物和营养物质去除效率。

然而，高微生物浓度也可能导致混合液黏度增加，使膜表面更容易沉积污染物，从而加快膜污染的发生。膜污染会降低膜通量并缩短膜寿命，增加运行、维护和能源成本。研究表明，每处理 $1m^3$ 的废水需要消耗 0.08～0.35kW·h 的能源来控制膜污染[5]。为了缓解这一问题，厌氧膜生物反应器通常采用沼气喷射的方法来控制膜污染，因为沼气气泡产生的剪切力可以减少絮体在膜表面上的附着，并防止滤饼层的形成。

5.1.1.3 厌氧膜生物反应器的技术特性

(1) 微生物含量高，污染物去除效率高

厌氧生物处理过程中，有机物的降解和甲烷的产生速率在很大程度上取决于有效的厌氧微生物群落。为了实现高处理性能和能源生产，需要在厌氧生物反应器中保持较高的产甲烷菌和其他厌氧微生物含量。然而，由于产甲烷菌的生长速率极其缓慢，对环境条件变化非常敏感，在传统厌氧生物处理工艺中难以积累足够的产甲烷菌，进而影响有机物的生物降解和沼气的产生。

厌氧膜生物反应器通过微滤膜或超滤膜的截留作用，能够显著提高厌氧微生物的浓度，包括产甲烷菌等。由于不需要曝气，氧传递不受限制，这使得反应器中的厌氧微生物能够更快速地代谢降解许多难以在好氧条件下降解的有机污染物。而且，由于膜的截留作用，反应器中的厌氧微生物含量更高，能更有效地提高污染物的去除效率，能处理有机物负荷更高的废水[6]。厌氧膜生物反应器能够处理有机负荷率高达 125.4kg COD/(m^3·d)

的废水[7]。在此有机负荷条件下，厌氧膜生物反应器可实现96%的化学需氧量去除效率，沼气产量高达62.5L/d。

厌氧膜生物反应器在处理工业废水、垃圾渗滤液等高浓度有机物废水时表现出优异的稳定性，不会出现工艺抑制或系统超负荷的情况。此外，由于膜的截留作用，厌氧膜生物反应器对悬浮固体的去除效果优于传统厌氧生物处理工艺，尤其是在极端条件下处理工业废水时表现出更好的性能。例如，与升流式厌氧污泥床反应器相比，厌氧膜生物反应器工艺在处理高浓度苯酚和含盐废水时，表现出更高的稳定性。这主要是由于膜的高生物质保留能力，在厌氧膜生物反应器中保留的微生物群落的均匀度更高，这些微生物群落的相互协调作用使其在苯酚和钠浓度升高等干扰下仍然具有较高效的产甲烷能力。然而，在相同条件下，升流式厌氧污泥床反应器由于钙的浸出而导致微生物絮体解絮凝，污染物降解能力严重降低[8]。

(2) 能源消耗低，能源回收潜力高

厌氧膜生物反应器在废水处理过程中不需要曝气，而且污泥产率极低，因此，与好氧膜生物反应器相比，可以显著节约与曝气、污泥脱水和处置相关的能耗和处理成本。厌氧膜生物反应器处理啤酒废水时，特定微生物生长速率和产量分别为 (0.022±0.001) g VSS/(g VSS·d) 和 (0.029±0.001) g VSS/g COD[9]。厌氧膜生物反应器在处理生活污水时，废水中60%～64%的化学需氧量转化为甲烷气体，仅有20%～26%的化学需氧量转化为混合液悬浮固体[3]。类似的研究指出，厌氧膜生物反应器在17～33℃条件下处理富含硫酸盐的城市污水时，污泥产率最低为0.16kg TSS/kg $COD_{移除}$，整体运营成本极低，处理1t废水的成本仅为0.011欧元[10]。此外，厌氧污泥比好氧污泥的稳定性更高，更易于处理和管理，对环境的影响更小。

与好氧处理方法相比，厌氧膜生物反应器中的厌氧微生物在无氧情况下的代谢产物为沼气。例如，厌氧膜生物反应器在处理啤酒废水时，沼气产量为0.53m^3/g $COD_{去除}$[9]。沼气是一种可再生能源，能够代替天然化石燃料用于供热或发电，提供有效的能源回收[11, 12]。而且，沼气还能在浸没式厌氧膜生物反应器中用于膜表面的冲刷，以控制膜污染，进一步降低废水处理过程中的能耗和运营成本[5, 13]。研究指出，厌氧膜生物反应器运行时所需能量比活性污泥系统低70%～100%[14]。

(3) 占地面积小

厌氧生物处理工艺一般用于处理较高有机负荷的废水，但厌氧微生物生长缓慢，为了达到较高的去除效率需要更长的水力停留时间，导致厌氧反应器体积通常比较大。而厌氧膜生物反应器通过微滤或超滤膜的截留作用实现了高浓度微生物的积累，因此可以在较短的水力停留时间内处理高有机负荷废水，从而显著提高反应器的单位体积处理能力。这使得厌氧膜生物反应器的体积更小，单位废水处理成本更低。因此，厌氧膜生物反应器特别适用于废水采用厌氧生物处理时有空间限制或土地可利用限制的情况。此外，厌氧膜生物反应器结构紧凑，允许膜进行模块化设计，如将膜制成膜组件和膜组器，便于安装、操作和维护。

综合来看，厌氧膜生物反应器以其高效的污染物去除能力、低能耗和占地面积小等优势，在现代废水处理领域展现出广阔的应用前景。

5.1.2 厌氧膜生物反应器的构型

5.1.2.1 分置式厌氧膜生物反应器

分置式厌氧膜生物反应器是一种将膜分离单元设置在厌氧生物反应器之后形成的废水处理系统。这种类型反应器的工作原理为：废水首先在厌氧生物反应器中进行有机物的厌氧降解，产生甲烷、氢气等生物质气，同时混合液通过泵输送到膜分离单元实现固液分离。膜组件截留微生物和有机污染物等，生成高质量出水；而被截留的物质则通过循环泵返回厌氧生物反应器继续进行降解，从而提高污染物的整体去除效率。

分置式厌氧膜生物反应器根据膜组件的过滤方式可分为分置侧流式和分置浸没式两种类型。在分置侧流式厌氧膜生物反应器中，混合液通过泵从厌氧生物反应器输送到外置的膜组件，以错流方式运行。这种设计通过在膜表面形成切向流，有效控制膜表面滤饼层的厚度，从而降低膜污染并减小过滤阻力。水及小于膜孔径的物质通过膜孔成为产水，根据设计要求排放或回用；而悬浮固体和污染物等由于水量减少而浓度增加，成为浓缩液回流到厌氧生物反应器中，继续进行降解。分置侧流式膜生物反应器通过循环混合液产生的强烈错流剪切力，实现膜表面的物理清洗。提高混合液在膜表面的切向流速有助于缓解膜表面的污染。然而，混合液在膜表面的切向流速过高可能会导致污泥粒径变小，溶解性微生物产物浓度升高，反而加剧膜污染，影响出水水质。

分置浸没式厌氧膜生物反应器是将膜组件浸没在膜池中，厌氧生物反应器中的混合液通过泵输送到膜池，在膜池进行过滤产水。这种设计允许分别控制厌氧生物反应器和膜池中的操作条件，实现多种污染物的高效去除，有机污染物的降解在厌氧生物反应器中完成，随后混合液进入膜池，通过膜组件截留微生物和污染物，最终排出高质量出水。

分置式厌氧生物反应器可以结合多种类型的厌氧生物反应器，如升流式厌氧污泥床反应器（upflow anaerobic sludge blanket，UASB）、厌氧膨胀颗粒污泥床（expanded granular sludge bed，EGSB）、完全混合厌氧反应器（continuous stirred tank reactor，CSTR）、厌氧流化床反应器（anaerobic fludized bed reactor，AFBR）等[15-17]，利用不同反应器的不同工艺特点满足特定废水的处理需求。

5.1.2.2 浸没式厌氧膜生物反应器

将中空纤维膜组件或平板膜组件等直接置于厌氧生物反应器内构成浸没式厌氧膜生物反应器。浸没式厌氧膜生物反应器又称为一体浸没式厌氧膜生物反应器。这种类型反应器的工作原理与浸没式好氧膜生物反应器类似。废水进入反应器后，厌氧微生物通过降解有机物产生甲烷等生物质气，实现能源回收。同时，产水在泵抽吸或重力虹吸产生的过滤压力下经过膜组件排出。浸没式厌氧膜生物反应器在运行时不需要氧气或仅需要极低浓度的氧气，以维持厌氧环境。为了控制厌氧污泥对膜的污染，将厌氧消化产生的部分沼气通过扩散器注入浸没式厌氧膜生物反应器中，气体通过对膜表面进行冲刷，以降低污泥在膜组件的积累或淤积。然而沼气浓度的增加又可能会抑制甲烷发酵过程。

浸没式厌氧膜生物反应器对产甲烷菌等代谢较慢的厌氧微生物有良好的积累效果，显著提高了有机物的降解效率，从而获得较高的出水水质。例如，将超滤膜浸没在厌氧膨胀颗粒污泥床反应器中形成的浸没式厌氧膜生物反应器用于去除生活污水中的微污染物，该系统对化学需氧量的去除效率达到98%以上，而单独厌氧膨胀颗粒污泥床反应器的化学需氧量去除效率仅为92%，而且该厌氧膨胀颗粒污泥床膜生物反应器系统的出水中含有更低浓度的氮磷和挥发性脂肪酸[18]。此外，浸没式厌氧膜生物反应器能耗较低，膜通量也相对较低。某些浸没式厌氧膜生物反应器系统的能耗范围为0.69～3.41kW·h/m^3，远低于分置式厌氧膜生物反应器系统的能耗3～7.3kW·h/m^3[19]。

然而，与浸没式好氧膜生物反应器类似，膜污染仍然是浸没式厌氧膜生物反应器稳定运行的主要挑战之一，受到膜通量、膜孔径、膜材料、操作压力、温度、水动力学及混合液性质等的影响。研究表明，浸没式厌氧膜生物反应器中混合液悬浮固体、胶体物质以及溶解性物质造成的阻力分别占过滤总阻力的70%、22%和8%[20]。此外，也可以通过开发新型厌氧膜生物反应器来实现对膜污染的有效控制。例如，在浸没式厌氧膜生物反应器内设置双轴旋转的膜组件，利用膜组件同向旋转时在膜表面产生的剪切力，来减轻膜表面的浓差极化及凝胶层的形成，有效减轻了污泥浓度、胞外聚合物以及污泥颗粒粒径变化对膜污染的影响[21]。

5.1.2.3 厌氧流化床膜生物反应器

厌氧流化床膜生物反应器（anaerobic fluidized membrane bioreactor，AFMBR）是一种结合了厌氧流化床反应器和浸没式膜生物反应器优点的新兴废水处理技术[22]。与传统浸没式膜生物反应器相比，厌氧流化膜生物反应器具有更高的污染物处理效率、更低的能耗和较少的膜污染。该技术通过添加固体材料，如颗粒活性炭、粉末活性炭、天然沸石、聚氨酯海绵、聚偏氟乙烯管状聚合物等[23-25]，利用固体材料的流动与膜表面的物理相互作用减少或消除膜污染并提升系统的运行性能，同时利用固体表面形成的生物膜进行污染物的吸附和生物降解，提供高质量的出水。

厌氧流化膜生物反应器在多个研究中展现出了优越的性能。例如，利用实验室规模的集成厌氧流化床膜生物反应器系统处理生活污水的研究显示，该系统以颗粒活性炭为载体，在化学需氧量为300mg/L，水力停留时间分别为8h、6h和4h的条件下，化学需氧量的去除效率依次降低，分别为75.8%、73.6%和54.1%，而甲烷产率依次增高，分别为140L CH_4(STP)/kg COD、180L CH_4(STP)/kg COD和190L CH_4(STP)/kg COD[26]。研究结果还指出，颗粒活性炭的添加显著减少了滤饼层中的蛋白质含量，从而有效控制了膜污染过程，提高了膜的过滤性能。另一项研究显示，两阶段厌氧流化床膜生物反应器系统在处理生活废水时表现出良好的性能，该系统在总水力停留时间为2.3h

和反应温度为 25℃条件下运行。生活污水经初次沉淀预处理后再经过 10μm 过滤或 1mm 筛滤处理进入厌氧流化床膜生物反应器系统，该系统对化学需氧量和生化需氧量的去除效率分别达到 84%～91%和 92%～94%，出水中化学需氧量和生化需氧量浓度分别<25mg/L 和 7mg/L。该系统还对膜污染表现出了良好的控制能力，在膜通量为 6～12L/(m^2·h) 时连续运行 310d 内，跨膜压力始终保持在 20kPa 以下，而且在此过程中也不需要对膜进行化学清洗或水力反冲洗[27]。

采用厌氧流化床生物反应器与厌氧流化膜生物反应器串联工艺在处理校园生活污水时取得了良好的处理效果。研究显示，以天然沸石为载体，在环境温度 20～35℃、水力停留时间 3～4h 的条件下，该系统对化学需氧量、生化需氧量和悬浮固体均有较高的去除效率，这几种指标出水中的浓度分别为 20mg/L、8mg/L 和 2mg/L。该系统对有机污染物的去除主要依赖沸石表面附着生长的厌氧微生物，而厌氧流化床膜生物反应器对出水中的悬浮固体进行有效的截留去除。而且由于沸石流化对膜污染的缓解作用，厌氧流化床膜生物反应器在 10L/(m^2·h) 的膜通量下连续运行 333d 期间，在无需对膜组件进行化学清洗的情况下，跨膜压差始终保持在<20kPa 的水平[28]。另一项类似的研究显示，用以颗粒活性炭为载体的厌氧流化床生物反应器与厌氧流化床膜生物反应器串联工艺处理合成废水时，总化学需氧量的去除效率达到 99%，出水中的总化学需氧量浓度仅为 (7±4) mg/L。两个反应器中颗粒活性炭流化所需的总能量为 0.058kW·h/m^3，仅需要系统产生的气态甲烷能量的 30%即可满足颗粒活性炭流化所需能量，显著低于利用气体喷射等其他措施进行膜污染控制的浸没式厌氧膜生物反应器的能量需求[24]。

5.1.3　影响厌氧膜生物反应器运行效果的因素

5.1.3.1　有机负荷

有机负荷是影响厌氧膜生物反应器性能的最关键的工作参数之一。研究显示，厌氧膜生物反应器可以在各种有机负荷率 (organic loading rate，OLR) 下运行，范围从 0.49kg COD/(m^3·d)[29] 到 125.4kg COD/(m^3·d)[7]。反应器中的污泥浓度高，在处理低有机负荷率废水时可以获得更高的污染物去除效率。在一定的有机负荷率范围内，厌氧膜生物反应器中的悬浮固体浓度和微生物活性随有机负荷率的增加而提高，进而可以提供更稳定的有机物去除效率和生物质气产率。例如，厌氧膜生物反应器系统处理有机糖食品废水的研究指出，当有机负荷从 1.1kg COD/(m^3·d) 到 7.9kg COD/(m^3·d) 变化时，该系统均能实现 99%的化学需氧量去除效率，当有机负荷达到 7.9kg COD/(m^3·d) 时可获得最大甲烷产率 0.26m^3 CH_4/kg $COD_{去除}$[30]。另一项用厌氧膜生物反应器处理食物垃圾的研究也观察到类似的现象，当有机负荷率从 70.2kg COD/(m^3·d) 增加到 125.4kg COD/(m^3·d) 时，生物质气的产率从 22.4L/d 增加到 62.5L/d；当有机负荷率为 125.4kg COD/(m^3·d) 时，氢气产率最大，达到 10.7L H_2/(L·d)[7]。

然而，当有机负荷率达到一定阈值时，可能会出现抑制微生物活性或资源竞争的现象，导致微生物浓度趋于稳定甚至降低[31]。部分研究也指出，由于膜的截留作用，厌氧膜生物反应器中的混合液悬浮固体浓度在有机负荷率降低后仍能保持稳定。有机负荷率的增加在促进微生物增长的同时，也会增加胞外聚合物和溶解性微生物的产量，这些物质是造成膜污染的主要因素，因此有机负荷率的增加会对膜过滤性能产生负面影响[30]。

5.1.3.2 温度

厌氧膜生物反应器中废水处理的实质是厌氧生物降解过程，温度直接影响厌氧微生物种群的生长速率、有机化合物的水解及降解速率。在适宜温度范围内，提高温度可显著提高微生物的代谢活性，促进复杂有机物的水解并加速甲烷生成，从而提升沼气的收集效率。然而，维持高温环境需要额外能耗，这将增加系统运行成本，因此，在厌氧膜生物反应器设计和运行时需要在甲烷产量与能源消耗之间寻求平衡。

厌氧膜生物反应器对城市污水的处理主要集中在中温（28～45℃）和高温（＞60℃）这两个温度区间。尽管在低温（＜20℃）条件下仍能进行有机物的厌氧消化，但降解效率显著降低。这主要是因为城市污水通常含有大量颗粒有机物，它们首先需要进行水解成为可溶性有机物，然后才能进行厌氧消化得到最终产物，而低温会导致复杂有机物的水解程度下降，进而降低有机物的去除效率。例如，用两个实验室规模的厌氧膜生物反应器分别在25℃和15℃下平行运行，两个厌氧膜生物反应器的总化学需氧量去除效率分别超过95％和85％，凸显了低温对处理效能的限制[32]。温度降低抑制了嗜乙酸产甲烷菌的生长，但可以促进嗜氢产甲烷菌的活性，但整体而言，温度降低，产甲烷效率大幅降低。

温度变化还会通过影响甲烷的溶解度和混合液黏度来影响厌氧膜生物反应器系统的性能。甲烷的溶解度与温度呈负相关，甲烷在20℃时的溶解度比在35℃时高30％，导致在较低温度下更多的甲烷以溶解态随滤液的产生而流失[33]。混合液黏度随操作温度的降低而升高，例如，在中温（35℃）条件下，厌氧膜生物反应器处理城市污水时的过滤阻力呈缓慢线性增长，而当反应温度降低至20℃时，反应器因混合液黏度和可溶性化学需氧量浓度的增加，导致膜污染严重程度加剧[33]。

值得注意的是，温度波动对厌氧微生物群落的适应性提出了挑战，中温菌群可耐受±3℃的波动，但嗜热菌对温度的变化更加敏感，其代谢路径转移需要更长的时间来适应温度变化。这种差异提示在温度调控策略中，需要根据优势菌群类型选择适宜的运行温度区间，以避免代谢中断[34]。

5.1.3.3 水力停留时间和污泥停留时间

污泥停留时间和水力停留时间是厌氧膜生物反应器在废水处理过程中的关键操作参数，通过分别调整这两个参数会显著影响微生物活性、处理效率、膜污染及能源回收效果。

通常认为，延长水力停留时间可以增加废水中的污染物与微生物的接触时间，提高废水的化学需氧量去除效率[26]，并且有效缓解膜污染问题。而缩短水力停留时间虽然可以降低反应器的容积，但是会因为有机物降解不充分，导致厌氧膜生物反应器中有机物浓度增加，加剧膜污染问题。用浸没式平板厌氧膜生物反应器系统在环境温度下处理屠宰场废水时，在水力停留时间为 24h 的条件下，实现了 99%的悬浮固体去除效率和超过 90%的化学需氧量去除效率，而且生物甲烷的收率达到 0.29nL CH_4/g $COD_{进水}$。当水力停留时间超过 24h，该系统可以在不增加跨膜压差的情况下提供更好的出水水质，但是会造成甲烷产率降低。然而，当水力停留时间降低到 8～12h，膜污染严重，跨膜压差明显升高[35]。

由此可知，在厌氧膜生物反应器运行过程中，存在一个最佳水力停留时间，过长或过短的水力停留时间都不利于污染物的降解和膜污染的控制。而每个厌氧膜生物反应器系统的最佳水力停留时间与污泥特性、废水特性以及其他运行条件等密切相关。例如，用连续运行的厌氧膜生物反应器以葡萄糖为碳源从低强度废水中生产挥发性脂肪酸（volatilde fatty acid，VFA）时，最佳水力停留时间为 8h，总挥发性脂肪酸的最大产量为（48.20±1.21）mg VFA/100mg $COD_{进料}$。而厌氧膜生物反应器在最佳水力停留时间下产生的挥发性脂肪酸的种类和产量受到废水有机负荷率的影响，当废水的化学需氧量为 550mg/L 时产生的乙酸和丙酸浓度最大，而当废水的化学需氧量为 750mg/L 时产生的异丁酸浓度最高[36]。

污泥停留时间的长短直接影响污泥絮体结构和微生物聚合物含量。普遍认为，较长的污泥停留时间有助于维持微生物群落的稳定。延长污泥停留时间可以在厌氧膜生物反应器中积累足够高浓度的生长速率缓慢的厌氧微生物，如产甲烷菌，使反应器具有更高的厌氧消化能力和甲烷产率。关于污泥停留时间影响连续运行的厌氧膜生物反应器处理有机污泥的研究指出，当污泥停留时间从 30d 延长到 60d 时，底物的降解效率从 36%提高到 52%，沼气产量从 0.37L/g $VS_{进料}$ 提高到 0.51L/g $VS_{进料}$[37]。然而不同的研究报道的污泥停留时间对厌氧膜生物反应器膜污染的影响存在不一致的现象。例如，分置式厌氧陶瓷膜生物反应器在处理高浓度含酚废水时，污泥停留时间对有机物的去除性能没有明显影响，而缩短污泥停留时间导致污泥絮体尺寸减小、胞外聚合物中蛋白质浓度升高，从而加速了膜的污染[38]。然而，Szabo-Corbacho 等[39] 的研究指出，延长污泥停留时间对膜过滤性能产生负面影响。用分置侧流式厌氧膜生物反应器处理富含脂质的合成乳制品废水时，污泥停留时间为 20d 的膜过滤性能优于污泥停留时间为 40d 的膜。分析认为，在较长的污泥停留时间下，厌氧膜生物反应器中的总悬浮固体、胞外聚合物和溶解性微生物产物的浓度均增加，其中悬浮固体是形成滤饼层的主要成分，总悬浮固体浓度增加导致滤饼层的渗透性降低，从而使运行过程中的总过滤阻力升高，跨膜压差超过最大允许值。

研究显示，厌氧膜生物反应器的污泥停留时间不是一个独立的操作参数，应当考虑其与废水特性、污泥特性以及其他工艺操作条件等共同对膜过滤性能的影响，从而确定最有利于膜过滤性能的运行方案。例如，延长污泥停留时间对膜运行产生的不利影响可以通过将膜的运行通量调节到可持续通量范围来消除[37]。

5.1.3.4 松弛与反冲洗频率

厌氧膜生物反应器的可持续运行主要依赖膜污染的有效控制，而膜污染主要由膜孔阻塞和滤饼层形成引起。在厌氧膜生物反应器运行过程中，通过实施周期性松弛和反冲洗，可以有效缓解膜污染问题。在松弛阶段，暂时停止膜组件的过滤，允许自然脱落的物质和颗粒物从膜表面移除。而且在松弛阶段继续保持曝气，利用曝气产生的气-液剪切力破坏膜表面的滤饼层，从而减少滤饼层的污染程度，控制跨膜压差的升高。而在反冲洗阶段，通过滤液或空气脉冲清除膜孔内的可逆膜污染，部分恢复膜过滤性能。然而，反冲洗对结构稳固的滤饼层和不可逆膜污染的去除能力有限。

松弛频率和松弛时间、反冲洗频率及反冲洗时间对膜污染控制的效果有重要影响，需要根据具体情况进行优化调整。例如，用实验室规模的厌氧膜生物反应器处理合成城市生活污水时，采用每过滤 30min 松弛 60s 联合每运行 186min 反冲洗 15s 的周期性操作模式，能够实现长期稳定的运行，整个运行期间的膜污染速率保持为 0.007kPa/h，平均跨膜压差为 25kPa[40]。

由此可知，通过这种周期性的松弛和反冲洗循环模式，能够在长期运行中有效控制跨膜压差，不仅降低了厌氧膜生物反应器系统的能耗需求，而且使其在长期运行中保持稳定性和经济性。

5.1.3.5 曝气强度和错流流速

为了保持稳定的膜通量，浸没式厌氧膜生物反应器在运行过程中主要通过流体动力学调控来实现膜污染的控制。通过向浸没式厌氧膜生物反应器中通入氮气或生物质气，利用气体喷射产生的剪切力将滤饼层从膜表面剥离，减少膜污染。例如，浸没式厌氧膜生物反应器在处理有机负荷率为 41kg COD/(m^3 · d) 的高强度合成工业废水时，采用沼气喷射与松弛控制相结合的措施有效控制膜污染，在 9.4～9.9L/(m^2 · h) 的恒定膜通量下实现了 300d 的稳定运行，在运行期间没有出现明显的膜污染，跨膜压差始终＜5kPa[41]。

流体动力学条件对混合液特性的调节作用显著影响膜污染速率，曝气速率作为关键参数起到控制滤饼层厚度的作用。例如，用浸没式厌氧膜生物反应器处理城市固体废物渗滤液时，采用 10L/min 的沼气喷射速率冲刷膜表面，可使膜通量稳定在 3～7L/(m^2 · h)，系统连续运行 4 个月无需进行化学清洗。但是当沼气喷射速率降低到 2L/min 时，由于对滤饼污染的控制效果降低，跨膜压差因滤饼层变厚而急剧上升[42]。该研究还指出，虽然提高沼气喷射速率产生的高剪切力降低了滤饼层的厚度，但同时也削弱了滤饼层对溶解性有机物的截留作用，导致滤液的化学需氧量浓度增加。由此可知，优化曝气速率时，需要综合考虑曝气速率对滤饼层厚度的控制和滤饼层厚度对污染物截留效率的影响。

在厌氧膜生物反应器运行时，还需要注意曝气时机对膜污染控制的决定性作用。为了取得良好的膜污染控制效果，通常在膜过滤开始后就立即进行沼气喷射。这主要是因为在过滤初期形成的滤饼层结构比较疏松，可以通过较低的剪切力去除，随着过滤的进行，当致密滤饼层在过滤压力作用下形成后，即使采用高气体喷射速率也难以有效地将其清除，这将显著降低膜污染的控制效率。

分置错流式厌氧膜生物反应器主要通过混合液在膜表面形成的切向流实现膜污染的控制。通过利用提升泵驱动混合液循环，在膜表面形成充分的错流速率，通过错流流速产生的剪切力减少膜表面污染物的沉积。剪切力不仅可以去除已经沉积附着在膜表面的污染物，而且还能防止新的膜污染物附着，从而缓解膜污染进程。提高错流流速可以有效控制滤饼层的厚度，从而降低过滤阻力。然而，错流流速过高可能会导致污泥粒径变小，溶解性微生物产物浓度升高，反而会加剧膜污染并影响出水水质。

5.1.4 厌氧膜生物反应器的发展、应用及挑战

5.1.4.1 厌氧膜生物反应器的发展

厌氧膜生物反应器作为一种新型的废水处理方法，结合了厌氧生物降解与膜分离技术，在有效去除有机污染物的同时实现资源回收。其发展历程分为两个阶段。

(1) 技术奠基阶段

21 世纪之前是厌氧膜生物反应器的技术奠基阶段。20 世纪 70 年代，首次提出了厌氧膜生物反应器的概念，在研究中采用外置式错流膜生物反应器处理化粪池出水，解决了传统工艺中化粪池容量受限、水力停留时间与污泥停留时间无法分离而导致的在较短降解时间内有机物厌氧消化效果较差的问题，很好地保留了反应器内微生物量，成功地将生化需氧量去除效率提升到 85%～95%，硝酸盐去除效率达到 72%[43]。进入 20 世纪 80 年代，厌氧膜生物反应器技术受到重视，推动了厌氧膜生物反应器的发展和应用，该技术进入中试与工程化探索期。例如，美国 Dorr-Oliver 公司在 20 世纪 80 年代初期，开发了一种商用厌氧膜生物反应器，在处理乳制品废水时取得了良好的效果。1987 年，南非建成投产了厌氧消化过滤系统用于高浓度工业废水处理[44]。然而，由于膜污染严重且膜组件成本较高，厌氧膜生物反应器的发展陷入瓶颈。

(2) 技术突破及多元化应用阶段

进入 21 世纪以来，随着膜技术和厌氧生物处理技术的发展，厌氧膜生物反应器在能耗上的改良，使其得到了更多的关注，相关的研究也越来越受到重视，厌氧膜生物反应器进入了多元化应用阶段。在这一阶段，厌氧膜生物反应器技术在膜污染控制、处理效率和能量回收效率等方面取得了显著进展，为废水处理领域提供了新的解决方案。厌氧膜生物反应器工艺结合了膜分离技术和厌氧消化工艺，通过优化设计和操作条件，实现了高效的有机物去除和能源回收，同时减少了污染物对环境的影响。

厌氧膜生物反应器技术的应用领域已经从最初的城市生活污水处理拓展到食品加工

废水、垃圾填埋场渗滤液以及工业废水处理等多个领域。研究表明，厌氧膜生物反应器在处理高浓度有机物废水时表现出色，这使得厌氧膜生物反应器成为工业废水处理的核心技术之一，并在近年来取得了快速发展。

近年来，厌氧膜生物反应器的研究与应用逐渐深入。如图 5-1 所示，根据 Science Direct 数据库的检索结果，在 2005～2024 年间，中国学者以“anaerobic membrane bioreactor”“anaerobic MBR”或“AnMBR”为主题或关键词发表了 1000 多篇 SCI 期刊论文。从论文数量来看，自 2013 年以来，与厌氧膜生物反应器相关的 SCI 期刊论文发表量呈现快速增长趋势，这表明该技术在全球范围内的研究热度持续上升。此外，根据知网数据库的检索结果，在 2005～2024 年间中国学者共发表了题目中包含“厌氧膜生物反应器”“厌氧 MBR”或“AnMBR”的北大核心期刊论文 200 余篇。这些论文涵盖了操作参数（如温度、pH 值、水力停留时间和污泥停留时间）、沼气产量、污染物去除效率以及膜污染控制等多个方面。

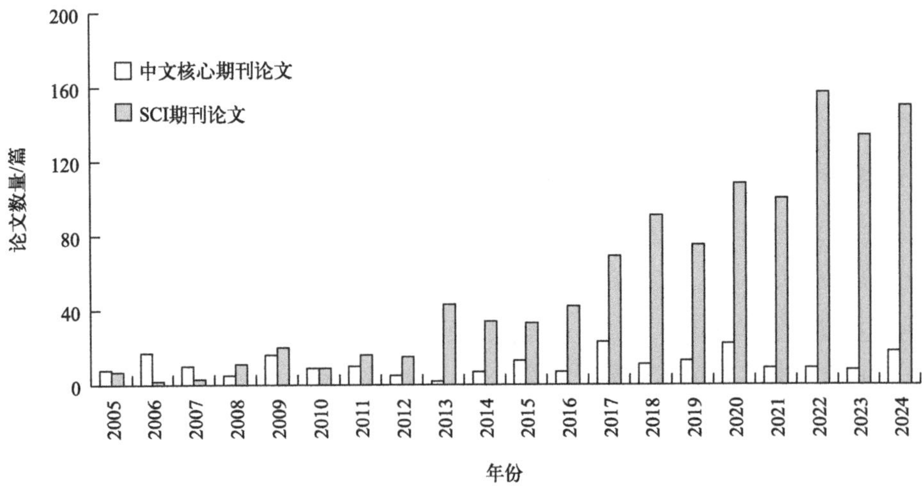

图 5-1 2005～2024 年期间，中国学者在 SCI 期刊和中文核心期刊发表厌氧膜生物反应器相关研究论文的趋势

此外，从专利数据来看，基于知网数据库的统计，2005～2024 年期间专利名称中包含“厌氧膜生物反应器”的授权发明专利和实用新型专利共 300 多项，而且从 2011 年以来平均每年授权的相关专利达到 20 项。这些数据表明，厌氧膜生物反应器技术在学术界和工业界均受到广泛关注，并且不断拓展其研究范围和应用领域。

厌氧膜生物反应器技术的快速发展得益于其在高负荷有机废水处理中的显著优势。例如，厌氧膜生物反应器能够高效去除化学需氧量、生化需氧量和悬浮固体等污染物，并通过优化运行条件（如温度、pH 值和污泥负荷）进一步提升处理效率。同时，厌氧膜生物反应器能够将废水中的有机物转化为可再生能源，在能源节约和回收方面也展现出竞争优势。

5.1.4.2　厌氧膜生物反应器的应用

(1) 厌氧膜生物反应器在城市污水处理中的应用

城市生活污水的有机强度低，成分通常比较复杂，还含有较高比例的微粒有机物，这些微粒有机物包括蛋白质、悬浮固体、具有较高可生物降解性的脂肪酸等。厌氧膜生物反应器主要通过生物学方法去除化学需氧量，膜的物理分离作用进一步去除有机物，同时还可以保留反应器中的所有生物质，保持代谢缓慢的厌氧微生物含量，提高系统总的有机物去除效率。城市生活污水用厌氧膜生物反应器处理后能得到水质优异的出水，其出水的化学需氧量、悬浮固体和病原微生物符合排放标准。用实验室规模的分置式厌氧膜生物反应器（膜组件为管式聚偏氟乙烯超滤膜，过滤模式为内压式）处理化学需氧量浓度为 500mg COD/L 的模拟城市污水，该反应器在 (35±1)℃下运行 200d，平均化学需氧量、总氮和总磷的去除效率分别为 86.5%±6.4%、20.6%和 49.3%，这些物质在产水中的平均浓度分别为 (63.9±31.1) mg/L、(22.7±5.1) mg/L 和 (6.9±2.0) mg/L，出水平均浊度为 (0.6±0.2) NTU[40]。

厌氧膜生物反应器在处理城市污水时展现出能源回收的优势。用升流式厌氧污泥床反应器和外置超滤膜组成的中试规模分置式厌氧膜生物反应器稳定运行 3 年期间，在处理生活污水中表现出较高的有机物去除能力。研究指出，该系统在水力停留时间为 7h，体积负载率 (volumetric loading rate，VLR) 为 2～2.5kg COD/(m^3·d) 的条件下，实现了 87%的化学需氧量去除效率[15]。根据优化膜组件和升流式厌氧污泥床反应器之间的混合液循环比，甲烷产率达到 0.18～0.23m^3 CH_4/kg $COD_{去除}$。分置的膜组件采用 7.5min 过滤 15s 反冲洗的操作频率，用流速为 40～60m/h 的生物质气冲刷膜表面对膜污染进行了有效的控制。

(2) 厌氧膜生物反应器在高浓度有机废水处理中的应用

厌氧膜生物反应器技术通过膜的截留，丰富了厌氧微生物的多样性并且提高了厌氧微生物的浓度，能够有效处理高盐度、高温、高悬浮固体浓度以及含有毒物质的废水。这种技术在极端条件下表现出色，能够实现更高的化学需氧量到甲烷的转化效率。厌氧膜生物反应器在处理高浓度有机废水方面具有显著优势，这些有机废水包括工业废水、食品废水以及制药废水等。例如，厌氧膜生物反应器（中空纤维超滤膜，膜孔径 0.04μm）在 35℃下处理啤酒废水时，在进水化学需氧量浓度达到 19.1g/L 的条件下，可以实现 98%以上的化学需氧量去除效率，沼气产量达到 (0.53±0.015) m^3/kg COD[9]。

厌氧膜生物反应器对有机负荷波动具有较强的适应能力。浸没式厌氧膜生物反应器（聚偏氟乙烯膜，膜孔径 0.1μm）在处理 2-氯酚浓度为 5～200mg/L 的难降解废水时，在长水力停留时间下，实现了 93.2%的化学需氧量去除效率和 94.2%的 2-氯酚去除效率。当废水中的 2-氯酚浓度达到 200mg/L 时，系统对 2-氯酚的去除效率达到 98.6mg/(L·d)[45]。研究还指出，通过延长水力停留时间有效缓解了膜污染问题。

厌氧膜生物反应器与其他工艺的协同应用能更好地实现资源化目标。Grossman

等[46]构建的厌氧膜生物反应器-光反应器系统，在处理食品加工废水时，不仅能够生产高质量产水，而且还能回收营养物质和能源，基本实现零废物排放。在该系统中，厌氧膜生物反应器单元完成了97%的总有机碳去除，其中57%的有机碳转化为甲烷，实现能源回收。厌氧膜生物反应器单元的出水进入后续的光反应器，通过微藻的光合作用，回收了77%的氮和91%的磷。系统产生的剩余污泥进行水热碳化处理。这种多级废水处理模式不仅提高了能源回收效率，还通过营养物质的循环降低了环境负荷。另一项用厌氧膜生物反应器处理竹业废水的研究指出，由厌氧膨胀颗粒污泥床和聚偏氟乙烯中空纤维膜组件构成的厌氧膜生物反应器的平均化学需氧量去除效率为89.1%。当该厌氧膜生物反应器用竹炭强化后，平均化学需氧量的去除效率增加到94.5%。由此可知，竹炭有效改善了系统的性能，促进了生物量的增加，不仅提高了化学需氧量的去除效率，还提高了沼气产量和甲烷产率。厌氧膜生物反应器经竹炭强化后，通过降低溶解性微生物产物的含量，从而减轻了膜污染，降低了过滤阻力[47]。

(3) 厌氧膜生物反应器对营养物质的处理与回收

与好氧膜生物反应器相比，厌氧膜生物反应器具有高效捕捉化学需氧量和产生较少污泥量的优点。由于不需要曝气，厌氧膜生物反应器对能源的需求极低，同时还能产生甲烷提供再生能源，从整体上提高废水处理的能源效率。而且膜的分离作用使得厌氧膜生物反应器出水中的固体含量极低。理论上，厌氧膜生物反应器可以高效去除化学需氧量，并且尽可能地将出水中的氮和磷以 NH_4^+-N 和 PO_4^{3-}-P 的形式保留[24]，通过直接或间接与营养物质回收工艺相耦合，为城市污水提供一种技术简单且经济可行的回收营养物质的方法。例如，通过天然沸石的吸附可以去除97%的氨[48]，而通过酸改性的合成沸石能够同时去除60%的氨和90%的磷酸盐[49]。此外，厌氧膜生物反应器出水中的氨和磷酸盐也可以通过如下反应形成磷酸铵镁沉淀并被回收再利用：

$$NH_4^+ + PO_4^{3-} + Mg^{2+} + 6H_2O \longrightarrow NH_4MgPO_4 \cdot 6H_2O \tag{5-1}$$

虽然从技术角度来讲，厌氧膜生物反应器耦合吸附或化学沉淀工艺能有效实现营养物质的回收，然而，该工艺的实施还取决于整个工艺运行的经济可行性，以及所生产的农用肥料的市场价值[50]。

5.1.4.3 厌氧膜生物反应器面临的挑战

厌氧膜生物反应器技术在工业废水和城市生活污水处理中表现出显著优势，能够高效去除废水中的营养物质和可生物降解有机物。然而，该技术仍面临一些挑战，例如膜污染严重、膜成本较高等，这些问题不仅给操作管理带来了不便，也限制了厌氧膜生物反应器的广泛应用。膜污染是由悬浮固体和溶解性固体长期积累所致。溶解性固体主要以脂肪、油类以及微生物代谢产物的形式附着在膜表面或膜孔隙内，而悬浮固体则通过物理沉积或化学吸附形成滤饼层。影响膜污染的因素包括膜本身的特性、混合液性质和操作条件。例如，膜的疏水性、孔隙度和厚度等特性，以及微生物的特性、胞外聚合物和悬浮污泥结构等都会对膜污染产生重要影响。此外，厌氧膜生物反应器的运行条件，如过滤-反冲洗间歇频率、曝气量、错流过滤流速等也对膜污染产生重大影响。

厌氧膜生物反应器中的高微生物浓度会增加混合液黏度，使微生物及其代谢产物更容易在膜表面和膜孔隙中沉积，加速膜污染的发生。此外，厌氧消化过程中产生的高氨、高碳酸盐、碳酸氢盐以及磷酸盐浓度也会导致膜表面形成厚滤饼层，进一步加剧膜污染[1]。膜污染不仅降低膜通量，缩短膜寿命，还会增加运行、维护和能源需求方面的成本，因此如何有效减少和控制膜污染是厌氧膜生物反应器技术发展的关键，应该在厌氧膜生物反应器的设计和运行中得到充分的研究和重视[51]。

为了提高厌氧膜生物反应器的经济可行性，研究和开发工作应集中于降低膜成本、提高膜性能和耐久性、优化工艺配置以及提升能源效率等方面。例如，通过对膜及膜材料进行改性，提高其防污性能，可以降低运行成本；同时，开发新的低能耗、高效膜污染控制技术也是未来的重要方向。例如，厌氧动态膜生物反应器（anaerobic dynamic membrane bioreactor，AnDMBR）具有膜组件成本低、膜污染易于控制等优点[52]，其运行所需要的能耗更低，具备更大的能量回收潜力[53]。然而，厌氧动态膜生物反应器的运行稳定性和膜污染控制策略仍然需要通过更大规模系统的实际运行来验证。

5.2 好氧颗粒污泥膜生物反应器

5.2.1 颗粒污泥生物处理技术

5.2.1.1 颗粒污泥的定义

颗粒污泥（granular sludge，GS）是指在废水处理过程中，多种微生物在无载体情况下通过自我固定化作用形成的密度高和外部形态规则的微生物聚集体[54]。颗粒污泥的物理结构紧凑、沉降速度快，具有显著的微生物量保留能力，能够在反应器中维持较高的污泥浓度，具有更强的抗冲击负荷能力和耐毒性。颗粒污泥生物反应器的出水水质明显优于传统絮状污泥生物反应器。用颗粒污泥生物反应器进行废水二级处理，可减少对二沉池的容积需求，从而降低占地面积和运行成本。颗粒污泥技术被认为是一种很有前途的废水生物处理技术。

根据颗粒污泥在降解污染物的过程中对氧气的需求量及降解产物的不同，可以将其分为好氧颗粒污泥和厌氧颗粒污泥两种类型。厌氧颗粒污泥已经在多种厌氧反应器中成功培养，如升流式厌氧序批式生物反应器（upflow anaerobic sequencing batch reactor，U-AnSBR）、升流式厌氧污泥床反应器、膨胀颗粒污泥床、内循环厌氧反应器（internal circulation anaerobic reactor，ICAR）、厌氧折流板反应器（anaerobic baffled reactors，ABR）等[55-59]。好氧颗粒污泥最早是在中试规模的好氧升流式污泥床反应器（aerobic upflow sludge blanket reactor，AUSB）中培养出来，用于处理城市生活污水[60]。这些好氧颗粒污泥的粒径为2～8mm，沉降性能优异，微生物在反应器中的浓度可达8.2g/L。之后，研究者也通过其他类型的反应器成功培养出好氧颗粒污泥。例如，在序批式生物反应器中，用絮状污泥为种泥培养出好氧颗粒污泥[61,62]，通过控制间歇性厌氧-好氧反应条件，培养出了处理纺织废水的颗粒污泥[63]。

5.2.1.2 颗粒污泥的形成过程

微生物通过聚集形成颗粒污泥的过程称为污泥颗粒化。污泥颗粒化是微生物在特定环境条件下，通过一系列复杂过程形成高密度生物聚集体的动态过程。该过程一般包括微生物聚集的积累阶段、颗粒结构形成的颗粒化阶段以及颗粒污泥成熟阶段3个阶段。

在积累阶段，微生物细胞通过随机运动和流体剪切力发生随机碰撞，产生可逆的初始聚集。此阶段主要通过外部环境的刺激来调整微生物的代谢活动。例如，通过添加钙离子来加速颗粒的聚集[64]。此时，胞外聚合物中的疏水性蛋白质比例显著增加，通过增强细胞表面的疏水性为后续的颗粒化阶段奠定基础。

在颗粒化阶段，微生物分泌的紧密结合型胞外聚合物的黏附作用，促使微生物发生不可逆聚集。在此阶段，颗粒污泥以指数型速率增长，颗粒污泥的粒径迅速增加，沉降性能也变得更好，污泥容积指数明显降低。研究证实，此阶段的颗粒污泥在核心区域开始出现Ca^{2+}、Mg^{2+}等沉淀，形成支撑性无机骨架。

进入颗粒污泥成熟阶段，颗粒污泥粒径的增长趋势变缓。此时，颗粒污泥内部核心区域的微生物因底物缺乏而导致衰亡，而外层微生物持续增殖，这两者之间达到了动态平衡，颗粒污泥的粒径几乎不再发生变化，并稳定在一定范围内。颗粒污泥通过水力上升等产生的剪切力，最终形成致密的三维结构。处于成熟阶段的颗粒污泥，其胞外聚合物中的蛋白质和多糖的比值下降，疏水作用和氢键作用的协同效应维持了颗粒污泥结构的稳定性。此时，颗粒污泥表现出增强的沉降性能和高效的生物活性，反应器中的污泥浓度提高，对废水中的有机物、氮磷等污染物的去除效率也明显优于传统絮状污泥。

5.2.1.3 颗粒污泥的特性

(1) 颗粒污泥的沉降性能

颗粒污泥是由多种微生物菌群组成的具有非常密实结构的聚集体，具有较大的粒径和优异的沉降性能，从而能够实现更快速、更高效的固液分离。这种特性使得反应器中能够聚集更高浓度的生物量，并显著提高抗冲击负荷能力。在废水生物处理领域，污泥容积指数是衡量污泥沉降性能和微生物结构紧凑性的关键指标，污泥容积指数越低表明污泥的沉降性能越好。通常情况下，絮状活性污泥的污泥容积指数范围为80～150mL/g SS，污泥容积指数为100mL/g的活性污泥被认为具有良好的沉降性。而成熟颗粒污泥的污泥容积指数可<40mL/g SS[65]，有的甚至低至7.8mL/g SS[66]，这表明其沉降性明显优于絮状污泥，为更快速的固液分离和更优质的出水提供了保障。

虽然颗粒污泥的沉降性能受到多种因素的影响，但是它们的总变化趋势是一致的，即随着颗粒污泥粒径的增加污泥容积指数通常会降低。这是因为较大的颗粒污泥受到的重力作用更强，因此沉降性能更好。然而，需要注意的是，粒径并非影响颗粒污泥沉降性能的唯一因素，颗粒污泥的密度、物理结构、表面特性以及金属离子等也会对其沉降性能产生重要影响[67]。研究发现，颗粒污泥密度越高，其沉降速度越快。此外，表面电荷小的污泥更容易发生颗粒化，从而提高其沉降性能[68]，而表面粗糙的颗粒污泥因为更容易吸附气泡，影响其沉降速度[69]。

颗粒污泥的沉降性能直接影响废水生物处理的效果。优化运行参数和控制环境条件，可以进一步提升颗粒污泥的稳定性，从而提高处理废水的效率。

(2) 颗粒污泥的基质和气体扩散特性

颗粒污泥本质上是一种由多种微生物共同形成的密度高、体积大的生物聚集体[70]。然而，形成颗粒污泥的微生物为了适应外界环境的选择压力（如基质浓度变化、水力上升速率等），在颗粒污泥内部形成了复杂的孔隙网络结构，这些孔隙不仅是向颗粒污泥内部输送氧气和基质的主要路径，也是微生物向外界扩散代谢产物的通道。这些孔隙结构直接影响污染物的去除效率。在颗粒污泥表面 300～500μm 处孔隙率最高，孔隙和通道甚至可以深达 900μm。随着颗粒污泥粒径的增大，孔隙和通道逐渐向颗粒污泥核心区域缩小，导致氧气和底物从颗粒污泥表面向核心的扩散受到限制，从而影响颗粒污泥对污染物的降解途径和效率。

颗粒污泥的粒径通常在几百微米到几毫米之间，成熟的好氧颗粒污泥的平均粒径介于 200μm～8mm 之间；而成熟的厌氧颗粒污泥的平均粒径为 140μm～5.0mm[71]。颗粒污泥的粒径直接影响气体和基质的扩散性能以及反应类型。相比之下，物质在小颗粒污泥中的扩散比在大颗粒污泥中更有优势，而大颗粒污泥更有助于提高生物固体的沉降性能。研究指出，当好氧颗粒污泥的粒径＜400μm 时，对溶解氧的扩散限制可以忽略不计。然而，当好氧颗粒污泥粒径＞500μm 时，溶解氧成为限制微生物代谢活动的主要因素[72]。此外，研究显示，污染物的去除效率与好氧颗粒污泥的粒径成反比关系，例如，粒径 500μm 的好氧颗粒污泥对污染物的去除效率几乎是粒径为 1mm 的颗粒污泥的 3 倍。因此，如果污染物仅需要进行好氧降解时，为了获得优异的污染物去除效率，反应器中的好氧颗粒污泥的粒径建议控制在＜500μm 的范围内。

由于溶解氧传递的限制，较大的好氧颗粒污泥从表面到核心存在着氧浓度递减现象。许多研究发现，颗粒污泥具有明显的层状结构，即外层结构较疏松，而内部核心区域结构紧密，从而使颗粒污泥在外层形成好氧区域，好氧菌和硝化细菌在氧气充足的条件下优先在外层积累；而颗粒污泥内部因氧气不能到达而成为厌氧区或缺氧区，异氧反硝化细菌和聚磷菌等厌氧微生物成为颗粒污泥中心的优势菌种，有利于反硝化反应和厌氧释磷的顺利进行。好氧颗粒污泥的这种分层结构，使其具备了实现同步硝化-反硝化以及生物脱氮除磷的功能。在颗粒污泥表面进行硝化反应产生的硝态氮扩散进入颗粒污泥的厌氧区进行反硝化反应，生成的氮气则通过颗粒污泥的孔隙释放到外界环境中。

好氧颗粒污泥的同步硝化-反硝化能力主要由颗粒污泥中心的缺氧区决定，粒径较大的好氧颗粒污泥中心可形成更大的缺氧区域，有利于同步硝化-反硝化的发生。在研究基质和氧在好氧颗粒污泥中的扩散特性时发现，有机基质比溶解氧更容易穿透好氧颗粒污泥，进入颗粒污泥的深层，因此，即使在高溶解氧浓度环境中，好氧颗粒污泥也显示出较高的同步硝化反硝化潜力。

成熟厌氧颗粒污泥也存在类似的多层结构，为微生物提供了不同的代谢环境。例如，厌氧颗粒污泥外层为异养酸化菌，中层为产氢菌，而核心区域则以产甲烷菌为主[71]。

(3) 颗粒污泥的污染物去除性能

在微生物系统中，任何单一的微生物都无法完全降解污染物，污染物的降解需要依靠各种微生物之间的复杂相互作用才能完成。与絮状污泥相比，颗粒污泥内聚集着非常高浓度的微生物菌群。因此，颗粒污泥是非常理想的废水生物处理技术，因为其在颗粒污泥生物反应器中可以维持非常高的微生物量，意味着污染物的转化速度快、污染物去除性能高、反应器的抗冲击负荷能力强[73]。在序批式生物反应器中培养的反硝化颗粒污泥的反硝化速率为反硝化絮状污泥的 3～10 倍[68]。此外，好氧颗粒污泥的分层结构使颗粒污泥在废水处理过程中表现出色，尤其是在处理含氮、磷、有毒物质和高浓度有机物废水方面，表现出优越的污染物去除能力[74]。例如，在内循环分批气提反应器中培养的好氧颗粒污泥对化学需氧量的去除效率达到 95%，能够通过同步硝化反硝化实现 90%的总氮去除效率[75]。

(4) 颗粒污泥的过滤性能

研究表明，颗粒污泥不仅显著提高污染物的降解效率，还能在膜过滤过程中表现出显著的优势，有效降低膜污染程度。颗粒污泥在形成过程中，胞外聚合物中的蛋白质与多糖的比例增加，提高了颗粒污泥的疏水性，增加了颗粒污泥的 zeta 电位，这些变化也增强了颗粒污泥的过滤性能[75,76]。在一项比较反硝化颗粒污泥和絮状污泥过滤性能的研究中发现，反硝化颗粒污泥混合液在恒压终端微滤过程中有更快的初始过滤速度和更高的末端膜通量，其微滤总阻力是絮状污泥悬浮液的 1/9～1/6[77]。另一项研究也显示出类似的现象，采用内循环分批气提反应器培养的好氧颗粒污泥在短期过滤过程中的稳定膜通量是活性污泥的 2 倍[75]。

在过滤过程中，颗粒污泥主要通过在膜表面沉积形成滤饼层来增加过滤阻力。研究指出，颗粒污泥的粒径对膜污染的影响显著。颗粒污泥粒径越小，在膜表面形成的滤饼层越密实，造成的膜污染越严重，过滤阻力越高，微滤初始阶段导致初始膜通量下降 50%所需的过滤时间就越短[78]。颗粒污泥在微滤过程中产生的特别滤饼阻力和修正过滤指数 MFI 与颗粒污泥粒径的平方成反比[77]。此外，颗粒污泥在膜表面形成的滤饼层还具有良好的预过滤作用，能够阻止上清液中的细颗粒、胶体和溶解型胞外聚合物形成致密的滤饼层，从而减少膜污染[78]。

5.2.1.4 影响颗粒污泥形成的因素

污泥颗粒化的研究明确表明，颗粒污泥的形成受到各种选择压力的驱动[79]，包括温度等环境条件，水力停留时间、流体上升速度、废水类型、有机负荷和 pH 值等工艺操作条件，反应器类型和种泥，等等。

(1) 有机负荷率

有机负荷率是用来描述生物系统中微生物对基质利用能力的参数，也是颗粒污泥技术最重要的设计和操作参数之一，由废水的化学需氧量浓度和流速决定。在低有机负荷率条件下，微生物可能没有足够的食物来维持其生长，而高有机负荷率则会促进微生物的快速生长。合理的高有机负荷率有利于促进污泥颗粒化和保持颗粒污泥工艺的稳定性。研究显示，当有机负荷率从 2.63g COD/(L·d) 增加到 23.15g COD/(L·d) 时，升流式厌氧污泥固定膜生物反应器中的颗粒污泥的形成时间从 2～4 个月缩短到 20d，颗粒污泥的粒径增加到 2mm[80]。当有机负荷率＜1.0kg COD/(m^3·d) 时，无论是否添加阳离子聚合物，在升流式厌氧污泥床反应器中都无法形成适当的颗粒污泥，并且化学需氧量的去除效率也大幅降低[81]。

厌氧微生物在高有机负荷率下生长得更快，这反过来可能会降低颗粒污泥的强度，导致颗粒污泥解体[82]。根据 Monod 方程，当有机负荷率增加时，微生物生长率会更高，而微生物生长率过高会降低厌氧颗粒污泥的三维结构强度[83]。此外，在高有机负荷率下会产生更多的沼气。如果在升流式厌氧污泥床反应器启动期间有机负荷率过高，过快的沼气产生速率会导致严重的流体动力学湍流，可能会将种泥从反应器中冲出来，导致升流式厌氧污泥床反应器启动失败。因此，应避免过高的有机负荷装载率，因为它可能导致厌氧微生物活性发生不可恢复的衰减，以及进料与微生物需求之间的严重不平衡。

有机负荷同样影响好氧颗粒污泥的形成。研究表明，在一定有机负荷范围内提高废水的有机负荷率有利于好氧颗粒污泥的快速形成。然而，当有机负荷率过高时，微生物的过度生长形成的颗粒污泥粒径较大，但同时也导致颗粒污泥的稳定性较差[84]。而且，高有机负荷率会促使丝状菌过度生长，会导致颗粒污泥内部结构的破坏，最终引发颗粒污泥解体。

(2) 流体上升速度和水力停留时间

在颗粒污泥生物反应器系统中，水动力条件是调控好氧和厌氧颗粒污泥的形成过程，影响颗粒污泥结构和稳定性的重要因素。水动力条件受到气体或液体流动速率的影响。研究表明，反应器内气体或液体流动产生的剪切力直接影响微生物聚集体的物理特性和生物活性。高流体动力剪切力有利于形成更致密和稳定的好氧和厌氧颗粒污泥，而在弱水动力剪切力条件下则观察到不成功的污泥颗粒化[85]。

短暂的水力停留时间与高流体上升速度相结合可能导致分散的微生物絮凝物从系统中流失，而密度较高的微生物聚集体则被保留在反应器中，进而促进污泥颗粒化，并且能显著提升颗粒污泥的沉降性能。根据相关报道，通过增加流体上升速度和缩短水力停留时间，可以在升流式厌氧污泥床反应器-移动床生物膜混合反应器系统中快速形成厌氧颗粒污泥，而且还可以通过保持污泥床中的选择压力，促进不同粒径颗粒污泥的形成[86]。当流体上升速率从 0.05m/h 增加到 0.65m/h，升流式厌氧污泥床反应器运行 140d 后，颗粒污泥的平均粒径从 600μm 增加到 1.3mm[87]。采用序批式反应器培养反硝化颗粒污泥的研究指出，水力停留时间越短培养出的反硝化颗粒污泥粒径越大、沉降性能越好，当水力停留时间从 8h 缩短到 4h 时，可以将絮状悬浮反硝化污泥快速转化为粒径为 220μm、污泥容积指数为 20mL/g SS 的反硝化颗粒污泥[68]。类似地，当水力停留时间从 10d 减少到 1.5d 时，在升流式厌氧污泥床反应器中形成的厌氧颗粒污泥的直径从 560μm 增加到 890μm，反应器中的污泥浓度从 13.2g/L 增加了 2.4 倍[88]。

好氧升流式污泥床反应器在生化需氧量容积负荷 1.57kg/(m^3 · d) 的条件下培养出粒径在 2～8mm 范围内的好氧颗粒污泥，处理后的出水中生化需氧量浓度为 20mg/L，悬浮固体浓度为 9.6mg/L[60]。

(3) 多价阳离子

添加多价阳离子是强化污泥颗粒化的一种有效方法。Ca^{2+} 是一种常用的阳离子，在加速污泥颗粒化进程和维持颗粒完整性方面发挥着重要的作用。添加 Ca^{2+} 对污泥颗粒化有以下益处：

① 增强了微生物之间的物理化学相互作用，从而增强了颗粒污泥的结构并使颗粒污泥变大[89]。这是因为 Ca^{2+} 可以降低细胞表面的负电荷密度，并起到连接胞外多糖分子的架桥作用。

② 改善细小颗粒污泥的聚集或絮凝，降低颗粒污泥悬浮液的黏度，从而产生高质量出水。

③ 加速颗粒污泥的形成，提高它们的沉降速度[64]，有助于防止颗粒污泥被冲洗出反应器而造成流失。

需要注意的是，大量 Ca^{2+} 的添加最终会导致颗粒污泥的钙化，Ca^{2+} 在颗粒污泥表面的沉淀或在颗粒内部的积累反过来会降低颗粒污泥的生物活性[81]。

根据二价阳离子结合理论，二价阳离子可以与带负电荷的生物质结合形成具有强化结构的颗粒。已有研究指出，污泥颗粒化过程中分泌的胞外聚合物有助于微生物细胞之间的相互附着，是颗粒污泥形成的重要组成部分，其含量直接影响颗粒污泥的稳定性和强度。而 Ca^{2+} 可以和胞外聚合物形成 EPS-Ca^{2+}-EPS 复合物，并进一步提高颗粒污泥的机械强度，减少其解体的风险[90, 91]。研究显示，低浓度 Ca^{2+} 有助于颗粒污泥的形成，而高浓度 Ca^{2+} 会导致颗粒表面电荷过度饱和。在 Ca^{2+} 浓度极高的条件下，微生物通过与 Ca^{2+} 的结合，可能会完全改变其表面电荷性质，使颗粒污泥从带负电荷变为带正电荷。这意味着，过量的 Ca^{2+} 会产生带正电荷的微生物，使它们重新产生排斥力，从而减缓甚至阻止污泥的颗粒化。

(4) 重金属

各种金属离子通常对于维持生物反应器中微生物的代谢和生长是必需的。然而，废水中存在过量的重金属会对生化反应产生抑制作用，甚至具有毒性，导致废水处理过程失败。高浓度的重金属，如锌（Ⅱ）、铬（Ⅵ）、镍（Ⅱ）、镉（Ⅱ）、铜（Ⅱ）和铅（Ⅱ），可能对厌氧颗粒污泥产生负面影响。研究发现，抑制含葡萄糖废水产甲烷的重金属浓度顺序为：Ni（44.82mg/L）＞Cd（28.73mg/L）＞Cr（15.52mg/L）＞Zn（0.65mg/L）[92]。在处理含蔗糖废水的填充床升流式反应器中，重金属铜、锌、铬、镉和铅对颗粒污泥产氢活性的相对毒性依次降低[93]。

5.2.2 好氧颗粒污泥膜生物反应器技术

5.2.2.1 好氧颗粒污泥膜生物反应器的定义

好氧颗粒污泥膜生物反应器是一种结合颗粒污泥技术与膜生物反应器工艺的新型废水处理系统。与传统膜生物反应器不同，好氧颗粒污泥膜生物反应器用好氧颗粒污泥替代絮状活性污泥，能同时实现高效去除污染物和有效控制膜污染的双重目标。

虽然膜生物反应器具有出水水质高、结构紧凑、占地面积小等独特优势，但是悬浮污泥混合液引发的膜污染严重制约其应用和推广。而单独的颗粒污泥生物反应器虽然能通过形成结构紧实的颗粒污泥，提高颗粒污泥沉降性，减少出水中的悬浮固体浓度，但其出水中仍含有胶体、溶解性微生物产物等组分，需要经过后处理工艺才能达到排放标准。如果用颗粒污泥反应器作为废水二级生物处理工艺，仍然需要二沉池进行固液分离才能达标排放。与传统的二沉池相比，使用膜生物反应器处理颗粒污泥反应器出水可能更具吸引力。

好氧颗粒污泥膜生物反应器利用颗粒污泥中的微生物进行污染物的去除，提高废水处理能力；利用膜分离作用有效去除悬浮物，提高出水水质。该技术也可以根据进水水质和处理要求，通过控制溶解氧含量或与缺氧工艺结合进行生物脱氮，甚至可以实现同步生物除碳脱氮。研究显示，在膜生物反应器中投加好氧颗粒污泥后，反应器中的污泥浓度和污泥沉降性能都得到了有效改善，在处理含酚废水时，废水中的化学需氧量、氨态氮和硝态氮去除效率显著提升，分别达到 99.2％、94.9％和 66.3％；而且投加好氧颗粒污泥后，膜生物反应器在运行过程中的膜污染现象也得到有效的改善，膜通量衰减率降低了 32.4％[94]。

5.2.2.2 好氧颗粒污泥的来源

好氧颗粒污泥的粒径和胞外聚合物含量等理化特性与微生物组成，是决定好氧颗粒污泥膜生物反应器的污染物去除效能和膜污染控制的核心要素。在好氧颗粒污泥膜生物反应器中，颗粒污泥通常来源于外源接种和原位培养两种方式。颗粒污泥的来源直接影响好氧颗粒污泥膜生物反应器系统的启动效率和长期运行稳定性。

外源接种是将其他生物反应器中培养的成熟颗粒污泥作为种泥接种进膜生物反应器

中，这种方法可有效改善污泥性能并提高处理效果[94]，加速好氧颗粒污泥膜生物反应器系统的启动。例如，将序批式反应器中培养的好氧颗粒污泥接种进连续流膜生物反应器中，颗粒污泥经过再颗粒化阶段，粒径从 200μm 增加到约 625μm，5min 污泥容积指数 SVI_5 从 145mL/g 减少到 45mL/g，同时使跨膜压差增加值降低至原来的 1/9[95]。

然而，通过外源颗粒污泥接种形成好氧颗粒污泥膜生物反应器时，颗粒污泥的稳定性可能会因为环境和操作条件的急剧变化而发生变化，也可能会导致微生物活性下降。当污泥停留时间等条件突然发生变化后，可能引起丝状菌的过度生长，导致颗粒污泥解体。例如，将平均粒径 3mm、污泥容积指数 42mL/g 的好氧颗粒污泥接种到膜生物反应器中，经过 55d 的运行，颗粒污泥平均粒径降低 33.3%，污泥容积指数增加到 66.7%[96]。另外，在膜生物反应器运行过程中，为缓解膜污染通常需要在较高曝气强度下进行膜冲洗，而高曝气强度产生的高剪切力会导致颗粒污泥解体，大量胞外聚合物释放到混合液中，降低膜的透过性。因此，将颗粒污泥接种进膜生物反应器时，需要考虑颗粒污泥与目标反应器运行参数的兼容性。在实践中，通过调控有机物负荷、优化剪切力强度、补充二价阳离子等措施，可以有效维持颗粒污泥结构的完整性和微生物活性。

原位培养是指通过调控有机负荷、溶解氧浓度、剪切力强度和无机离子浓度等条件，直接在膜生物反应器中实现絮状污泥向颗粒污泥的高效转化。用原位培养法形成的颗粒污泥具有更优的长期稳定性，这种方法近年来成为好氧颗粒污泥膜生物反应器的研究热点。原位培养法形成的颗粒污泥不仅粒径分布均匀，而且具有更高的沉降性能和生物降解能力，能够更好地适应膜生物反应器的运行需求[97]。

无论是外源接种还是原位培养，都需要综合考虑颗粒污泥的理化特性、微生物组成以及运行条件的匹配性，以确保好氧颗粒污泥膜生物反应器系统的高效运行和膜污染的有效控制。

5.2.2.3 好氧颗粒污泥膜生物反应器的构型

(1) 浸没式颗粒污泥膜生物反应器

浸没式好氧颗粒污泥膜生物反应器（submerged aerobic granular sludge membrane bioreactors，S-AGS-MBR）是一种新型的废水处理系统，通过两种方法构建：一种是将超滤或微滤膜组件浸置在好氧颗粒污泥生物反应器中；另一种是将好氧颗粒污泥引入浸没式膜生物反应器中。污染物的好氧生物降解和膜分离过程在同一个反应器中同步进行。相较于好氧颗粒污泥技术或传统活性污泥法，该工艺通过膜组件的近乎绝对的截留作用显著提升了微生物的富集效率，特别是对代谢增殖缓慢的硝化细菌具有突出的截留和积累效果，从而在提高有机物降解效率的同时，确保了氨态氮的高效去除率，得到优质出水。

在浸没式好氧颗粒污泥膜生物反应器中，水力停留时间、污泥停留时间和膜分离过程的操作参数均可单独控制，这一特性使得该系统能够灵活适应进水有机负荷的变化，从而优化运行效果。浸没式好氧颗粒污泥膜生物反应器的化学需氧量去除效率可高达 93.17%[98]，明显优于单独颗粒污泥反应器。由于浸没式好氧颗粒污泥膜生物反应器允许在无限长的污泥停留时间下运行，减少了剩余污泥的排放，具有污泥减量化的优势。此外，浸没式好氧颗粒膜生物反应器的膜组件直接暴露在生物反应器中，不需要额外能量进行混合液的输送和循环，因此能耗较低，而且紧凑的结构设计使浸没式好氧颗粒污泥膜生物反应器在缩减占地面积和降低投资成本方面更具优势。

在浸没式好氧颗粒污泥膜生物反应器的膜组件下方通常设有曝气装置，其主要作用包括：

① 为微生物代谢提供所需的溶解氧；

② 通过提供充足的水力剪切条件来维持颗粒污泥的结构形态；

③ 通过在膜表面提供水力冲刷来缓解膜污染。

通过精确控制溶解氧浓度及其他操作条件，可实现同步生物除碳和脱氮。

然而，浸没式好氧颗粒污泥膜生物反应器在运行一段时间后，颗粒污泥的粒径可能会减小，甚至出现向细小絮体转变的现象。这可能是由 2 个原因造成：

① 膜对胶体、溶解性微生物产物等大分子有机物、未沉降的小颗粒物的完全截留作用，导致混合液中粒径较小的颗粒物质的比例增加；

② 为了缓解膜污染，需要有一定强度的氧气气流进入反应器，产生的气-液剪切力过高，从而切碎大粒径颗粒污泥。通常可以通过调整运行参数来改变这一现象，例如缩短污泥停留时间以排出沉降性能较差的颗粒污泥，或者通过较高的容积交换率实现良好的水力筛选作用，促进保留形成的颗粒污泥。此外，在膜生物反应器中投加载体，使微生物附着在载体上，也可以提高好氧颗粒污泥的沉降速率，从而改善其应用效果。

(2) 分置式颗粒污泥膜生物反应器

分置式好氧颗粒污泥膜生物反应器（side-stream aerobic granular sludge membrane bioreactors，SS-AGS-MBR）是通过将膜分离系统置于好氧颗粒污泥生物处理工艺之后，以串联形式构成的废水处理系统。好氧颗粒污泥的微生物结构强，具有卓越的污染降解能力，可处理有机负荷为 15kg COD/(m^3 · d) 的废水[76]。而膜过滤则有效解决了传统好氧颗粒污泥反应器出水悬浮物浓度偏高的问题，最终使系统出水达到更高的水质标准。

首先，分置式好氧颗粒污泥膜生物反应器系统中的颗粒污泥生物反应器和膜单元的操作参数可以单独调控，互不干扰，既有利于维持颗粒污泥的结构稳定性，又能优化膜分离效率，方便膜的清洗和更换。分置式好氧颗粒污泥膜生物反应器在稳定状态下，颗粒污泥的平均粒径、5min 污泥容积指数（SVI_5）和混合液悬浮固体分别为 576μm、40mL/g 和 9200mg/L[65]。其次，从膜单元截留的浓缩混合液通过回流系统返回颗粒污泥生物反应器时，其上升流速率可用来维持颗粒污泥的形态结构与代谢活性的稳定性。但是分置式好氧颗粒污泥膜生物反应器系统相对复杂，占地面积和投资成本相对较大。

根据膜单元的布置方式，分置式颗粒污泥膜生物反应器可分为分置侧流式和分置浸没式两种类型。与传统膜生物反应器类似，膜单元主要是对前序好氧颗粒污泥生物反应器工段中的混合液进行固液分离。颗粒污泥生物反应器上部的混合液用泵以一定流速输送到分置侧流式膜组件，或以溢流的形式进入分置浸没式膜生物反应器中。由于颗粒污泥优异的沉降性能，反应器上部混合液中的微生物固体含量较低，通过膜的分离作用，被膜截留的物质成为浓缩液通过循环泵返回颗粒污泥生物反应器，继续进行污染物的降解。研究显示，分置侧流式好氧颗粒污泥膜生物反应器的膜污染程度与混合液的流速呈现负相关性，当流速提升至临界值时可显著缓解滤饼层的形成。但容易受到混合液循环的影响，导致膜污染加剧，通常需要更频繁的清洗和更换膜组件，增加了运行成本。而分置浸没式好氧颗粒污泥膜生物反应器通过设置在膜组件下方的曝气装置输入的气泡流进行膜表面冲刷，降低膜污染风险，而且还可以与颗粒污泥反应器进行不同的操作，从而形成更灵活的污染物去除系统。

5.2.3 好氧颗粒污泥膜生物反应器的技术特性

好氧颗粒污泥膜生物反应器作为一种创新技术，通过耦合好氧颗粒污泥的高效生物降解能力与膜生物反应器的精密固液分离特性，显著提升了废水处理效果。该技术响应了日趋严格的废水排放标准和水资源回用需求的双重挑战，为解决传统废水生物处理工艺占地面积大、能耗高、出水水质不稳定等问题提供了新思路。

5.2.3.1 污染物去除特性

好氧颗粒污泥致密的结构和丰富的微生物群落，使其对污染物的处理能力和对有毒化学物质的抵抗能力优于悬浮污泥；膜组件的物理分离对高分子量有机物组分和胶体物质的截留，使得好氧颗粒污泥膜生物反应器系统能够有效去除有机物和营养物质，保证运行期间稳定优质的出水水质。例如，用分置式好氧颗粒污泥膜生物反应器处理高强度柑橘废水时，柑橘废水首先进入好氧颗粒污泥生物反应器中进行处理，处理后的出水进入膜生物反应器中，通过中空纤维超滤膜产生出水，该系统实现了 99% 的化学需氧量去除效率[99]。好氧颗粒污泥膜生物反应器在进水有机负荷为 0.86kg TOC/(m^3 · d) 时，总氮去除效率为 1.76mg TN/(g VSS · h)[100]。而且，由于膜的有效固液分离作用，微生物可以充分适应废水而不受限制地快速生长，使得好氧颗粒污泥膜生物反应器能够很好地处理有机负荷高达 15kg COD/(m^3 · d)[76] 的废水。

由于氧扩散限制，颗粒污泥同时具有外层好氧、中间缺氧和内部厌氧的层状结构，使其能够在有氧条件下，具备实现同步去除有机物以及氮磷营养物质的能力。一个半中试规模的分置式好氧颗粒污泥膜生物反应器系统在进水负荷为 3g COD/L 时，在稳定运行状态下同时实现了 98% 的化学需氧量的降解，96%～99% 的 TN 去除，以及超过 95% 的 PO_4^{3-}-P 的去除[65]。另一项研究指出，在进水化学需氧量为 500mg/L、氨态氮浓度为 200mg/L 的情况下，化学需氧量、氨态氮和总氮的平均去除效率分别稳定在

86%、94%和45%以上[101]。相比之下，传统活性污泥膜生物反应器对总氮的去除效率较低。

5.2.3.2 膜污染特性

与传统悬浮污泥膜生物反应器相比，引入颗粒污泥的膜生物反应器在控制膜污染方面展现出显著优势。好氧颗粒污泥膜生物反应器的膜通量比传统膜生物反应器高出50%以上[102]。当混合液悬浮固体浓度超过18g/L时，颗粒污泥膜生物反应器的膜污染率可维持在0.1kPa/d的低水平，膜的过滤性能得到显著提升[103]。在一项为期4个月的实验室研究中，通过比较好氧颗粒污泥膜生物反应器和传统浸没式膜生物反应器的性能发现，尽管这两种膜生物反应器对污染物的处理效率相似，但好氧颗粒污泥膜生物反应器在恒定膜通量和恒定跨膜压差模式下的过滤测试中表现出更高的过滤特性。在恒定跨膜压差过滤模式下，当跨膜压差增加8倍时好氧颗粒污泥膜生物反应器中的膜通量损失34.5%，该损失量比浸没式膜生物反应器减少约61.9%。好氧颗粒污泥膜生物反应器在连续恒定膜通量运行模式下，跨膜压差的增加可以忽略不计，且膜不需要进行物理清洁；而在相同运行条件下，浸没式膜生物反应器的膜组件在定期物理清洗维护条件下，跨膜压差仍显著增加[104]。

好氧颗粒污泥膜生物反应器的低膜污染现象主要得益于好氧颗粒污泥的独特结构特征：较大的粒径、致密的形态以及疏水性[103]。大粒径颗粒污泥在膜分离过程中容易被膜截留，并在膜表面形成疏松多孔的滤饼层，表现出较低的膜污染倾向，也更容易通过冲刷等物理清洗方法被去除。具有完整好氧颗粒污泥的膜生物反应器在20L/(m^2·h)的膜通量下的最长运行时间为61d，跨膜压差在此期间的总体上升速率稳定，而含有悬浮污泥、絮凝污泥和小颗粒污泥的膜生物反应器在相同膜通量下的运行时间分别只有10d、14d和19d[105]。

此外，结构紧凑的颗粒污泥具有高强度和低压缩性，形成的滤饼层能够承受更高的过滤压力，在较高的跨膜压力下仍能保持其松散结构，减少膜孔隙堵塞，过滤阻力低于同等条件下的絮状污泥的过滤阻力。研究指出，好氧颗粒污泥膜生物反应器的滤饼阻力为$2.1\times10^{12}m^{-1}$，远低于传统絮状污泥膜生物反应器中的$16.07\times10^{12}m^{-1}$的滤饼阻力，其膜清洗周期是相同条件下传统膜生物反应器的2.43倍[101]。通过水力清洗，好氧颗粒污泥膜生物反应器的膜通量恢复率为87.7%，比传统膜生物反应器系统低10%。而通过化学清洗可以去除膜表面和孔隙内的大部分污染物，膜通量恢复率接近100%[106]。好氧颗粒污泥膜生物反应器的低膜污染现象还因为微生物分泌的胞外聚合物在颗粒污泥形成过程中起到黏结作用，从而降低混合液中胶体、胞外聚合物和溶解性微生物产物的含量，减少膜污染的发生[107]。

然而，研究显示，好氧颗粒污泥的膜污染以膜孔堵塞为主，而活性污泥可能导致严重的滤饼污染[75]。好氧颗粒污泥膜生物反应器的膜孔堵塞阻力占总阻力的76.21%，而絮凝或膨胀污泥的膜孔堵塞阻力仅占总阻力的38.77%和20.98%[105]，这主要是由于混合液中的胞外聚合物、胶体和溶解性微生物产物的含量和组分的差异导致了不同的膜污染行为。胞外聚合物、胶体和溶解性微生物产物主要通过在膜表面和/或膜孔内的吸附引起不可逆膜污染。好氧颗粒污泥形成的结构松散的滤饼层虽然对胶体、溶解性微生物产物等有截留作用，减少这些物质在膜表面或膜孔内的积累和吸附污染，有助于防止不可逆膜污染。但是随着膜分离的进行，胶体等物质还是会通过滤饼层的孔隙到达膜表面，进而堵塞膜孔。

研究显示，好氧颗粒污泥膜生物反应器中的颗粒污泥存在一个特别粒径，当颗粒污泥粒径超过这个特别粒径时滤饼层间的孔隙增大，对胶体等物质的截留作用降低，导致膜孔阻塞阻力在总阻力中的占比增加。在好氧颗粒污泥膜生物反应器中，虽然可以通过曝气冲刷膜表面降低滤饼层产生的过滤阻力，但失去了颗粒污泥滤饼层的截留作用反而增加了胶体等有机污染物导致的不可逆膜污染。此外，过高的曝气强度还会破坏颗粒污泥的结构，增加溶解性微生物产物和胶体等有机污染物的含量，从而加剧膜孔堵塞污染。

5.2.4 好氧颗粒污泥膜生物反应器面临的挑战和未来发展方向

好氧颗粒污泥膜生物反应器技术凭借优异的有机物与营养元素去除效能，以及对有毒有害污染物的耐受性，在废水处理与资源化领域展现出了巨大的应用潜能。然而，该系统在实际应用中，面临的核心挑战是在长时间连续运行过程中出现颗粒污泥结构失稳，甚至解体。研究表明，颗粒污泥解体不仅引发污泥粒径减小、胞外聚合物和溶解性有机物含量显著增加，还会加剧不可逆膜污染，降低系统对污染物的去除效率。

在好氧颗粒污泥膜生物反应器的运行中，曝气强度对系统性能与稳定性具有双重影响。好氧颗粒污泥膜生物反应器通常使用高强度曝气，通过增强水力剪切力缓解膜表面污染，然而，过高的曝气强度又会破坏颗粒污泥的结构，释放过量的胞外聚合物到混合液中，进而引发一系列运行问题。首先，胞外聚合物中的多糖显著增加混合液黏度，对膜通量有明显的抑制作用。其次，胞外聚合物会吸附在颗粒污泥表面，降低颗粒污泥的渗透性，增加氧气和基质在好氧颗粒污泥内的扩散阻力，导致颗粒污泥核心区域的微生物活性降低。再次，过多的胞外聚合物，特别是松散结合型胞外聚合物，会导致颗粒污泥在过滤时压缩性变差、过滤性能降低等问题。

然而，如果在好氧颗粒污泥膜生物反应器中使用较低的曝气强度，不仅不利于膜表面污染物的去除，而且还会因为水力选择压力较小，不利于新的颗粒污泥的形成，而且已有的颗粒污泥也无法在长期运行中继续保持稳定的结构。根据最新研究进展，控制好氧颗粒污泥的稳定性是提高好氧颗粒污泥膜生物反应器系统性能的关键因素之一。研究表明，通过调控运行参数，可以显著提高颗粒污泥的稳定性，合理控制溶解性微生物产物与胞外聚合物的含量，以保证系统的长期稳定运行。此外，将好氧颗粒污泥膜生物反应器与其他废水处理技术进行耦合，形成更为高效的废水处理系统，也是扩大其应用范围的重要途径。

5.3 其他新型膜生物反应器

5.3.1 动态膜生物反应器

5.3.1.1 动态膜生物反应器的定义与特点

(1) 动态膜生物反应器的定义

动态膜生物反应器（dynamic membrane bioreactor，DMBR）是一种新型废水生物处理系统，该系统利用多孔支撑材料作为过滤基材，活性污泥在过滤基材表面形成以滤饼层为主的动态膜，代替传统膜生物反应器中的超滤膜或微滤膜进行高效的固液分离，降低浊度，以实现稳定的出水水质[108]。

在动态膜生物反应器中，混合液中的活性污泥的降解作用是污染物去除的主要途径，而且动态膜本身也含有多种活性微生物，能通过吸附和生物降解双重作用去除混合液中的有机物和氨态氮等污染物。研究显示，动态膜生物反应器在处理生活污水时对化学需氧量和氨态氮的去除效率分别达到78.4%和95%，其中动态膜对化学需氧量和氨态氮的去除效率的贡献分别为19%和8.5%[109]。因此，动态膜生物反应器有较高的整体运行性能。

动态膜生物反应器技术通过使用低成本的多孔支撑材料，有效解决了传统膜生物反应器在废水处理过程中膜组件成本高和膜污染严重的问题。动态膜生物反应器中常用的多孔支撑材料包括无纺布、丙纶、涤纶和不锈钢丝网、尼龙网、工业滤布、玻璃纤维和聚酯织物等[110-115]。不同支撑材料的特性对动态膜的形成和过滤性能有显著影响。例如，在由聚酯织物或玻璃纤维制成的中空纤维支撑材料上形成的动态层有相似的无机物和有机物组成。在由聚酯织物制成的支撑材料上形成的动态膜更均匀，而细颗粒更容易沉积在玻璃纤维支撑材料的细丝之间，导致动态膜的堵塞，因此，使用玻璃纤维支撑材料的动态膜生物反应器有较高的跨膜压差[110]。由此可知，选择合适的多孔支撑材料对于在动态膜生物反应器中形成性能稳定的动态膜是非常重要的。

(2) 动态膜生物反应器的特点

首先，由于动态膜同时具有过滤性和微生物活性，不仅实现了低成本、高效的废水处理，还为解决传统膜生物反应器中的膜污染问题提供了有效途径。动态膜中的微生物参与污染物的降解，因此动态膜生物反应器具有高水通量和出水水质。例如，利用连续运行的动态膜生物反应器处理生活污水，使用500目的尼龙网为过滤基材，动态膜可在180min内快速形成，并且在后续运行中保持46L/(m^2·h)的稳定膜通量，出水浊度也稳定在0.2NTU的较低水平。在30d的稳定运行期间，该系统对化学需氧量、氨态氮和浊度有稳定的高平均去除效率[116]。

其次，动态膜生物反应器使用多孔支撑材料代替传统的微滤或超滤膜组件，减少了膜的安装成本和膜污染控制问题，不仅克服了传统膜生物反应器膜组件使用寿命有限且膜组件成本高的缺点，还显著降低了基建和运行成本。同时，动态膜有良好的抗污染性能，维护简便，在运行过程中动态膜可在原位通过物理清洗实现再生，避免了化学清洗剂的长期消耗。另外，动态膜生物反应器的设计允许灵活调整操作条件，如水力停留时间和污泥停留时间，以适应不同的处理需求，从而保持高污染物去除效率和系统性能。

然而，在动态膜生物反应器运行过程中，还需要探索支撑材料和污泥浓度等工艺参数对动态膜性能的影响，如可以通过优化操作参数、改进工艺设计来优化动态膜结构，以平衡膜通量与膜污染的控制，提高系统的稳定性和经济性。

5.3.1.2 动态膜的形成与再生

在膜生物反应器系统中，出水水质的改善在很大程度上取决于动态膜在支撑材料上的形成过程。动态膜的形成是指在特定条件下在网状过滤材料表面形成活性层的过程。根据形成方式的不同，动态膜可分为预涂层动态膜和自形成动态膜两种类型。

(1) 预涂层动态膜的形成

在预涂层动态膜的形成过程中，首先通过循环泵输送预涂剂悬浮液（如三氧化二铁、粉末活性炭等），在滤网材料上形成均匀的沉积层，减少污染物在膜表面的吸附，提高动态膜的抗污染能力[112, 117]。预涂处理完成之后，污水通过滤网过滤时，絮状污泥在预涂层上逐渐积累，形成动态膜。

预涂层动态膜由于在初始阶段已经形成一层抗污染层，可以有效减少污染物向膜表面和内部扩散，有助于提高动态膜的过滤效率，从而减轻初期的清洗需求[112, 113]。预涂层动态膜在生活污水和工业废水处理中对污染物有较好的去除效果，能显著降低出水的浊度。然而，预涂动态膜的形成需要涂覆材料和工艺辅助成膜，因此初期制造成本较高。

(2) 自形成动态膜的形成

自形成动态膜的形成过程相对简单。在一定条件下，利用生物反应器中的粗孔材料对污水进行过滤时，污泥絮体会在粗孔材料的表面和孔隙内迅速富集，形成生物膜和初级滤饼层。当支撑材料表面的污泥附着量不再发生变化时，自形成动态膜便形成并进入稳定阶段。此时的自形成动态膜性质稳定，并且有良好的过滤效果。

研究显示，自成形动态膜的形成速度受支撑载体特性的影响较大。较大孔径的支撑材料会延长动态膜形成的时间，降低出水水质。例如，在孔径为 125μm 的粗布过滤器上形成自形成动态膜需要 45min，而在孔径为 37μm 的细布过滤器上仅需要 12min[118]。此外，高混合液悬浮固体浓度和高重力水头有助于动态膜的快速形成。在高压下能消除滤饼层中多余的污泥，维持动态膜的形态和稳定性。

自形成动态膜的主要成分为活性污泥，包含有多种微生物，在这些微生物活动的综合作用下，对污染物有一定的降解能力。研究发现，自形成动态膜能有效去除上清液中的胶体、有机物、氨态氮和硝态氮等污染物。然而，由于动态膜内部的溶解氧浓度随着动态膜深度的增加而降低，在 1.5～2.5mm 深度处溶解氧浓度接近零，因此有机物的降解和氨态氮的硝化反应主要通过悬浮微生物代谢完成[119]。

自形成动态膜的形成是利用活性污泥自身的生物活性，不需要额外的涂覆材料，因此成本较低。而且自形成动态膜可以根据废水的性质和实际处理条件进行及时调整，具有较强的适应性。

(3) 动态膜的稳定性与再生

动态膜形成的重要标志是其对悬浮固体达到一定的截留能力。通常以出水浊度作为衡量动态膜是否稳定形成的参数。例如，利用一体式动态膜生物反应器处理玉米深加工废水时，使用孔径为 0.105mm 的工业滤布和钢丝网作为过滤基材，当动态膜完全形成后，可以将水中绝大多数悬浮物截留下来，出水平均浊度＜1.5NTU[120]。用孔径 100μm 的尼龙网上形成的动态膜过滤后的出水中悬浮固体含量仅为 1.5mg/L[115]。

动态膜形成后，在过滤压力或气水错流作用下经过一定时间的稳定运行，动态膜因吸附和截留物的积累，膜间隙逐渐减小直至被堵塞，甚至出现动态膜被压实的现象，导致过滤阻力增加，膜通量下降。当这种情况出现时，可以通过增大曝气强度，利用气水刷洗方式清除附着在膜表面的污染物，恢复其过滤性能，这一过程为动态膜的再生。再生后的动态膜重新进入新的形成与稳定过滤周期。

5.3.1.3 动态膜生物反应器的应用

动态膜生物反应器作为一种新型污水处理技术，为传统膜生物反应器技术提供了一种更为经济和高效的替代方案。在处理工业废水、市政污水和农业废水时具有显著的经济性、高效的污染物去除效率和操作稳定性。例如，实验室规模的循环厌氧动态膜生物反应器系统处理模拟城市污水和真实城市污水的研究表明，在水力停留时间为 4～10h 的条件下，该系统能够有效降低悬浮固体和化学需氧量的浓度，有较高的产甲烷率。该系统在运行 450d 的过程中，膜污染速率比传统厌氧膜生物反应器低 1～2 个数量级，在无需进行额外膜污染控制措施的情况下就能保持低跨膜压差和高膜通量运行，这进一步降低了运行成本[121]。

尽管动态膜生物反应器还未在工业领域大规模应用，但其在固液膜分离领域已经取得相当大的进展，引起广泛关注，并成为当前膜生物反应器技术突破的重要方向之一。例如，复合式动态膜生物反应器在印染废水处理中的应用研究表明，添加悬浮填料不仅提高了污染物的去除效率，还有效延缓了膜污染进程[122]。

5.3.2 高截留膜生物反应器

传统膜生物反应器在工业废水和城市生活污水处理中的应用日益广泛，通过膜分离技术实现高效的固液分离，从而提高出水水质。微滤膜和超滤膜能够截留混合液中的大部分悬浮固体和胶体颗粒，使膜生物反应器处理后的出水浊度极低。然而，由于微滤膜和超滤膜的截留分子量有限，无法去除废水中的所有有机物，这限制了它们在再生水领域的应用潜力。

为了克服传统膜生物反应器这一局限性，研发高截留效率的膜生物反应器显得尤为重要。高截留效率膜生物反应器采用截留分子量更小的膜，如正渗透膜和纳滤膜，替代传统膜生物反应器中膜孔径较大的微滤膜和超滤膜，能够截留除水分子之外的几乎所有其他物质，包括未降解有机物。这种改进不仅提升了出水水质，还为再生水的应用提供了更好的前景。

5.3.2.1 正渗透膜生物反应器

正渗透（forward osmosis，FO）是一种利用料液和汲取液之间的浓度差自然产生的渗透压差来驱动水分子自动通过选择性渗透膜（正渗透膜），从低浓度溶液侧（料液侧）扩散到高浓度溶液侧（汲取液侧）的膜分离技术。在此过程中，其他溶质分子和离子被截留，从而实现水的生产和溶质的浓缩。由于在正渗透过程中无需外加压力，因此，与常规压力驱动型微滤和超滤过程相比，能耗更低，同时由于正渗透过程在低压条件下进行，膜污染程度大幅降低[123]。

将正渗透膜分离技术和生物反应器结合形成的正渗透膜生物反应器（forward osmotic membrane bioreactor，FO-MBR）是一种新兴的废水生物处理工艺，有良好的应用前景。正渗透膜生物反应器系统由包含正渗透膜组件的曝气生物反应器和汲取液循环回路组成。在该系统中，生物反应器中的混合液（母液）中的水分子通过正渗透膜输送到具有更高渗透压的汲取液中，从而稀释汲取液。稀释后的汲取液经过反渗透膜分离单元处理，回收淡水作为产品水；而浓缩汲取液作为正渗透膜分离过程的副产品循环再利用。同时，混合液中的未降解有机物被正渗透膜截留，并随浓缩液返回生物反应器中继续降解。因此，在污泥停留时间和水力停留时间不变的情况下正渗透膜生物反应器具有较高的微生物降解速率。

利用正渗透膜生物反应器系统进行饮用水生产的研究表明，利用平板三醋酸纤维素正渗透膜可以有效去除98%的有机碳和90%的氨态氮，而正渗透膜生物反应器工艺能够进一步提高去除效率，达到超过99%的有机碳去除效率和98%的氨态氮去除效率[124]。此外，正渗透膜生物反应器与下游的反渗透系统的兼容性比传统膜生物反应器更好。

正渗透膜生物反应器不需要外部水力压力，因此化学药剂或颗粒污染物不再被迫与膜表面直接接触，从而降低了膜污染倾向。研究发现，在正渗透膜生物反应器连续运行73d中，膜通量始终稳定在3L/(m^2·h)左右，尽管盐度有所上升，但并没有出现严重的膜污染现象，并且在整个实验期间无需对膜进行清洗或维护[125]。进一步观察显示，使用过的膜表面没有形成生物膜，仅形成了一层薄薄的凝胶层，对水渗透性的影响微乎其微。

与传统膜生物反应器类似，曝气量、膜性质和微生物特性影响正渗透膜生物反应器的生物降解性能和膜污染趋势。从浸没式正渗透膜生物反应器底部通入空气，为微生物生长提供溶解氧，并冲刷正渗透膜表面，有效控制了膜表面生物膜过度生长。用中试规模的缺氧-好氧-正渗透膜生物反应器系统处理生活污水时，通过研究空气冲刷对进料侧膜污染趋势的影响发现，使用 $NaCl/MgSO_4$ 作为汲取液，在正渗透膜的进料侧提供空气冲刷的情况下，系统运行 150h 后观察到膜通量没有出现明显的下降。然而，如果不进行空气冲刷，正渗透膜生物反应器经过 195h 的运行，水通量下降 30%[126]。

汲取液的特性影响正渗透膜生物反应器的性能，因此汲取液的选择至关重要。由于氯化钠溶液具有较高的溶解度，且易于通过传统脱盐工艺进行再次浓缩，不存在结垢的风险，因此通常选择氯化钠溶液作为汲取液。然而，由于正渗透膜的排斥和汲取液中盐分的渗漏，当盐分在正渗透膜生物反应器系统中积累到高浓度时可能会引起膜污染。因此，需要采取措施使盐分浓度维持在一定水平。

正渗透膜-浸没式厌氧膜生物反应器系统在 25℃下处理合成废水时，表现出比传统厌氧膜生物反应器更高的污染物去除效率。该系统对有机碳的去除效率>96%，对总磷的去除效率接近 100%，对氨态氮的去除效率为 62%。此外，该系统的甲烷平均产量为 0.21L CH_4/g COD，甲烷在沼气中的浓度达到 65%～78%，能够实现能量回收[127]。然而，盐度增加，正渗透膜-浸没式厌氧膜生物反应器系统中溶解性微生物产物的积累增加，导致膜污染并降低了水通量。此外，盐分积累还会对微生物活性产生不利影响，降低微生物的代谢速率和降解能力，使某些难降解污染物在正渗透膜生物反应器中积累[128]。

5.3.2.2 纳滤膜生物反应器

纳滤膜因其高效的截留能力，被广泛应用于水和废水处理领域。纳滤膜分离技术在去除有机物、无机物及微生物方面表现出色，是水和废水处理领域实现优质出水的前沿膜分离技术之一。废水经膜生物反应器处理后，用纳滤膜处理能进一步脱除盐分，提升废水处理效果。例如，用膜生物反应器-纳滤组合工艺对纺织废水进行深度处理和回用，通过纳滤膜能够显著提高出水水质，产生符合标准的出水，同时实现水回收率超过 90%。然而，纳滤浓缩液循环回到膜生物反应器，可能导致难降解化合物的积累，从而影响膜生物反应器的处理效率[129]。

用纳滤膜替代微滤膜或超滤膜，应用于浸没式膜生物反应器，形成纳滤膜生物反应器（nanfiltration membrane bioreactor，NF-MBR），不仅可以在废水生物处理的基础上提供额外的深度处理，还能有效去除废水中的有机物和盐类，生产更优质的出水。研究表明，浸没式纳滤膜生物反应器在长期运行中表现出优异的处理效率和令人满意的稳定性。由于纳滤膜的高截留性能，纳滤膜生物反应器出水中的总有机碳浓度范围可降至 0.5～2.0mg/L，而相同运行条件下的微滤膜生物反应器出水的平均有机碳浓度为 5mg/L[130]。此外，使用中空纤维醋酸纤维素纳滤膜生物反应器处理合成废水时，能够获得较高的产水率，同时避免产生严重的膜污染[131]。

纳滤膜生物反应器可与其他工艺相结合，通过多种机制实现对污染物的有效去除。例如，由活性污泥生物反应器、纳滤和化学氧化或吸附联合组成的纳滤膜生物反应器工艺对垃圾场渗滤液有较高的处理能力。利用纳滤膜的高截留能力显著增加生物外源性有机污染物的浓度，将纳滤浓缩液循环回生物反应器，在不增加水力停留时间的情况下具有更高的生物降解速率和有机污染物去除效率。与直接生物反应器工艺相比，纳滤膜生物反应器的化学需氧量去除效率提高了 9%～17%。而非生物降解组分通过纳滤渗透、剩余污泥、化学氧化或活性炭吸附等方式从系统中去除[132]。

浸没式纳滤膜与厌氧消化技术相结合，形成了一种低能耗、高效的废水处理工艺，能够生产高质量的循环水。废水通过纳滤处理后可以得到优质出水，而纳滤产生的浓缩液则进入厌氧消化池，用于生产沼气，从而充分补偿纳滤过程中消耗的能源。此外，与孔径较大的微滤膜和超滤膜过滤不同，在纳滤过程中，主要污染物通过沉积在膜表面形成膜污染，这些污染物可以通过海绵清洗技术去除，从而减少化学清洗的频率[133]。

高截留膜生物反应器作为一种低能耗、处理效果优异的新型膜生物反应器废水处理工艺，具有重要的研究和应用价值。高截留膜生物反应器的核心是将高截留率的膜分离与微生物处理技术相结合，在反应器中有效保留较小尺寸的有机污染物，从而为有机物提供更多降解机会，生产高质量的产品水，这对实现大规模的水再生计划非常重要。然而，纳滤膜和正渗透膜的高分离水平也导致了无机离子在反应器中的积累，对系统产生潜在的不利影响。因此，如何使废水生物处理系统适应较高浓度盐分，在高膜通量下避免出现严重膜污染，并保持长期稳定运行，是高截留膜生物反应器未来需要解决的关键问题。

5.3.3 斜板膜生物反应器

膜生物反应器通过膜的分离实现了近乎 100%的污泥截留率，因此膜生物反应器需要在一定运行间隔排出一定量的剩余污泥以维持污染物降解效率所需的微生物量，同时控制由污泥造成的膜污染。而剩余污泥的处理工艺复杂，成本高。为了减少剩余污泥的排放量，使膜生物反应器以更低的运行成本生产高质量的处理水。膜生物反应器通常在比传统活性污泥法更长的污泥停留时间下运行。例如，实验室规模的膜生物反应器运行 300d 可实现剩余污泥零排放[134]。然而，膜生物反应器在超长污泥停留时间下运行所面临的挑战是产生极高污泥浓度（10～20g/L），造成严重的膜污染。因此，如何实现膜生物反应器剩余污泥的零排放就转化为如何实现高浓度污泥下膜分离的长期稳定运行。

解决高污泥浓度造成的膜污染问题可从 2 个方面进行：

① 应用可在高污泥浓度下长期运行的膜组件；

② 对现有膜生物反应器进行改进，使其适应在高污泥浓度下运行。

为了应对在长污泥停留时间下运行时高混合液悬浮固体浓度的挑战，开发了斜板膜生物反应器（inclined plate membrane bioreactor，IP-MBR）[135]。这种新式膜生物反应器结构紧凑，借助斜板的沉降增强作用，可以在废水处理过程中保持高浓度污泥，能在高效去除废水中有机碳和氮营养物质的同时，实现剩余污泥的零排放。用中试规模的斜板膜生物反应器处理实际城市污水时，实现了污泥零排放。该系统对化学需氧量、氨态氮和浊度的平均去除效率分别为 92.1%、93%和 99.9%。斜板在间歇性吹气的情况下非常有效地将浓缩污泥限制在缺氧生物反应器内，缺氧生物反应器和好氧膜生物反应器中的污泥浓度可在 0.1～13.1g/L 之间调节[136]。

利用斜管代替斜板可取得良好的处理效果。Kaewmanee 等[137] 利用斜管缺氧-好氧膜生物反应器系统处理城市固体废物渗滤液浓缩液，该系统在 4.2～31.8kg BOD/(m^3 · d) 有机负荷下运行 550d，研究结果显示，该系统在最佳有机负荷 18kg BOD/(m^3 · d) 下运行时，生化需氧量、化学需氧量和总氮的去除效率分别达到 97%、94%和 95%。

斜板膜生物反应器系统通过以下 2 个方面调控缺氧生物反应器和好氧膜生物反应器中的污泥浓度：

① 在缺氧生物反应器上部设置斜板，通过控制缺氧生物反应器中混合液的上升速度，将上游缺氧生物反应器中的污泥重新分配，控制流入好氧膜生物反应器的污泥量。

② 通过控制好氧膜生物反应器向缺氧生物反应器回流污泥的比例重新分配污泥在两个反应器中的浓度。污泥从好氧膜生物反应器向缺氧生物反应器回流的比值越高，缺氧生物反应器中的污泥浓度越高，对有机物的降解效率越高。

参考文献

[1] Aslam A, Khan S J, Shahzad H M A. Anaerobic membrane bioreactors (AnMBRs) for municipal wastewater treatment- potential benefits, constraints, and future perspectives: An updated review [J]. Science of the Total Environment, 2022, 802: 149612.

[2] Chen C, Guo W S, Ngo H H, et al. Challenges in biogas production from anaerobic membrane bioreactors [J]. Renewable Energy, 2016, 98: 120-134.

[3] Kong Z, Wu J, Rong C, et al. Large pilot-scale submerged anaerobic membrane bioreactor for the treatment of municipal wastewater and biogas production at 25℃ [J]. Bioresource Technology, 2021, 319: 124123.

[4] Robles Á, Serralta J, Martí N, et al. Anaerobic membrane bioreactors for resource recovery from municipal wastewater: A comprehensive review of recent advances [J]. Environmental Science: Water Research & Technology, 2021, 7 (11): 1944-1965.

[5] Lei Z, Yang S M, Li Y Y, et al. Application of anaerobic membrane bioreactors to municipal wastewater treatment at ambient temperature: A review of achievements, challenges, and perspectives [J]. Bioresource Technology, 2018, 267: 756-768.

[6] Shin C, Bae J. Current status of the pilot-scale anaerobic membrane bioreactor treatments of domestic wastewaters: A critical review [J]. Bioresource Technology, 2018, 247: 1038-1046.

[7] Lee D Y, Xu K Q, Kobayashi T, et al. Effect of organic loading rate on continuous hydrogen production from food waste in submerged anaerobic membrane bioreactor [J]. International Journal of Hydrogen Energy, 2014, 39 (30): 16863-16871.

[8] Muñoz Sierra J D, Oosterkamp M J, Wang W, et al. Comparative performance of upflow anaerobic sludge blanket reactor and anaerobic membrane bioreactor treating phenolic wastewater: Overcoming high salinity

[J]. Chemical Engineering Journal, 2019, 366: 480-490.

[9] Chen H, Chang S, Guo Q B, et al. Brewery wastewater treatment using an anaerobic membrane bioreactor [J]. Biochemical Engineering Journal, 2016, 105: 321-331.

[10] Pretel R, Robles A, Ruano M V, et al. The operating cost of an anaerobic membrane bioreactor (AnMBR) treating sulphate-rich urban wastewater [J]. Separation and Purification Technology, 2014, 126: 30-38.

[11] Milani S J, Nabi Bidhendi G. Biogas and photovoltaic solar energy as renewable energy in wastewater treatment plants: A focus on energy recovery and greenhouse gas emission mitigation [J]. Water Science and Engineering, 2024, 17 (3): 283-291.

[12] Ardakani M N, Badalians Gholikandi G. Microbial fuel cells (MFCs) in integration with anaerobic treatment processes (AnTPs) and membrane bioreactors (MBRs) for simultaneous efficient wastewater/sludge treatment and energy recovery—A state-of-the-art review [J]. Biomass and Bioenergy, 2020, 141: 105726.

[13] Dagnew M, Parker W. Impact of AnMBR operating conditions on anaerobic digestion of waste activated sludge [J]. Water Environment Research, 2021, 93 (5): 703-713.

[14] Seib M D, Berg K J, Zitomer D H. Influent wastewater microbiota and temperature influence anaerobic membrane bioreactor microbial community [J]. Bioresource Technology, 2016, 216: 446-452.

[15] Gouveia J, Plaza F, Garralon G, et al. Long-term operation of a pilot scale anaerobic membrane bioreactor (AnMBR) for the treatment of municipal wastewater under psychrophilic conditions [J]. Bioresource Technology, 2015, 185: 225-233.

[16] Robles Á, Ruano M V, Charfi A, et al. A review on anaerobic membrane bioreactors (AnMBRs) focused on modelling and control aspects [J]. Bioresource Technology, 2018, 270: 612-626.

[17] Dereli R K, Ersahin M E, Ozgun H, et al. Potentials of anaerobic membrane bioreactors to overcome treatment limitations induced by industrial wastewaters [J]. Bioresource Technology, 2012, 122: 160-170.

[18] Faria C V, Ricci B C, Silva A F R, et al. Removal of micropollutants in domestic wastewater by expanded granular sludge bed membrane bioreactor [J]. Process Safety and Environmental Protection, 2020, 136: 223-233.

[19] Martin I, Pidou M, Soares A, et al. Modelling the energy demands of aerobic and anaerobic membrane bioreactors for wastewater treatment [J]. Environmental Technology, 2011, 32 (9): 921-932.

[20] 吴志超，王志伟，顾国维，等. 厌氧膜生物反应器污泥组分对膜污染的影响 [J]. 中国环境科学，2005，25 (2): 226-230.

[21] 白玲，蓝伟光，万金保，等. 浸没式厌氧双轴旋转膜生物反应器的开发 [J]. 中国给水排水，2009，25 (7): 73-74，78.

[22] Karadag D. Wastewater treatment by anaerobic fluidized membrane bioreactor [J]. Polish Journal of Environmental Studies, 2019, 28 (5): 3551-3568.

[23] Chen C, Guo W S, Ngo H H, et al. Evaluation of a sponge assisted-granular anaerobic membrane bioreactor (SG-AnMBR) for municipal wastewater treatment [J]. Renewable Energy, 2017, 111: 620-627.

[24] Kim J, Kim K, Ye H, et al. Anaerobic fluidized bed membrane bioreactor for wastewater treatment [J]. Environmental Science & Technology, 2011, 45 (2): 576-581.

[25] Kim M, Lam T Y C, Tan G A, et al. Use of polymeric scouring agent as fluidized media in anaerobic fluid-

ized bed membrane bioreactor for wastewater treatment: System performance and microbial community [J]. Journal of Membrane Science, 2020, 606: 118121.

[26] Gao D W, Hu Q, Yao C, et al. Integrated anaerobic fluidized-bed membrane bioreactor for domestic wastewater treatment [J]. Chemical Engineering Journal, 2014, 240: 362-368.

[27] Bae J, Yoo R, Lee E, et al. Two-stage anaerobic fluidized-bed membrane bioreactor treatment of settled domestic wastewater [J]. Water Science and Technology, 2013, 68 (2): 394-399.

[28] Chen W H, Tsai C Y, Chen S Y, et al. Treatment of campus domestic wastewater using ambient-temperature anaerobic fluidized membrane bioreactors with zeolites as carriers [J]. International Biodeterioration & Biodegradation, 2019, 136: 49-54.

[29] Gautam R K, Valente R, Abbas H, et al. Recovery of biomethane from a submerged anaerobic membrane bioreactor treating domestic wastewater blended with semi-solid organic wastes discharged from residential establishments [J]. Environmental Technology & Innovation, 2022, 27: 102763.

[30] Balcıoğlu G, Yilmaz G, Gönder Z B. Evaluation of anaerobic membrane bioreactor (AnMBR) treating confectionery wastewater at long-term operation under different organic loading rates: Performance and membrane fouling [J]. Chemical Engineering Journal, 2021, 404: 126261.

[31] Bokhary A, Leitch M, Liao B Q. Effect of organic loading rate on the biological performance of the thermophilic anaerobic membrane bioreactor treating pulp and paper primary sludge [J]. Clean Technologies and Environmental Policy, 2021, 23 (9): 2669-2681.

[32] Ho J, Sung S. Methanogenic activities in anaerobic membrane bioreactors (AnMBR) treating synthetic municipal wastewater [J]. Bioresource Technology, 2010, 101 (7): 2191-2196.

[33] Martinez-Sosa D, Helmreich B, Netter T, et al. Anaerobic submerged membrane bioreactor (AnSMBR) for municipal wastewater treatment under mesophilic and psychrophilic temperature conditions [J]. Bioresource Technology, 2011, 102 (22): 10377-10385.

[34] Kanafin Y N, Kanafina D, Malamis S, et al. Anaerobic membrane bioreactors for municipal wastewater treatment: A literature review [J]. Membranes, 2021, 11 (12): 967.

[35] Tran Thi Viet N, Vu D C, Duong T H. Effect of hydraulic retention time on performance of anaerobic membrane bioreactor treating slaughterhouse wastewater [J]. Environmental Research, 2023, 233: 116522.

[36] Khan M A, Ngo H H, Guo W S, et al. Optimization of hydraulic retention time and organic loading rate for volatile fatty acid production from low strength wastewater in an anaerobic membrane bioreactor [J]. Bioresource Technology, 2019, 271: 100-108.

[37] Guo G Z, Zhou S T, Chen Y J, et al. Enhanced methanogenic degradation and membrane fouling associated with protein-EPS by extending sludge retention time in a high-solid anaerobic membrane bioreactor treating concentrated organic sludge [J]. Water Research, 2024, 248: 120879.

[38] He C H, Yang C H, Yuan S J, et al. Effects of sludge retention time on the performance of anaerobic ceramic membrane bioreactor treating high-strength phenol wastewater [J]. Archaea, 2020, 8895321.

[39] Szabo-Corbacho M A, Pacheco-Ruiz S, Míguez D, et al. Influence of the sludge retention time on membrane fouling in an anaerobic membrane bioreactor (AnMBR) treating lipid-rich dairy wastewater [J]. Membranes, 2022, 12 (3): 262.

[40] Uman A E, Bair R A, Yeh D H. Assessment of an anaerobic membrane bioreactor (AnMBR) treating medium-strength synthetic wastewater under cyclical membrane operation [J]. Membranes, 2021, 11

(6)：415.

[41] Mahmoud I, Gao W J, Liao B Q, et al. Development of a high-rate submerged anaerobic membrane bioreactor [J]. Environmental Technology, 2018, 39 (5): 640-650.

[42] Trzcinski A P, Stuckey D C. Effect of sparging rate on permeate quality in a submerged anaerobic membrane bioreactor (SAMBR) treating leachate from the organic fraction of municipal solid waste (OFMSW) [J]. Journal of Environmental Management, 2016, 168: 67-73.

[43] Grethlein H E. Anaerobic digestion and membrane separation of domestic wastewater [J]. Water Pollution Control Federation, 1978, 50: 754-763.

[44] Jain M. Anaerobic membrane bioreactor as highly efficient and reliable technology for wastewater treatment: A review [J]. Advances in Chemical Engineering and Science, 2018, 8: 82-100.

[45] Zhu M C, Li N, Lu Y Z, et al. The performance and microbial communities of an anaerobic membrane bioreactor for treating fluctuating 2-chlorophenol wastewater [J]. Bioresource Technology, 2020, 317: 124001.

[46] Grossman A D, Belete Y Z, Boussiba S, et al. Advanced near-zero waste treatment of food processing wastewater with water, carbon, and nutrient recovery [J]. Science of the Total Environment, 2021, 779: 146373.

[47] Xia T, Gao X Y, Wang C Q, et al. An enhanced anaerobic membrane bioreactor treating bamboo industry wastewater by bamboo charcoal addition: Performance and microbial community analysis [J]. Bioresource Technology, 2016, 220: 26-33.

[48] Widiastuti N, Wu H W, Ang H M, et al. Removal of ammonium from greywater using natural zeolite [J]. Desalination, 2011, 277 (1/2/3): 15-23.

[49] Zhang B H, Wu D Y, Wang C, et al. Simultaneous removal of ammonium and phosphate by zeolite synthesized from coal fly ash as influenced by acid treatment [J]. Journal of Environmental Science, 2007, 19 (5): 540-545.

[50] Liu Y J, Gu J, Liu Y. Energy self-sufficient biological municipal wastewater reclamation: Present status, challenges and solutions forward [J]. Bioresource Technology, 2018, 269: 513-519.

[51] Zielińska M, Ojo A. Anaerobic membrane bioreactors (AnMBRs) for wastewater treatment: Recovery of nutrients and energy, and management of fouling [J]. Energies, 2023, 16 (6): 2829.

[52] Hu Y S, Wang X C, Ngo H H, et al. Anaerobic dynamic membrane bioreactor (AnDMBR) for wastewater treatment: A review [J]. Bioresource Technology, 2018, 247: 1107-1118.

[53] Samaei S H, Chen J F, Li G B, et al. Anaerobic dynamic membrane bioreactors (AnDMBRs): A promising technology for high-strength wastewater treatment [J]. Journal of Environmental Chemical Engineering, 2023, 11 (5): 111139.

[54] Zahra S A, Purba L D A, Abdullah N. Development and characteristics of microalgae-bacteria aerobic granules treating low strength municipal wastewater [J]. IOP Conference Series: Earth and Environmental Science, 2022, 1091: 012052.

[55] Van Lier J B, Van der Zee F P, Frijters C T M J, et al. Celebrating 40 years anaerobic sludge bed reactors for industrial wastewater treatment [J]. Reviews in Environmental Science and Bio/Technology, 2015, 14: 681-702.

[56] Baloch M I. Methanogenic granular sludge as a seed in an anaerobic baffled reactor [J]. Water and Environment Journal, 2011, 25 (2): 171-180.

[57] Park K Y, Kim D Y, Chung T H. Granulation in an upflow anaerobic sequencing batch reactor treating disintegrated waste activated sludge [J]. Water Science and Technology, 2005, 52 (12): 105-111.

[58] Hellal M S, El-Kamah H M, Doma H S. High-performance internal circulation anaerobic granular sludge reactor for cattle slaughterhouse wastewater treatment and simultaneous biogas production [J]. BMC Biotechnology, 2024, 24 (1): 29.

[59] Faria C V, Souza D F, Pontes T M, et al. Strategies of anaerobic sludge granulation in an EGSB reactor [J]. Journal of Environmental Management, 2019, 244: 69-76.

[60] Mishima K, Nakamura M. Self-immobilization of aerobic activated sludge—A pilot study of the aerobic upflow sludge blanket process in municipal sewage treatment [J]. Water Science and Technology, 1991, 23 (4/5/6): 981-990.

[61] Franca R D G, Pinheiro H M, Lourenço N D. Recent developments in textile wastewater biotreatment: Dye metabolite fate, aerobic granular sludge systems and engineered nanoparticles [J]. Reviews in Environmental Science and Bio/Technology, 2020, 19 (1): 149-190.

[62] Bengtsson S, de Blois M, Wilén B M, et al. Treatment of municipal wastewater with aerobic granular sludge [J]. Critical Reviews in Environmental Science and Technology, 2018, 48 (2): 119-166.

[63] Muda K, Aris A, Salim M R, et al. Development of granular sludge for textile wastewater treatment [J]. Water Research, 2010, 44 (15): 4341-4350.

[64] Mahoney E M, Varangu L K, Cairns W L, et al. The effect of calcium on microbial aggregation during UASB reactor start-up [J]. Water Science and Technology, 1987, 19 (1/2): 249-260.

[65] Iorhemen O T, Hamza R A, Zaghloul M S, et al. Simultaneous organics and nutrients removal in side-stream aerobic granular sludge membrane bioreactor (AGMBR) [J]. Journal of Water Process Engineering, 2018, 21: 127-132.

[66] Grotenhuis J T C, Kissel J C, Plugge C M, et al. Role of substrate concentration in particle size distribution of methanogenic granular sludge in UASB reactors [J]. Water Research, 1991, 25 (1): 21-27.

[67] Wilén B M, Liébana R, Persson F, et al. The mechanisms of granulation of activated sludge in wastewater treatment, its optimization, and impact on effluent quality [J]. Applied Microbiology and Biotechnology, 2018, 102 (12): 5005-5020.

[68] Liu Y J, Sun D D. Development of denitrifying granules in sequencing batch reactors [J]. Journal of Environmental Science and Health, Part A: Toxic/Hazardous Substances & Environmental Engineering, 2011, 46 (5): 518-525.

[69] 曹宇浩，管锡珺，陈计洋，等．不同粒径厌氧颗粒污泥产气作用对沉降性能的影响 [J]. 中国给水排水，2024, 40 (5): 82-86.

[70] Zhu L, Dai X, Xu X, et al. Microbial community analysis for aerobic granular sludge reactor treating high-level 4-chloroaniline wastewater [J]. International Journal of Environmental Science and Technology, 2014, 11 (7): 1845-1854.

[71] Schmidt J E, Ahring B K. Granular sludge formation in upflow anaerobic sludge blanket (UASB) reactors [J]. Biotechnology and Bioengineering, 1996, 49 (3): 229-246.

[72] Li Y, Liu Y. Diffusion of substrate and oxygen in aerobic granule [J]. Biochemical Engineering Journal, 2005, 27: 45-52.

[73] Li J, Cai A, Wang D J, et al. Structure analysis of aerobic granule from a sequencing batch reactor for organic matter and ammonia nitrogen removal [J]. International Journal of Environmental Research and

Public Health, 2014, 11 (3): 2427-2436.

[74] Wang J F, Wang X, Zhao Z G, et al. Organics and nitrogen removal and sludge stability in aerobic granular sludge membrane bioreactor [J]. Applied Microbiology and Biotechnology, 2008, 79 (4): 679-685.

[75] Zhou J, Yang F L, Meng F G, et al. Comparison of membrane fouling during short-term filtration of aerobic granular sludge and activated sludge [J]. Journal of Environmental Sciences, 2007, 19 (11): 1281-1286.

[76] Thanh B X, Visvanathan C, Spérandio M, et al. Fouling characterization in aerobic granulation coupled baffled membrane separation unit [J]. Journal of Membrane Science, 2008, 318 (1/2): 334-339.

[77] Liu Y J, Sun D D. Comparison of membrane fouling in dead-end microfiltration of denitrifying granular sludge suspension and its supernatant [J]. Journal of Membrane Science, 2010, 352 (1/2): 100-106.

[78] Liu Y J, Sun D D. Membrane fouling mechanism in dead-end microfiltration of denitrifying granular sludge mixed liquors developed in SBRs at different calcium concentrations [J]. Journal of Membrane Science, 2012, 396: 74-82.

[79] Liu Y, Tay J H. State of the art of biogranulation technology for wastewater treatment [J]. Biotechnology Advances, 2004, 22 (7): 533-563.

[80] Najafpour G D, Zinatizadeh A A L, Mohamed A R, et al. High-rate anaerobic digestion of palm oil mill effluent in an upflow anaerobic sludge-fixed film bioreactor [J]. Process Biochemistry, 2006, 41 (2): 370-379.

[81] Bhunia P, Ghangrekar M M. Effects of cationic polymer on performance of UASB reactors treating low strength wastewater [J]. Bioresource Technology, 2008, 99 (2): 350-358.

[82] Quarmby J, Forster C F. A comparative study of the structure of thermophilic and mesophilic anaerobic granules [J]. Enzyme and Microbial Technology, 1995, 17 (6): 493-498.

[83] Morvai L, Miháltz P, Holló J. Comparison of the kinetics of acetate biomethanation by raw and granular sludge [J]. Applied Microbiology and Biotechnology, 1992, 36 (4): 561-567.

[84] Iorhemen O T, Liu Y. Effect of feeding strategy and organic loading rate on the formation and stability of aerobic granular sludges [J]. Journal of Water Process Engineering, 2021, 39: 101709.

[85] Tay. J H, Liu Q S, Liu Y. The effects of shear force on the formation, structure and metabolism of aerobic granules [J]. Applied Microbiology and Biotechnology, 2001, 57: 227-233.

[86] Chatterjee P, Ghangrekar M M, Rao S. Sludge granulation in an UASB-moving bed biofilm hybrid reactor for efficient organic matter removal and nitrogen removal in biofilm reactor [J]. Environmental Technology, 2018, 39 (3): 298-307.

[87] Arne Alphenaar P, Visser A, Lettinga G. The effect of liquid upward velocity and hydraulic retention time on granulation in UASB reactors treating wastewater with a high sulphate content [J]. Bioresource Technology, 1993, 43 (3): 249-258.

[88] Lin C Y, Chang F Y, Chang C H. Treatment of septage using an upflow anaerobic sludge blanket reactor [J]. Water Environment Research, 2001, 73 (4): 404-408.

[89] Liu Y J, Sun D D. Calcium augmentation for enhanced denitrifying granulation in sequencing batch reactors [J]. Process Biochemistry, 2011, 46 (4): 987-992.

[90] Flemming H C, Wingender J. The biofilm matrix [J]. Nature Reviews Microbiology, 2010, 8 (9): 623-633.

[91] Mayer C, Moritz R, Kirschner C, et al. The role of intermolecular interactions: Studies on model systems

for bacterial biofilms [J]. International Journal of Biological Macromolecules, 1999, 26 (1): 3-16.

[92] Altaş L. Inhibitory effect of heavy metals on methane-producing anaerobic granular sludge [J]. Journal of Hazardous Materials, 2009, 162 (2/3): 1551-1556.

[93] Li C L, Fang H H P. Inhibition of heavy metals on fermentative hydrogen production by granular sludge [J]. Chemosphere, 2007, 67 (4): 668-673.

[94] 宋志伟，曹雯雯，王秋旭，等．好氧颗粒污泥对膜生物反应器污泥性能的影响 [J]. 环境工程学报，2014, 8 (09): 3725-3730.

[95] Sajjad M, Kim I S, Kim K S. Development of a novel process to mitigate membrane fouling in a continuous sludge system by seeding aerobic granules at pilot plant [J]. Journal of Membrane Science, 2016, 497: 90-98.

[96] Li X F, Li Y J, Liu H, et al. Characteristics of aerobic biogranules from membrane bioreactor system [J]. Journal of Membrane Science, 2007, 287 (2): 294-299.

[97] Truong H T B, Bui H M. Potential of aerobic granular sludge membrane bioreactor (AGMBR) in wastewater treatment [J]. Bioengineered, 2023, 14 (1): 2260139.

[98] Zhao X, Chen Z L, Shen J M, et al. Performance of aerobic granular sludge in different bioreactors [J]. Environmental Technology, 2014, 35 (5/6/7/8): 938-944.

[99] Di Trapani D, Corsino S F, Torregrossa M, et al. Treatment of high strength industrial wastewater with membrane bioreactors for water reuse: Effect of pre-treatment with aerobic granular sludge on system performance and fouling tendency [J]. Journal of Water Process Engineering, 2019, 31: 100859.

[100] Thanh B X, Visvanathan C, Ben Aim R. Fouling characterization and nitrogen removal in a batch granulation membrane bioreactor [J]. International Biodeterioration & Biodegradation, 2013, 85: 491-498.

[101] 白琳，杨凤林，王秀，等．好氧硝化颗粒污泥膜生物反应器性能和膜污染研究 [J]. 环境工程学报，2009, 3 (5): 817-824.

[102] 黄树焕，汤兵，阮宜平．膜生物反应器中污泥自消化技术进展 [J]. 化工环保，2009, 29 (2): 135-138.

[103] Tu X, Zhang S, Xu L R, et al. Performance and fouling characteristics in a membrane sequence batch reactor (MSBR) system coupled with aerobic granular sludge [J]. Desalination, 2010, 261 (1/2): 191-196.

[104] Tay J H, Yang P, Zhuang W Q, et al. Reactor performance and membrane filtration in aerobic granular sludge membrane bioreactor [J]. Journal of Membrane Science, 2007, 304 (1/2): 24-32.

[105] Wang Y Q, Zhong C, Huang D, et al. The membrane fouling characteristics of MBRs with different aerobic granular sludges at high flux [J]. Bioresource Technology, 2013, 136: 488-495.

[106] Li X F, Gao F S, Hua Z Z, et al. Treatment of synthetic wastewater by a novel MBR with granular sludge developed for controlling membrane fouling [J]. Separation and Purification Technology, 2005, 46 (1/2): 19-25.

[107] Yu G H, Juang Y C, Lee D J, et al. Filterability and extracellular polymeric substances of aerobic granules for AGMBR process [J]. Journal of the Taiwan Institute of Chemical Engineers, 2009, 40 (4): 479-483.

[108] Sabaghian M, Mehrnia M R, Esmaieli M, et al. Formation and performance of self-forming dynamic membrane (SFDM) in membrane bioreactor (MBR) for treating low-strength wastewater [J]. Water Science and Technology, 2018, 78 (4): 904-912.

[109] 张建，邱宪锋，高宝玉，等．动态膜生物反应器中动态膜的作用和结构研究 [J]. 环境科学，2007, 28

(1)：147-151.

[110] Isik O, Hudayarizka R, Abdelrahman A M, et al. Impact of support material type on performance of dynamic membrane bioreactors treating municipal wastewater [J]. Journal of Chemical Technology & Biotechnology, 2020, 95 (9)：2437-2446.

[111] Sabaghian M, Mehrnia M R, Esmaieli M, et al. Influence of static mixer on the formation and performance of dynamic membrane in a dynamic membrane bioreactor [J]. Separation and Purification Technology, 2018, 206：324-334.

[112] 仉春华，安晓雯，朴美玲．预涂动态膜-生物反应器处理人工废水的试验研究 [J]. 安全与环境学报，2010, 10 (1)：48-51.

[113] 张捍民，乔森，叶茂盛，等．预涂动态膜-生物反应器处理生活污水试验研究 [J]. 环境科学学报，2005, 25 (2)：249-253.

[114] 范彬，黄霞，文湘华，等．动态膜-生物反应器对城市污水的处理 [J]. 环境科学，2002, 23 (6)：51-56.

[115] Kiso Y, Jung Y J, Ichinari T, et al. Wastewater treatment performance of a filtration bio-reactor equipped with a mesh as a filter materia [J]. Water Research, 2000, 34 (7)：4143-4150.

[116] 田文瑞，胡以松，王晓昌．动态膜生物反应器的运行特性及除污效果 [J]. 中国给水排水，2015, 31 (15)：16-19.

[117] Lu D W, Cheng W, Zhang T, et al. Hydrophilic Fe_2O_3 dynamic membrane mitigating fouling of support ceramic membrane in ultrafiltration of oil/water emulsion [J]. Separation and Purification Technology, 2016, 165：1-9.

[118] Mohan S M, Nagalakshmi S. Performance evaluation of membrane bioreactor coupled with self-forming dynamic membrane [J]. Journal of Environmental Management, 2022, 322：116107.

[119] Wu Y, Huang X, Wen X, et al. Function of dynamic membrane in self-forming dynamic membrane coupled bioreactor [J]. Water Science and Technology, 2005, 51 (6/7)：107-114.

[120] 高鹏，年跃刚，闫海红，等．动态膜生物反应器处理玉米深加工废水效果研究 [J]. 环境工程技术学报，2014, 4 (04)：282-286.

[121] Fairley-Wax T, Raskin L, Skerlos S J. Recirculating anaerobic dynamic membrane bioreactor treatment of municipal wastewater [J]. ACS ES&T Engineering, 2022, 2 (5)：842-852.

[122] 宋箭，赵秋燕，伍昌年，等．复合式动态膜生物反应器处理印染废水效能及膜污染控制 [J]. 环境工程学报，2016, 10 (5)：2193-2200.

[123] 韦希，周雪飞，褚华强．正渗透膜在水处理应用中的研究进展 [J]. 水处理技术，2016, 42 (3)：13-19.

[124] Achilli A, Cath T Y, Marchand E A, et al. The forward osmosis membrane bioreactor：A low fouling alternative to MBR processes [J]. Desalination, 2009, 239 (1/2/3)：10-21.

[125] Lay W C L, Zhang Q Y, Zhang J S, et al. Study of integration of forward osmosis and biological process：Membrane performance under elevated salt environment [J]. Desalination, 2011, 283：123-130.

[126] Qin J J, Kekre K A, Oo M H, et al. Preliminary study of osmotic membrane bioreactor：Effects of draw solution on water flux and air scouring on fouling [J]. Water Science and Technology, 2010, 62 (6)：1353-1360.

[127] Chen L, Gu Y S, Cao C Q, et al. Performance of a submerged anaerobic membrane bioreactor with forward osmosis membrane for low-strength wastewater treatment [J]. Water Research, 2014, 50：114-123.

[128] Asif M B, Ansari A J, Chen S S, et al. Understanding the mechanisms of trace organic contaminant re-

moval by high retention membrane bioreactors: A critical review [J]. Environmental Science and Pollution Research, 2019, 26 (33): 34085-34100.

[129] Li K, Jiang C, Wang J X, et al. The color removal and fate of organic pollutants in a pilot-scale MBR-NF combined process treating textile wastewater with high water recovery [J]. Water Science and Technology, 2016, 73 (6): 1426-1433.

[130] Choi J H, Fukushi K, Ng H Y, et al. Evaluation of a long-term operation of a submerged nanofiltration membrane bioreactor (NF MBR) for advanced wastewater treatment [J]. Water Science and Technology, 2006, 53 (6): 131-136.

[131] Choi J H, Dockko S, Fukushi K, et al. A novel application of a submerged nanofiltration membrane bioreactor (NF MBR) for wastewater treatment [J]. Desalination, 2002, 146 (1/2/3): 413-420.

[132] Rautenbach R, Mellis R. Waste water treatment by a combination of bioreactor and nanofiltration [J]. Desalination, 1994, 95 (2): 171-188.

[133] Fujioka T, Boivin S, Terashima M. Low-energy advanced wastewater treatment using submerged nanofiltration [J]. Desalination, 2024, 592: 118189.

[134] Khor S L, Sun D D, Liu Y J, et al. Biofouling development and rejection enhancement in long SRT MF membrane bioreactor [J]. Process Biochemistry, 2007, 42 (12): 1641-1648.

[135] Fontanos P M, Yamamoto K, Nakajima F. Effect of upflow velocity on the performance of an inclined plate membrane bioreactor treating municipal wastewater [J]. Water Science and Technology, 2011, 64 (5): 1102-1107.

[136] Xing C H, Yamamoto K, Fukushi K. Performance of an inclined-plate membrane bioreactor at zero excess sludge discharge [J]. Journal of Membrane Science, 2006, 275 (1/2): 175-186.

[137] Kaewmanee A, Chiemchaisri W, Chiemchaisri C, et al. Treatment performance and membrane fouling characteristics of inclined-tube anoxic/aerobic membrane bioreactor applied to municipal solid waste leachate [J]. Desalination and Water Treatment, 2016, 57 (60): 29201-29211.

第6章 膜生物反应器技术的应用

6.1 膜生物反应器在废水处理与资源化中的应用

6.1.1 膜生物反应器在污水处理厂升级改建中的应用

随着城市化进程加速，污水处理标准经历了从粗放式管理向精细化控制的重大转型，城市污水处理厂排放废水的标准和污水回用的要求更加严格，对处理工艺提出更高的要求。当前城市污水处理面临如下挑战：

① 进水碳氮比失衡导致生物脱氮效果不理想；

② 化学除磷药剂投加成本高，经济性低，且产生的化学污泥增加了处理难度；

③ 传统工艺的同步脱氮除磷效果差；

④ 高剩余污泥产量带来处理、运输和填埋成本攀升；

⑤ 能源消耗高。

为了同时从城市污水中去除有机物和氮，通常采用缺氧-好氧工艺，在好氧池中进行硝化反应和有机碳的氧化，产生的硝化产物混合液回流到缺氧池进行反硝化，显而易见反硝化效率在很大程度上取决于回流硝化液和废水中的可生物降解有机物的可用性[1]。城市污水采用传统活性污泥法进行处理时，微生物代谢和有机碳降解需要消耗大量的溶解氧，而且产生的大量剩余污泥（污泥产量为0.3～0.5kg SS/kg COD）也需要进行处理。事实上，曝气和剩余污泥处理相关的能耗可分别占到城市污水处理总能耗的50%和30%[2]，而当氨态氮转化和有机碳降解在好氧池中同时进行时会进一步提高与曝气相关的能耗。

氮和磷是微生物的重要组成成分，是在微生物代谢过程中起重要作用的物质。氮和磷也是引发藻类过度增殖的关键性营养物质，过量排放将导致水体中的藻类过量增长，进而导致溶解氧耗竭，水中生物多样性丧失，污染水源。研究表明，当总磷浓度超过0.02mg/L时就可能引发藻类暴发。而传统活性污泥法对微生物、悬浮物和营养物质的去除能力有限，难以稳定达标。随着城市化进程的加速，以及城市人口的增长，废水产生量也在急剧增加，传统活性污泥法长期满负荷甚至超负荷运行的困境凸显了处理工艺升级改革的紧迫性，以及满足持续增长的污水处理量需求的必要性。

为了解决这些问题，城市污水处理厂需要采用更先进的技术和更高效的工艺进行升级改造，以满足越来越严格的环保要求，全面控制污染物排放，特别是通过降低出水中的氮磷浓度，有效防控水体富营养化的风险。城市污水处理厂在进行提标改造时主要遵循以下原则实现同时节碳、脱氮和除磷的改建目标：优先进行工艺优化，后采取工程改造；优先利用废水中的有机碳源，后使用外加碳源；优先发挥处理系统的生物除磷功能，后采用化学除磷的方法。例如，高负荷活性污泥法与全程自养脱氮工艺相结合为除碳脱氮提供了一个更节能的途径。废水经过高负荷活性污泥处理，在较短污泥停留时间和水力停留时间下运行，降低化学需氧量，处理后的污水化学需氧量和氮比值较低，通过全程自养脱氮工艺实现氮的去除[3]。通过污水处理技术的创新与处理系统的优化，现代城市污水处理厂可同时实现出水水质达标与能源消耗降低等多重目标，为城市化进程中的水环境安全提供可持续解决方案。

膜生物反应器技术通过生物降解与膜过滤的协同作用成为城市污水处理厂升级改建的理想解决方案，该技术通过膜截留微生物和悬浮物，生产出浊度<0.2NTU的优质出水，且无需二沉池就能达到直接排放或回用标准。该技术也适合缓慢生长的微生物的积累，使其达到满足处理所需的高生物质浓度。与传统活性污泥法相比，膜生物反应器用于市政污水处理时，可以实现更高的有机物、氮磷营养物质的去除效率。采用厌氧-缺氧-好氧-膜生物反应器工艺处理废水时，先通过厌氧消化过程使难降解有机负荷得以去除，进而改善废水的可生化性，并为后续缺氧池的反硝化过程提供可利用的碳源，最终达到同步高效去除化学需氧量和脱氮除磷的目的。在实际应用时，通过控制缺氧池至厌氧池以及好氧池至缺氧池的混合液回流比，优化其他工艺条件，实现化学需氧量、氨态氮、总氮和总磷的去除效率分别达到93.4%、99.1%、71.5%和96.6%[4]。由于膜生物反应器的有效占地面积仅为活性污泥法的1/2[5]，该技术尤其适合土地资源紧张的城市进行污水处理规模扩建的需求。表6-1列举了一些膜生物反应器技术在城市污水处理厂升级扩建中的应用。

表6-1　膜生物反应器在城市污水处理中的应用

处理工艺	处理规模/膜生物反应器工艺参数	原水水质	出水水质	处理成本/处理目的	参考文献
沉淀-粉末活性炭膜生物反应器-大孔树脂脱氮	$1.5\times10^4 m^3/d$ HRT=1h $J=15\sim25L/(m^2\cdot h)$ 20min出水-30s反洗 聚偏氟乙烯中空纤维膜 $A_{膜}$①$=25600m^2$	COD≤50mg/L BOD_5≤10mg/L SS≤10mg/L 氨氮≤5mg/L TN≤15mg/L TP≤1mg/L	COD<20mg/L TP<0.05mg/L TN≤1.0mg/L 氨氮≤0.4mg/L 出水可直排	每吨水的直接运行成本为0.85元。 深度处理污水处理厂尾水	[6]

续表

处理工艺	处理规模/膜生物反应器工艺参数	原水水质	出水水质	处理成本/处理目的	参考文献
厌氧-缺氧-好氧膜生物反应器	$2.0\times10^4m^3/d$ $J=385L/(m^2\cdot d)$ 平板膜组件	COD=422.8mg/L BOD_5=192.3mg/L SS=264.3mg/L NH_3-N=21.5mg/L TN=29.5mg/L TP=5.8mg/L	COD=27.8mg/L BOD_5=4.6mg/L SS=7.7mg/L NH_3-N=0.2mg/L TN=8.4mg/L TP=0.2mg/L	污水处理厂提标、改建、扩容。 处理后的出水达到GB 18918—2002一级A标准[7]	[4]
兼氧-微氧-微氧-好氧-陶瓷膜生物反应器	$2.0\times10^4m^3/d$ HRT=3.7h $J=35L/(m^2\cdot h)$ 9.5min出水-0.5min水力反冲洗 纳米平板陶瓷膜	COD<250mg/L NH_4^+-N<25mg/L TN<35mg/L TP<3.5mg/L	COD<30mg/L NH_4^+-N<1.5mg/L TN<15mg/L TP<0.5mg/L	0.42元/t水 节省总投资43.8% 节省占地面积66% 降低单位处理成本19.23% 污水处理厂扩容	[8]
活性炭海绵动态膜生物反应器	$50m^3/d$ HRT=8h $J=30L/(m^2\cdot h)$ 平板膜组件 D_p②=500μm	COD=(86.5±17.1) mg/L NH_3-N=(8.8±1.7) mg/L TN=(14.8±2.2) mg/L TP=(0.6±0.1) mg/L	COD≤35.0mg/L NH_3-N≤1.4mg/L TN≤10.2mg/L TP≤0.3mg/L	污水处理厂提标改造中试。 出水达到GB 18918—2002一级A标准	[9]

①膜面积；

②膜孔径。

膜生物反应器在城市污水处理厂升级扩建时的实施路径可分为两种。一种是将膜生物反应器作为深度处理单元，进一步处理二级生物处理阶段的出水，显著提升化学需氧量、氮和磷等污染物的去除效率，提高出水水质，以达到更严格的废水排放标准的要求，降低对环境的影响。另一种是利用膜生物反应器技术优化现有的生物处理工艺，或将现有的二级生物处理装置进行改造或重建。用这种方法对污水处理厂进行升级改造时，充分利用了原有工艺中的构筑物，能在提高处理效率的前提下降低改建费用的投入。例如，在对污水处理厂进行升级扩建时，通过保留原工艺中的格栅和沉砂池等预处理设施，以及储泥池等后处理设施，实现低成本升级。而且将原有的循环式活性污泥法池改为调节池，并在调节池进水端加装杂质分离设备，提高处理系统对水质和水量波动的抵御能力，以确保生物系统和膜系统的稳定性和处理效果[4]。

6.1.2 膜生物反应器技术在城市污水回用方面的应用

在城市化进程加速和全球气候变化的双重压力下，传统淡水资源的供需矛盾不断突出，污水再利用是解决这一矛盾的重要突破口，越来越多的城市污水经过深度处理后被用作非饮用水的补充水源。城市污水经过深度处理，满足具体回用或再利用标准后，可用于农业灌溉，利用废水中的营养物质提升农业生产力；也可用于工业锅炉或冷凝器回用，用作工艺给水、公园或住宅区的景观用水以及用于生活杂用（如冲厕、洗车）等，替代淡水或自来水的需求和消耗；还可以用于补充地下水，或者排入供水水库作为生活饮用水的淡水资源的补充[10]。此外，污水回用还能减少污染物排放，改善水环境质量，降低水体富营养化风险。目前，城市污水正逐步从末端治理的对象转变为有价值的可持续水资源。

构建城市污水回用系统，是缓解水资源短缺，实现可持续发展的重要途径。城市污水通过深度处理后进行回用，对于缓解水资源短缺至关重要，具有一定的社会效益和经济效益。例如，城市污水经过膜生物反应器处理后可以直接作为灌溉用水[11]，能节省大量淡水，而且城市污水经过反渗透深度处理后能够得到优质出水，此过程所消耗的能量比海水淡化产水更低[12]。城市污水回用系统需根据具体的废水再利用目标，遵循“分级处理、分置利用”的原则进行构建，只有满足一定要求的高质量处理水才能够被重复使用和回收，达到再利用的目的。

为确保回用水的水质和使用安全性，我国建立了完善的再生水标准体系，颁布了一系列与污水回用相关的标准，如《城市污水再生利用　城市杂用水水质》(GB/T 18920—2020)[13]、《城市污水再生利用　工业用水水质》(GB/T 19923—2024)[14]、《城市污水再生利用　景观环境用水水质》(GB/T 18921—2019)[15] 和《城市污水再生利用　地下水回灌水质》(GB/T 19772—2005)[16] 等。这些标准对用于地下水回灌、工业用水、市政杂用水等再生水的水质进行了严格规范，各种城市污水处理和回用工程在设计和运行中应严格遵循这些标准。

膜生物反应器技术因其高效污染物去除能力、紧凑的结构、较小的占地面积和灵活应用的模块化系统，在水资源保护方面表现出多种优势，作为城市污水处理与回用的核心工艺，在多个领域具有广泛适用性，满足不同的排放标准和回用需求。从表 6-2 可知，膜生物反应器在进行城市污水处理与回用处理时，通常需要与其他预处理或后处理技术联合形成组合工艺，目的是实现对废水更高的处理效果，生产更优质的出水。例如，在处理餐厨污水时，针对餐厨污水含油量高、浊度高、水质波动大、排放不连续、高悬浮固体浓度、高化学需氧量、易酸化等特点[17]，需要先对其进行隔油和混凝，去除污水中的油脂和悬浮物，减少对后续生物反应器中微生物的影响，降低膜污染风险，提高处理效率，提升回用水的水质。而在废水进入膜生物反应器之前对其进行混凝沉淀可以提高磷的去除效率[18]。

表 6-2 膜生物反应器在城市污水回用中的应用案例

处理工艺	膜生物反应器的工艺参数	处理规模及原污水水质	出水水质及回用目的	参考文献
全地下式膜生物反应器-纳滤	HRT=12.9h 聚偏氟乙烯中空纤维膜 D_p=0.3μm J=16L/(m^2·h)	1.2×10^{4}m^3/d	景观河湖补水，再生水厂的出水 可用于浇洒绿地、河湖补水、农业灌溉等	[19]
缺氧-好氧-超滤-颗粒活性炭吸附-次氯酸消毒	A=21.9m^2 D_p=0.04μm HRT=0.2h	310m^3/d	用于公园灌溉、场地冲厕和补充雨水收集系统	[20]
缺氧-好氧-膜生物反应器	HRT=11h D_p=0.4μm J=0.8m^3/(m^2·d) 8min 出水-2min 停止 每周进行一次膜的在线化学反冲洗	1000m^3/d COD_{Cr}=230～530mg/L BOD_5=100～220mg/L SS=130～250mg/L TN=20～70mg/L TP=3～7mg/L	COD_{Cr}=431.5mg/L BOD_5=108.8mg/L 氨氮=44.38mg/L 浊度= 320mg/L TN=65.4mg/L TP=3.16mg/L pH=6～9 校园生活污水处理后水进入管网综合利用 减少自来水用量	[21]
缺氧-好氧-缺氧-膜生物反应器-紫外线消毒	聚偏氟乙烯中空纤维膜 D_p=0.1μm	TSS=480mg/L TKN=85mg/L	BOD<1mg/L NH_3=0～3.6mg/L（平均0.2mg/L） 酒店污水再生处理后用于厕所用水、冷却塔和灌溉	[22]
隔油-混凝沉淀-厌氧-缺氧-好氧-膜生物反应器	D_p=0.1μm	100m^3/d COD≤4000mg/L BOD_5≤2000mg/L TN=70mg/L TP≤10mg/L SS <800mg/L	COD<50mg/L TN<10mg/L TP<0.5mg/L 大肠埃希菌数<2 个/L 餐厨污水处理后回用于厂区冲厕	[18]
气浮-曝气生物滤池-膜生物反应器	D_p=0.2μm HRT=2～4h SRT=60d 12min 出水-3min 停止	300～360m^3/d COD=60～180mg/L BOD_5=40～60mg/L NH_4^+-N=4～24mg/L TN= 12～25mg/L TP= 0.5～0.8mg/L SS=75～240mg/L 浊度=20～120NTU	COD=7～20mg/L SS≈0 浊度=0.3～0.4NTU NH_4^+-N=0～4mg/L TN=4～6mg/L TP=0.01～0.03mg/L 洗浴中心废水处理后的出水回用于景观水体补给	[23]

在膜生物反应器之后增加消毒流程，对膜处理后的出水进行消毒处理，能更好地去除水中的病原体和有害物质，保护灌溉区土壤和水生生态系统。还可以在膜生物反应器之后，对出水进行纳滤或反渗透处理，继续去除水中的多价离子和一价离子，这样处理后的出水可用于间接饮用水回用或工业回用。例如，新加坡的“新生水”是将污水处理厂的出水通过“超滤-反渗透-消毒-pH 值调节”为主的工艺进行处理后产出水质极优的出水，具有极高的可再利用性，可持续性地满足当地不断增长的用水需求[24]。

需要注意的是，在利用膜生物反应器技术及其组合工艺进行以回用为目的的污水处理时，需要通过优化设备设计和操作流程，提高设备的运行效率，减少能源消耗和维护成本。例如，在预处理餐厨废水时需要大量混凝剂，这些物质形成沉淀后需要对污泥进行后处理，增加了处理费用和难度，因此要确定最优化的投加量，从整体上控制废水处理成本。其次，在设计城市污水处理和回用工艺时，不仅要对废水中的有机污染物等进行降解处理，更应优先考虑污染物是否可以进行资源化利用，即通过处理将污染物转化为肥料或其他有用产品，实现污染物的高效回收再利用，进一步降低处理成本。例如，在废水经过厌氧膜生物反应器处理降低化学需氧量和悬浮固体含量后，通过天然沸石将水中的氨氮和磷酸盐吸附去除[25]，或通过化学反应使氨氮和磷酸盐形成磷酸铵镁沉淀并回收再利用。再次，需要及时对处理后的废水进行病原体检测，进行与废水再利用相关的预防性风险评估，以预防可能对公众健康造成的风险。最后，在再生水厂工程设计和建设时还应充分考虑工程对周围环境的影响，尽可能降低对周围环境的不良影响。例如，对主要处理构筑物采用全地下式方案，减少膜生物反应器工艺对土地资源的占用，降低设备噪声和产生的臭味等对周围环境的影响[19]。

6.2 膜生物反应器在有机废水处理中的应用

6.2.1 膜生物反应器处理工业废水

6.2.1.1 工业废水的特征

工业废水是工业生产活动的副产物，这类废水主要包括工艺废水、设备清洗废水和冷却废水等，不同行业所产生的废水类型不同，废水中的污染物成分也不相同。例如，印染废水中含高色度染料和难降解有机物，造纸废水中含有木质素和氯代化合物等污染物，而化工废水则可能含有重金属与多种难降解有机物和有毒有机物，如苯酚和多环芳烃等。这些废水如果不经过妥善处理就排入环境中会对人类及水体环境等造成严重影响。不同类型的污染物对环境的影响机制也不相同，例如，重金属（如砷、铜等）因其不可生物降解的特性，可能通过土壤-植物-生物体系富集，对生态系统和人体健康产生持久性毒害；而有机污染物在土壤和水中扩散，可能会影响土壤和水体的化学性质和微生物活性，进而危害动植物和人体健康[26]。

(1) 化工废水

化工废水根据污染物特性可分为无机化工废水和有机化工废水两类。无机化工废水主要来源于酸、碱、盐类的生产过程中的洗涤水、设备冷却水以及反应副产物废水，通常含有强酸性或强碱性物质、高浓度盐类、硫化物和悬浮物等。有机化工废水主要来自合成材料的生产过程，具有超高化学需氧量、不易生物降解和显著生物毒性等特点，属于典型的高浓度难降解有机废水。

以煤化工中的煤气化废水为例，煤气化过程中产生的废水主要来自气化阶段的灰水处理、合成气清洁和洗涤过程[27]。这类废水主要含有硫化物和氰化物等有害物质、高浓度氨氮和各种有机污染物等。煤气化废水中的酚类、氨和化学需氧量的浓度通常可分别>5g/L、6g/L 和 20g/L[28]。煤的类型和工艺条件等影响气化废水中污染物的组成和含量。煤气化废水是一种产量大且成分复杂的化工废水，对环境的污染作用较为严重，这类废水在处理时对处理系统的稳定性和处理效率的要求较高。

(2) 制药废水

从生产方式划分，制药废水可分为生物发酵制药废水和化学制药废水两类，它们的污染特征和处理难度存在显著差异。

生物发酵制药废水主要来自生产过程、辅助工序和设备冲洗等。其中，生产过程排出的废水化学需氧量浓度极高，是有机污染物的主要来源，辅助工序的排水量最大，而冲洗水中的悬浮固体含量较高。这类废水通常含有抑制微生物活性的物质，导致其在传统生物处理过程中的处理效率低下。

化学制药产生的废水主要来源于合成反应生产工艺、分离纯化等辅助工序和设备冲洗等。这类废水的污染物种类多，可生化性差，可能还有具有生物毒性的原料或中间产物。

(3) 食品加工与酿造废水

食品加工及酿造行业废水主要产生于原料清洗、发酵、加工和设备冲洗等过程。这类废水的污染物以可生化降解有机物为主，主要包括淀粉、蛋白质及脂肪类物质。不同工艺对废水特征有显著影响。例如，乳制品加工废水产量大，废水含有高浓度有机物、脂肪、悬浮固体和营养物质等[29, 30]。马铃薯加工废水则含有高浓度淀粉和蛋白质。食品加工及酿造行业废水的主要特征为高生化需氧量、高化学需氧量和富含氮磷营养物，这类废水在降解过程中会导致溶解氧浓度急剧下降。

6.2.1.2 膜生物反应器在工业废水处理中的应用

随着化工、制药、食品和纺织等行业的快速发展，工业废水处理正面临严峻挑战，废水中难降解有机物、生物毒性物质以及盐类等污染物含量高，同时伴随着水质水量波动大、水资源短缺与处理需求激增的矛盾。随着对工业废水排放的要求越来越严格，开发技术先进、经济可行的废水处理与回用技术成为行业必须解决的问题。然而，由于工业废水中的污染物成分复杂，处理难度大，特别是单一的废水处理工艺很难取得良好的处理效果。

目前，通常采用物理和化学方法预处理与二级生物处理形成的组合工艺处理工业废水。首先根据废水水质采取适当的预处理，如絮凝、电解、吸附、氧化等，破坏废水中的难降解有机物和抑制微生物活性的有毒物质，降低其含量，提高废水的可生化性；然后再用接触氧化、缺氧-好氧等工艺，对工业废水进行生化处理。然而，这种组合工艺在处理工业废水时存在处理效率低、抗冲击负荷能力差等缺点，因此，工业废水通常在厂区处理之后，并入城市污水处理厂继续进行处理，这种处理方式使得工业废水的回用效率低下。

膜生物反应器技术凭借其生物降解与膜分离技术结合的独特优势，成为有效解决工业废水处理与回用问题的有效技术，它可以对常规方法难以处理的废水进行高效处理。该技术通过微滤膜或超滤膜实现微生物与出水的精准分离，在反应器中维持高污泥浓度，形成的生物缓冲体系能有效应对水质波动和毒性冲击，使膜生物反应器技术在处理含有特定污染物的废水（如高盐、高有机物废水和氨氮废水）时具有优势。研究表明，膜生物反应器系统对含有苯酚废水的处理效率达到 90%以上[31]，石化废水经膜生物反应器处理后，出水中苯和甲苯的浓度仅为 1～2μg/L[32]，充分验证了其对有毒污染物的耐受性。相较于传统活性污泥法，膜生物反应器占地面积小，特别适合用地紧张的工业区。

如表 6-3 所列，膜生物反应器已经应用于食品加工、纺织、制药和化工等领域的废水处理。例如，在化工废水处理中，膜生物反应器对化学需氧量、氨态氮和悬浮固体的去除效率分别达到 94.6%、95.6%和 93%，出水可以用于循环冷却水系统[33]。厌氧膜生物反应器处理含 β-内酰胺类抗生素的制药废水时，总化学需氧量的去除效率高达 94.0%，并且产生沼气实现能源回收[34]。针对难处理的工业废水，膜生物反应器与其他技术形成的组合工艺对污染物有更高的去除效率。例如，废水进入膜生物反应器之前，首先通过调节预处理，提供稳定的处理量及进水水质。废水也可以通过混凝、氧化等预处理，优先去除废水中的悬浮物、胶体和毒性物质，保护微生物活性，提高后续膜生物反应器的运行效率，并且降低膜污染速率。膜生物反应器处理后的出水还可以继续进行深度处理，进一步提高水质。例如，乳制品废水经膜生物反应器处理的出水再经过纳滤处理后，产生优质的处理水，可用于低压锅炉产生蒸汽或清洗地板等多种用途[29]。

表 6-3　膜生物反应器在工业废水处理与回用中的应用

废水类型	处理工艺	膜特征/操作参数	处理规模/进水水质	处理效率	出水水质或用途	参考文献
煤化工废水	调节-气浮-厌氧/好氧-膜生物反应器	10min 运行-3min 停止	$60m^3/h$ COD_{Cr}=455.4mg/L BOD_5=309mg/L NH_3-N=181.6mg/L SS=86mg/L	COD：94.6% NH_3-N：95.6% SS：93%	COD_{Cr}=8.04mg/L BOD_5=5.0mg/L NH_3-N=28.53mg/L SS=6mg/L 出水用来补充循环水	[33]

续表

废水类型	处理工艺	膜特征/操作参数	处理规模/进水水质	处理效率	出水水质或用途	参考文献
纺织废水	浸没式膜生物反应器	平板超滤膜 D_p=0.05μm $A_膜$=033m² HRT=16.9h	COD=3200mg/L BOD=650mg/L TSS=400mg/L TKN=40mg/L	COD：90%		[35]
印染废水	预氧化-膜生物反应器-反渗透	HRT=3～3.5h	COD=105～120mg/L 色度=50倍		COD≤5mg/L 色度≤5倍 电导率≤20μS/cm	[36]
乳制品废水	膜生物反应器-纳滤	D_p=0.4μm $A_膜$=0.044m² 20min过滤-15s水力反冲洗	1000m³/h COD=3274mg/L TS=3366mg/L TN=115mg/L 色度=2163Hu	COD：99.9% TS：93% TN：94% 色度：99%	出水用于低压锅炉产生蒸汽、冷却塔、清洗地板等	[29]
乳品废水	缺氧-好氧-外置式膜生物反应器	无机管式陶瓷膜 D_p=0.1μm J=5～9L/(m²·h)	COD=994mg/L NH_3-N=38.7mg/L TN=76.3mg/L TP=8.8mg/L	COD：98.2% NH_3-N：82% TN：78.9% TP：85.6%	COD=17.8mg/L NH_3-N=6.9mg/L TN=16mg/L TP=1.27mg/L	[37]
中成药制药废水	调节-混凝沉淀-膜生物反应器-脱色	HRT=12h J=12L/(m²·h)	120m³/d COD=3000～6000mg/L BOD_5=1500～2000mg/L SS=4500mg/L 色度=1000倍	COD：98%	COD=100mg/L BOD_5=15mg/L SS=55mg/L 色度=35倍	[38]

膜生物反应器及其组合工艺在处理水质复杂的工业废水中展现出显著优势，但仍面临膜污染和能耗较高等问题。为此，需要根据行业特征从工艺强化、污染控制和资源回用等方面进行综合优化。例如，为了缓解膜污染问题，在处理工业废水时可采用间歇运行模式结合在线或离线化学清洗模式。优化处理工艺可解决氨态氮去除效率较低的问题，例如，采用厌氧-缺氧-膜生物反应器处理工艺，通过多级生物反应区的协同作用，实现碳、氮、磷的有效去除[37]。在食品和造纸等可回收资源行业，膜生物反应器技术可以与产物回收工艺耦合，创造双重效益。例如，将高浓度有机废水（如聚酯废水、啤酒废水、印染废水）作为反硝化的外加碳源[39]，实现资源化利用。此外，还应从优化生产工艺角度考虑，提高水资源的综合利用程度，将废水治理重点从末端处理转向清洁生产，从根本上降低废水的排放量。

6.2.2 膜生物反应器处理垃圾渗滤液

6.2.2.1 垃圾渗滤液的特征

(1) 城市垃圾的处理

城市生活垃圾是指城市居民在日常生活中产生的固体废物，主要来源于家庭、商业、餐饮业、旅游业和服务业等多个领域。随着城镇化进程的加快，城市生活垃圾产量逐年上升，对现有的城市垃圾处理系统构成了巨大挑战[40]。相关数据显示，2021年我国生活垃圾产生量达到 2.486×10^8t，约为2012年的1.5倍，预计到2030年将达到 4.8×10^8t[41,42]。

城市生活垃圾的处理方式主要包括卫生填埋和焚烧两种[43]。焚烧作为城市生活垃圾减量化和能源回收的最优方式，能显著减少对垃圾填埋场地的需求。然而，垃圾在焚烧过程中会产生铜、锌、镉、铬等重金属，以及飞灰及二噁英等污染物[43,44]，若处置不当将造成环境风险。此外，垃圾焚烧设施建设的投资和运行费用均比较高，且焚烧产生的灰烬需要进行药剂稳定化、生物化学提取或填埋处理[45]。垃圾填埋是利用坑洼地或特定场地对城市生活垃圾进行集中处理的方法。被填埋的垃圾废物在受控条件下分解，最终转化为相对惰性的稳定物质。垃圾填埋处理量大，对垃圾成分没有严格要求，投资运营成本相对较低。垃圾填埋不仅能够有效处置固体废物，还可以通过覆土造地的方式最大限度地减少对环境的破坏，因此垃圾填埋不断被世界各国广泛接受和使用。

(2) 垃圾渗滤液的特征

垃圾渗滤液是指城市固体废物在填埋过程中，通过生物降解等自然过程产生的废水以及进入填埋场中的降水。当废水和降水通过垃圾填埋层时，溶解并携带废弃物中的可溶性物质，包括有机物和无机物，以及厌氧发酵等生物转化反应生成的腐殖酸、挥发性脂肪酸等。这使得垃圾渗滤液中的污染物含量非常高，通常是城市生活污水的几十倍甚至几百倍[46,47]。垃圾渗滤液的成分复杂，不仅包括高浓度的难降解有机化合物、氨氮和磷、多种重金属离子，还包含大量有毒有害物质，以及病毒、细菌和寄生虫等致病微生物，处理难度远高于市政污水[48]。如果垃圾渗滤液未能得到妥善处理，将对垃圾填埋场周围环境造成严重危害，渗滤液既可能通过土壤渗透污染地下水，也可能通过地表径流污染地表水[49]。

值得注意的是，垃圾填埋场产生的渗滤液在体积流量和污染物组成上因垃圾类型和成分、填埋年限、季节天气变化和降水量等因素产生很大变化[50]。研究显示，渗滤液产量占垃圾填埋量的比例在15.27%～30.00%之间[51]。垃圾自身含有的水分和当地的降雨量会影响渗滤液的产量。例如，我国降雨的特征是东南地区降雨量高而西北地区降雨量低，因此东南地区垃圾填埋场的渗滤液产量高于西北地区[52]。

垃圾渗滤液的污染物组成随垃圾填埋年限呈现显著的动态变化。在垃圾填埋的初期，产生的渗滤液含有大量可生化降解的有机物，其 BOD_5/COD 值＞0.45，显示出良好的可生化性，会发生快速的厌氧发酵，主要产物为挥发性脂肪酸。固体废物中的高含湿量或水含量可以增强发酵过程[53]。随着填埋场垃圾稳定化的进程，渗滤液中易降解有机物被逐步降解，难降解有机物的比例越来越高，垃圾渗滤液的可生化性随垃圾填埋年限逐渐降低。到了垃圾填埋的晚期，产甲烷微生物的作用变得更加显著，这些微生物将挥发性脂肪酸转化为甲烷和二氧化碳。垃圾填埋晚期产生的渗滤液可生化性极差，BOD_5/COD 值降至 0.25 以下[52]，此阶段的垃圾渗滤液如果采用单独的生化处理方法不能取得很好的处理效果。

由于垃圾填埋场内的厌氧条件，垃圾渗滤液中的氨氮无法进行硝化反应，于是不断地在渗滤液中积聚。研究显示，在垃圾填埋第 6 年，垃圾渗滤液中的氨态氮浓度从填埋初期的 98mg/L 增加到 364mg/L[54]。氨态氮浓度的增加和化学需氧量浓度的下降造成渗滤液中碳氮比随垃圾降解程度升高而降低，提高了渗滤液通过传统硝化-反硝化工艺处理的脱氮效率。垃圾渗滤液在排入自然水体前应通过处理降低有机物和氨氮等污染物的含量，使其达到排放标准的要求。

6.2.2.2 膜生物反应器在垃圾渗滤液处理中的应用

垃圾填埋场渗滤液的处理面临许多挑战，由于垃圾填埋场渗滤液成分复杂且污染物浓度高，包括化学需氧量、氨氮、无机盐、有机物、重金属盐、悬浮固体和氨氮，处理难度一直非常高，而且未经妥善处理的渗滤液会严重污染土壤、地表水和地下水。因此，采用有效的处理技术对减少垃圾渗滤液对环境的影响至关重要。

物理化学方法，例如吸附、高级氧化（如过氧化氢、臭氧）和化学沉淀，常用于处理垃圾填埋场渗滤液。这些方法能有效处理垃圾渗滤液中的某些污染物，例如，化学需氧量在 5690～17000mg/L 范围内，活性炭吸附可以去除 95％的化学需氧量，而氨态氮初始浓度在 3260～5618mg/L 范围内，利用鸟粪石沉淀能去除 98％的氨态氮[55]。但化学方法需要用到大量化学药剂，且会产生大量化学沉淀，处理成本较高，而且还存在二次污染的问题，因此不适合单独用于大规模废水的处理。综合考虑经济性、环境友好性以及处理效果，生物处理技术仍然是处理垃圾填埋场渗滤液最常用的方法。但是重金属和有毒有机物对微生物的毒性和抑制作用会影响生物处理效率。因此，垃圾渗滤液处理技术向着以生物处理为核心，多种工艺耦合的方向发展。

为了有效降低垃圾渗滤液中污染物对环境的不良影响，现阶段，垃圾渗滤液主要采用“预处理＋生物处理＋深度处理”工艺进行，而且处理后的出水需要满足相关排放标准的要求[56]。预处理一般采用混凝和沉淀等物理和化学方法，目的是去除渗滤液中对微生物有毒性的重金属，降低悬浮固体浓度，提高后续生物处理阶段的效率。生物处理主要包括好氧生物处理和厌氧生物处理技术，目标是实现高效去除有机物和氮。深度处理技术进一步降低生物处理出水中的化学需氧量、氨态氮、金属离子等的浓度。

膜生物反应器作为一种高效生物处理技术，具有灵活高效的操作性能，能够适应垃圾渗滤液复杂多变的水质特征，近年来在垃圾渗滤液处理领域得到广泛关注和深入研究。如表 6-4 所列，膜生物反应器既可以单独运行，用于垃圾渗滤液的处理，也可以与物理、化学和生物技术联合形成组合工艺，对垃圾渗滤液中的有机物、氨态氮、总氮和悬浮固体有良好的去除效率，而且还能有效去除盐类与重金属。

表6-4 膜生物反应器在垃圾渗滤液处理中的应用

处理工艺	处理规模和操作条件	膜特性	原水特征	处理效率或出水水质	参考文献
分区浸没式膜生物反应器	HRT=25～112h	聚偏氟乙烯膜 D_p=0.18μm $A_{膜}$=0.6m^2	COD=0.32～2.22kg/(m^3·d) NH_4^+-N=0.14～0.50kg/(m^3·d)	COD：80%～90% TN：75.2%～82.2% NH_4^+-N>99%	[57]
电解氧化-膜生物反应器-超滤	100m^3/d HRT=44～18h SRT=200～35d 回流比=300%	中空纤维膜 D_p=0.04μm $A_{膜}$=0.047m^2	OLR=1.2g COD/(L·d)	COD：63% TOC：35% NH_4^+-N：98% TP：52%	[58]
调节池-厌氧池-膜生物反应器-纳滤			COD=4700mg/L NH_4^+-N=487mg/L	COD：85% UV_{254}：95% NH_4^+-N：93% 色度：95%	[59]
两级缺氧/好氧组合膜生物反应器	HRT=7d $R_{混合液}$①=150% $R_{污泥}$②=100%			COD：80.60% NH_4^+-N：99.04% TN：74.87%	[60]
厌氧膜生物反应器-反渗透	HRT=2h	D_p=0.1μm $A_{膜}$=0.46m^2	COD=5000mg/L OLR=2.5kg/(m^3·d) NH_4^+-N=381.5mg/L	COD：90% COD=12mg/L NH_4^+-N=29.8mg/L	[61]
浸没式厌氧膜生物反应器-好氧膜生物反应器	OLR=8.1g COD/(L·d) HRT=0.4d	$A_{膜}$=0.1m^2	TCOD=11.97g/L pH=6～7.5 SCOD=1730mg/L NH_4^+-N=44mg N/L TP=11mg/L	COD：96%	[62]
生物转盘-两级缺氧/好氧-膜生物反应器	600m^3/d HRT=15d $R_{混合液}$=400%～600% $R_{污泥}$=200%～400%		COD=15000mg/L BOD_5=6000mg/L NH_3-N=3500mg/L TN=3800mg/L TP=50mg/L	COD：57.20% NH_4^+-N：98.90% TN：95.47%	[63]

① $R_{混合液}$为混合液回流比；

② $R_{污泥}$为污泥回流比。

然而，垃圾渗滤液中的胶体、溶解性微生物产物等污染物造成的膜污染问题仍是制约膜生物反应器长期稳定运行的关键挑战。采用污泥基活性炭-膜生物反应器工艺处理垃圾渗滤液时，污泥基活性炭在膜表面参与形成的滤饼层结构疏松，易被气-液冲刷去除，延长了跨膜压差缓慢上升的运行阶段[64]。在实践应用中，还可以通过有效的预处理、优化操作参数等方法降低膜污染问题。

研究显示，在垃圾渗滤液综合处理过程中，由于絮凝剂和化学清洗剂的使用以及生物脱氮所需要的外源有机碳等，垃圾渗滤液的长期运行成本高。因此，在设计时需要认真考虑这些问题。

6.2.3　膜生物反应器处理医院废水

6.2.3.1　医院废水的特征

医院废水是指医疗机构在运营过程中产生的各类废水，废水水量和水质特性因医院提供的诊疗类型、床位数量和患者数量而有显著差异[65]。医院废水成分复杂，包括各种浓度的有机污染物、悬浮固体、专用清洁剂、来自某些科室的重金属和检测试剂等[66]。

医院废水中还含有大量致病菌、病毒和有毒化学物质[67]，这些物质在环境中具有一定的适应能力，有的甚至能在废水中长时间存活。因此，医院废水中病原微生物和病毒的存在是一个重大的环境和公共卫生问题。如果医院废水未经妥善处理就排向自然环境或市政管道，必然会对水体造成污染，进而对环境和人们的身体健康产生巨大的不良影响。研究显示，城市污水处理厂并不能有效去除医院废水中的细菌和病毒等微量污染物。因此，有必要在医院废水排入市政下水管道并进入市政污水处理厂之前采用适当的处理技术进行处理，以去除废水中的有机污染物和病原微生物等。

6.2.3.2　医院废水的一般处理方法

医院废水的处理采取分类收集处理和局部分隔治理，把污染就近消灭在污染源。通过严格的污染物控制和管理措施，确保医疗机构在提供医疗服务的同时，不对环境造成负面影响，从而保护公共健康和生态环境。

医院废水的主要处理方法包括物理法、化学法和生物法。物理法主要是用沉淀过滤、离心分离等方法去除医院废水中的胶体、悬浮物和漂浮物，从而减少后续处理单元的负荷。物理法还包括用高温灭菌还紫外线消毒。用高温杀灭污水中的病菌，该方法安全可靠，但是不适合大规模废水的处理。用紫外线进行消毒时，污水浊度、悬浮颗粒浓度以及悬浮颗粒的粒径都会影响紫外线消毒效果。化学法在医院废水处理中应用广泛，主要目的是对污水进行消毒，去除污水中的病毒和致病微生物等。化学法包括氯化消毒法（如液氯法、次氯酸钠法和二氧化氯法）、氧化剂（如臭氧）消毒法。表 6-5 和表 6-6 分别分析了处理医院废水常用的物理和化学处理方法的机理和优缺点。

表 6-5 医院废水的物理处理方法

方法	机理	优点	缺点
高温灭菌	通过高温引发微生物蛋白质发生不可逆变性，最终导致微生物死亡	高效可靠。 无有害残留物，避免二次污染，对环境影响较小。 设备维护成本低	需持续高温高压，耗能较大。 需要根据处理对象精准确定消毒时间和温度，以确保消毒效果和生态安全性。 不适合大规模医院废水的消毒处理
沉淀过滤	添加混凝剂将胶体等凝聚成絮体。通过沉淀或过滤方法实现固液分离	有效去除悬浮固体、胶体和重金属。 技术成熟、操作简便。 运行稳定。 适合大规模废水处理	产生污泥，需要定期进行无害化清理。 可能会导致二次污染问题。 单独处理能力有限，需结合其他处理方法来提高废水的整体处理效果。 流程复杂，设备多，操作管理较为复杂
离心分离	含有悬浮颗粒的废水在高速旋转过程中，由于悬浮颗粒和废水的密度不同，所受到的离心力也不同，从而实现固液分离	单位容积处理能力强。 自动化程度高。 适用空间有限或需要高效处理的小规模污水处理场合	容易产生较大的噪声和振动问题。 能耗较大
紫外线	紫外线穿透微生物的细胞膜，使微生物丧失蛋白质合成和复制繁殖的能力，最终导致其死亡或无法再进行繁殖	已有成套设备，自动化程度高，对操作人员要求低。 消毒迅速。 灭菌效果好，能有效杀灭细菌、病毒、真菌等微生物。 无化学残留，无二次污染	辐射剂量和污水水质影响紫外消毒效果。 存在一定的细菌复活现象，需结合后续消毒措施。 能耗较大。 需要定期更换灯管

表 6-6 医院废水的化学处理方法

项目	机理	优点	缺点
液氯	液氯溶于水后发生如下反应 $Cl_2+H_2O \longrightarrow HCl+HClO$。 次氯酸氧化性强，破坏细菌细胞的正常环境	技术成熟，消毒能力强。 投资和运行成本低。 持续消毒能力强，有效抑制二次污染	会和水中的有机物反应生成有机卤化物。 液氯投加设备结构复杂、易被腐蚀，危险性较大
次氯酸钠	次氯酸钠在水中水解形成次氯酸，随后降解为氯酸盐和氯化物。通过双重氧化作用破坏微生物的细胞膜结构和蛋白质，从而实现消毒的目的	灵活性高。 手动投加药剂，适用于水量小的医院废水。 自动投加药剂，适用于水量大的医院废水，处理效果比较稳定	稳定性差，需现配现用。 手工添加药剂，无法精准控制投放量。 使用次氯酸钠发生器自动投配药剂，成本相对较高，对技术人员要求较高

续表

项目	机理	优点	缺点
二氧化氯	二氧化氯通过氧化，破坏细胞膜脂质和酶系统实现杀菌	氧化能力强，杀菌效率高。 应用范围广。 消毒副产物较少。 消毒不受 pH 值影响	性质不稳定，不易运输和储存。 需现场制取和使用。 初期投资和设备运行成本高。 在空气中和水中达到一定浓度会发生爆炸
臭氧	臭氧通过直接氧化作用和间接氧化作用破坏细胞结构和核酸功能达到杀灭病菌的目的	氧化能力强，杀菌效率非常高。 能在消毒的同时除去废水中的色和味。 无残留污染	持续消毒能力差，需进行二次消毒处理。 需现场制取、现场使用。 初期投资和运行成本高

化学法在医院废水处理中具有快速有效地杀灭病原微生物的优势。然而，这种方法也存在一些局限性。首先，化学法需要大量使用化学试剂，处理成本较高，容易产生副产品，而且污水负荷和水质对杀菌效果有较大的影响。例如，用液氯消毒时氯与水中的有机物反应可能生成具有致癌、致突变作用的有机卤化物消毒副产物，从而引发二次污染问题。

为了更好地控制医院废水处理后的出水水质，通常采用物理化学方法与生物法相结合的方法。这种方法能在去除有机污染物的同时降低胶体和悬浮物含量，减少消毒剂的用量及消毒副产物的生成。在处理医院废水过程中，活性污泥法和生物膜法（如接触氧化）是较为常用的生物处理方法，对有机污染物的去除效果较好。序批式生物反应器工艺对总排放量不大、排放量不均匀且有波动的医院废水有较好的处理效果[68]。采用生物法处理医院废水时会产生大量剩余污泥。需要特别注意的是，在剩余污泥排出之前必须对其进行无害化处理，去除病原微生物，以降低对环境的影响。

由于医院废水中的污染物种类复杂，没有一种特定的处理方法能够以高去除效率去除所有污染物。因此，在设计医院废水处理工艺时应充分考虑医院废水的特殊性和复杂性，根据医院废水的水量和水质特征选择合适的污水处理技术组合，以实现优异的处理效果，并确保处理后的废水达到排放要求。由多种处理技术耦合形成的组合工艺在处理医院废水时，组合工艺通过每个处理工段的不同作用，最终达到高的出水水质。例如，采用“调节-水解酸化-生物接触氧化-沉淀-消毒”工艺处理某医院废水，对废水中的氨氮和化学需氧量的去除效率分别达到 97.94%和 83.73%，出水氨氮浓度为 0.32mg/L，化学需氧量浓度为 23.2mg/L，粪大肠菌群数<200 个/L[69]。类似地，医院废水经“厌氧酸化-生物接触氧化-紫外线消毒”工艺[70]、“预处理-厌氧酸化-生物接触氧化-次氯酸钠消毒”工艺[71] 处理后，出水水质均能达到相关的国家或地方规定的废水排放标准的要求。

6.2.3.3　膜生物反应器在医院废水处理中的应用

与其他废水处理系统（如接触氧化工艺）相比，膜生物反应器技术在处理医院废水的应用中，展示出了显著的优势。首先，膜生物反应器技术具有良好的有机物降解能力和高效的固液分离作用。膜生物反应器通常采用微滤膜或超滤膜，而多数病毒直径介于 20～200nm 之间，因此能更有效地去除医院废水中的悬浮固体、有机污染物、病原微生物等[72-74]。研究表明，膜生物反应器用膜孔径为 0.22μm 和 0.1μm 的两种微滤膜处理废水时，对病毒的去除效率介于 2.6～5.1lg 单位之间[75]。其次，膜的高效固液分离作用，使得膜生物反应器处理后的出水浊度或悬浮固体浓度极低。膜生物反应器工艺能够有效地将医院废水的浊度降低至 0.2NTU 以下[76]。浊度的降低意味着污水中的细菌和病毒失去了附着或包裹的屏障保护，从而在消毒过程中，使用更少的消毒剂和更短的反应时间就能达到良好的微生物灭活效果[77,78]。用膜生物反应器工艺处理后的医院废水，氯消毒剂的使用量可降低至 1.0mg/L，消毒反应时间缩短至 1.5min，就可控制出水中细菌总数在 10CFU/mL 以下。相比之下，未经处理的医院原污水需要投加＞14mg/L 的氯量，并且接触时间超过 1h，才能达到类似的微生物控制效果[79]。此外，膜生物反应器处理后的医院废水在消毒过程中产生的消毒副产物产量远低于直接消毒的医院原废水[80]，这不仅减少了对水环境的潜在影响，也降低了消毒副产物对人体健康的潜在风险。

膜生物反应器技术通过膜表面动态层的去除和活性污泥的病毒灭活两种协同机制实现医院废水中病毒的分离去除[73,75]。这一点对于控制医院废水中的病原微生物尤为重要，尤其是在处理含有高浓度病原体的传染病医院废水时[81]。尽管膜生物反应器技术在医院废水处理中展现出诸多优势，但为了严格控制医院废水中的病原微生物，仍需对膜生物反应器出水进行严格的消毒处理[82]。这是因为虽然膜生物反应器技术能够有效去除大部分微生物，但在某些情况下，如膜丝破损或老化，可能会导致消毒效果有所下降[83]。因此，结合膜生物反应器技术和后续的消毒处理可以更加全面地保障出水水质的安全性和稳定性。

表 6-7 列举了一些膜生物反应器技术在医院废水处理中的应用。

表 6-7　膜生物反应器在医院废水处理中的应用

项目	工艺	膜规格	处理效率	出水水质	参考文献
医院废水处理中试研究	串联式移动床生物膜反应器-膜生物反应器耦合工艺	聚偏氟乙烯平板膜 D_p=0.2μm	COD：92.7% NH_4^+-N：96.6% TN：77.8%	COD=15～35mg/L NH_4^+-N=0.5～2mg/L TN=13mg/L	[84]
综合医院废水站改造	膜生物反应器-紫外线和次氯酸钠消毒	中空纤维膜 陶瓷平板膜	COD：92.6% BOD：98.18% SS：9.8% NH_4^+-N：9.22%	COD=27mg/L BOD=5.7mg/L SS＜5mg/L NH_4^+-N=0.672mg/L 粪大肠菌群＜20 个/L	[85]

续表

项目	工艺	膜规格	处理效率	出水水质	参考文献
传染病医院废水处理	间歇循环膜生物反应器-二氧化氯消毒	平板陶瓷膜 D_p=0.1μm	COD：87.4% NH_4^+-N>96% 粪大肠菌群>99.5%	COD<30mg/L NH_4^+-N<2mg/L SS<3NTU TN<15mg/L TP=0.82mg/L	[81]
传染病医院废水处理	瓷膜生物反应器-次氯酸钠消毒	平板陶瓷膜 D_p=0.1μm	COD：85.1% NH_4^+-N>96% 粪大肠菌群>99.5%	COD<40mg/L NH_4^+-N<2mg/L 浊度<3NTU 粪大肠菌群 20～40CFU/L 水肠道致病菌（沙门氏菌、志贺氏菌）和结核分枝杆菌未检出	[86]
医院废水处理	膜生物反应器-二氧化氯消毒	接触时间 1.5h	COD：90% NH_3-N >95%	COD<60mg/L NH_3-N<6mg/L 浊度<0.3NTU 细菌和粪大肠菌群未检出	[80]
医院废水处理扩建	浸没式膜生物反应器-次氯酸钠消毒	聚偏氟乙烯中空纤维膜 D_p=0.2μm	COD>80% BOD：92% NH_3-N>80%	COD=50mg/L BOD=5mg/L NH_3-N=4mg/L	[87]
乡卫生院污水处理	一体式好氧中空纤维膜生物反应器	聚乙烯中空纤维膜 D_p=0.4μm	COD：80% NH_4^+-N：93% 浊度：83%	COD<25mg/L NH_4^+-N<1.5mg/L 浊度<4NTU 大肠菌群<23g/100mL	[88]

参考文献

[1] Liu Y J, Gu J, Liu Y. Energy self-sufficient biological municipal wastewater reclamation: present status, challenges and solutions forward [J]. Bioresource Technology, 2018, 269: 513-519.

[2] Owen W F. Energy in wastewater treatment [M]. Englewood Cliffs: Prentice-Hall, Inc., 1982.

[3] Wett B, Omari A, Podmirseg S M, et al. Going for mainstream deammonification from bench to full scale for maximized resource efficiency [J]. Water Science and Technology, 2013, 68 (2): 283-289.

[4] 高原. AAO-MBR 艺提标改造小型城市污水处理厂 [J]. 水处理技术, 2018, 44 (8): 126-128.

[5] Brepols C, Dorgeloh E, Frechen F B, et al. Upgrading and retrofitting of municipal wastewater treatment plants by means of membrane bioreactor (MBR) technology [J]. Desalination, 2008, 231 (1): 20-26.

[6] 刘鲁建, 董俊, 张岚欣, 等. 膜生物反应器-大孔树脂脱氮工艺在污水处理厂提标改造工程中的应用 [J]. 工业用水与废水, 2020, 51 (1/2/3): 44-47, 69.

[7] 国家环境保护总局．城镇污水处理厂污染物排放标准：GB 18918—2002 [S].

[8] 邓岳鹏，赵鹏，唐升引，等．OAAO-陶瓷膜 MBR 一体化工艺用于市政污水厂扩容工程 [J]. 工业水处理，2024，1-13.

[9] 杨小丽，洪凯，张雷，等．活性炭海绵动态膜生物反应器用于污水处理提标改造中试研究 [J]. 土木建筑与环境工程，2014，36 (2)：89-93.

[10] Metcalf L, Eddy H P, Tchobanoglous G. Wastewater engineering: treatment, disposal and reuse [M]. 3rd ed. New York: Metcalf& Eddy, Inc, 1991.

[11] Kitanou S, Qabli H, Zdeg A, et al. Performance of external membrane bioreactor for wastewater treatment and irrigation reuse [J]. Desalination and Water Treatment, 2017, 78: 19-23.

[12] Vincent L, Michel L, Catherine C, et al. The energy cost of water independence: The case of Singapore [J]. Water Science and Technology, 2014, 70 (5): 787-794.

[13] 国家市场监督管理总局，国家标准化管理委员会．城市污水再生利用 城市杂用水水质：GB/T 18920—2020 [S].

[14] 国家市场监督管理总局，国家标准化管理委员会．城市污水再生利用 工业用水水质：GB/T 19923—2024 [S].

[15] 国家市场监督管理总局，国家标准化管理委员会．城市污水再生利用 景观环境用水水质：GB/T 18921—2019 [S].

[16] 国家质量监督检验检疫总局，中国国家标准化管理委员会．城市污水再生利用 地下水回灌水质：GB/T 19772—2005 [S].

[17] 吴健，赵明星，阮文权．A/O-MBR 处理高 COD 和高氨氮餐厨废水试验研究 [J]. 工业水处理，2014，34 (04)：66-69.

[18] 李鹏飞，李勇．餐厨污水就地处理与中水回用工艺的探索与实践 [J]. 水处理技术，2020，46 (01)：134-136，140.

[19] 张盛楠，郑波，李瑞贤，等．全地下式 MBR-纳滤工艺再生水厂工程设计 [J]. 工业用水与废水，2017，48 (5)：83-86.

[20] Hill S, James C. The Queen Elizabeth Olympic Park water recycling system [M]. London: International Water AssociationPublishing, 2014.

[21] 蔡文，骆建明．浸入式膜生物反应器中水回用工程应用 [J]. 环境科学研究，2010，23 (12)：1553-1558.

[22] Kim D, Cho Y, McKennon K, et al. A successful transformation of conventional SBR to MBR at Indian casino and facility: A case study of Chumash Casino and Resort Water Reclamation Facility (WRF), water reuse perspectives [J]. Environmental Earth Sciences, 2017, 76 (16): 578.

[23] 郭冀峰，王荣昌，夏四清，等．气浮-曝气生物滤池-膜生物反应器处理洗浴废水回用工程 [J]. 水处理技术，2007，33 (11)：85-88.

[24] Lee H, Tan T P. Singapore's experience with reclaimed water: NEWater [J]. International Journal of Water Resources Development, 2016, 32 (4): 611-621.

[25] Karapınar N. Application of natural zeolite for phosphorus and ammonium removal from aqueous solutions [J]. Journal of Hazardous Materials, 2009, 170 (2/3): 1186-1191.

[26] 刘雅娟，赵建国，武彦芳．强化微生物修复石油污染海洋的研究进展 [J]. 环境化学，2019，38 (12)：2826-2835.

[27] Hu X W, Chen K, Lai X K, et al. Treatment of pretreated coal gasification wastewater (CGW) by mag-

netic polyacrylic anion exchange resin [J]. Journal of Environmental Chemical Engineering, 2016, 4 (2): 2040-2044.

[28] Gai H J, Song H B, Xiao M, et al. Conceptual design of a modified phenol and ammonia recovery process for the treatment of coal gasification wastewater [J]. Chemical Engineering Journal, 2016, 304: 621-628.

[29] Andrade L H, Mendes F D S, Espindola J C, et al. Reuse of dairy wastewater treated by membrane bioreactor and nanofiltration: Technical and economic feasibility [J]. Brazilian Journal of Chemical Engineering, 2015, 32 (3): 735-747.

[30] Slavov A K. General characteristics and treatment possibilities of dairy wastewater—A review [J]. Food Technology and Biotechnology, 2017, 55 (1): 14-28.

[31] Barrios-Martinez A, Barbot E, Marrot B, et al. Degradation of synthetic phenol-containing wastewaters by MBR [J]. Journal of Membrane Science, 2006, 281 (1/2): 288-296.

[32] Malamis S, Katsou E, Di Fabio S, et al. Treatment of petrochemical wastewater by employing membrane bioreactors: A case study of effluents discharged to a sensitive water recipient [J]. Desalination and Water Treatment, 2015, 53 (12): 3397-3406.

[33] 李玉智，杨清华．MBR 工艺处理高浓度化工废水 [J]. 工业水处理，2008，28 (6)：89-91.

[34] Huang B, Wang H C, Cui D, et al. Treatment of pharmaceutical wastewater containing β-lactams antibiotics by a pilot-scale anaerobic membrane bioreactor (AnMBR) [J]. Chemical Engineering Journal, 2018, 341: 238-247.

[35] Deowan S A, Korejba W, Hoinkis J, et al. Design and testing of a pilot-scale submerged membrane bioreactor (MBR) for textile wastewater treatment [J]. Applied Water Science, 2019, 9 (3): 59.

[36] 朱兆亮，崔山，葛孝新，等．预氧化-MBR-反渗透工艺深度处理印染废水研究 [J]. 工业水处理，2017，37 (5)：79-82.

[37] 马安然，李小利，赵继红．缺氧-好氧法＋新型外置膜生物反应器处理乳品废水研究 [J]. 水处理技术，2011，37 (10)：71-74.

[38] 苏淼顺，林方敏．混凝沉淀-MBR 工艺处理制药废水 [J]. 给水排水，2011，47 (3)：63-64.

[39] 陈宏来．高浓度有机工业废水补充反硝化碳源的试验研究 [J]. 工业用水与废水，2016，47 (4)：42-46.

[40] 吴一鸣，周怡静，田贺忠，等．我国城市生活垃圾处理处置全过程大气排放研究进展 [J]. 环境科学研究，2018，31 (06)：991-999.

[41] 孔令强，田光进，柳晓娟．中国城市生活固体垃圾排放时空特征 [J]. 中国环境科学，2017，37 (04)：1408-1417.

[42] 郭明坤，王菲，刘宽，等．黄河流域主要城市生活垃圾处理处置特征与对策建议 [J]. 环境科学研究，2024，37 (01)：151-159.

[43] Zhang Y Y, Wang L, Chen L, et al. Treatment of municipal solid waste incineration fly ash: State-of-the-art technologies and future perspectives [J]. Journal of Hazardous Materials, 2021, 411: 125132.

[44] 李唯实，李丽，文卓钰，等．低温热处理生活垃圾焚烧飞灰中二噁英的降解机理 [J]. 环境科学研究，2023，36 (06)：1227-1235.

[45] 庞瑞华，查甫更，金苏，等．城市生活垃圾焚烧飞灰的处理与处置方法 [J]. 广州化工，2020，48 (22)：153-154.

[46] Arij Y, Fatihah S, Rakmi A R. Performance of pilot scale anaerobic biofilm digester (ABD) for the treatment of leachate from a municipal waste transfer station [J]. Bioresource Technology, 2018, 260: 213-220.

[47] Chen W M, Gu Z P, Ran G, et al. Application of membrane separation technology in the treatment of

leachate in China: A review [J]. Waste Management, 2021, 121: 127-140.

[48] Renou S, Givaudan J G, Poulain S, et al. Landfill leachate treatment: Review and opportunity [J]. Journal of Hazardous Materials, 2008, 150 (3): 468-493.

[49] Sisinno C L S, Oliveira-Filho E C, Dufrayer M C, et al. Toxicity evaluation of a municipal dump leachate using zebrafish acute tests [J]. Bulletin of Environmental Eontamination Contamination and Toxicology, 2000, 64: 107-113.

[50] Lema J M, Mendez R, Blazquez R. Characteristics of landfill leachates and alternatives for their treatment: A review [J]. Water, Air, and Soil Pollution, 1988, 40 (3): 223-250.

[51] Shi L, Chen H X, Meng H L, et al. How environmental policy impacts technology adoption: A case of landfill leachate [J]. Journal of Cleaner Production, 2021, 310: 127484.

[52] 张燕燕，郑志宏，刘红亮，等．中国垃圾渗滤液产生现状及处理展望 [J]. 重庆大学学报，2023, 46 (06): 76-88.

[53] Wang F, Smith D W, El-Din M G. Application of advanced oxidation methods for landfill leachate treatment—A review [J]. Journal of Environmental Engineering and Science, 2003, 2 (6): 413-427.

[54] Kulikowska D, Klimiuk E. The effect of landfill age on municipal leachate composition [J]. Bioresource Technology, 2008, 99 (13): 5981-5985.

[55] Kurniawan T A, Lo W H, Chan G Y. Physico-chemical treatments for removal of recalcitrant contaminants from landfill leachate [J]. Journal of Hazardous Materials, 2006, 129 (1/2/3): 80-100.

[56] Bilad M R, Arafat H A, Vankelecom I F J. Membrane technology in microalgae cultivation and harvesting: A review [J]. Biotechnology Advances, 2014, 32 (7): 1283-1300.

[57] 崔喜勤，林君锋，申欢，等．城市垃圾渗滤液膜生物法处理效果 [J]. 福建农业大学学报，2005, 34 (04): 518-522.

[58] Zolfaghari M, Jardak K, Drogui P, et al. Landfill leachate treatment by sequential membrane bioreactor and electro-oxidation processes [J]. Journal of Environmental Management, 2016, 184: 318-326.

[59] Qiao M, Zhao X, Wei X Y. Characterization and treatment of landfill leachate membrane concentrate by Fe^{2+}/NaClO combined with advanced oxidation processes [J]. Scientific Reports, 2018, 8 (1): 12525.

[60] Liu J B, Zhang H B, Zhang P Y, et al. Two-stage anoxic/oxic combined membrane bioreactor system for landfill leachate treatment: Pollutant removal performances and microbial community [J]. Bioresource Technology, 2017, 243: 738-746.

[61] Bohdziewicz J, Neczaj E, Kwarciak A. Landfill leachate treatment by means of anaerobic membrane bioreactor [J]. Desalination, 2008, 221 (1/2/3): 559-565.

[62] Trzcinski A P, Stuckey D C. Inorganic fouling of an anaerobic membrane bioreactor treating leachate from the organic fraction of municipal solid waste (OFMSW) and a polishing aerobic membrane bioreactor [J]. Bioresource Technology, 2016, 204: 17-25.

[63] 钟文杰，许刘成，袁浩田，等．生物转盘-两级 A/O-MBR 工艺处理晚期垃圾渗滤液 [J]. 中国给水排水，2023, 39 (01): 19-25.

[64] 李德志，王广智，李鑫，等．SBAC/MBR 工艺处理垃圾渗滤液的膜污染特性 [J]. 中国给水排水，2015, 31 (19): 21-26.

[65] Hocaoglu S M, Celebi M D, Basturk I, et al. Treatment-based hospital wastewater characterization and fractionation of pollutants [J]. Journal of Water Process Engineering, 2021, 43: 102205.

[66] Verlicchi P, Galletti A, Petrovic M, et al. Hospital effluents as a source of emerging pollutants: An over-

view of micropollutants and sustainable treatment options [J]. Journal of Hydrology, 2010, 389 (3/4): 416-428.

[67] 马世豪, 凌波. 医院污水污物处理 [M]. 北京: 化学工业出版社, 2000.

[68] 李莹. SBR 工艺在乡镇小型医疗机构污水处理中的应用 [J]. 净水技术, 2015, 34 (A01): 81-83.

[69] 沈正华, 吴克, 杨彪, 等. 水解酸化——生物接触氧化法处理医院废水研究 [J]. 唐山师范学院学报, 2022, 44 (06): 21-24.

[70] 甄卓文, 李明汉, 梁伟新, 等. 厌氧酸化+生物接触氧化+紫外线消毒处理医院污水 [J]. 广州化工, 2019, 47 (11): 126-128.

[71] 周述均. 厌氧酸化+生物接触氧化+次氯酸钠消毒医院废水工程实例 [J]. 广东化工, 2021, 48 (10): 140-141.

[72] 李社锋, 张家琛, 冯巍, 等. 膜生物反应器研究新进展与应用 [J]. 环境工程, 2024, 42 (01): 37-46.

[73] Zheng X, Lü W Z, Yang M, et al. Evaluation of virus removal in MBR using coliphages T4 [J]. Chinese Science Bulletin, 2005, 50 (9): 862-867.

[74] Chaudhry R M, Nelson K L, Drewes J E. Mechanisms of pathogenic virus removal in a full-scale membrane bioreactor [J]. Environmental Science & Technology, 2015, 49 (05): 2815-2822.

[75] Zheng X, Liu J X. Mechanism investigation of virus removal in a membrane bioreactor [J]. Water Supply, 2006, 6 (06): 51-59.

[76] Emmanuel E, Keck G, Blanchard J M, et al. Toxicological effects of disinfections using sodium hypochlorite on aquatic organisms and its contribution to AOX formation in hospital wastewater [J]. Environment International, 2004, 30 (07): 891-900.

[77] Liu Q L, Zhou Y F, Chen L Y, et al. Application of MBR for hospital wastewater treatment in China [J]. Desalination, 2010, 250 (2): 605-608.

[78] Le-Clech P, Chen V, Fane T A G. Fouling in membrane bioreactors used in wastewater treatment [J]. Journal of Membrane Science, 2006, 284 (1/2): 17-53.

[79] 王科理, 孙迎雪, 张凤, 等. 膜生物反应器处理医院污水及氯消毒效果评价 [J]. 中国公共卫生, 2006, 9: 1103-1104.

[80] 胥书霞, 顾平, 张光辉. 膜生物反应器在医院污水处理中的应用 [J]. 环境工程技术学报, 2012, 30 (02): 30-32.

[81] 周彬宇, 操家顺, 谢坤. 膜生物反应器处理传染病医院污水研究 [J]. 环境科技, 2016, 29 (1): 10-14.

[82] Haeusser S, Weber M, Mauer C, et al. On-site treatment of hospital wastewater in a full-scale treatment plant in Germany: SARS-CoV-2 and treatment performance [J]. Water Science and Technology, 2023, 87 (7): 1747-1763.

[83] 孙迎雪. 膜生物反应器处理医院污水的消毒及消毒副产物研究 [D]. 天津: 天津大学, 2007.

[84] 诸大宇, 王文娜, 师恩耀. 串联式 MBBR-MBR 耦合工艺处理医院污水提升效率研究 [J]. 环境工程, 2023, 41: 9-12, 95.

[85] 王文婷, 杨德勇, 焦军胜. 膜生物反应器处理工艺在综合医院污水站改造中的应用 [J]. 基础医学与临床, 2022, 42 (03): 542-544.

[86] 常红晨, 操家顺, 周彬宇. 陶瓷膜生物反应器在传染病医院污水处理中的应用 [J]. 净水技术, 2016, 35 (05): 100-103.

[87] 臧倩, 孙宝盛, 魏青. 膜生物反应器用于医院废水处理 [J]. 水处理技术, 2006, 9: 85-87.

[88] 丁杭军, 文湘华, 黄霞, 等. 一体式膜-生物反应器处理医院污水 [J]. 中国给水排水, 2001, 17 (09): 1-5.

附录　名称和符号

符号	英文名称	中文名称
ABR	anaerobic baffled reactor	厌氧折流板反应器
AFM	atomic force microscopy	原子力显微镜
AFMBR	anaerobic fludized membrane bioreactor	厌氧流化膜生物反应器
AFR	anaerobic fluidized bed reactor	厌氧流化床反应器
ALPA	aliphate polyamides	脂肪族聚酰胺
ANAMMOX	anaerobic ammonium oxidization	厌氧氨氧化
AnDMBR	anaerobic dynamic membrane bioreactor	厌氧动态膜生物反应器
AnMBR	anaerobic membrane bioreactor	厌氧膜生物反应器
AAO（A^2O）	anaerobic-anoxic-oxic	厌氧-缺氧-好氧
AO	anoxic-oxic	缺氧-好氧
AOB	ammonium-oxidizing bacteria	氨氧化细菌
APA	aromatic polyamides	芳香族聚酰胺
AS	activated sludge	活性污泥
AUSB	aerobic upflow sludge blanket reactor	好氧升流式污泥床反应器
BAP	biomass-associated products	微生物相关产物
bEPS	bound extracellular polymeric substance	结合型胞外聚合物
BOD	biological oxygen demand	生化需氧量
BSA	bovine serum albumin	牛血清白蛋白
CA	cellulose acelate	二醋酸纤维素
CAP	cellulous acetate propionate	醋酸丙酸纤维素
CIP	chemical cleaning-in-place	原位化学清洗
CN-CA	mixed cellulose	混合纤维素酯
COD	chemical oxygen demand	化学需氧量
Comammox	complete ammonia oxidizer	全程氨氧化微生物
COP	chemical cleaning-out-place	异位化学清洗
DO	dissolved oxygen	溶解氧
DO_0	initial dissolved oxygen	初始溶解氧浓度
DPB	denitrigying phosphorous-removing bacteria	反硝化聚磷菌

续表

符号	英文名称	中文名称
EGSB	expanded granular sludge bed	膨胀颗粒污泥床
EMBR	extractive membrane bioreactor	萃取膜生物反应器
EPS	extracellular polymeric substances	胞外聚合物
F/M	food to microorganism ratio	食物/微生物比值
$FeCl_3$	ferric chlorides	氯化铁
FO	forward osmosis	正渗透
FO-MBR	forward osmosis membrane bioreactor	正渗透膜生物反应器
FRR	flux recovery rate	膜通量恢复率
FTIR	fourier transform infrared spectroscopy	傅里叶变换红外光谱
GAC	granular activated carbon	颗粒活性炭
GS	granular sludge	颗粒污泥
HMBR	hybrid membrane bioreactor	复合浸没式膜生物反应器
HRT	hydraulic retention time	水力停留时间
ICAR	internal circulation anaerobic reactor	内循环厌氧反应器
IP-MBR	inclined plate membrane bioreactor	斜板膜生物反应器
LB-EPS	loosely bound extracellular polymeric substrances	松散附着胞外聚合物
MABR	membrane aerated biofilm reactor	膜曝气生物膜反应器
MBR	membrane bioreactor	膜生物反应器
MF	microfiltration	微滤
MFI	modified filtration index	修正过滤指数
MLE	modified Ludzack-Ettinger	改良型 LE 工艺
MLSS	mixed liquor suspended solids	混合液悬浮固体
MLVSS	mixed liquor volatile suspended solids	混合液挥发性悬浮固体
n	blocking index	膜孔堵塞指数
NC	cellulose nitrate	硝酸纤维素
NF	nanofiltration	纳滤
NF-MBR	nanofiltration membrane bioreactor	纳滤膜生物反应器
NOB	nitrite oxidizing bacteria	亚硝酸盐氧化菌
OLR	organic loading rate	有机负荷
PAA	polyacrylic acid	聚丙烯酸
PAC	powdered activated carbon	粉末活性炭

续表

符号	英文名称	中文名称
PACl	polymeric aluminium chloride	聚合氯化铝
PAFC	polymeric aluminium ferric chloride	聚合氯化铝铁
PAN	polyacrylonitrite	聚丙烯腈
PDMS	Polydimethylsitoxane	聚二甲基硅氧烷
PE	polyethylene	聚乙烯
PEA	polyetheramide	聚醚酰胺
PES	polyether sulfone	聚醚砜
PFS	polymeric ferric sulphate	聚合硫酸铁
PMIA	polyisophthaloyl metaphenylene diamine	聚间苯二甲酰间苯二胺
PP	polypropylene	聚丙烯
PS	polysaccharides	多糖
PSA	polyamide	聚酰胺
PSF	polysulfone	双酚 A 型聚砜
PTFE	polytetrafluoroethylene	聚四氟乙烯
PVA	polyvinyl alcohol	聚丙烯醇
PVDF	polyvinylidene fluoride	聚偏氟乙烯
QQ	quorum quenching	群体猝灭
QS	quorum sensing	群体感应
S-AGS-MBR	submerged aerobic granular sludge membrane bioreactor	浸没式好氧颗粒污泥膜生物反应器
SBR	sequencing batch reactor	序批式反应器
SEM	scanning electron microscope	扫描电子显微镜
sEPS	soluble extracellular polymeric substances	溶解型胞外聚合物
SHARON	single reactor higher activity ammonium removal over nitrite	短程硝化反硝化
SLAD	sulfur-limestone autotrophic denitrification	硫-石灰石自养反硝化
SMBR	submerged membrane bioreactor	浸没式膜生物反应器
SMP	Soluble microbial products	溶解性微生物产物
SPSF	sulfonated polysulfone	磺化聚砜
SRT	sludge retention time	污泥停留时间
SS	suspended solids	悬浮固体
SS-AGS-MBR	side-stream aerobic granular sludge membrane bioreactor	分置式好氧颗粒污泥膜生物反应器
SSMBR	side-stream membrane bioreactor	分置式膜生物反应器

续表

符号	英文名称	中文名称
SV	settling volume	污泥沉降比
SVI	sludge volume index	污泥容积指数
TB-EPS	tightly bound extracellular polymeric substrances	紧密结合型胞外聚合物
TCA	cellulose triacetate	三醋酸纤维素
TEP	transparent exopolymer particles	透明胞外聚合颗粒物
TMP	transmembrane pressure	跨膜压差
TN	total nitrogen	总氮
TOC	total organic carbon	总有机碳
TP	total phosphorate	总磷
U-AnSBR	upflow anaerobic sequencing batch reactor	升流式厌氧续批生物反应器
UAP	utilisation-associated products	底物利用相关产物
UASB	upper flow anaerobic sludge blanket	升流式厌氧污泥床反应器
UF	ultrafiltration	超滤
VFAs	volatile fatty acids	挥发性有机酸
VLR	volumetric loading rate	体积负载率
XPS	X-ray photoelectron spectroscopy	X 射线光电子能谱